高等数学一点通

讲故事 学高数

闻 彬／编著

复旦大學 出版社

图书在版编目(CIP)数据

高等数学一点通:讲故事,学高数/闻彬编著. —上海:复旦大学出版社,2020.6
ISBN 978-7-309-15100-8

Ⅰ.①高… Ⅱ.①闻… Ⅲ.①高等数学-高等学校-教学参考资料   Ⅳ.①O13

中国版本图书馆 CIP 数据核字(2020)第 098759 号

高等数学一点通:讲故事,学高数
闻 彬 编著
责任编辑/梁 玲

复旦大学出版社有限公司出版发行
上海市国权路 579 号   邮编:200433
网址:fupnet@ fudanpress.com   http://www.fudanpress.com
门市零售:86-21-65102580   团体订购:86-21-65104505
外埠邮购:86-21-65642846   出版部电话:86-21-65642845
上海丽佳制版印刷有限公司

开本 787×1092   1/16   印张 17   字数 414 千
2020 年 6 月第 1 版第 1 次印刷

ISBN 978-7-309-15100-8/O · 687
定价:59.80 元

前　言

　　高等数学是考研数学中的重要一环,在整个备考的过程中有着举足轻重的地位.很多同学认为,高等数学过于抽象、难于掌握,就像横在面前的一道沟壑,难以逾越.其实,高等数学并没有大家想象得那么高深,只要学习方法得当,每个人都可以掌握得很好.

　　不管什么学科,简单地讲,其本质只包含两件事:一个是"理解",另一个是"记忆".换句话说,学习一门较为复杂的学科,应该沿着两条主线去探索:一条主线是"理解",另一条主线是"记忆",两者不能混为一谈.

　　先来看看"理解"的技巧.如果我们想"理解"一件新的事物,最简单的捷径是把它和从前学过的知识做一个对比,找出彼此之间的共同点,这样一来再复杂的问题,也会瞬间通透起来.这种学习的方法叫做"向前追溯法".以高等数学为例,其看似晦涩难懂,但它的基本框架特别简单,其基本框架和小学数学完全相同.我们不妨回忆一下,小学数学分为两大块:计算和应用.同样道理,高等数学也分为计算和应用两大块内容.只不过小学数学的计算是加、减、乘、除,而高等数学的计算是微分和积分.小学数学的应用是加、减、乘、除的应用,比如,行程问题、销售问题,等等,而高等数学的应用是微分和积分的应用,比如,微积分在几何上的应用、在物理上的应用,等等.

　　微积分是整个高等数学的主体内容,它和小学数学的加、减、乘、除一样,是一种计算,只不过计算的对象是函数,而不是数字.在小学的时候,我们的计算对象是数字;到了中学,我们的计算对象变成了字母;到了大学,我们的计算对象变成了函数.这3套内容是一种互相传承的关系,背后的学习方法和思考习惯是完全一致的,明白了这个道理,你就会懂得,高等数学并没有比小学和中学"高明"多少,换汤不换药,本质上并没有什么区别.

　　微积分所面对的函数大家也并不陌生,就是我们在高一时学过的5种基本函数:幂函数、指数函数、对数函数、三角函数和反三角函数.因为这些内容我们已经很熟悉,当然它们就不是"难啃的硬骨头".此外,高等数学将高中的平面解析几何做了延伸,变成空间解析几何;将高中的数列也做了延伸,变成无穷级数.它们的学习方法和高中完全相同,别无二致.

　　说到这里,大家可能会觉得比较疑惑,既然高等数学和中小学的难度相当,那我们为什么会感觉高等数学的难度更大,甚至感觉"难以下咽"呢?这时,我们就不得不说一说学习的另一条主线,那就是"记忆".不可否认,与中小学相比,高等数学需要记忆的公式更多,需要记忆的解题方法和解题步骤更多.在"记忆"的要求上,如果把中小学比作狭窄的河流,那高等数学就是宽阔的大海.怎么解决这个棘手的问题呢?最佳答案就是"故事记忆法",或者叫做"图片记忆法",通过编故事的方法进行记忆,以达到快速记忆、永不遗忘的目的.我们为大家准备了 65 个生动有趣的小故事,囊括了高等数学中所有的重要公式、解题方法和解题步骤.

相信在大家掌握了"向前追溯法"和"故事记忆法"之后,高等数学的学习难度就会立刻降到中小学的水平,求学的道路也会瞬间变得平坦起来.

闻彬

2020 年 6 月 8 日于上海

微博二维码　　微信公众号　　官方交流　　视频　高等
　　　　　　　二维码　　　　qq 群　　　数学与中小
　　　　　　　　　　　　　　　　　　　　学数学的关
　　　　　　　　　　　　　　　　　　　　系

目　录

前言 ……………………………………………………………………………………… 001

第 1 章　一元微分的计算 …………………………………………………………… 001
　§ 1.1　文物流失(基本公式) …………………………………………………… 001
　§ 1.2　贪吃的后果(反复) ……………………………………………………… 002
　　　1.2.1　反函数 ………………………………………………………………… 003
　　　1.2.2　复合函数 ……………………………………………………………… 004
　§ 1.3　贪吃的后果(参隐) ……………………………………………………… 005
　　　1.3.1　参数方程(数三不要求) …………………………………………… 005
　　　1.3.2　隐函数 ………………………………………………………………… 007
　§ 1.4　本章超纲内容汇总 ……………………………………………………… 009

第 2 章　一元微分的应用 …………………………………………………………… 010
　§ 2.1　太极图(单调性与单调区间) …………………………………………… 010
　　　2.1.1　单调性 ………………………………………………………………… 011
　　　2.1.2　单调区间 ……………………………………………………………… 012
　§ 2.2　西瓜皮(极值与最值) …………………………………………………… 013
　　　2.2.1　极值 …………………………………………………………………… 015
　　　2.2.2　最值 …………………………………………………………………… 017
　§ 2.3　对照原则(凹凸性与拐点) ……………………………………………… 018
　　　2.3.1　凹凸性 ………………………………………………………………… 020
　　　2.3.2　拐点 …………………………………………………………………… 020
　　　2.3.3　综合 …………………………………………………………………… 021
　§ 2.4　本章超纲内容汇总 ……………………………………………………… 023

第 3 章　不定积分的计算 …………………………………………………………… 024
　§ 3.1　收获鸡蛋(基本公式) …………………………………………………… 024
　§ 3.2　积分王国(加减类函数) ………………………………………………… 026
　§ 3.3　吸收法(乘法类函数) …………………………………………………… 029

§3.4 饿死我了（交换法） ································· 031

§3.5 神医的传奇（换元法） ································· 033

§3.6 珍珠裂了（真假分式） ································· 037

§3.7 终局之战 ································· 042

§3.8 本章超纲内容汇总 ································· 047

第4章 定积分的计算 ································· 050

§4.1 美俄交锋（普通函数的定积分） ································· 050

§4.2 新官上任（特殊函数的定积分） ································· 055

§4.3 汉字的魅力（变限积分） ································· 059

§4.4 本章超纲内容汇总 ································· 064

第5章 一重积分的应用 ································· 066

§5.1 一日三餐（平面图形的面积） ································· 066

§5.2 家道中落（旋转体的体积） ································· 069

§5.3 本章超纲内容汇总 ································· 075

第6章 二元微分的计算 ································· 077

§6.1 幸运数字（偏导的四则运算） ································· 077

6.1.1 已知函数求偏导 ································· 078

6.1.2 已知偏导求函数 ································· 079

§6.2 高速公路（复合函数的偏导1） ································· 081

§6.3 辫子没了（复合函数的偏导2） ································· 086

§6.4 白蛇外传（隐函数的偏导） ································· 091

§6.5 本章超纲内容汇总 ································· 094

第7章 二元微分的应用 ································· 095

§7.1 正相关与负相关（单调性） ································· 095

§7.2 判别式来了（普通极值1） ································· 096

§7.3 最美的边疆（普通极值2） ································· 102

§7.4 大山里的学校（条件极值） ································· 106

§7.5 本章超纲内容汇总 ································· 112

第8章 二重积分的计算 ································· 113

§8.1 顺风车（普通函数1） ································· 113

§8.2 大师陨落（普通函数2） ································· 121

§8.3 激光打飘带（特殊函数） ································· 129

§8.4　以图为桥(三形式互换) ·· 138

§8.5　本章超纲内容汇总 ·· 144

第9章　微分中值定理 ·· 146

§9.1　"女装为零"(罗尔定理1) ·· 146

§9.2　"非女装为零"(罗尔定理2) ······································ 150

§9.3　两军交战(拉格朗日中值定理、柯西中值定理) ···················· 155

§9.4　本章超纲内容汇总 ·· 161

第10章　微分方程 ··· 163

§10.1　看手相1(一阶方程) ··· 163

§10.2　看手相2(二阶方程) ··· 168

10.2.1　缺男缺女(数三不要求) ··································· 170

10.2.2　二阶线性微分方程 ······································ 171

10.2.3　综合 ·· 173

§10.3　看手相3(高阶方程及综合) ····································· 176

10.3.1　三阶线性微分方程 ······································ 178

10.3.2　解的性质与结构 ·· 178

10.3.3　已知解反求方程 ·· 178

10.3.4　变量代换 ·· 179

10.3.5　其他 ·· 180

§10.4　本章超纲内容汇总 ··· 183

第11章　极限的计算 ··· 184

§11.1　中年韩信(函数的极限1) ······································ 184

11.1.1　求函数的极限("函等洛") ································ 187

11.1.2　已知等价无穷小求参数 ·································· 188

11.1.3　已知一个极限求另一个极限 ······························ 190

§11.2　青年韩信(函数的极限2) ······································ 191

11.2.1　无穷小的比较 ·· 193

11.2.2　重要公式("函皮跑") ···································· 194

11.2.3　求函数的极限("函08等洛") ······························ 195

§11.3　列宁的邀请(数列的极限1) ···································· 198

11.3.1　定义与性质 ·· 200

11.3.2　数列极限的求解方法 ···································· 201

§11.4　弟弟的存单(数列的极限2) ···································· 204

§11.5　夹缝求生(数列的极限3) ······································ 207

§11.6　本章超纲内容汇总 ··· 210

第 12 章　极限的应用 ·· 211

§ 12.1　惊险的瞬间(解释中断) ·· 211
12.1.1　已知连续求参数 ·· 214
12.1.2　判断间断点的类型和个数 ··· 215

§ 12.2　箭在弦上(解释微分 1) ·· 218
12.2.1　求某点的导数 ·· 219
12.2.2　求极限 ··· 220
12.2.3　综合 ·· 221

§ 12.3　左右开弓(解释微分 2) ·· 223
12.3.1　分段函数的求导 ·· 224
12.3.2　分段函数的极值点和拐点 ··· 227

§ 12.4　谋女郎(解释积分) ·· 230
12.4.1　定积分的极限解释 ·· 232
12.4.2　反常积分及其敛散性 ·· 233

§ 12.5　本章超纲内容汇总 ·· 236

第 13 章　无穷级数(仅数一和数三要求) ·· 238

§ 13.1　天师钟馗(级数的判敛) ·· 238
13.1.1　已知 a_n 表达式判断敛散性 ·· 241
13.1.2　未知 a_n 表达式判断敛散性 ·· 243

§ 13.2　张骞遇险(收敛半径与收敛域) ·· 247
13.2.1　求收敛半径 ·· 248
13.2.2　求收敛域 ··· 248
13.2.3　已知一个幂级数的收敛域求另一个幂级数的收敛域 ····· 249

§ 13.3　吓死我了(幂级数求和) ·· 249
13.3.1　直接代公式 ·· 250
13.3.2　逐项求导,逐项积分 ··· 251
13.3.3　利用微分方程求和函数 ·· 252

§ 13.4　本章超纲内容汇总 ·· 253

附录 ·· 254
附录 1　高等数学总框架及口诀汇总 ·· 254
附录 2　课堂练习参考答案 ·· 256

第1章　一元微分的计算

§1.1　文物流失(基本公式)

知识梳理

1. 基本概念

导数　研究曲线 $y=f(x)$ 上每一点的方向的函数,叫做导函数,简称导数,记作 y' 或者 $f'(x)$. 对应地,把函数 $y=f(x)$ 称为原函数.

几何意义　导数 $f'(x)$ 的每一个函数值,表示曲线 $y=f(x)$ 的对应点的方向,即此点处切线的斜率.

微分　导数的微分形式为 $\dfrac{\mathrm{d}y}{\mathrm{d}x}$.

导数与微分　导数和微分可以说是同一件事情的两种书写形式, $y'=\dfrac{\mathrm{d}y}{\mathrm{d}x}$.

2. 基本函数与基本导数表

基本函数　幂函数、指数函数、对数函数、三角函数、反三角函数这 5 种函数叫做基本函数.

基本函数的导数　① $(C)'=0$;② $(x)'=1$.

基本导数表　由所有基本函数的导数组成的一张表,就是基本导数表.

表 1-1　基本导数表

函数类型	个数	细　目	
幂函数	4	$(C)'=0$ $\left(\dfrac{1}{x}\right)'=-\dfrac{1}{x^2}$	$(x^n)'=nx^{n-1}$ $(\sqrt{x})'=\dfrac{1}{2\sqrt{x}}$
指数函数	2	$(\mathrm{e}^x)'=\mathrm{e}^x$	$(a^x)'=a^x\ln a$
对数函数	2	$(\ln x)'=\dfrac{1}{x}$	$(\log_a x)'=\dfrac{1}{x\ln a}$

续　表

函数类型	个数	细　目	
三角函数	6	$(\sin x)' = \cos x$ $(\tan x)' = \sec^2 x$ $(\sec x)' = \sec x \tan x$	$(\cos x)' = -\sin x$ $(\cot x)' = -\csc^2 x$ $(\csc x)' = -\csc x \cot x$
反三角函数	4	$(\arcsin x)' = \dfrac{1}{\sqrt{1-x^2}}$ $(\arctan x)' = \dfrac{1}{1+x^2}$	$(\arccos x)' = -\dfrac{1}{\sqrt{1-x^2}}$ $(\text{arccot}\, x)' = -\dfrac{1}{1+x^2}$

3. 复合运算与复合函数

　　复合运算　将一个基本函数 $f(x)$ 的自变量 x 用另一个基本函数来替代,这种操作方式叫做复合运算.例如,$x \rightarrow \varphi(x)$,$f(x) \rightarrow f(\varphi(x))$.

　　复合函数　经过复合运算得到的函数,叫做复合函数.例如,上面的 $f(\varphi(x))$ 就是复合函数.

　　父函数　复合函数中外面的函数 $f(x)$ 称为父函数.

　　子函数　复合函数中里面的函数 $\varphi(x)$ 称为子函数.

4. 组合函数

　　组合函数　由 2 个或者 2 个以上的基本函数通过加减乘除和复合 5 种计算组合而成的函数,叫做组合函数.

　　组合函数的类型　①加法型函数;②减法型函数;③乘法型函数;④除法型函数;⑤复合函数.

5. 组合函数的求导公式

　　(1) $(u+v)' = u' + v'$;　　　　　　(2) $(u-v)' = u' - v'$;

　　(3) $(uv)' = u'v + v'u$;　　　　　　(4) $\left(\dfrac{u}{v}\right)' = \dfrac{u'v - v'u}{v^2}$;

　　(5) $[f(\varphi(x))]' = f'(\varphi(x))\varphi'(x)$.

　　重要结论　所有的组合函数都很容易求导.

§1.2　贪吃的后果(反复)

反复餐饮

参隐

知识梳理

1. 求导的基本题型

　　(1) 反函数;

　　(2) 复合函数;

　　(3) 参数方程;

视频 1-1　"求导,反复参隐"

图 1-1　"求导,反复参隐"

（4）隐函数.

简称："求导,反复参隐".

2. 求导公式

表 1－2　求导公式

	反函数	复合函数	参数方程	隐函数
求导公式	$\dfrac{\mathrm{d}x}{\mathrm{d}y}=\dfrac{1}{\dfrac{\mathrm{d}y}{\mathrm{d}x}}$	$\begin{aligned}&[f(\varphi(x))]'\\&=f'(\varphi(x))\varphi'(x)\end{aligned}$	$\dfrac{\mathrm{d}y}{\mathrm{d}x}=\dfrac{\dfrac{\mathrm{d}y}{\mathrm{d}t}}{\dfrac{\mathrm{d}x}{\mathrm{d}t}}$	两边求导

重要结论　（1）公式为导数形式的,解题时也要采用导数形式;

（2）公式为微分形式的,解题时也要采用微分形式.

1.2.1　反函数

例 1－1　（2013 年)设函数 $f'(x)=\sqrt{1-\mathrm{e}^x}$, $f(-1)=0$,则 $y=f(x)$ 的反函数 $x=f^{-1}(y)$ 在 $y=0$ 处的导数 $\dfrac{\mathrm{d}x}{\mathrm{d}y}\bigg|_{y=0}=$ _____.

解　由题意得

$$\frac{\mathrm{d}y}{\mathrm{d}x}=f'(x)=\sqrt{1-\mathrm{e}^x}.$$

根据反函数求导法则——反函数的导数是原函数导数的倒数,有

$$\frac{\mathrm{d}x}{\mathrm{d}y}=\frac{1}{\dfrac{\mathrm{d}y}{\mathrm{d}x}}=\frac{1}{\sqrt{1-\mathrm{e}^x}}.$$

当 $y=0$ 时,$x=-1$,

$$\frac{\mathrm{d}x}{\mathrm{d}y}\bigg|_{y=0}=\frac{\mathrm{d}x}{\mathrm{d}y}\bigg|_{x=-1}=\frac{1}{\sqrt{1-\mathrm{e}^x}}\bigg|_{x=-1}=\frac{1}{\sqrt{1-\mathrm{e}^{-1}}}.$$

例 1－2　设 $x=\tan y$ 是直接函数,$y\in\left(-\dfrac{\pi}{2},\dfrac{\pi}{2}\right)$,$y=\arctan x$ 是它的反函数,已知正切函数的求导公式,试证明:$y'=\dfrac{1}{1+x^2}$.

解　已知 $(\tan x)'=\sec^2 x$, $\dfrac{\mathrm{d}x}{\mathrm{d}y}=\sec^2 y$,

$$y'=\frac{\mathrm{d}y}{\mathrm{d}x}=\frac{1}{\dfrac{\mathrm{d}x}{\mathrm{d}y}}=\frac{1}{\sec^2 y}=\frac{1}{1+\tan^2 y}=\frac{1}{1+x^2},$$

所以，$y' = \dfrac{1}{1+x^2}$.

总结 反函数的求导要写成微分形式，这一点一定要记住.

1.2.2 复合函数

例 1-3 $y = \log_a \sin x$，求 $\dfrac{\mathrm{d}y}{\mathrm{d}x}$.

解 由 $(\ln x)' = \dfrac{1}{x \ln \mathrm{e}}$，$(\log_a x)' = \dfrac{1}{x \ln a}$，有

$$\frac{\mathrm{d}y}{\mathrm{d}x} = y' = (\log_a \sin x)' = \frac{1}{\ln a \sin x} \cdot (\sin x)' = \frac{\cos x}{\ln a \sin x} = \frac{\cot x}{\ln a}.$$

总结 复合函数求导一般使用导数形式，而不用微分形式.

例 1-4 （2012 年）设函数 $f(x) = \begin{cases} \ln \sqrt{x} & x \geqslant 1, \\ 2x - 1 & x < 1, \end{cases}$ $y = f[f(x)]$，则

$$\frac{\mathrm{d}y}{\mathrm{d}x}\bigg|_{x=\mathrm{e}} = \underline{\qquad}.$$

解 由 $y' = f'[f(x)] \cdot f'(x)$，有

$$f'(x) = \begin{cases} \dfrac{1}{\sqrt{x}} \cdot \dfrac{1}{2\sqrt{x}} = \dfrac{1}{2x}, & x > 1, \\ 2, & x < 1. \end{cases}$$

$$y'(\mathrm{e}) = f'[f(\mathrm{e})] \cdot f'(\mathrm{e}) = f'(\ln \sqrt{\mathrm{e}}) \cdot f'(\mathrm{e}) = f'\left(\frac{1}{2}\right) f'(\mathrm{e}) = 2 \cdot \frac{1}{2\mathrm{e}} = \frac{1}{\mathrm{e}}.$$

则 $\dfrac{\mathrm{d}y}{\mathrm{d}x}\bigg|_{x=\mathrm{e}} = y'(\mathrm{e}) = \dfrac{1}{\mathrm{e}}$.

例 1-5 设 $y = \sin[f(x^2)]$，其中 f 具有二阶导数，求 $\dfrac{\mathrm{d}^2 y}{\mathrm{d}x^2}$.

解 由 $y' = \cos[f(x^2)] \cdot f'(x^2) \cdot 2x$，有

$$\frac{\mathrm{d}^2 y}{\mathrm{d}x^2} = y'' = -\sin[f(x^2)] \cdot [f'(x^2)]^2 \cdot (2x)^2 + \cos[f(x^2)]$$

$$\cdot f''(x^2) \cdot (2x)^2 + 2\cos[f(x^2)] \cdot f'(x^2)$$

$$= 4x^2 \{ f''(x^2) \cdot \cos[f(x^2)] - [f'(x^2)]^2 \cdot \sin[f(x^2)] \} + 2f'(x^2) \cdot \cos[f(x^2)].$$

总结 ①$(uv)' = u'v + v'u$；②$(uvw)' = u'vw + uv'w + uvw'$.

例 1-6 设 $y = \ln\sqrt{\dfrac{1-x}{1+x^2}}$，则 $y''\bigg|_{x=0} = \underline{\qquad}$.

解 直接求 y' 不方便，可根据 $\ln\sqrt{\dfrac{a}{b}} = \dfrac{1}{2}(\ln a - \ln b)$，先变形再求导.

$$y = \frac{1}{2}\left[\ln(1-x) - \ln(1+x^2)\right], \quad y' = \frac{1}{2}\left(-\frac{1}{1-x} - \frac{2x}{1+x^2}\right),$$

$$y'' = \frac{1}{2}\left[\frac{-1}{(1-x)^2} - \frac{2(1+x^2) - (2x)^2}{(1+x^2)^2}\right], \quad y''\bigg|_{x=0} = \frac{1}{2} \times (-1-2) = \frac{1}{2} \times (-3) = -\frac{3}{2}.$$

总结 在求导时,加减法运算比乘除法运算要方便;如果条件允许,可以对原式进行适当的变形.

例 1 - 7 设 $y = (1 + \sin x)^x$,则 $\mathrm{d}y\bigg|_{x=\pi} = $ _____.

分析 当函数的底数和指数均包含 x 时,可以使用如下公式进行变形:

$$f(x)^{g(x)} = \mathrm{e}^{\ln f(x)^{g(x)}} = \mathrm{e}^{g(x)\ln f(x)},$$

将幂的形式转变为乘积的形式,可以方便求导.

解 由 $y = \mathrm{e}^{x\ln(1+\sin x)}$,有

$$y' = \mathrm{e}^{x\ln(1+\sin x)}\left[\ln(1+\sin x) + \frac{\cos x}{1+\sin x} \cdot x\right], \quad y'\bigg|_{x=\pi} = \mathrm{e}^0 \cdot \left(0 + \frac{-1}{1} \cdot \pi\right) = -\pi.$$

则 $\mathrm{d}y = y'\mathrm{d}x$,$\mathrm{d}y\bigg|_{x=\pi} = y'\bigg|_{x=\pi}\mathrm{d}x = -\pi \cdot \mathrm{d}x.$

课堂练习

【练习 1 - 1】 设函数 $g(x)$ 可微,$h(x) = \mathrm{e}^{1+g(x)}$,$h'(1) = 1$,$g'(1) = 2$,则 $g(1)$ 等于( ).

A. $\ln 3 - 1$ B. $-\ln 3 - 1$ C. $-\ln 2 - 1$ D. $\ln 2 - 1$

【练习 1 - 2】 设 $y = f(\ln x)\mathrm{e}^{f(x)}$,其中 f 可微,则 $\mathrm{d}y = $ _____.

【练习 1 - 3】 设 $y = \cos x^2 \sin^2 \frac{1}{x}$,则 $y' = $ _____.

【练习 1 - 4】 设 $y = x^x$,则 $\dfrac{\mathrm{d}y}{\mathrm{d}x}\bigg|_{x=2} = $ _____.

【练习 1 - 5】 已知 $y = \ln\dfrac{\sqrt{1+x^2} - 1}{\sqrt{1+x^2} + 1}$,求 y'.

§1.3 贪吃的后果(参隐)

1.3.1 参数方程(数三不要求)

例 1 - 8 (2017 年)设函数 $y = y(x)$ 由参数方程 $\begin{cases} x = t + \mathrm{e}^t, \\ y = \sin t \end{cases}$ 确定,则 $\dfrac{\mathrm{d}^2 y}{\mathrm{d}x^2}\bigg|_{t=0} = $ _____.(此题数三不要求)

解

$$\frac{dy}{dx} = \frac{\dfrac{dy}{dt}}{\dfrac{dx}{dt}} = \frac{\cos t}{1 + e^t},$$

$$\frac{d^2 y}{dx^2} = \frac{d\left(\dfrac{dy}{dx}\right)}{dx} = \frac{d\left(\dfrac{\cos t}{1 + e^t}\right)}{dx} = \frac{d\left(\dfrac{\cos t}{1 + e^t}\right)}{dt} \cdot \frac{dt}{dx}$$

$$= \frac{-\sin t(1 + e^t) - e^t \cos t}{(1 + e^t)^2} \cdot \frac{1}{1 + e^t} = \frac{-\sin t(1 + e^t) - e^t \cos t}{(1 + e^t)^3},$$

$$\left.\frac{d^2 y}{dx^2}\right|_{t=0} = \frac{-e^0 \cos 0}{(1 + e^0)^3} = -\frac{1}{8}.$$

例 1-9 （2015 年）设 $\begin{cases} x = \arctan t, \\ y = 3t + t^3, \end{cases}$ 则 $\left.\dfrac{d^2 y}{dx^2}\right|_{t=1} = $ _____ . （此题数三不要求）

解

$$\frac{dy}{dx} = \frac{\dfrac{dy}{dt}}{\dfrac{dx}{dt}} = \frac{3 + 3t^2}{\dfrac{1}{1 + t^2}} = 3(1 + t^2) \cdot (1 + t^2) = 3(1 + t^2)^2,$$

$$\frac{d^2 y}{dx^2} = \frac{d\left(\dfrac{dy}{dx}\right)}{dx} = \frac{d\left[3(1 + t^2)^2\right]}{dx} = \frac{d\left[3(1 + t^2)^2\right]}{dt} \cdot \frac{dt}{dx} = 3 \times 2(1 + t^2) \cdot 2t \cdot (1 + t^2)$$

$$= 12t(1 + t^2)^2,$$

$$\left.\frac{d^2 y}{dx^2}\right|_{t=1} = 12(1 + 1)^2 = 12 \times 4 = 48.$$

总结 参数方程的题目属于高频考点,一定要掌握.

例 1-10 （2019 年）曲线 $\begin{cases} x = t - \sin t, \\ y = 1 - \cos t, \end{cases}$ 在 $t = \dfrac{3}{2}\pi$ 对应点处的切线,在 y 轴上的截距为 _____ . （此题数三不要求）

解 导数的几何意义是曲线在某点处切线的斜率,所以,先求导确定切线的斜率,再用点斜式确定切线方程.

由 $\dfrac{dy}{dx} = \dfrac{\dfrac{dy}{dt}}{\dfrac{dx}{dt}} = \dfrac{\sin t}{1 - \cos t}$, 可知切线斜率 $k = \left.\dfrac{dy}{dx}\right|_{t=\frac{3}{2}\pi} = \dfrac{\sin \dfrac{3}{2}\pi}{1 - \cos \dfrac{3}{2}\pi} = \dfrac{-1}{1 - 0} = -1$, $t = \dfrac{3}{2}\pi$

的对应点为 $\left(\dfrac{3}{2}\pi + 1, 1\right)$, 切线方程为

$$y - 1 = -\left[x - \left(\frac{3}{2}\pi + 1\right)\right].$$

令 $x=0$，得 $y-1=\dfrac{3}{2}\pi+1$，即 $y=\dfrac{3}{2}\pi+2$. 所以，y 轴上的截距为 $\dfrac{3}{2}\pi+2$.

例 1-11 （2013 年）曲线 $\begin{cases} x=\arctan t, \\ y=\ln\sqrt{1+t^2} \end{cases}$ 上对应于 $t=1$ 的点处的法线方程为

_____.（此题数三不要求）

解 由 $\dfrac{\mathrm{d}y}{\mathrm{d}x}=\dfrac{\frac{\mathrm{d}y}{\mathrm{d}t}}{\frac{\mathrm{d}x}{\mathrm{d}t}}=\dfrac{\dfrac{1}{\sqrt{1+t^2}}\cdot\dfrac{1}{2\sqrt{1+t^2}}\cdot 2t}{\dfrac{1}{1+t^2}}=\dfrac{t}{1+t^2}\cdot(1+t^2)=t$，可知切线斜率

$$k_1=\dfrac{\mathrm{d}y}{\mathrm{d}x}\bigg|_{t=1}=t\,|_{t=1}=1.$$

$k_1\cdot k_2=-1$，则法线斜率 $k_2=-1$. $t=1$ 的对应点为 $\left(\dfrac{\pi}{4},\ln\sqrt{2}\right)$，法线方程为

$$y-\ln\sqrt{2}=-\left(x-\dfrac{\pi}{4}\right)=-x+\dfrac{\pi}{4}，即\ y=-x+\dfrac{\pi}{4}+\ln\sqrt{2}.$$

1.3.2 隐函数

例 1-12 （2012 年）设 $y=y(x)$ 是由方程 $x^2-y+1=\mathrm{e}^y$ 所确定的隐函数，则 $\dfrac{\mathrm{d}^2 y}{\mathrm{d}x^2}\bigg|_{x=0}=$ _____.

解 （1）将 $x=0$ 代入原方程得 $-y+1=\mathrm{e}^y$，有 $y=0$.

（2）两边对 x 求导，

$$2x-y'=\mathrm{e}^y\cdot y'.$$

将 $x=0$，$y=0$ 代入上式得 $-y'=\mathrm{e}^0\cdot y'$，有 $y'(0)=0$.

（3）两边对 x 再求导，

$$2-y''=(\mathrm{e}^y\cdot y')\cdot y'+y''\cdot\mathrm{e}^y=\mathrm{e}^y y'^2+\mathrm{e}^y y''.$$

（4）将 $x=0$，$y=0$，$y'(0)=0$ 代入上式得

$$2-y''(0)=\mathrm{e}^0\big[y'(0)\big]^2+\mathrm{e}^0 y''(0)=\big[y'(0)\big]^2+y''(0)=y''(0).$$

整理得 $2y''(0)=2$，即 $y''(0)=1$.

总结 一般来说，隐函数求导用导数形式居多，这样比较方便.

例 1-13 （2009 年）设 $y=y(x)$ 是由方程 $xy+\mathrm{e}^y=x+1$ 确定的隐函数，则 $\dfrac{\mathrm{d}^2 y}{\mathrm{d}x^2}\bigg|_{x=0}=$ _____.

解 （1）将 $x=0$ 代入原方程得 $\mathrm{e}^y=1$，有 $y=0$.

（2）两边对 x 求导，

$$y + y'x + e^y \cdot y' = 1.$$

将 $x = 0$，$y = 0$ 代入上式得 $0 + e^0 \cdot y'(0) = 1$，有 $y'(0) = 1$。

(3) 两边对 x 再求导，

$$y' + y''x + y' + (e^y \cdot y') \cdot y' + y''e^y = 0,$$
$$y'(0) + y'(0) + e^0[y'(0)]^2 + y''(0)e^0 = 0,$$
$$2y'(0) + [y'(0)]^2 + y''(0) = 0.$$

(4) 将 $y'(0) = 1$ 代入上式得 $2 + 1 + y''(0) = 0$，则 $y''(0) = -3$。

例 1-14 （2011 年）曲线 $\tan\left(x + y + \dfrac{\pi}{4}\right) = e^y$ 在点 $(0, 0)$ 处的切线方程为

_____.

解 (1) 两边对 x 求导，

$$\sec^2\left(x + y + \frac{\pi}{4}\right) \cdot (1 + y') = e^y \cdot y'.$$

(2) 将 $x = 0$，$y = 0$ 代入上式得

$$\sec^2 \frac{\pi}{4} \cdot [1 + y'(0)] = e^0 \cdot y'(0),$$
$$\left(1 + \tan^2 \frac{\pi}{4}\right)[1 + y'(0)] = y'(0),$$
$$2[1 + y'(0)] = y'(0),$$
$$2 + 2y'(0) = y'(0),$$
$$y'(0) = -2.$$

则切线斜率 $k = y'(0) = -2$，切线方程为 $y - 0 = -2(x - 0)$，即 $y = -2x$。

课堂练习

【练习 1-6】 （2020 年）设 $\begin{cases} x = \sqrt{t^2 + 1}, \\ y = \ln(t + \sqrt{t^2 + 1}), \end{cases}$ 则 $\dfrac{d^2 y}{dx^2}\Big|_{t=1} = $ _____.（此题数三不要求）

【练习 1-7】 （2013 年）设 $\begin{cases} x = \sin t, \\ y = t\sin t + \cos t \end{cases}$ （t 为参数），则 $\dfrac{d^2 y}{dx^2}\Big|_{t=\frac{\pi}{4}} = $ _____.（此题数三不要求）

【练习 1-8】 曲线 $\begin{cases} x = \arctan t, \\ y = \ln\sqrt{1 + t^2} \end{cases}$ 上对应于 $t = 1$ 的点处的法线方程为 _____.（此题数三不要求）

【练习 1-9】 （2020 年）$x + y + e^{2xy} = 0$ 在 $(0, -1)$ 处的切线方程为 _____.

【练习 1-10】 已知函数 $y = y(x)$ 由方程 $e^y + 6xy + x^2 - 1 = 0$ 确定，则 $y''(0) = $ _____.

【练习 1 - 11】 (2014 年)曲线 L 的极坐标方程是 $r = \theta$,则 L 在点$(r, \theta) = \left(\dfrac{\pi}{2}, \dfrac{\pi}{2} \right)$ 处的切线的直角坐标方程是 _____.(此题数三不要求)

【练习 1 - 12】 已知 $y = 1 + x \mathrm{e}^{xy}$,求 $y' \Big|_{x=0}$ 及 $y'' \Big|_{x=0}$.

【练习 1 - 13】 设函数 $y = y(x)$ 由方程 $y - x \mathrm{e}^y = 1$ 所确定,求 $\dfrac{\mathrm{d}^2 y}{\mathrm{d} x^2} \Big|_{x=0}$ 的值.

§1.4　本章超纲内容汇总

1. 反函数

(1) 求反函数的二阶导数.

例如,设 $y = f(x)$ 的反函数是 $x = \varphi(y)$,且 $f(x) = \displaystyle\int_1^{2x} \mathrm{e}^{t^2} \mathrm{d}t + 1$,则 $\varphi''(1) = $ _____.

(2) 其他关于反函数的复杂问题.

例如,设可导函数 $f(x)$ 的原函数是 $F(x)$,可导函数 $g(x)$ 的原函数是 $G(x)$,$g(x)$ 与 $f(x)$ 互为反函数,则 $\dfrac{\mathrm{d} F(g(x))}{\mathrm{d} x} \cdot \dfrac{\mathrm{d} G(f(x))}{\mathrm{d} x} = $ _____.

2. 参数方程(数三不要求)

(1) 参数方程与抽象函数的综合题.

例如,(1992 年)设 $\begin{cases} x = f(t) - \pi, \\ y = f(\mathrm{e}^{3t} - 1), \end{cases}$ 其中,f 可导,且 $f'(0) \neq 0$,则 $\dfrac{\mathrm{d} y}{\mathrm{d} x} \Big|_{t=0} = $ _____.

(2) 参数方程与隐函数的综合题.

例如,(1997 年)设函数 $y = y(x)$ 由 $\begin{cases} x = \arctan t, \\ 2y - ty^2 + \mathrm{e}^t = 5 \end{cases}$ 所确定,求 $\dfrac{\mathrm{d} y}{\mathrm{d} x}$.

(3) 参数方程与分段函数的综合题.

例如,设 $\begin{cases} x = |t|, \\ y = t^2 + 3t |t|, \end{cases}$ 求 $\dfrac{\mathrm{d} y}{\mathrm{d} x}$.

3. 隐函数

求某个隐函数的二阶导数(不是一个具体的点).

例如,(1994 年)设 $y = f(x + y)$,其中,f 具有二阶导数,且其一阶导数不等于 1,求 $\dfrac{\mathrm{d}^2 y}{\mathrm{d} x^2}$.

再如,(1995 年)设函数 $y = y(x)$ 由方程 $x \mathrm{e}^{f(y)} = \mathrm{e}^y$ 确定,其中,f 具有二阶导数,且 $f' \neq 1$,求 $\dfrac{\mathrm{d}^2 y}{\mathrm{d} x^2}$.

4. 其他

例如,设 $y = \dfrac{x + a}{2 + ax}$,$a$ 为常数,则 $\dfrac{\mathrm{d} y}{2 - ay} = $ _____.

第2章　一元微分的应用

§2.1　太极图(单调性与单调区间)

知识梳理

1. 一元微分的应用:画图

　　(1) 单调性与单调区间;

　　(2) 极值与最值;

　　(3) 凹凸性;

　　(4) 拐点.

　　简称:"画图,单极凹拐".

画图:单极凹拐

视频 2-1　"画图,单极凹拐"1　　图 2-1　"画图,单极凹拐"1

两极图　　　单极图

2. 单调性

　　单调增加　当函数 $f(x)$ 的自变量在其定义区间内增大时,函数值也随之增大,则称该函数在此区间内单调增加. 即:当 $x_1 > x_2$ 时,有 $f(x_1) > f(x_2)$.

　　单调减少　当函数 $f(x)$ 的自变量在其定义区间内增大时,函数值却不断减小,则称该函数在此区间内单调减少. 即:当 $x_1 > x_2$ 时,有 $f(x_1) < f(x_2)$.

　　单调性　单调增加和单调减少,合称为单调性.

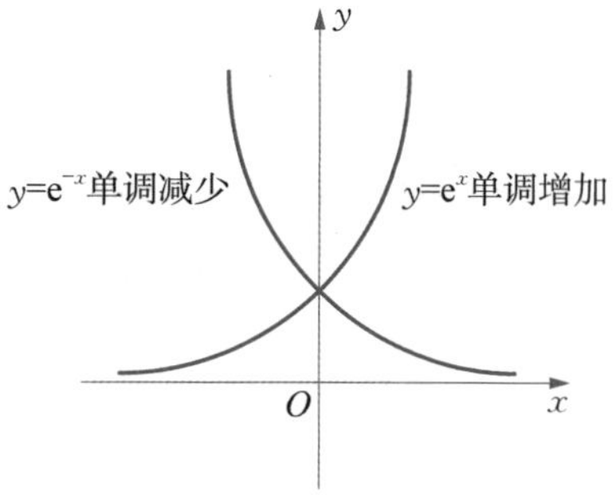

$y = e^{-x}$ 单调减少　　$y = e^x$ 单调增加

图 2-2　单调性

3. 单调性定理

　　定理 1　设函数 $f(x)$ 在 (a,b) 区间内可导,如果对 $\forall x \in (a,b)$,都有 $f'(x) > 0$,则函数 $f(x)$ 在 (a,b) 内是单调增加的.

　　定理 2　设函数 $f(x)$ 在 (a,b) 区间内可导,如果对 $\forall x \in (a,b)$,都有 $f'(x) < 0$,则函数 $f(x)$ 在 (a,b) 内是单调减少的.

4. 组合函数的图像

　　组成　一般来说,组合函数的图像由"西瓜皮"、"椅子"和"渐近线"3 部分组成. 其中,"西瓜皮"是重点.

视频 2-2　"西瓜皮与椅子"

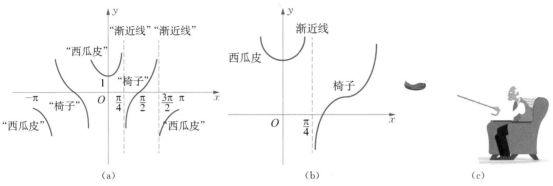

图 2－3　组合函数的图像

表 2－1　组合函数的重点

	"西瓜皮"的顶点	"椅子"的坐点	"渐近线"处
$f'(x)$	0	0	不存在

5. 单调区间的确定方法

(1) 令 $f'(x)=0$,找到"西瓜皮"的顶点和"椅子"的坐点;

(2) 令 $f'(x)$ 不存在,找到"渐近线"所在的位置;

(3) 以"西瓜皮"的顶点、"椅子"的坐点和"渐近线"所在的位置作为分界线,确定区间的个数;

(4) 在每个区间内,分析函数的单调性.

2.1.1　单调性

例 2－1　设 $f(x)$ 在 $(-\infty,+\infty)$ 内可导,且对任意 x_1,x_2,当 $x_1>x_2$ 时,都有 $f(x_1)>f(x_2)$,则(　　).

A. 对任意 x,$f'(x)>0$　　　　　B. 对任意 x,$f'(-x)\leqslant 0$

C. 函数 $f(-x)$ 单调增加　　　　　D. 函数 $-f(-x)$ 单调增加

解　由题意可得 $f(x)$ 单调递增,如图 2－4(a) 所示,此时 $f'(x)\geqslant 0$,故 A 选项错误.

根据图 2－4(a) 可得 $f(-x)$ 的图像,如图 2－4(b) 所示为单调递减,故 C 选项错误.

B 选项中出现 $f(-x)$,对其求导,$[f(-x)]'=f'(-x)\cdot(-x)'=-f'(-x)$.

根据图 2－4(b) 中 $f(-x)$ 的图像可得 $[f(-x)]'\leqslant 0$,故 $f'(-x)\geqslant 0$,故 B 选项错误.

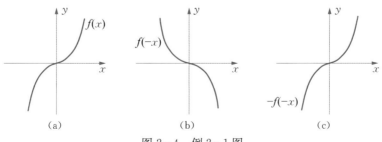

图 2－4　例 2－1 图

根据图 2-4(b)可得 $-f(-x)$ 的图像,如图 2-4(c) 所示为单调增加,故 D 选项正确.

例 2-2 (2017 年)设函数 $f(x)$ 可导,且 $f(x)f'(x) > 0$,则( ).

A. $f(1) > f(-1)$　　　　　　　　B. $f(1) < f(-1)$

C. $\mid f(1) \mid > \mid f(-1) \mid$　　　　　　D. $\mid f(1) \mid < \mid f(-1) \mid$

解 可能 $f(x) > 0$,$f'(x) > 0$,举例如图 2-5(a) 所示.

可能 $f(x) < 0$,$f'(x) < 0$,举例如图 2-5(b) 所示.

由图 2-5(b)可得 A 选项错误,由图 2-5(a)可得 B 选项错误.结合两图可得 C 选项正确、D 选项错误.

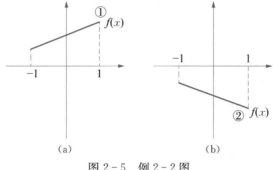

图 2-5　例 2-2 图

2.1.2　单调区间

例 2-3 请确定函数 $y = 2x + \dfrac{8}{x}$ 的单调区间.

解 令 $y' = 0$,得 $y' = 2 - \dfrac{8}{x^2} = \dfrac{2x^2 - 8}{x^2} = \dfrac{2(x^2 - 4)}{x^2} = \dfrac{2(x+2)(x-2)}{x^2} = 0$,有 $x = -2$ 或 $x = 2$.

令 y' 不存在,得 $x = 0$.

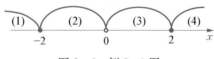

图 2-6　例 2-3 图

(1) 当 $x \in (-\infty, -2)$ 时,$y' > 0$,y 单调增加;

(2) 当 $x \in (-2, 0)$ 时,$y' < 0$,y 单调减少;

(3) 当 $x \in (0, 2)$ 时,$y' < 0$,y 单调减少;

(4) 当 $x \in (2, +\infty)$ 时,$y' > 0$,y 单调增加.

所以,单调增加的区间为 $(-\infty, -2]$ 和 $[2, +\infty)$,单调减少的区间为 $[-2, 0)$ 和 $(0, 2]$.

例 2-4 请确定函数 $y = 2x^3 - 6x^2 - 18x - 7$ 的单调区间.

解　令 $y'=0$，得 $y'=6x^2-12x-18=6(x^2-2x-3)=6(x-3)(x+1)=0$，有 $x=3$ 或 $x=-1$.

令 y' 不存在，无解.

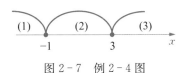

图 2 - 7　例 2 - 4 图

（1）当 $x\in(-\infty,-1)$ 时，$y'>0$，y 单调增加；

（2）当 $x\in(-1,3)$ 时，$y'<0$，y 单调减少；

（3）当 $x\in(3,+\infty)$ 时，$y'>0$，y 单调增加.

所以，单调增加的区间为 $(-\infty,-1]$ 和 $[3,+\infty)$，单调减少的区间为 $[-1,3]$.

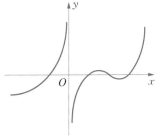

图 2 - 8　练习 2 - 1 图

课堂练习

【练习 2 - 1】　已知函数 $y=f(x)$ 在其定义域内可导，它的图形如图 2 - 8 所示，则其导函数 $y=f'(x)$ 的图形为（　　）.

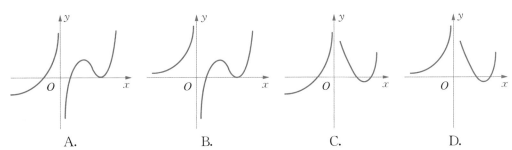

A.　　　　　　B.　　　　　　C.　　　　　　D.

【练习 2 - 2】　请判定函数 $f(x)=\arctan x-x$ 的单调性.

【练习 2 - 3】　请确定函数 $y=(x-1)(x+1)^3$ 的单调区间.

§2.2　西瓜皮(极值与最值)

知识梳理

画图：单极凹拐

1. 一元微分的应用:画图

（1）单调性与单调区间；

（2）极值与最值；

（3）凹凸性；

（4）拐点.

简称："画图,单极凹拐".

视频 2 - 3　"画图,单极凹拐"2

两极图　　　　单极图

图 2 - 9　"画图,单极凹拐"2

凹

拐

2. 极值

极值 设函数 $y=f(x)$ 在 x_0 的邻域内有定义,x 为该邻域内异于 x_0 的任一点,若恒有 $f(x)>f(x_0)$(或 $f(x)<f(x_0)$),则称 $f(x_0)$ 为 $y=f(x)$ 的极小值(或极大值),极大值与极小值统称为极值.

极值点 使函数取极值的点称为极值点.其中,使函数取极大值的点称为极大值点,使函数取极小值的点称为极小值点.

组合函数的极值点 一般来说,对于组合函数(非分段函数)来说,极值点就是"西瓜皮"的顶点,"西瓜皮"的顶点就是极值点,简称为"西极".其中,"上西瓜"的顶点就是极小值点,"下西瓜"的顶点就是极大值点.

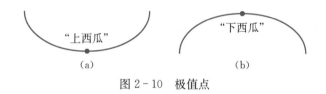

图 2-10 极值点

3. 极值的判定

(1) 同级判别法:设函数 $f(x)$ 在 x_0 的邻域内可导,且 $f'(x_0)=0$,则可判别.

表 2-2 极值的同级判别法

$f'(x_0-0)$	$f'(x_0+0)$	$f'(x)$	函数的图像	$f(x_0)$
$+$	$+$	$f'(x)$ 不变号		非极值
$-$	$-$	$f'(x)$ 不变号		非极值
$+$	$-$	$f'(x)$ 变号		极值(极大值)
$-$	$+$	$f'(x)$ 变号		极值(极小值)

(2) 高级判别法:设函数 $f(x)$ 在 x_0 处二阶可导,且 $f'(x_0)=0$,则可判别.

表 2-3 极值的高级判别法

$f''(x_0)$	$f(x_0)$	$f''(x_0)$	函数的图像	$f(x_0)$
$\neq 0$	极值	$+$		极小值

续　表

$f''(x_0)$	$f(x_0)$	$f''(x_0)$	函数的图像	$f(x_0)$
$\neq 0$	极值	$-$	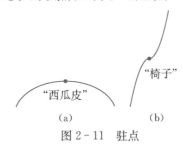	极大值
$= 0$	非极值	0		非极值

口诀　$y'=0$，$y''\neq 0$ 时，取极值.

（3）小结：一般来说，极值的判定，应优先选择高级判别法；当 y'' 太过复杂时，才选择同级判别法.

4. 驻点

驻点　使 $f'(x)$ 等于"0"的点，称为函数 $f(x)$ 的驻点.

驻点的两种类型　"西瓜皮"的顶点和"椅子"的坐点.

"椅子"

"西瓜皮"

（a）　　　　　　　　（b）

图 2-11　驻点

5. 最值的求法

若 $f(x)$ 为组合函数（非分段函数），其定义在 $[a,b]$ 上且函数连续，则最值的求解步骤如下：

（1）令 $f'(x)=0$，找出所有的极值点（假设共有 n 个）；

（2）计算出 $f(a)$，$f(b)$ 的值；

（3）将以上 $n+2$ 个点在坐标系里标出，最高的点对应最大值，最低的点对应最小值.

简称："极值+边界".

注意　若函数 $f(x)$ 在 (a,b) 内有最值，则只需分析 n 个极值点即可找到所求的最值.

2.2.1　极值

例 2-5　求下列函数的极值：

（1）$y=x+\sqrt{1-x}$ ；
（2）$y=\dfrac{1+3x}{\sqrt{4+5x^2}}$.

解　（1）令 $y'=0$，即 $y'=1+\dfrac{1}{2\sqrt{1-x}}\cdot(-1)=1-\dfrac{1}{2\sqrt{1-x}}=0$，有 $2\sqrt{1-x}=1$，

$$\sqrt{1-x}=\frac{1}{2}, \quad 1-x=\frac{1}{4}, \quad x=\frac{3}{4}.$$

$$y''=\left(-\frac{1}{2\sqrt{1-x}}\right)'=\left[-\frac{1}{2}\cdot(1-x)^{-\frac{1}{2}}\right]'=-\frac{1}{2}\cdot\left[-\frac{1}{2}(1-x)^{-\frac{1}{2}-1}\right]\cdot(-1)=$$

$$-\frac{1}{4}(1-x)^{-\frac{3}{2}},$$

$$y''\left(\frac{3}{4}\right)=-\frac{1}{4}\cdot\left(1-\frac{3}{4}\right)^{-\frac{3}{2}}=-\frac{1}{4}\cdot\left(\frac{1}{4}\right)^{-\frac{3}{2}}=-\frac{1}{4}\cdot\left(\frac{1}{2}\right)^{-3}=-\frac{1}{4}\cdot 8=-2<0,$$

所以, $y\left(\frac{3}{4}\right)=\frac{3}{4}+\sqrt{1-\frac{3}{4}}=\frac{3}{4}+\frac{1}{2}=\frac{5}{4}$ 为极大值.

（2）令 $y'=0$, 即

$$y'=\frac{3\sqrt{4+5x^2}-\dfrac{10x}{2\sqrt{4+5x^2}}\cdot(1+3x)}{4+5x^2}=\frac{12-5x}{(4+5x^2)^{\frac{3}{2}}}=0,$$

有 $x=\dfrac{12}{5}$.

当 $x\in\left(-\infty,\dfrac{12}{5}\right)$ 时, $y'>0$, y 单调递增；当 $x\in\left(\dfrac{12}{5},+\infty\right)$ 时, $y'<0$, y 单调递减.

所以, $y\left(\dfrac{12}{5}\right)=\dfrac{1+3\cdot\dfrac{12}{5}}{\sqrt{4+5\cdot\left(\dfrac{12}{5}\right)^2}}=\dfrac{\sqrt{205}}{10}$ 为极大值.

例 2-6 （2010 年）设函数 $f(x)$, $g(x)$ 具有二阶导数, 且 $g''(x)<0$. 若 $g(x_0)=a$ 是 $g(x)$ 的极值, 则 $f[g(x)]$ 在 x_0 处取极大值的一个充分条件是(　　).

A. $f'(a)<0$ 　　　　B. $f'(a)>0$ 　　　　C. $f''(a)<0$ 　　　　D. $f''(a)>0$

解 $g(x_0)=a$ 是 $g(x)$ 的极值, 故 $g'(x_0)=0$, $g''(x_0)\neq 0$.

$f[g(x)]$ 在 x_0 处取极大值, 故 $\{f[g(x)]\}'\big|_{x=x_0}=0$, $\{f[g(x)]\}''\big|_{x=x_0}<0$.

由 $\{f[g(x)]\}'=f'[g(x)]g'(x)$ 可知, $\{f[g(x)]\}'\big|_{x=x_0}=f'[g(x_0)]g'(x_0)=0$ 恒成立.

$$\{f[g(x)]\}''=\{f'[g(x)]\cdot g'(x)\}'$$
$$=f''[g(x)]\cdot g'(x)\cdot g'(x)+g''(x)f'[g(x)], \quad \{f[g(x)]\}''\big|_{x=x_0}$$
$$=f''[g(x_0)]\cdot[g'(x_0)]^2+g''(x_0)\cdot f'[g(x_0)]$$
$$=0+g''(x_0)f'(a)<0.$$

由 $g''(x)<0$ 可知 $g''(x_0)<0$, 有 $f'(a)>0$, 故选 B.

例 2-7　(2014 年)设函数 $y=f(x)$ 由方程 $y^3+xy^2+x^2y+6=0$ 确定,求 $f(x)$ 的极值.

解　(1) 方程两边对 x 求导,得

$$3y^2y'+y^2+2yy'x+2xy+x^2y'=0. \qquad ①$$

① 式两边对 x 再求导,得

$$6y(y')^2+y''\cdot 3y^2+2yy'+2(y')^2x+2yy''x+2yy'+2y+y'\cdot 2x+2xy'+y''x^2=0. \qquad ②$$

(2) 令 $y'=0$,代入 ① 式,得 $y^2+2xy=0$,即 $y(y+2x)=0$,有 $y=0$ 或 $y=-2x$.将 $y=0$ 或 $y=-2x$ 分别代入原方程,可得 $6=0$(舍去),或 $-8x^3+4x^3-2x^3+6=0$,即 $-6x^3+6=0$,解得 $x^3=1$,$x=1$.有 $\begin{cases}x=1, \\ y=-2x=-2.\end{cases}$

将 $y'=0$ 和 $\begin{cases}x=1 \\ y=-2\end{cases}$ 代入 ② 式,得 $y''\times 3\times 4-4y''-4+y''=0$,即 $9y''-4=0$,

$y''=\dfrac{4}{9}>0$.

(3) $(1,-2)$ 为极小值点,$f(x)$ 的极小值为 -2.

2.2.2　最值

例 2-8　(2011 年)函数 $f(x)=\ln|(x-1)(x-2)(x-3)|$ 的驻点个数为(　　).

A. 0　　　　　　　　B. 1　　　　　　　　C. 2　　　　　　　　D. 3

解　令 $y'=0$,则

$$f'(x)=[\ln|(x-1)(x-2)(x-3)|]'=(\ln|x-1|+\ln|x-2|+\ln|x-3|)'$$

$$=\frac{1}{x-1}+\frac{1}{x-2}=\frac{1}{x-3}=\frac{(x-2)(x-3)+(x-1)(x-3)+(x-1)(x-2)}{(x-1)(x-2)(x-3)}$$

$$=\frac{3x^2-12x+11}{(x-1)(x-2)(x-3)}=0,$$

所以,$3x^2-12x+11=0$,$\Delta=12^2-4\times 3\times 11=12\times 12-12\times 11=12>0$,有 2 个不同根,故选 C.

例 2-9　求下列函数的最大值和最小值:

(1) $y=x^4-8x^2+2,-1\leqslant x\leqslant 3$;　　　　　(2) $y=x+\sqrt{1-x},-5\leqslant x\leqslant 1$.

解　(1) ① 求极值.

令 $y'=0$,则 $y'=4x^3-16x=4x(x^2-4)=4x(x+2)(x-2)=0$,可得

$$x_1=0,\ x_2=-2(舍去),x_3=2.$$

所以,$f(0)=2$,$f(2)=2^4-8\times 4+2=-14$.

② 求边界. $f(-1)=(-1)^4+8\times 1+2=-5$,$f(3)=3^4-8\times 3^2+2=11$.

③ 当 $x=2$ 时,有 $y_{\min}=-14$;当 $x=3$ 时,有 $y_{\max}=11$.

(2) ① 求极值.令 $y'=0$,则 $y'=1+\dfrac{1}{2\sqrt{1-x}}\cdot(-1)=1-\dfrac{1}{2\sqrt{1-x}}=0$,可得 $x=\dfrac{3}{4}$,

$$f\left(\frac{3}{4}\right)=\frac{3}{4}+\frac{1}{2}=\frac{5}{4}.$$

② 求边界. $f(-5)=-5+\sqrt{6}$, $f(1)=1+0=1$.

③ 当 $x=-5$ 时, 有 $y_{\min}=-5+\sqrt{6}$; 当 $x=\frac{3}{4}$ 时, 有 $y_{\max}=\frac{5}{4}$.

例 2-10 (2013 年)设函数 $f(x)=\ln x+\frac{1}{x}$, 求 $f(x)$ 的最小值.

解 定义域为 $x>0$, 即 $x\in(0,+\infty)$. 令 $f'(x)=0$, 则

$$f'(x)=\frac{1}{x}-\frac{1}{x^{2}}=\frac{x-1}{x^{2}}=0,$$

所以, $x=1$, $f(1)=0+1=1$.

$$f''(x)=\left(\frac{1}{x}-\frac{1}{x^{2}}\right)'=-\frac{1}{x^{2}}+\frac{1}{x^{4}}\cdot 2x=-\frac{1}{x^{2}}+\frac{2}{x^{3}},\ f''(1)=-1+2=1>0,$$

所以, $f(1)=1$ 为极小值, 也是最小值.

课堂练习

【练习 2-4】 设 $f(x)=x\sin x+\cos x$, 下列命题中正确的是( ).

A. $f(0)$ 是极大值, $f\left(\frac{\pi}{2}\right)$ 是极小值　　　　B. $f(0)$ 是极小值, $f\left(\frac{\pi}{2}\right)$ 是极大值

C. $f(0)$ 是极大值, $f\left(\frac{\pi}{2}\right)$ 也是极大值　　　　D. $f(0)$ 是极小值, $f\left(\frac{\pi}{2}\right)$ 也是极小值

【练习 2-5】 当 $x=$ _____ 时, 函数 $y=x\cdot 2^{x}$ 取得极小值.

【练习 2-6】 函数 $y=x+2\cos x$ 在区间 $\left[0,\frac{\pi}{2}\right]$ 上的最大值为 _____.

【练习 2-7】 函数 $y=x^{2x}$ 在区间 $(0,1]$ 上的最小值为 _____.

【练习 2-8】 设函数 $y=y(x)$ 由方程 $2y^{3}-2y^{2}+2xy-x^{2}=1$ 所确定, 试求 $y=y(x)$ 的驻点, 并判别它是否为极值点.

【练习 2-9】 (2017 年)已知函数 $y(x)$ 由方程 $x^{3}+y^{3}-3x+3y-2=0$ 确定, 求 $y(x)$ 的极值.

§2.3 对照原则(凹凸性与拐点)

知识梳理

1. 一元微分的应用:画图

(1) 单调性与单调区间;

（2）极值与最值；

（3）凹凸性；

（4）拐点.

简称："画图，单极凹拐".

画图：单极凹拐

两极图　　单极图

对照原则："3 对 1，4 对 2"，即"奇数对奇数，偶数对偶数".

视频 2-4　"画图，单极凹拐"3　　图 2-12　"画图，单极凹拐"3

2. 凹凸性

凹的　设函数 $f(x)$ 在区间 I 上有定义，若对于 I 中任意两点 x_1，x_2，恒有

$$f\left(\frac{x_1+x_2}{2}\right) < \frac{f(x_1)+f(x_2)}{2},$$

则称 $f(x)$ 在 I 上是凹的.

凸的　设函数 $f(x)$ 在区间 I 上有定义，若对于 I 中任意两点 x_1，x_2，恒有

$$f\left(\frac{x_1+x_2}{2}\right) > \frac{f(x_1)+f(x_2)}{2},$$

则称 $f(x)$ 在 I 上是凸的.

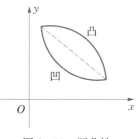

图 2-13　凹凸性

3. 凹凸性的判定

凹的　若在区间 I 上 $f''(x) > 0$，则 $f(x)$ 在 I 上是凹的.

凸的　若在区间 I 上 $f''(x) < 0$，则 $f(x)$ 在 I 上是凸的.

表 2-4　凹凸性的判定

序号	1	2
y'' 的情况	$y'' > 0$	$y'' < 0$
凹凸性	凹的	凸的

表 2-5　单调性的判定

序号	1	2
y' 的情况	$y' > 0$	$y' < 0$
单调性	↑	↓

4. 拐点的判定

拐点　函数 $y = f(x)$ 的图形凹凸分界点称为图形的拐点.

一般来说，对于组合函数（非分段函数）而言，

（1）高级判别法：设 $f(x)$ 在点 x_0 的邻域内三阶可导，且 $f''(x_0) = 0$，$f'''(x_0) \neq 0$，则 $(x_0, f(x_0))$ 为拐点.

（2）同级判别法：设函数 $f(x)$ 在 x_0 的邻域内二阶可导，且 $f''(x_0) = 0$，在 x 经过 x_0 时，$f''(x)$ 变号，则 $(x_0, f(x_0))$ 为拐点.

小结　一般来说，拐点的判定，应优先选择高级判别法；当 y''' 太过复杂时，才选择同级判别法.

2.3.1 凹凸性

例 2-11 (2014 年)设函数 $f(x)$ 具有二阶导数，$g(x)=$

$f(0)(1-x)+f(1)x$，则在区间 $[0,1]$ 上（ ）.

A. 当 $f'(x)\geqslant 0$ 时，$f(x)\geqslant g(x)$

B. 当 $f'(x)\geqslant 0$ 时，$f(x)\leqslant g(x)$

C. 当 $f''(x)\geqslant 0$ 时，$f(x)\geqslant g(x)$

D. 当 $f''(x)\geqslant 0$ 时，$f(x)\leqslant g(x)$

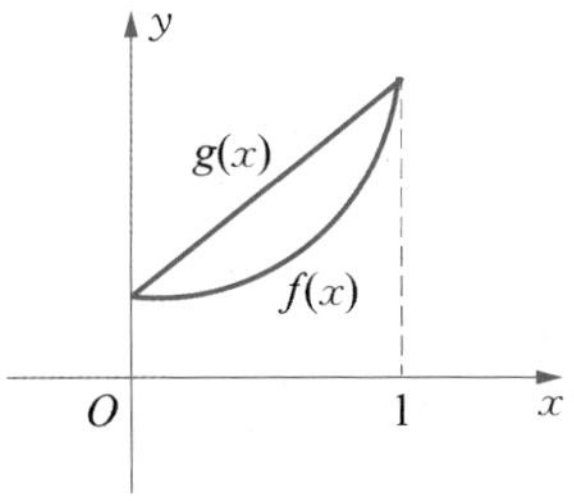

解 在 $g(x)=f(0)(1-x)+f(1)x$ 中，$f(0)$，$f(1)$ 为常

数，故 $g(x)$ 为一次函数.

图 2-14 例 2-11 图

令 $x=0$，得 $g(0)=f(0)\cdot 1+f(1)\cdot 0=f(0)$；令 $x=1$，得 $g(1)=f(1)$，即：在 $x=0$ 或 $x=1$ 处，$f(x)$ 与 $g(x)$ 重合.

当 $f'(x)\geqslant 0$ 时，$f(x)$ 单调增加；当 $f''(x)\geqslant 0$ 时，$f(x)$ 为凹函数.

综上可得 $g(x)$ 和 $f(x)$ 的图像如图 2-14 所示，故选 D.

2.3.2 拐点

例 2-12 (2019 年)曲线 $y=x\sin x+2\cos x\left(-\dfrac{\pi}{2}<x<\dfrac{3\pi}{2}\right)$ 的拐点坐标为

_____.

解

$y'=(x\sin x+2\cos x)'=(x\sin x)'+2(\cos x)'=\sin x+x\cos x-2\sin x$

$=x\cos x-\sin x$，

$y''=(x\cos x-\sin x)'=-x\sin x$，

$y'''=(-x\sin x)'=-(\sin x+x\cos x)$.

令 $y''=0$，得 $x=0$ 或 $x=\pi$. 当 $x=0$ 时，$y'''(0)=0$，不合题意；当 $x=\pi$ 时，$y'''(\pi)\neq 0$，符合题意.

$$y(\pi)=\pi\sin\pi+2\cos\pi=\pi\cdot 0+2\times(-1)=-2,$$

故拐点坐标为 $(\pi,-2)$.

总结 拐点的判定（高级判别法）：$y''=0$，$y'''\neq 0$.

例 2-13 (2018 年)曲线 $y=x^2+2\ln x$ 在其拐点处的切线方程是 _____.

解 ① 求拐点.

$$y'=2x+\frac{2}{x}，\quad y''=2+2\cdot\left(-\frac{1}{x^2}\right)=2-\frac{2}{x^2}，\quad y'''=\frac{4}{x^3}.$$

令 $y''=0$，有 $x^2=1$，故 $x=1$ 或 $x=-1$（舍去）.

$y'''(1)=4\neq 0$，$y(1)=1$，故拐点坐标为 $(1,1)$.

② 求切线方程. $y'(1)=2+2=4$，有 $y-1=4(x-1)=4x-4$，则切线方程为

$$y = 4x - 3.$$

例 2 - 14　(2010 年)若曲线 $y = x^3 + ax^2 + bx + 1$ 有拐点 $(-1, 0)$,则 $b =$ _____.

解　$(-1, 0)$ 为拐点,有 $y''(-1) = 0$. 而 $y' = 3x^2 + 2ax + b$, $y'' = 6x + 2a$,有 $6 \times (-1) + 2a = 0$,即 $a = 3$.

$(-1, 0)$ 在曲线上,有 $-1 + a - b + 1 = 0$,即 $a - b = 0$.

将 $a = 3$ 代入上式,可得 $b = 3$.

例 2 - 15　(2011 年)曲线 $y = (x-1)(x-2)^2(x-3)^3(x-4)^4$ 的拐点是(　　).

A. $(1, 0)$ B. $(2, 0)$

C. $(3, 0)$ D. $(4, 0)$

分析　本题不易求导,可以用画图法分析. 由题意可得图像有 4 个零点,分别为 1,2,3,4. 根据零点判断函数的正负性:当 $x < 1$ 或 $3 < x < 4$ 或 $x > 4$ 时,$y > 0$;当 $1 < x < 2$ 或 $2 < x < 3$ 时,$y < 0$. 于是可得曲线如图 2 - 15 所示,故拐点为 $(3, 0)$.

图 2 - 15　例 2 - 15 图

例 2 - 16　设函数 $f(x)$ 满足关系式 $f''(x) + [f'(x)]^2 = x$,且 $f'(0) = 0$,则(　　).

A. $f(0)$ 是 $f(x)$ 的极大值

B. $f(0)$ 是 $f(x)$ 的极小值

C. 点 $(0, f(0))$ 是曲线 $y = f(x)$ 的拐点

D. $f(0)$ 不是 $f(x)$ 的极值,点 $(0, f(0))$ 也不是曲线 $y = f(x)$ 的拐点

解　令 $x = 0$,则 $f''(0) + [f'(0)]^2 = 0$. 由于 $f'(0) = 0$,有 $f''(0) = 0$,则 $(0, f(0))$ 不是极值点.

对关系式两边求导,$f'''(x) + 2f'(x) \cdot f''(x) = 1$. 令 $x = 0$,则 $f'''(0) + 2f'(0) \cdot f''(0) = 1$,有 $f'''(0) = 1 \neq 0$. 所以,$(0, f(0))$ 为拐点.

总结　极大值、极小值的判断依据:$y' = 0$,$y'' \neq 0$;拐点的判断依据:$y'' = 0$,$y''' \neq 0$.

2.3.3　综合

例 2 - 17　求函数 $y = x^3 - 5x^2 + 3x + 5$ 的凹凸区间及拐点.

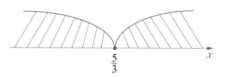

解　$y' = 3x^2 - 10x + 3$,$y'' = 6x - 10$. 令 $y'' = 0$,得 $x = \dfrac{10}{6} = \dfrac{5}{3}$.

图 2 - 16　例 2 - 17 图

当 $x \in \left(-\infty, \dfrac{5}{3}\right)$ 时,$y'' < 0$,为凸区间;当 $x \in \left(\dfrac{5}{3}, +\infty\right)$ 时,$y'' > 0$,为凹区间.

当 $x = \dfrac{5}{3}$ 时,$y = \dfrac{20}{27}$,所以,拐点为 $\left(\dfrac{5}{3}, \dfrac{20}{27}\right)$.

例 2 - 18 （2011 年）设函数 $y = y(x)$ 由参数方程 $\begin{cases} x = \dfrac{1}{3}t^3 + t + \dfrac{1}{3}, \\ y = \dfrac{1}{3}t^3 - t + \dfrac{1}{3} \end{cases}$ 确定，求 $y =$

$y(x)$ 的极值和曲线 $y = y(x)$ 的凹凸区间及拐点.

解 $y'(x) = \dfrac{\mathrm{d}y}{\mathrm{d}x} = \dfrac{\dfrac{\mathrm{d}y}{\mathrm{d}t}}{\dfrac{\mathrm{d}x}{\mathrm{d}t}} = \dfrac{t^2 - 1}{t^2 + 1}$,

$y''(x) = \dfrac{\mathrm{d}\left(\dfrac{t^2-1}{t^2+1}\right)}{\mathrm{d}x} = \dfrac{\mathrm{d}\left(\dfrac{t^2-1}{t^2+1}\right)\Big/\mathrm{d}t}{\mathrm{d}x/\mathrm{d}t} = \dfrac{\dfrac{2t(t^2+1)-(t^2-1)\cdot 2t}{(t^2+1)^2}}{t^2+1} = \dfrac{4t}{(t^2+1)^3}$.

令 $y' = 0$，得 $t = \pm 1$.

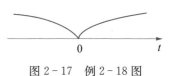

图 2 - 17 例 2 - 18 图

当 $t = 1$ 时，$y'' > 0$，$y = -\dfrac{1}{3}$ 为极小值；当 $t = -1$ 时，

$y'' < 0$，$y = 1$ 为极大值.

令 $y'' = 0$，得 $t = 0$. 画出 t 区间，如图 2 - 17 所示.

当 $t \in (-\infty, 0)$，即 $x \in \left(-\infty, \dfrac{1}{3}\right)$ 时，$y'' < 0$，为凸区间；

当 $t \in (0, +\infty)$，即 $x \in \left(\dfrac{1}{3}, +\infty\right)$ 时，$y'' > 0$，为凹区间.

所以，拐点为 $\left(\dfrac{1}{3}, \dfrac{1}{3}\right)$.

课堂练习

【练习 2 - 10】 曲线 $y = (x-1)^2(x-3)^2$ 的拐点个数为（　　）.

A. 0　　　　　　　B. 1　　　　　　　C. 2　　　　　　　D. 3

【练习 2 - 11】 若 $f(x) = -f(-x)$ 在 $(0, +\infty)$ 内 $f'(x) > 0$，$f''(x) > 0$，则 $f(x)$ 在 $(-\infty, 0)$ 内（　　）.

A. $f'(x) < 0$，$f''(x) < 0$　　　　　　B. $f'(x) < 0$，$f''(x) > 0$

C. $f'(x) > 0$，$f''(x) < 0$　　　　　　D. $f'(x) > 0$，$f''(x) > 0$

【练习 2 - 12】 若函数 $f(-x) = f(x)(-\infty < x < +\infty)$ 在 $(-\infty, 0)$ 内 $f'(x) > 0$ 且 $f''(x) < 0$，则在 $(0, +\infty)$ 内有（　　）.

A. $f'(x) > 0$，$f''(x) < 0$　　　　　　B. $f'(x) > 0$，$f''(x) > 0$

C. $f'(x) < 0$，$f''(x) < 0$　　　　　　D. $f'(x) < 0$，$f''(x) > 0$

【练习 2 - 13】 曲线 $y = (x-5)x^{\frac{2}{3}}$ 的拐点坐标为 _____.

【练习 2 - 14】 曲线 $y = \dfrac{1}{1+x^2}(x > 0)$ 的拐点坐标为 _____.

【练习 2 - 15】 曲线 $y = \mathrm{e}^{-x^2}$ 的凸区间是 _____.

【练习 2 - 16】 设函数 $y = y(x)$ 由方程 $y\ln y - x + y = 0$ 确定，试判断曲线 $y = y(x)$

在点$(1,1)$附近的凹凸性.

【练习 2 - 17】　求函数 $y = x\,\mathrm{e}^{-x}$ 的凹凸区间及拐点.

§2.4　本章超纲内容汇总

1. 面积的最值问题

例如,(1992 年)求曲线 $y = \sqrt{x}$ 的一条切线 l,使该曲线与切线 l 及直线 $x = 0$,$x = 2$ 所围成图形的面积最小.

再如,(1988 年)将长为 a 的铁丝切成两段,一段围成正方形,另一段围成圆形,问这两段铁丝的长度分别为多少时正方形与圆形的面积之和最小.

2. 体积的最值问题

例如,(1993 年)作半径为 r 的球的外切正圆锥,问此圆锥的高 h 为何值时,其体积 V 最小,并求出该最小值.

第3章 不定积分的计算

§3.1 收获鸡蛋(基本公式)

知识梳理

1. 基本概念

求导 已知原函数 $y = f(x)$,求其导函数 $f'(x)$ 的过程,叫做求导.

积分 已知导函数 $f'(x)$,求其原函数 $y = f(x)$ 的过程,叫做积分. 积分符号为 $\int$.

两者的关系 求导和积分是两个相反的过程.

基本积分表 基本导数表"反"过来,就是基本积分表. 除此之外,基本积分表还增加了 7 个比较常用的积分公式.

表 3-1 基本积分表

函数类型	个数	细 目	
幂函数	4	$(C)' = 0$ $(x^n)' = nx^{n-1}$ $\left(\dfrac{1}{x}\right)' = -\dfrac{1}{x^2}$ $(\sqrt{x})' = \dfrac{1}{2\sqrt{x}}$	无 $\int x^n \, \mathrm{d}x = \dfrac{x^{n+1}}{n+1} + C (n \neq -1)$ $\int \dfrac{1}{x^2} \, \mathrm{d}x = -\dfrac{1}{x} + C$ $\int \dfrac{1}{\sqrt{x}} \, \mathrm{d}x = 2\sqrt{x} + C$
指数函数	2	$(\mathrm{e}^x)' = \mathrm{e}^x$ $(a^x)' = a^x \ln a$	$\int \mathrm{e}^x \, \mathrm{d}x = \mathrm{e}^x + C$ $\int a^x \, \mathrm{d}x = \dfrac{a^x}{\ln a} + C$
对数函数	2	$(\ln x)' = \dfrac{1}{x}$ $(\log_a x)' = \dfrac{1}{x \ln a}$	$\int \dfrac{1}{x} \, \mathrm{d}x = \ln|x| + C$ 无

函数类型	个数	细　目	
三角函数	6	$(\sin x)' = \cos x$ $(\cos x)' = -\sin x$ $(\tan x)' = \sec^2 x$ $(\cot x)' = -\csc^2 x$ $(\sec x)' = \sec x \tan x$ $(\csc x)' = -\csc x \cot x$	$\displaystyle\int \cos x \, \mathrm{d}x = \sin x + C$ $\displaystyle\int \sin x \, \mathrm{d}x = -\cos x + C$ $\displaystyle\int \sec^2 x \, \mathrm{d}x = \tan x + C$ $\displaystyle\int \csc^2 x \, \mathrm{d}x = -\cot x + C$ $\displaystyle\int \sec x \tan x \, \mathrm{d}x = \sec x + C$ $\displaystyle\int \csc x \cot x \, \mathrm{d}x = -\csc x + C$
反三角函数	4	$(\arcsin x)' = \dfrac{1}{\sqrt{1-x^2}}$ $(\arccos x)' = -\dfrac{1}{\sqrt{1-x^2}}$ $(\arctan x)' = \dfrac{1}{1+x^2}$ $(\operatorname{arccot} x)' = -\dfrac{1}{1+x^2}$	$\displaystyle\int \dfrac{1}{\sqrt{1-x^2}} \, \mathrm{d}x = \arcsin x + C$ $\displaystyle\int \dfrac{1}{\sqrt{a^2-x^2}} \, \mathrm{d}x = \arcsin \dfrac{x}{a} + C$ 无 $\displaystyle\int \dfrac{1}{1+x^2} \, \mathrm{d}x = \arctan x + C$ $\displaystyle\int \dfrac{1}{a^2+x^2} \, \mathrm{d}x = \dfrac{1}{a} \arctan \dfrac{x}{a} + C$ 无
三角函数	4	$\displaystyle\int \tan x \, \mathrm{d}x = \ln|\sec x| + C$ $\displaystyle\int \cot x \, \mathrm{d}x = -\ln|\csc x| + C$ $\displaystyle\int \sec x \, \mathrm{d}x = \ln|\sec x + \tan x| + C$ $\displaystyle\int \csc x \, \mathrm{d}x = \ln|\csc x - \cot x| + C$	$(\tan x)' = \sec^2 x$ $(\cot x)' = -\csc^2 x$ $(\sec x)' = \sec x \tan x$ $(\csc x)' = -\csc x \cot x$
其他	3	$\displaystyle\int \dfrac{1}{1-x^2} \, \mathrm{d}x = \dfrac{1}{2}\ln\left|\dfrac{1+x}{1-x}\right| + C$ $\displaystyle\int \dfrac{1}{a^2-x^2} \, \mathrm{d}x = \dfrac{1}{2a}\ln\left|\dfrac{a+x}{a-x}\right| + C$ $\displaystyle\int \dfrac{1}{\sqrt{x^2 \pm a^2}} \, \mathrm{d}x =$ $\ln|x + \sqrt{x^2 \pm a^2}| + C$	

表 3 - 2

公式	记忆方法
$\int \tan x \, dx = \ln\|\sec x\| + C$ $\int \cot x \, dx = -\ln\|\csc x\| + C$ $\int \sec x \, dx = \ln\|\sec x + \tan x\| + C$ $\int \csc x \, dx = \ln\|\csc x - \cot x\| + C$	视频 3 - 1 "收获鸡蛋" 图 3 - 1 "收获鸡蛋"
$\int \dfrac{1}{\sqrt{a^2 - x^2}} \, dx = \arcsin \dfrac{x}{a} + C$ $\int \dfrac{1}{a^2 + x^2} \, dx = \dfrac{1}{a} \arctan \dfrac{x}{a} + C$	视频 3 - 2 "弹出来,死进去"

2. 组合函数

组合函数　由 2 个或者 2 个以上的基本函数,通过加减乘除和复合 5 种计算组合而成的函数,叫做组合函数.

组合函数的类型　①加法型函数;②减法型函数;③乘法型函数;④除法型函数;⑤复合函数;⑥混合型函数.

3. 组合函数的积分公式

设 $u = u(x)$, $v = v(x)$,

(1) $\displaystyle\int (u+v) \, dx = \int u \, dx + \int v \, dx$;　　　　(2) $\displaystyle\int (u-v) \, dx = \int u \, dx - \int v \, dx$;

(3) $\displaystyle\int uv \, dx = $ 无;　　　　　　　　　　　　　(4) $\displaystyle\int \dfrac{u}{v} \, dx = $ 无;

(5) $\displaystyle\int f(\varphi(x)) \, dx = $ 无.

重要结论　绝大多数的组合函数都无法积分.

§3.2 积分王国(加减类函数)

知识梳理

1. 积分的基本题型

(1) 真假分式——裂项法;

(2) 加减类函数——套公式;

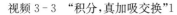

积分，真加吸交换
（珍）

公告

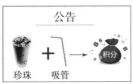

视频 3 - 3　"积分，真加吸交换"1　　　　　　　图 3 - 2　"积分，真加吸交换"1

（3）其他情况——①吸收法；②交换法；③换元法.

简称："积分，真加吸交换".

2. "加减类函数"的积分

设 $u = u(x)$，$v = v(x)$，

(1) $\displaystyle\int (u+v)\mathrm{d}x = \int u\,\mathrm{d}x + \int v\,\mathrm{d}x$；　　　　　　(2) $\displaystyle\int (u-v)\mathrm{d}x = \int u\,\mathrm{d}x - \int v\,\mathrm{d}x$.

3. 回顾（三角公式）

(1) 三角函数间的关系：

$$\sin\alpha\csc\alpha = 1;\qquad\qquad \cos\alpha\sec\alpha = 1;\qquad\qquad \tan\alpha\cot\alpha = 1;$$

$$\sin^2\alpha + \cos^2\alpha = 1;\qquad 1 + \tan^2\alpha = \sec^2\alpha;\qquad 1 + \cot^2\alpha = \csc^2\alpha.$$

(2) 倍角公式：

$$\sin 2\alpha = 2\sin\alpha\cos\alpha;\qquad\qquad \cos 2\alpha = \cos^2\alpha - \sin^2\alpha = 1 - 2\sin^2\alpha = 2\cos^2\alpha - 1;$$

$$\sin^2\alpha = \frac{1 - \cos 2\alpha}{2};\qquad\qquad \cos^2\alpha = \frac{1 + \cos 2\alpha}{2}.$$

例 3 - 1　求下列不定积分：

(1) $\displaystyle\int \sqrt{x}\,(x^2 - 5)\mathrm{d}x$；　　　　　　　(2) $\displaystyle\int (\mathrm{e}^x - 3\cos x)\mathrm{d}x$；

(3) $\displaystyle\int \tan^2 x\,\mathrm{d}x$.

解　(1) $\displaystyle\int \sqrt{x}\,(x^2 - 5)\mathrm{d}x = \int (\sqrt{x}\cdot x^2 - 5\sqrt{x})\mathrm{d}x = \int x^{\frac{5}{2}}\mathrm{d}x - \int 5\sqrt{x}\,\mathrm{d}x$

$$= \frac{x^{\frac{7}{2}}}{\frac{7}{2}} - 5\cdot\frac{x^{\frac{1}{2}+1}}{\frac{3}{2}} + C = \frac{2}{7}x^{\frac{7}{2}} - 5\times\frac{2}{3}x^{\frac{3}{2}} + C$$

$$= \frac{2}{7}x^3\sqrt{x} - \frac{10}{3}x\sqrt{x} + C.$$

(2) $\displaystyle\int (\mathrm{e}^x - 3\cos x)\mathrm{d}x = \int \mathrm{e}^x\mathrm{d}x - 3\int\cos x\,\mathrm{d}x = \mathrm{e}^x - 3\sin x + C.$

(3) $\displaystyle\int \tan^2 x\,\mathrm{d}x = \int (\sec^2 x - 1)\mathrm{d}x = \int\sec^2 x\,\mathrm{d}x - \int\mathrm{d}x = \tan x - x + C.$

例 3 - 2　求下列不定积分：

$(1) \int \dfrac{\sin x + 1}{\cos x} dx$; $\qquad (2) \int \dfrac{\cos x + 1}{\sin x} dx$.

解 $(1) \int \dfrac{\sin x + 1}{\cos x} dx = \int \left(\dfrac{\sin x}{\cos x} + \dfrac{1}{\cos x} \right) dx = \int (\tan x + \sec x) dx$

$$= \int \tan x\, dx + \int \sec x\, dx$$

$$= \ln |\sec x| + \ln |\sec x + \tan x| + C.$$

$(2) \int \dfrac{\cos x + 1}{\sin x} dx = \int \left(\dfrac{\cos x}{\sin x} + \dfrac{1}{\sin x} \right) dx = \int (\cot x + \csc x) dx$

$$= \int \cot x\, dx + \int \csc x\, dx$$

$$= -\ln |\csc x| + \ln |\csc x - \cot x| + C.$$

例 3 - 3 求下列不定积分：

$(1) \int \sin^2 \dfrac{x}{2} dx$; $\qquad (2) \int \cos^2 \dfrac{x}{2} dx$; $\qquad (3) \int \dfrac{1}{\sin^2 \dfrac{x}{2} \cos^2 \dfrac{x}{2}} dx$.

解 $(1) \int \sin^2 \dfrac{x}{2} dx = \int \dfrac{1 - \cos x}{2} dx = \dfrac{1}{2} \int (1 - \cos x) dx = \dfrac{1}{2} (x - \sin x) + C.$

$(2) \int \cos^2 \dfrac{x}{2} dx = \int \dfrac{1 + \cos x}{2} dx = \dfrac{1}{2} \int (1 + \cos x) dx = \dfrac{1}{2} (x + \sin x) + C.$

$(3) \int \dfrac{1}{\sin^2 \dfrac{x}{2} \cos^2 \dfrac{x}{2}} dx = \int \dfrac{1}{\left(2\sin \dfrac{x}{2} \cos \dfrac{x}{2} \right)^2 \times \dfrac{1}{4}} dx = 4 \int \dfrac{1}{\left(2\sin \dfrac{x}{2} \cos \dfrac{x}{2} \right)^2} dx$

$$= 4 \int \dfrac{1}{\sin^2 x} dx = 4 \int \csc^2 x\, dx = -4\cot x + C.$$

例 3 - 4 求下列不定积分：

$(1) \int \dfrac{dx}{1 + \cos 2x}$; $\qquad (2) \int \dfrac{\cos x + 1}{\sin x} dx$; $\qquad (3) \int \dfrac{\cos x - 1}{\sin x} dx$.

解 $(1) \int \dfrac{dx}{1 + \cos 2x} = \int \dfrac{dx}{1 + 2\cos^2 x - 1} = \int \dfrac{dx}{2\cos^2 x} = \dfrac{1}{2} \int \dfrac{1}{\cos^2 x} dx$

$$= \dfrac{1}{2} \int \sec^2 x\, dx = \dfrac{1}{2} \tan x + C.$$

$(2) \int \dfrac{\cos x + 1}{\sin x} dx = \int \dfrac{2\cos^2 \dfrac{x}{2} - 1 + 1}{\sin x} dx = \int \dfrac{2\cos^2 \dfrac{x}{2}}{2\sin \dfrac{x}{2} \cos \dfrac{x}{2}} dx$

$$= 2 \int \cot \dfrac{x}{2} d \dfrac{x}{2} = -2\ln \left| \csc \dfrac{x}{2} \right| + C.$$

$(3) \int \dfrac{\cos x - 1}{\sin x} dx = \int \dfrac{1 - 2\sin^2 \dfrac{x}{2} - 1}{\sin x} dx = \int \dfrac{-2\sin^2 \dfrac{x}{2}}{2\sin \dfrac{x}{2} \cos \dfrac{x}{2}} dx$

$$= -2\int \tan\frac{x}{2}\mathrm{d}\,\frac{x}{2} = -2\ln\left|\sec\frac{x}{2}\right| + C.$$

§3.3 吸收法(乘法类函数)

📖 **知识梳理**

1. 吸收法

设 $\displaystyle\int f(u)\mathrm{d}u = F(u) + C$,则

$$\int f[\varphi(x)]\varphi'(x)\mathrm{d}x = \int f[\varphi(x)]\mathrm{d}\varphi(x) \xrightarrow{\text{设 } u = \varphi(x)} \int f(u)\mathrm{d}u = F(u) + C = F[\varphi(x)] + C.$$

吸收的过程,其实就是一个积分的过程.

2. 吸收法的使用条件

(1) 被积函数必须可以写成两个函数的乘积;

(2) 其中的一个函数必须很容易积分;

(3) 另一个函数必须是一个相应的复合函数.

3. 常用变形

(1) $\displaystyle\int \mathrm{d}x = \frac{1}{a}\int \mathrm{d}(ax + b)$.

(2) 必须养成一个习惯:将 $ax + b$ 看成一个整体.

例 3-5 求下列不定积分:

(1) (2016 年) $\displaystyle\int \frac{1}{x^2}\mathrm{e}^{\frac{1}{x}}\mathrm{d}x$;　(2) (2019 年) $\displaystyle\int \frac{\arctan x}{1 + x^2}\mathrm{d}x$;　(3) (2019 年) $\displaystyle\int \frac{x}{1 + x^2}\mathrm{d}x$.

解 (1) $\displaystyle\int \frac{1}{x^2}\mathrm{e}^{\frac{1}{x}}\mathrm{d}x = -\int \mathrm{e}^{\frac{1}{x}}\mathrm{d}\,\frac{1}{x} \xrightarrow{\text{令 } 1/x = t} -\int \mathrm{e}^t\mathrm{d}t = -\mathrm{e}^t + C = -\mathrm{e}^{\frac{1}{x}} + C.$

(2) $\displaystyle\int \frac{\arctan x}{1 + x^2}\mathrm{d}x = \int \arctan x \cdot \frac{1}{1 + x^2}\mathrm{d}x = \int \arctan x\,\mathrm{d}\arctan x = \frac{1}{2}\arctan^2 x + C.$

(3) $\displaystyle\int \frac{x}{1 + x^2}\mathrm{d}x = \int x \cdot \frac{1}{1 + x^2}\mathrm{d}x = \int \frac{1}{1 + x^2}\mathrm{d}\,\frac{x^2}{2} = \frac{1}{2}\int \frac{1}{1 + x^2}\mathrm{d}(x^2 + 1)$

$$= \frac{1}{2}\ln|1 + x^2| + C = \frac{1}{2}\ln(1 + x^2) + C.$$

例 3-6 求下列不定积分:

(1) (2009 年) $\displaystyle\int \sqrt{1 + 3x}\,\mathrm{d}x$;　　　　　(2) (2010 年) $\displaystyle\int \frac{\mathrm{d}x}{x(1 + \ln^2 x)}$.

解 (1) $\displaystyle\int \sqrt{1 + 3x}\,\mathrm{d}x = \frac{1}{3}\int \sqrt{1 + 3x}\,\mathrm{d}(1 + 3x) = \frac{1}{3}\cdot\frac{(1 + 3x)^{\frac{1}{2} + 1}}{\frac{3}{2}} + C$

$$= \frac{1}{3} \cdot \frac{2}{3}(1+3x)^{\frac{3}{2}} + C = \frac{2}{9}(1+3x)^{\frac{3}{2}} + C.$$

(2) $\int \dfrac{\mathrm{d}x}{x(1+\ln^2 x)} = \int \dfrac{1}{x} \cdot \dfrac{1}{1+\ln^2 x}\mathrm{d}x = \int \dfrac{1}{1+\ln^2 x}\mathrm{d}\ln x = \arctan(\ln x) + C.$

例 3-7 求下列不定积分:

(1) (2009 年) $\int (\cos x - \sin x)(\sin x + \cos x)^3 \mathrm{d}x$;

(2) (2012 年) $\int \sin x \cos x (1+\cos x)^4 \mathrm{d}x$.

解 (1) 原式 $= \int (\sin x + \cos x)^3 \mathrm{d}(\sin x + \cos x) = \dfrac{(\sin x + \cos x)^4}{4} + C.$

(2) 方法一:

$$\int \sin x \cos x (1+\cos x)^4 \mathrm{d}x = -\int \cos x (1+\cos x)^4 \mathrm{d}\cos x \xrightarrow{\text{令} \cos x = t} -\int t(1+t)^4 \mathrm{d}t.$$

由于

$$(1+t)^4 = [(1+t)^2]^2 = (1+2t+t^2)^2 = 1 + 4t^2 + t^4 + 2 \times 2t + 2 \times t^2 + 2 \times 2t^3$$
$$= 1 + 4t^2 + t^4 + 4t + 2t^2 + 4t^3 = t^4 + 4t^3 + 6t^2 + 4t + 1,$$

有

$$原式 = -\int t(1+t)^4 \mathrm{d}t = -\int t(t^4 + 4t^3 + 6t^2 + 4t + 1)\mathrm{d}t = -\int (t^5 + 4t^4 + 6t^3 + 4t^2 + t)\mathrm{d}t$$

$$= -\left(\frac{t^6}{6} + 4 \times \frac{t^5}{5} + 6 \times \frac{t^4}{4} + 4 \times \frac{t^3}{3} + \frac{t^2}{2}\right) + C = -\left(\frac{t^6}{6} + \frac{4}{5}t^5 + \frac{3}{2}t^4 + \frac{4}{3}t^3 + \frac{t^2}{2}\right) + C$$

$$= -\left(\frac{\cos^6 x}{6} + \frac{4}{5}\cos^5 x + \frac{3}{2}\cos^4 x + \frac{4}{3}\cos^3 x + \frac{1}{2}\cos^2 x\right) + C.$$

总结 $(a+b+c)^2 = a^2 + b^2 + c^2 + 2ab + 2ac + 2bc.$

方法二:

$$原式 = \int \sin x \cos x \left(1 + 2\cos^2 \frac{x}{2} - 1\right)^4 \mathrm{d}x = \int \sin x \cos x \left(2\cos^2 \frac{x}{2}\right)^4 \mathrm{d}x$$

$$= 16\int 2\sin \frac{x}{2}\cos \frac{x}{2}\left(2\cos^2 \frac{x}{2} - 1\right) \cdot \cos^8 \frac{x}{2}\mathrm{d}x$$

$$= 32\left(\int \sin \frac{x}{2} \cdot \cos \frac{x}{2} \cdot 2\cos^2 \frac{x}{2}\cos^8 \frac{x}{2}\mathrm{d}x - \int \sin \frac{x}{2}\cos \frac{x}{2}\cos^8 \frac{x}{2}\mathrm{d}x\right)$$

$$= 32\left(2\int \sin \frac{x}{2}\cos^{11} \frac{x}{2}\mathrm{d}x - \int \sin \frac{x}{2}\cos^9 \frac{x}{2}\mathrm{d}x\right)$$

$$= 32\left(2 \times 2\int \sin \frac{x}{2}\cos^{11} \frac{x}{2}\mathrm{d}\frac{x}{2} - 2\int \sin \frac{x}{2}\cos^9 \frac{x}{2}\mathrm{d}\frac{x}{2}\right)$$

$$=32\left(-4\int\cos^{11}\frac{x}{2}\mathrm{d}\cos\frac{x}{2}+2\int\cos^{9}\frac{x}{2}\mathrm{d}\cos\frac{x}{2}\right)=32\left(-4\times\frac{\cos^{12}\frac{x}{2}}{12}+2\times\frac{\cos^{10}\frac{x}{2}}{10}\right)+C$$

$$=32\left(-\frac{1}{3}\cos^{12}\frac{x}{2}+\frac{1}{5}\cos^{10}\frac{x}{2}\right)+C.$$

§3.4　饿死我了(交换法)

知识梳理

1. 交换法

设 $u=u(x)$，$v=v(x)$，交换公式：

$$\int u\,\mathrm{d}v=uv-\int v\,\mathrm{d}u.$$

2. "交换法"的一般解题步骤

(1) 被积函数是一种乘法类函数；

(2) 其中的一个函数很容易积分(吸收法)；

(3) 另一个函数并不是其相应的复合函数(交换法).

3. 乘法类函数的积分 $\int AB\,\mathrm{d}x$

(1) A 和 B 都很难积分⟶放弃吸收法；

(2) A 和 B 都很容易积分⟶吸收那个更容易的；

(3) A 和 B 一个容易积分,另一个很难积分⟶吸收那个容易的.

4. 积分的难易排序

$$易\xrightarrow{\mathrm{e}^{x},\,\sin x(\cos x),\,x^{n}}难,$$

简称:"饿死 me".

视频 3-4　"饿死 me"

图 3-3　"饿死 me"

5. 递推

(1) "交换法"很容易推导出递推公式；

(2) 最典型的例子为 $\int e^x \sin x \, dx$，$\int e^x \cos x \, dx$.

例 3-8 求下列不定积分：

(1) $\int \ln x \, dx$；

(2) $\int \arctan x \, dx$；

(3) $\int \arcsin x \, dx$.

解 (1) $\int \ln x \, dx = x \ln x - \int x \, d\ln x = x \ln x - \int x \cdot \dfrac{1}{x} dx = x \ln x - x + C.$

(2) $\int \arctan x \, dx = x \arctan x - \int x \, d\arctan x = x \arctan x - \int x \cdot \dfrac{1}{1+x^2} dx$

$$= x \arctan x - \dfrac{1}{2} \int \dfrac{1}{1+x^2} d(x^2+1) = x \arctan x - \dfrac{1}{2} \ln(1+x^2) + C.$$

(3) $\int \arcsin x \, dx = x \arcsin x - \int x \, d\arcsin x = x \arcsin x - \int x \cdot \dfrac{1}{\sqrt{1-x^2}} dx$

$$= x \arcsin x + \dfrac{1}{2} \int \dfrac{1}{\sqrt{1-x^2}} d(1-x^2) = x \arcsin x + \dfrac{1}{2} \dfrac{(1-x^2)^{-\frac{1}{2}+1}}{\dfrac{1}{2}} + C$$

$$= x \arcsin x + \sqrt{1-x^2} + C.$$

例 3-9 求下列不定积分：

(1) (2019 年) $\int x \, e^{-x} dx$；

(2) (2017 年) $\int \dfrac{\ln(1+x)}{(1+x)^2} dx$；

(3) (2014 年) $\int (2-x) \ln x \, dx$.

解 (1) $\int x \, e^{-x} dx = -\int x \, e^{-x} d(-x) = -\int x \, de^{-x} = -\left(x \, e^{-x} - \int e^{-x} dx\right)$

$$= -\left[x \, e^{-x} + \int e^{-x} d(-x)\right] = -(x \, e^{-x} + e^{-x}) + C$$

$$= -x \, e^{-x} - e^{-x} + C.$$

(2) $\int \dfrac{\ln(1+x)}{(1+x)^2} dx = \int \dfrac{1}{(1+x)^2} \cdot \ln(1+x) d(x+1) = -\int \ln(1+x) d \dfrac{1}{1+x}$

$$= \int \ln \dfrac{1}{1+x} d \dfrac{1}{1+x} \xlongequal{\text{令} \frac{1}{1+x}=t} \int \ln t \, dt = t \ln t - \int t \cdot \dfrac{1}{t} dt$$

$$= t \ln t - t + C = \dfrac{1}{1+x} \ln \dfrac{1}{1+x} - \dfrac{1}{1+x} + C.$$

(3) $\int (2-x) \ln x \, dx = \int \ln x \, d\left(2x - \dfrac{x^2}{2}\right) = \left(2x - \dfrac{x^2}{2}\right) \ln x - \int \left(2x - \dfrac{x^2}{2}\right) \cdot \dfrac{1}{x} dx$

$$= \left(2x - \dfrac{x^2}{2}\right) \ln x - \int \left(2 - \dfrac{x}{2}\right) dx$$

$$= \left(2x - \frac{x^2}{2}\right)\ln x - \left(2x - \frac{1}{2} \cdot \frac{x^2}{2}\right) + C$$

$$= \left(2x - \frac{x^2}{2}\right)\ln x - 2x + \frac{1}{4}x^2 + C.$$

例 3-10   求下列不定积分：

(1) $\displaystyle\int \mathrm{e}^x \cos x \, \mathrm{d}x$；   (2)（2019 年）$\displaystyle\int \mathrm{e}^{-x} \sin x \, \mathrm{d}x$

解 (1) $\displaystyle\int \mathrm{e}^x \cos x \, \mathrm{d}x = \int \mathrm{e}^x \mathrm{d}\sin x = \mathrm{e}^x \sin x - \int \sin x \, \mathrm{e}^x \mathrm{d}x = \mathrm{e}^x \sin x + \int \mathrm{e}^x \mathrm{d}\cos x$

$$= \mathrm{e}^x \sin x + \mathrm{e}^x \cos x - \int \cos x \, \mathrm{e}^x \mathrm{d}x.$$

整理得 $2\displaystyle\int \mathrm{e}^x \cos x \, \mathrm{d}x = \mathrm{e}^x(\sin x + \cos x)$，有 $\displaystyle\int \mathrm{e}^x \cos x \, \mathrm{d}x = \frac{1}{2}\mathrm{e}^x(\sin x + \cos x) + C.$

(2) $\displaystyle\int \mathrm{e}^{-x} \sin x \, \mathrm{d}x = -\int \mathrm{e}^{-x} \mathrm{d}\cos x = -\left(\mathrm{e}^{-x}\cos x + \int \cos x \, \mathrm{e}^{-x} \mathrm{d}x\right)$

$$= -\left(\mathrm{e}^{-x}\cos x + \int \mathrm{e}^{-x} \mathrm{d}\sin x\right)$$

$$= -\left(\mathrm{e}^{-x}\cos x + \mathrm{e}^{-x}\sin x + \int \sin x \, \mathrm{e}^{-x} \mathrm{d}x\right)$$

$$= -\mathrm{e}^{-x}\cos x - \mathrm{e}^{-x}\sin x - \int \sin x \, \mathrm{e}^{-x} \mathrm{d}x.$$

整理得 $2\displaystyle\int \mathrm{e}^{-x} \sin x \, \mathrm{d}x = -\mathrm{e}^{-x}(\cos x + \sin x)$，有 $\displaystyle\int \mathrm{e}^{-x} \sin x \, \mathrm{d}x = -\frac{1}{2}\mathrm{e}^{-x}(\cos x + \sin x) + C.$

课堂练习

【练习 3-1】 计算 $\displaystyle\int \frac{\ln x}{(1-x)^2}\mathrm{d}x$.

【练习 3-2】 求 $\displaystyle\int \frac{\arctan \mathrm{e}^x}{\mathrm{e}^{2x}}\mathrm{d}x$.

【练习 3-3】 求不定积分 $\displaystyle\int \frac{x + \ln(1-x)}{x^2}\mathrm{d}x$.

【练习 3-4】 求 $\displaystyle\int x \sin^2 x \, \mathrm{d}x$.

【练习 3-5】 计算 $\displaystyle\int \mathrm{e}^{2x}(\tan x + 1)^2 \mathrm{d}x$.

§3.5 神医的传奇（换元法）

知识梳理

1. 换元法的主要类型
　　(1) 三角代换；

（2）根式代换；

（3）反函数代换（对数或反三角）；

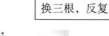

换三根，反复

张仲景　　　三根汤

视频 3-5　"换三根，反复"1　　　　图 3-4　"换三根，反复"1

（4）重复代换.

简称："换三根，反复".

2. 三角代换

表 3-3　三角代换

被积函数所含根式	所作代换	根式结果
$\sqrt{1-x^2}$	$x=\sin t$	$\sqrt{1-x^2}=\cos t$
$\sqrt{1+x^2}$	$x=\tan t$	$\sqrt{1+x^2}=\sec t$
$\sqrt{x^2-1}$	$x=\sec t$	$\sqrt{x^2-1}=\tan t$
$\sqrt{a^2-x^2}$	$x=a\sin t$	$\sqrt{a^2-x^2}=a\cos t$
$\sqrt{a^2+x^2}$	$x=a\tan t$	$\sqrt{a^2+x^2}=a\sec t$
$\sqrt{x^2-a^2}$	$x=a\sec t$	$\sqrt{x^2-a^2}=a\tan t$

3. 三角代换的使用条件

当被积函数中出现平方和或者平方差时，可以考虑使用三角代换.

例 3-11　试用换元法证明：$\displaystyle\int\frac{1}{1+x^2}\mathrm{d}x=\arctan x+C$.

证明　令 $x=\tan t$，则 $1+x^2=1+\tan^2 t=\sec^2 t$.

$$\int\frac{1}{1+x^2}\mathrm{d}x=\int\frac{1}{\sec^2 t}\cdot\sec^2 t\,\mathrm{d}t=\int\mathrm{d}t=t+C=\arctan x+C,$$

得证.

例 3-12　求下列不定积分：

（1）$\displaystyle\int\frac{\mathrm{d}x}{\sqrt{x^2+a^2}}(a>0)$；

（2）$\displaystyle\int\frac{\mathrm{d}x}{\sqrt{x^2-a^2}}(a>0)$.

解　(1) 令 $x = a\tan t$，则 $\sqrt{x^2 + a^2} = a\sec t$，$\mathrm{d}x = a\sec^2 t\,\mathrm{d}t$.

$$\int \frac{\mathrm{d}x}{\sqrt{x^2 + a^2}} = \int \frac{a\sec^2 t}{a\sec t}\mathrm{d}t = \int \sec t\,\mathrm{d}t = \ln|\sec t + \tan t| + C$$

$$= \ln\left|\frac{\sqrt{x^2 + a^2}}{a} + \frac{x}{a}\right| + C = \ln\left|\frac{x + \sqrt{x^2 + a^2}}{a}\right| + C$$

$$= \ln|x + \sqrt{x^2 + a^2}| - \ln|a| + C$$

$$= \ln|x + \sqrt{x^2 + a^2}| - \ln a + C = \ln|x + \sqrt{x^2 + a^2}| + C_1.$$

(2) 令 $x = a\sec t$，则 $\sqrt{x^2 - a^2} = a\tan t$，$\mathrm{d}x = a\sec t\tan t\,\mathrm{d}t$.

$$\int \frac{\mathrm{d}x}{\sqrt{x^2 - a^2}} = \int \frac{a\sec t\tan t}{a\tan t}\mathrm{d}t = \int \sec t\,\mathrm{d}t = \ln|\sec t + \tan t| + C = \ln\left|\frac{x}{a} + \frac{\sqrt{x^2 - a^2}}{a}\right| + C$$

$$= \ln\left|\frac{x + \sqrt{x^2 - a^2}}{a}\right| + C = \ln|x + \sqrt{x^2 - a^2}| - \ln|a| + C$$

$$= \ln|x + \sqrt{x^2 - a^2}| + C_1.$$

例 3-13　求下列不定积分：

(1) (2018 年) $\int x^2\sqrt{3(1 - x^2)}\,\mathrm{d}x$；　　　　　(2) (2012 年) $\int (\ln x)^2\,\mathrm{d}x$.

解　(1) 令 $x = \sin t$，则 $\sqrt{1 - x^2} = \cos t$，$\mathrm{d}x = \cos t\,\mathrm{d}t$.

$$\int x^2\sqrt{3(1 - x^2)}\,\mathrm{d}x = \sqrt{3}\int \sin^2 t\cos^2 t\,\mathrm{d}t = \frac{\sqrt{3}}{4}\int (2\sin t\cos t)^2\,\mathrm{d}t = \frac{\sqrt{3}}{4}\int \sin^2 2t\,\mathrm{d}t$$

$$= \frac{\sqrt{3}}{4}\int \frac{1 - \cos 4t}{2}\mathrm{d}t = \frac{\sqrt{3}}{8}\int (1 - \cos 4t)\,\mathrm{d}t = \frac{\sqrt{3}}{8}\left(t - \frac{1}{4}\sin 4t\right) + C.$$

由于

$$\sin 4t = 2\sin 2t\cos 2t = 2\times 2\sin t\cos t(2\cos^2 t - 1) = 4\sin t\cos t[2\times(1 - x^2) - 1]$$

$$= 4x\sqrt{1 - x^2}\cdot(2 - 2x^2 - 1) = 4x\sqrt{1 - x^2}(1 - 2x^2),$$

有

$$原式 = \frac{\sqrt{3}}{8}\left[\arcsin x - x\sqrt{1 - x^2}(1 - 2x^2)\right] + C$$

$$= \frac{\sqrt{3}}{8}(\arcsin x - x\sqrt{1 - x^2} + 2x^3\sqrt{1 - x^2}) + C.$$

(2) 令 $\ln x = t$，则 $x = \mathrm{e}^t$，$\mathrm{d}x = \mathrm{e}^t\,\mathrm{d}t$.

$$\int (\ln x)^2\,\mathrm{d}x = \int t^2\mathrm{e}^t\,\mathrm{d}t = \int t^2\,\mathrm{d}\mathrm{e}^t = t^2\mathrm{e}^t - 2\int \mathrm{e}^t\cdot t\,\mathrm{d}t$$

$$= t^2\mathrm{e}^t - 2\int t\,\mathrm{d}\mathrm{e}^t = t^2\mathrm{e}^t - 2\left(t\mathrm{e}^t - \int \mathrm{e}^t\,\mathrm{d}t\right)$$

$$=t^2\mathrm{e}^t-2t\mathrm{e}^t+2\int\mathrm{e}^t\mathrm{d}t=(\ln x)^2\cdot x-2x\ln x$$

$$+2x+C=x(\ln x)^2-2x\ln x+2x+C.$$

例 3－14 求下列不定积分：

(1) (2010 年) $\displaystyle\int\sqrt{x}\cos\sqrt{x}\,\mathrm{d}x$；　　　　　　(2) $\displaystyle\int\frac{\mathrm{d}x}{\mathrm{e}^x(1+\mathrm{e}^{2x})}$；

(3) (2016 年) $\displaystyle\int x^3\mathrm{e}^{-x^2}\mathrm{d}x$.

解 (1) $\displaystyle\int\sqrt{x}\cos\sqrt{x}\,\mathrm{d}x\xlongequal[\mathrm{d}x=2t\mathrm{d}t]{\sqrt{x}=t}2\int t^2\cos t\,\mathrm{d}t=2\int t^2\mathrm{d}\sin t=2(t^2\sin t-2\int t\sin t\,\mathrm{d}t)$

$$=2(t^2\sin t+2\int t\mathrm{d}\cos t)=2[t^2\sin t+2(t\cos t-\int\cos t\,\mathrm{d}t)]$$

$$=2(t^2\sin t+2t\cos t-2\sin t)+C=2(x\sin\sqrt{x}+$$

$$2\sqrt{x}\cos\sqrt{x}-2\sin\sqrt{x})+C.$$

(2) $\displaystyle\int\frac{\mathrm{d}x}{\mathrm{e}^x(1+\mathrm{e}^{2x})}\xlongequal[\mathrm{d}x=1/t\mathrm{d}t]{\mathrm{e}^x=t}\int\frac{1/t\,\mathrm{d}t}{t(1+t^2)}=\int\frac{\mathrm{d}t}{t^2(1+t^2)}=\int\left(\frac{1}{t^2}-\frac{1}{1+t^2}\right)\mathrm{d}t$

$$=-\frac{1}{t}-\arctan t+C=-\mathrm{e}^{-x}-\arctan\mathrm{e}^x+C.$$

(3) $\displaystyle\int x^3\mathrm{e}^{-x^2}\mathrm{d}x=\int x\cdot x^2\mathrm{e}^{-x^2}\mathrm{d}x=\frac{1}{2}\int x^2\mathrm{e}^{-x^2}\mathrm{d}x^2\xlongequal{x^2=t}\frac{1}{2}\int t\mathrm{e}^{-t}\mathrm{d}t=-\frac{1}{2}\int t\mathrm{d}\mathrm{e}^{-t}$

$$=-\frac{1}{2}(t\mathrm{e}^{-t}-\int\mathrm{e}^{-t}\mathrm{d}t)=-\frac{1}{2}(t\mathrm{e}^{-t}+\mathrm{e}^{-t})+C=-\frac{1}{2}(x^2\mathrm{e}^{-x^2}+\mathrm{e}^{-x^2})+C.$$

例 3－15 求下列不定积分：

(1) (2018 年) $\displaystyle\int\mathrm{e}^x\arcsin\sqrt{1-\mathrm{e}^{2x}}\,\mathrm{d}x$；　　　　(2) (2016 年) $\displaystyle\int(1-x^{\frac{2}{3}})^{\frac{3}{2}}\cdot x^{-\frac{1}{3}}\mathrm{d}x$.

解 (1) $\displaystyle\int\mathrm{e}^x\arcsin\sqrt{1-\mathrm{e}^{2x}}\,\mathrm{d}x\xlongequal[\mathrm{d}x=1/t\mathrm{d}t]{\mathrm{e}^x=t}\int t\arcsin\sqrt{1-t^2}\cdot\frac{1}{t}\mathrm{d}t=\int\arccos t\,\mathrm{d}t$

$$=t\arccos t+\int t\cdot\frac{1}{\sqrt{1-t^2}}\mathrm{d}t$$

$$=t\arccos t+\frac{1}{2}\int\frac{1}{\sqrt{1-t^2}}\mathrm{d}t^2$$

$$=t\arccos t-\int\frac{1}{2\sqrt{1-t^2}}\mathrm{d}(1-t^2)$$

$$=t\arccos t-\sqrt{1-t^2}+C$$

$$=\mathrm{e}^x\arccos\mathrm{e}^x-\sqrt{1-\mathrm{e}^{2x}}+C.$$

(2) $\displaystyle\int(1-x^{\frac{2}{3}})^{\frac{3}{2}}\cdot x^{-\frac{1}{3}}\mathrm{d}x\xlongequal[\mathrm{d}x=3t^2\mathrm{d}t]{x^{\frac{1}{3}}=t}\int(1-t^2)^{\frac{3}{2}}\cdot\frac{1}{t}\cdot3t^2\mathrm{d}t$

$$=3\int t(1-t^2)^{\frac{3}{2}}\mathrm{d}t\xlongequal[\mathrm{d}t=\cos u\mathrm{d}u]{t=\sin u}$$

$$=3\int \sin u \cdot (\cos^2 u)^{\frac{3}{2}} \cdot \cos u \mathrm{d}u = 3\int \sin u \cos^4 u \mathrm{d}u$$

$$=-3\int \cos^4 u \mathrm{d}\cos u = -3 \times \frac{\cos^5 u}{5} + C = -\frac{3}{5}\cos^5 u + C$$

$$=-\frac{3}{5} \times (\sqrt{1-t^2})^5 + C = -\frac{3}{5}(1-t^2)^{\frac{5}{2}} + C$$

$$=-\frac{3}{5}(1-x^{\frac{2}{3}})^{\frac{5}{2}} + C.$$

课堂练习

【练习 3-6】 $\displaystyle\int x^3 \mathrm{e}^{x^2} \mathrm{d}x = $＿＿＿＿＿＿＿.

【练习 3-7】 求不定积分 $\displaystyle\int \mathrm{e}^{\sqrt{2x-1}} \mathrm{d}x$.

【练习 3-8】 计算不定积分 $\displaystyle\int \frac{x\,\mathrm{e}^{\arctan x}}{(1+x^2)^{\frac{3}{2}}} \mathrm{d}x$.

§3.6　珍珠裂了(真假分式)

知识梳理

1. "二次三项式"的常见变形(回顾)

二配因

视频 3-6　"二配因"

图 3-5　"二配因"

(1) 配方;

(2) 因式分解.

简称:"二配因".

2. 基本概念

设 $P(x)$, $Q(x)$ 均为多项式,两者的商为 $\dfrac{P(x)}{Q(x)}$,

真分式　若 $P(x)$ 的次数 $<$ $Q(x)$ 的次数,则称 $\dfrac{P(x)}{Q(x)}$ 为真分式.

假分式　若 $P(x)$ 的次数 $\geqslant$ $Q(x)$ 的次数,则称 $\dfrac{P(x)}{Q(x)}$ 为假分式.

3. 3 种简单的真分式

(1) $\dfrac{A}{ax+b}$; (2) $\dfrac{Bx+C}{(x+c)^2}$;

(3) $\dfrac{Dx+E}{x^2+mx+n}$.

注意 这里的 A，B，C，D，E 和 a，b，c，m，n 均为常数.

三者的共同特点 分子比分母的次数低"1".

积分特点 要想办法将分子变成常数.

4. 复杂真分式

裂项法：

$$\frac{P(x)}{Q(x)}=\frac{P(x)}{(ax+b)(x+c)^2(x^2+mx+n)}=\frac{A}{ax+b}+\frac{Bx+C}{(x+c)^2}+\frac{Dx+E}{x^2+mx+n}.$$

5. 假分式

先将假分式化为真分式，再进行积分.

例 3-16 求下列不定积分：

(1) $\displaystyle\int\frac{3}{2x+1}\mathrm{d}x$; (2) $\displaystyle\int\frac{x-1}{(x+1)^2}\mathrm{d}x$;

(3) $\displaystyle\int\frac{x+2}{x^2+2x+3}\mathrm{d}x$.

解 (1) $\displaystyle\int\frac{3}{2x+1}\mathrm{d}x=\frac{1}{2}\int\frac{3}{2x+1}\mathrm{d}(2x+1)=\frac{3}{2}\ln|2x+1+C|$.

(2) $\displaystyle\int\frac{x-1}{(x+1)^2}\mathrm{d}x=\int\frac{(x+1)-2}{(x+1)^2}\mathrm{d}x=\int\left[\frac{1}{x+1}-\frac{2}{(x+1)^2}\right]\mathrm{d}x$

$$=\int\frac{1}{x+1}\mathrm{d}(x+1)-\int\frac{2}{(x+1)^2}\mathrm{d}(x+1)$$

$$=\ln|x+1|+2\cdot\frac{1}{x+1}+C.$$

(3) $\displaystyle\int\frac{x+2}{x^2+2x+3}\mathrm{d}x=\int\frac{\dfrac{1}{2}(x^2+2x+3)'+1}{x^2+2x+3}\mathrm{d}x$

$$=\int\frac{\dfrac{1}{2}(x^2+2x+3)'}{x^2+2x+3}\mathrm{d}x+\int\frac{1}{x^2+2x+3}\mathrm{d}x$$

$$=\frac{1}{2}\int\frac{\mathrm{d}(x^2+2x+3)}{x^2+2x+3}+\int\frac{\mathrm{d}(x+1)}{(x+1)^2+(\sqrt{2})^2}$$

$$=\frac{1}{2}\ln|x^2+2x+3|+\frac{1}{\sqrt{2}}\arctan\frac{x+1}{\sqrt{2}}+C.$$

例 3-17 求下列不定积分：

(1) $\displaystyle\int \frac{1}{1-x^2}\mathrm{d}x$ ；   (2) $\displaystyle\int \frac{1}{a^2-x^2}\mathrm{d}x$.

解　(1) $\displaystyle\int \frac{1}{1-x^2}\mathrm{d}x = \int \frac{1}{(1+x)(1-x)}\mathrm{d}x = \int \frac{1}{2}\left(\frac{1}{1+x}+\frac{1}{1-x}\right)\mathrm{d}x$

$$= \frac{1}{2}\int \frac{\mathrm{d}(x+1)}{1+x}+\frac{1}{2}\int \frac{\mathrm{d}x}{1-x}=\frac{1}{2}\ln\mid 1+x\mid -\frac{1}{2}\int \frac{\mathrm{d}(1-x)}{1-x}$$

$$= \frac{1}{2}\ln\mid 1+x\mid -\frac{1}{2}\ln\mid 1-x\mid +C=\frac{1}{2}\ln\left|\frac{1+x}{1-x}\right|+C.$$

(2) $\displaystyle\int \frac{1}{a^2-x^2}\mathrm{d}x = \int \frac{1}{(a+x)(a-x)}\mathrm{d}x = \int \frac{1}{2a}\left(\frac{1}{a+x}+\frac{1}{a-x}\right)\mathrm{d}x$

$$= \frac{1}{2a}\left(\int \frac{\mathrm{d}(x+a)}{a+x}+\int \frac{\mathrm{d}x}{a-x}\right)=\frac{1}{2a}(\ln\mid a+x\mid -\ln\mid a-x\mid)+C$$

$$= \frac{1}{2a}\ln\left|\frac{a+x}{a-x}\right|+C.$$

例 3 - 18　求下列不定积分:

(1) $\displaystyle\int \frac{x+1}{x^2-5x+6}\mathrm{d}x$ ；   (2) $\displaystyle\int \frac{x-3}{(x-1)(x^2-1)}\mathrm{d}x$.

解　(1) $\displaystyle\frac{x+1}{x^2-5x+6}=\frac{x+1}{(x-2)(x-3)}=\frac{A}{x-2}+\frac{B}{x-3}$.

去分母可得 $x+1=A(x-3)+B(x-2)$, $x+1=(A+B)x-3A-2B$. 所以,

$$\begin{cases}A+B=1,\\-3A-2B=1,\end{cases}\Rightarrow\begin{cases}A=-3,\\B=4.\end{cases}$$

$$\int \frac{x+1}{x^2-5x+6}\mathrm{d}x = \int \frac{-3}{x-2}\mathrm{d}x+\int \frac{4}{x-3}\mathrm{d}x=-3\ln\mid x-2\mid +4\ln\mid x-3\mid +C.$$

(2) $\displaystyle\frac{x-3}{(x-1)(x^2-1)}=\frac{x-3}{(x-1)^2(x+1)}=\frac{Ax+B}{(x-1)^2}+\frac{C}{x+1}$.

去分母可得

$$x-3=(Ax+B)(x+1)+C(x-1)^2 , \quad x-3=(A+C)x^2+(A+B-2C)x+B+C.$$

所以,

$$\begin{cases}A+C=0,\\A+B-2C=1,\\B+C=-3,\end{cases}\Rightarrow\begin{cases}A=1,\\B=-2,\\C=-1.\end{cases}$$

$$\int \frac{x-3}{(x-1)(x^2-1)}\mathrm{d}x = \int \frac{x-2}{(x-1)^2}\mathrm{d}x+\int \frac{-1}{x+1}\mathrm{d}x=\int \frac{(x-1)-1}{(x-1)^2}\mathrm{d}x-\int \frac{\mathrm{d}(x+1)}{x+1}$$

$$= \int \left[\frac{1}{x-1}-\frac{1}{(x-1)^2}\right]\mathrm{d}x-\ln\mid x+1\mid$$

$$= \ln\mid x-1\mid +\frac{1}{x-1}-\ln\mid x+1\mid +C.$$

例 3-19 求下列不定积分:

(1) $\displaystyle\int \frac{x+2}{(2x+1)(x^2+x+1)}\mathrm{d}x$;　　(2) (2019年) $\displaystyle\int \frac{3x+6}{(x-1)^2(x^2+x+1)}\mathrm{d}x$.

解 (1) $\dfrac{x+2}{(2x+1)(x^2+x+1)}=\dfrac{A}{2x+1}+\dfrac{Bx+C}{x^2+x+1}$.

去分母可得 $x+2=A(x^2+x+1)+(Bx+C)(2x+1)$,　$x+2=(A+2B)x^2+(A+B+2C)x+A+C$. 所以,

$$\begin{cases}A+2B=0,\\ A+B+2C=1,\\ A+C=2,\end{cases}\Rightarrow\begin{cases}A=2,\\ B=-1,\\ C=0.\end{cases}$$

$$\int \frac{3x+6}{(x-1)^2(x^2+x+1)}\mathrm{d}x=\int\left(\frac{2}{2x+1}+\frac{-x}{x^2+x+1}\right)\mathrm{d}x=\int\frac{2}{2x+1}\mathrm{d}x-\int\frac{x}{x^2+x+1}\mathrm{d}x$$

$$=\int\frac{\mathrm{d}(2x+1)}{2x+1}-\int\frac{\frac{1}{2}(x^2+x+1)'-\frac{1}{2}}{x^2+x+1}\mathrm{d}x$$

$$=\ln\mid 2x+1\mid-\frac{1}{2}\int\frac{\mathrm{d}(x^2+x+1)}{x^2+x+1}+\frac{1}{2}\int\frac{1}{x^2+x+1}\mathrm{d}x$$

$$=\ln\mid 2x+1\mid-\frac{1}{2}\ln\mid x^2+x+1\mid+\frac{1}{2}\int\frac{\mathrm{d}x}{\left(x+\frac{1}{2}\right)^2+\left(\frac{\sqrt{3}}{2}\right)^2}$$

$$=\ln\mid 2x+1\mid-\frac{1}{2}\ln\mid x^2+x+1\mid+\frac{1}{2}\cdot\frac{2}{\sqrt{3}}\arctan\frac{x+\frac{1}{2}}{\frac{\sqrt{3}}{2}}+C$$

$$=\ln\mid 2x+1\mid-\frac{1}{2}\ln\mid x^2+x+1\mid+\frac{\sqrt{3}}{3}\arctan\left[\frac{2}{3}\sqrt{3}\left(x+\frac{1}{2}\right)\right]+C.$$

(2) $\dfrac{3x+6}{(x-1)^2(x^2+x+1)}=\dfrac{Ax+B}{(x-1)^2}+\dfrac{Cx+D}{x^2+x+1}$.

去分母可得 $3x+6=(Ax+B)(x^2+x+1)+(Cx+D)(x-1)^2$,　$3x+6=(A+C)x^3+(A+B-2C-D)x^2+(A+B+C-2D)x+(B+D)$. 所以,

$$\begin{cases}A+C=0,\\ A+B-2C+D=0,\\ A+B+C-2D=3,\\ B+D=6,\end{cases}\Rightarrow\begin{cases}A=-2,\\ B=5,\\ C=2,\\ D=1.\end{cases}$$

$$\int\frac{3x+6}{(x-1)^2(x^2+x+1)}\mathrm{d}x=\int\frac{-2x+5}{(x-1)^2}\mathrm{d}x+\int\frac{2x+1}{x^2+x+1}\mathrm{d}x.$$

因为 $\displaystyle\int\frac{-2x+5}{(x-1)^2}\mathrm{d}x=\int\frac{-2(x-1)+3}{(x-1)^2}\mathrm{d}x=-2\int\frac{\mathrm{d}x}{x-1}+3\int\frac{\mathrm{d}x}{(x-1)^2}$

$$=-2\ln|x-1|-3\cdot\frac{1}{x-1}+C_1,$$

$$\int\frac{2x+1}{x^2+x+1}\mathrm{d}x=\int\frac{(x^2+x+1)'}{x^2+x+1}\mathrm{d}x=\int\frac{\mathrm{d}(x^2+x+1)}{x^2+x+1}=\ln|x^2+x+1|+C_2,$$

所以，原式$=-2\ln|x-1|-\dfrac{3}{x-1}+\ln|x^2+x+1|+C$，其中，$C=C_1+C_2$.

例 3 - 20　求下列不定积分：

(1) $\displaystyle\int\frac{(x-1)^3}{x^2}\mathrm{d}x$；
(2) $\displaystyle\int\frac{2x^4+x^2+3}{x^2+1}\mathrm{d}x$.

解　(1) $\displaystyle\int\frac{(x-1)^3}{x^2}\mathrm{d}x=\int\frac{x^3-3x^2+3x-1}{x^2}\mathrm{d}x=\int\left(x-3+\frac{3}{x}-\frac{1}{x^2}\right)\mathrm{d}x$

$$=\int x\,\mathrm{d}x-3\int\mathrm{d}x+3\int\frac{\mathrm{d}x}{x}-\int\frac{1}{x^2}\mathrm{d}x$$

$$=\frac{x^2}{2}-3x+3\ln|x|+\frac{1}{x}+C.$$

(2) $\displaystyle\int\frac{2x^4+x^2+3}{x^2+1}\mathrm{d}x=\int\frac{2x^2(x^2+1)-2x^2+x^2+3}{x^2+1}\mathrm{d}x$

$$=\int\frac{2x^2(x^2+1)-x^2+3}{x^2+1}\mathrm{d}x$$

$$=\int\frac{2x^2(x^2+1)-(x^2+1)+4}{x^2+1}\mathrm{d}x=\int\left(2x^2-1+\frac{4}{x^2+1}\right)\mathrm{d}x$$

$$=2\int x^2\,\mathrm{d}x-\int\mathrm{d}x+4\int\frac{\mathrm{d}x}{x^2+1}$$

$$=2\cdot\frac{x^3}{3}-x+4\arctan x+C=\frac{2}{3}x^3-x+4\arctan x+C.$$

课堂练习

【练习 3 - 9】　$\displaystyle\int\frac{\ln x-1}{x^2}\mathrm{d}x=$_____.

【练习 3 - 10】　$\displaystyle\int\frac{\mathrm{d}x}{(2-x)\sqrt{1-x}}=$_____.

【练习 3 - 11】　$\displaystyle\int\frac{\mathrm{d}x}{\sqrt{x(4-x)}}=$_____.

【练习 3 - 12】　$\displaystyle\int\frac{x+5}{x^2-6x+13}\mathrm{d}x=$_____.

【练习 3 - 13】　设$\displaystyle\int xf(x)\mathrm{d}x=\arcsin x+C$，则$\displaystyle\int\frac{1}{f(x)}\mathrm{d}x=$_____.

【练习 3 - 14】　已知曲线$y=f(x)$过点$\left(0,-\dfrac{1}{2}\right)$，且其上任一点$(x,y)$处的切线斜率为$x\ln(1+x^2)$，则$f(x)=$_____.

【练习 3 - 15】 （2014 年）设 $f(x)$ 是周期为 4 的可导奇函数，$f'(x) = 2(x-1)$，$x \in [0, 2]$，则 $f(7) = $ _____．

【练习 3 - 16】 求 $\displaystyle\int \frac{dx}{x \ln^2 x}$．

【练习 3 - 17】 求不定积分 $\displaystyle\int \frac{x \cos^4 \dfrac{x}{2}}{\sin^3 x} dx$．

【练习 3 - 18】 求不定积分 $I = \displaystyle\int \frac{x^2}{1 + x^2} \arctan x \, dx$．

【练习 3 - 19】 求不定积分 $\displaystyle\int (\arcsin x)^2 \, dx$．

【练习 3 - 20】 求 $\displaystyle\int \frac{\arcsin e^x}{e^x} dx$．

【练习 3 - 21】 设 $f(x^2 - 1) = \ln \dfrac{x^2}{x^2 - 2}$，且 $f[\varphi(x)] = \ln x$，求 $\displaystyle\int \varphi(x) dx$．

§3.7　终局之战

📖 知识梳理

1. 积分的基本题型

（1）真假分式——裂项法；

（2）加减类函数——加法公式；

（3）吸收法；

（4）交换法；

（5）换元法．

简称："积分，真加吸交换"．

积分，真加吸交换
（珍）

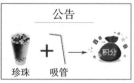

视频 3 - 7 "积分，真加吸交换"2　　　　图 3 - 6 "积分，真加吸交换"2

2. 换元法的主要类型

（1）三角代换；

（2）根式代换；

（3）反函数代换（对数或反三角）；

（4）重复代换.

换三根，反复

张仲景　　　三根汤

视频 3-8　"换三根，反复"2　　　　图 3-7　"换三根，反复"2

简称："换三根，反复".

3. 回顾（倍角公式）

（1）倍角公式：

$$\sin 2\alpha = 2\sin\alpha\cos\alpha; \qquad\qquad \cos 2\alpha = \cos^2\alpha - \sin^2\alpha = 1 - 2\sin^2\alpha = 2\cos^2\alpha - 1;$$

$$\sin^2\alpha = \frac{1 - \cos 2\alpha}{2}; \qquad\qquad \cos^2\alpha = \frac{1 + \cos 2\alpha}{2}.$$

（2）倍角公式的作用：①降幂；②消"1".

简称："倍降消".

例 3-21　求下列不定积分：

（1）$\displaystyle\int(\sqrt{x}+1)(\sqrt{x^3}-1)\mathrm{d}x$；　　　　　　　　　（2）（2018 年）$\displaystyle\int \mathrm{e}^{2x}\arctan\sqrt{\mathrm{e}^x-1}\,\mathrm{d}x$.

解　（1）$\displaystyle\int(\sqrt{x}+1)(\sqrt{x^3}-1)\mathrm{d}x = \int(x^{\frac{1}{2}}+1)(x^{\frac{3}{2}}-1)\mathrm{d}x = \int(x^2 + x^{\frac{3}{2}} - x^{\frac{1}{2}} - 1)\mathrm{d}x$

$$= \int x^2\mathrm{d}x + \int x^{\frac{3}{2}}\mathrm{d}x - \int x^{\frac{1}{2}}\mathrm{d}x - \int \mathrm{d}x$$

$$= \frac{x^3}{3} + \frac{x^{\frac{3}{2}+1}}{\frac{5}{2}} - \frac{x^{\frac{1}{2}+1}}{\frac{3}{2}} - x + C$$

$$= \frac{1}{3}x^3 + \frac{2}{5}x^{\frac{5}{2}} - \frac{2}{3}x^{\frac{3}{2}} - x + C.$$

（2）$\displaystyle\int \mathrm{e}^{2x}\arctan\sqrt{\mathrm{e}^x-1}\,\mathrm{d}x = \frac{1}{2}\int \arctan\sqrt{\mathrm{e}^x-1}\,\mathrm{d}\mathrm{e}^{2x}$

$$= \frac{1}{2}\left[\mathrm{e}^{2x}\arctan\sqrt{\mathrm{e}^x-1} - \int \mathrm{e}^{2x}\cdot\frac{1}{1+(\mathrm{e}^x-1)}\cdot\frac{1}{2\sqrt{\mathrm{e}^x-1}}\right.$$

$$\left.\cdot\,\mathrm{e}^x\mathrm{d}x\right]$$

$$= \frac{1}{2}\left(\mathrm{e}^{2x}\arctan\sqrt{\mathrm{e}^x-1} - \int\frac{\mathrm{e}^{2x}}{2\sqrt{\mathrm{e}^x-1}}\mathrm{d}x\right).$$

因为

$$\int \frac{e^{2x}}{2\sqrt{e^x-1}} \underset{dx=1/t\,dt}{\overset{e^x=t}{=\!=\!=}} \int \frac{t^2}{2\sqrt{t-1}} \cdot \frac{1}{t} dt = \int \frac{(t-1)+1}{2\sqrt{t-1}} dt$$

$$= \int \frac{\sqrt{t-1}}{2} dt + \int \frac{d(t-1)}{2\sqrt{t-1}} = \frac{1}{2} \cdot \frac{(t-1)^{\frac{1}{2}+1}}{\frac{3}{2}} + \sqrt{t-1} + C$$

$$= \frac{1}{2} \cdot \frac{2}{3} (t-1)^{\frac{3}{2}} + \sqrt{t-1} + C = \frac{1}{3}(t-1)^{\frac{3}{2}} + \sqrt{t-1} + C,$$

所以，

$$原式 = \frac{1}{2} \left[e^{2x} \arctan\sqrt{e^x-1} - \frac{1}{3}(e^x-1)^{\frac{3}{2}} - \sqrt{e^x-1} \right] + C_1$$

$$= \frac{1}{2} e^{2x} \arctan\sqrt{e^x-1} - \frac{1}{6}(e^x-1)^{\frac{3}{2}} - \frac{1}{2}\sqrt{e^x-1} + C_1.$$

例 3-22 求下列不定积分：

(1) (2015 年) $\int x^2 \sqrt{2-x^2}\, dx$；　　　　　　(2) (2014 年) $\int \frac{1}{x^2+2x+5} dx$.

解 (1) $\int x^2\sqrt{2-x^2}\, dx \underset{dx=\sqrt{2}\cos t\,dt}{\overset{x=\sqrt{2}\sin t}{=\!=\!=}} \int (\sqrt{2}\sin t)^2 \cdot \sqrt{2}\cos t \cdot \sqrt{2}\cos t\, dt$

$$= \int 2\sin^2 t \cdot 2\cos^2 t\, dt = \int 4\sin^2 t\cos^2 t\, dt = \int (2\sin t\cos t)^2 dt$$

$$= \int \sin^2 2t\, dt = \int \frac{1-\cos 4t}{2} dt = \frac{1}{2}\int dt - \frac{1}{2}\times\frac{1}{4}\int \cos 4t\, d4t$$

$$= \frac{1}{2}t - \frac{1}{8}\sin 4t + C.$$

因为 $\sin t = \dfrac{x}{\sqrt{2}}$，$t = \arcsin\dfrac{x}{\sqrt{2}}$，

$$\sin 4t = 2\sin 2t\cos 2t = 2\times 2\sin t\cos t\times(1-2\sin^2 t)$$

$$= 4 \cdot \frac{x}{\sqrt{2}} \cdot \frac{\sqrt{2-x^2}}{\sqrt{2}} \cdot \left(1-2\times\frac{x^2}{2}\right) = 2x \cdot \sqrt{2-x^2} \cdot (1-x^2),$$

所以，

$$原式 = \frac{1}{2}\arcsin\frac{x}{\sqrt{2}} - \frac{1}{8}\cdot 2x\cdot\sqrt{2-x^2}(1-x^2) + C = \frac{1}{2}\arcsin\frac{x}{\sqrt{2}} - \frac{x}{4}\sqrt{2-x^2}(1-x^2) + C.$$

(2) $\int \dfrac{1}{x^2+2x+5} dx = \int \dfrac{1}{(x+1)^2+2^2} dx = \dfrac{1}{2}\arctan\dfrac{x+1}{2} + C.$

例 3-23 求下列不定积分：

(1) (2011 年) $\int \dfrac{\arcsin\sqrt{x}+\ln x}{\sqrt{x}} dx$；　(2) (2009 年) $\int \ln\left(1+\sqrt{\dfrac{1+x}{x}}\right) dx\ (x>0)$.

解　（1）原式 $\dfrac{\sqrt{x}=t}{\mathrm{d}x=2t\,\mathrm{d}t}\displaystyle\int\dfrac{\arcsin t+\ln t^2}{t}\cdot 2t\,\mathrm{d}t=\int(2\arcsin t+4\ln t)\mathrm{d}t.$

因为

$$\int 2\arcsin t\,\mathrm{d}t=\int\arcsin t\,\mathrm{d}2t=2t\arcsin t-\int 2t\cdot\dfrac{1}{\sqrt{1-t^2}}\mathrm{d}t$$

$$=2t\arcsin t-\int\dfrac{\mathrm{d}t^2}{\sqrt{1-t^2}}=2t\arcsin t+\int\dfrac{\mathrm{d}(1-t^2)}{\sqrt{1-t^2}}=2t\arcsin t+2\sqrt{1-t^2}+C_1,$$

$$\int 4\ln t\,\mathrm{d}t=\int\ln t\,\mathrm{d}4t=4t\ln t-\int 4t\cdot\dfrac{1}{t}\mathrm{d}t=4t\ln t-4t+C_2,$$

所以，

$$原式=2t(\arcsin t+2\ln t)+2\sqrt{1-t^2}-4t+C_1+C_2$$

$$=2\sqrt{x}\,(\arcsin\sqrt{x}+\ln x)+2\sqrt{1-x}-4\sqrt{x}+C,\ C=C_1+C_2.$$

（2）令 $\sqrt{\dfrac{1+x}{x}}=t$，$\dfrac{1+x}{x}=t^2$，$\dfrac{1}{x}+1=t^2$，$\dfrac{1}{x}=t^2-1$，$x=\dfrac{1}{t^2-1}.$

$$\mathrm{d}x=-\dfrac{1}{(t^2-1)^2}\cdot 2t\,\mathrm{d}t=-\dfrac{2t}{(t^2-1)^2}\mathrm{d}t.$$

$$原式=\int\ln(1+t)\cdot\mathrm{d}\left(\dfrac{1}{t^2-1}\right)=\dfrac{\ln(1+t)}{t^2-1}-\int\dfrac{1}{t^2-1}\cdot\dfrac{1}{1+t}\mathrm{d}t.$$

由于

$$\dfrac{1}{t^2-1}\cdot\dfrac{1}{1+t}=\dfrac{1}{(t+1)^2(t-1)}=\dfrac{At+B}{(t+1)^2}+\dfrac{C}{t-1}=\dfrac{-\dfrac{1}{4}t-\dfrac{3}{4}}{(t+1)^2}+\dfrac{\dfrac{1}{4}}{t-1},$$

有

$$\int\dfrac{1}{t^2-1}\cdot\dfrac{1}{1+t}\mathrm{d}t=\dfrac{1}{4}\int\left[\dfrac{1}{t-1}-\dfrac{t+3}{(t+1)^2}\right]\mathrm{d}t=\dfrac{1}{4}\int\left[\dfrac{1}{t-1}-\dfrac{1}{t+1}-\dfrac{2}{(t+1)^2}\right]\mathrm{d}t$$

$$=\dfrac{1}{4}\ln|t-1|-\dfrac{1}{4}\ln|t+1|+\dfrac{1}{2}\cdot\dfrac{1}{t+1}+C=\dfrac{1}{4}\ln\left|\dfrac{t-1}{t+1}\right|+\dfrac{1}{2(t+1)}+C.$$

$$原式=\dfrac{\ln(1+t)}{t^2-1}-\dfrac{1}{4}\ln\left|\dfrac{t-1}{t+1}\right|-\dfrac{1}{2(t+1)}-C=x\ln\left(1+\sqrt{\dfrac{1+x}{x}}\right)$$

$$-\dfrac{1}{4}\ln\left|\dfrac{\sqrt{\dfrac{1+x}{x}}-1}{\sqrt{\dfrac{1+x}{x}}+1}\right|-\dfrac{1}{2\cdot\left(\sqrt{\dfrac{1+x}{x}}+1\right)}-C$$

$$=x\ln\left(1+\sqrt{\dfrac{1+x}{x}}\right)-\dfrac{1}{4}\ln\left|\dfrac{\sqrt{1+x}-\sqrt{x}}{\sqrt{1+x}+\sqrt{x}}\right|-\dfrac{\sqrt{x}}{2(\sqrt{1+x}+\sqrt{x})}-C$$

$$=x\ln\left(1+\sqrt{\frac{1+x}{x}}\right)-\frac{1}{4}\ln(\sqrt{1+x}-\sqrt{x})^2-\frac{\sqrt{x}\,(\sqrt{1+x}-\sqrt{x})}{2}-C.$$

例 3-24 求下列不定积分：

(1)（2015 年）$\displaystyle\int\frac{1}{x\ln x}\mathrm{d}x\,(x>1)$；　　　　　　(2)$\displaystyle\int\frac{x}{1+\cos x}\mathrm{d}x$；

(3)$\displaystyle\int\frac{\arccos x}{\sqrt{(1-x^2)^3}}\mathrm{d}x\,(x>0).$

解 (1) 原式 $=\displaystyle\int\frac{1}{\ln x}\mathrm{d}\ln|x|=\int\frac{1}{\ln x}\mathrm{d}\ln x=\ln|\ln x|+C=\ln(\ln x)+C.$

(2) 原式 $=\displaystyle\int\frac{x}{1+(2\cos^2\frac{x}{2}-1)}\mathrm{d}x=\int\frac{x}{2\cos^2\frac{x}{2}}\mathrm{d}x=\int\frac{x\sec^2\frac{x}{2}}{2}\mathrm{d}\frac{x}{2}$

$$=\int x\,\mathrm{d}\tan\frac{x}{2}=x\tan\frac{x}{2}-2\int\tan\frac{x}{2}\mathrm{d}\frac{x}{2}=x\tan\frac{x}{2}-2\ln\left|\sec\frac{x}{2}\right|+C.$$

(3) 令 $\arccos x=t$，$x=\cos t$，$\mathrm{d}x=-\sin t\,\mathrm{d}t.$

$$原式=\int\frac{t}{\sqrt{(1-\cos^2 t)^3}}\cdot(-\sin t)\mathrm{d}t=\int\frac{t}{(\sin^2 t)^{\frac{3}{2}}}\cdot(-\sin t)\mathrm{d}t=\int\frac{t}{\sin^3 t}\cdot(-\sin t)\mathrm{d}t$$

$$=\int\frac{-t}{\sin^2 t}\mathrm{d}t=\int-t\csc^2 t\,\mathrm{d}t=\int t\,\mathrm{d}\cot(t)=t\cot(t)-\int\cot(t)\mathrm{d}t=t\cot(t)+\ln|\csc t|+C.$$

如图 3-8 所示，$\cos t=\dfrac{x}{1}=x$，$\csc t=\dfrac{1}{\sin t}=\dfrac{1}{\sqrt{1-x^2}}$，

$$原式=\arccos x\cdot\frac{x}{\sqrt{1-x^2}}+\ln\left|\frac{1}{\sqrt{1-x^2}}\right|+C$$

$$=\frac{x}{\sqrt{1-x^2}}\cdot\arccos x-\frac{1}{2}\ln|1-x^2|+C.$$

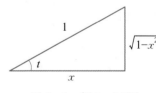

图 3-8 例 3-24 图

例 3-25 设 $f(\sin^2 x)=\dfrac{x}{\sin x}$，求 $\displaystyle\int\frac{\sqrt{x}}{\sqrt{1-x}}f(x)\mathrm{d}x.$

解 令 $\sin^2 x=t$，$\sin x=\sqrt{t}$，$x=\arcsin\sqrt{t}$，故 $f(t)=\dfrac{\arcsin\sqrt{t}}{\sqrt{t}}.$

$$\int\frac{\sqrt{x}}{\sqrt{1-x}}\cdot f(x)\mathrm{d}x=\int\frac{\sqrt{x}}{\sqrt{1-x}}\cdot\frac{\arcsin\sqrt{x}}{\sqrt{x}}\mathrm{d}x=2\int\frac{\arcsin\sqrt{x}}{2\sqrt{1-x}}\mathrm{d}x$$

$$=-2\int\frac{\arcsin\sqrt{x}}{2\sqrt{1-x}}\mathrm{d}(1-x)=-2\int\arcsin\sqrt{x}\,\mathrm{d}\sqrt{1-x}$$

$$=-2\left(\sqrt{1-x}\arcsin\sqrt{x}-\int\sqrt{1-x}\cdot\frac{1}{\sqrt{1-x}}\cdot\frac{1}{2\sqrt{x}}\mathrm{d}x\right)$$

$$=-2\sqrt{1-x}\arcsin\sqrt{x}+2\sqrt{x}+C.$$

例 3-26　已知 $\dfrac{\sin x}{x}$ 是 $f(x)$ 的一个原函数,求 $\displaystyle\int x^3 f'(x)\mathrm{d}x$.

分析　如何区分原函数与导函数. 例如,$[f(x)]'=g(x)$,$f(x)$ 为原函数,$g(x)$ 为导函数.

解　(1) $\dfrac{\sin x}{x}+C=\displaystyle\int f(x)\mathrm{d}x$. 两边对 x 求导,得

$$f(x)=\left(\frac{\sin x}{x}\right)'=\frac{x\cos x-\sin x}{x^2}.$$

(2) $\displaystyle\int x^3 f'(x)\mathrm{d}x=\int x^3 \mathrm{d}f(x)=x^3 f(x)-3\int x^2 f(x)\mathrm{d}x$

$$=x^3\cdot\frac{x\cos x-\sin x}{x^2}-3\int x^2\cdot\frac{x\cos x-\sin x}{x^2}\mathrm{d}x$$

$$=x(x\cos x-\sin x)-3\left(\int x\cos x\,\mathrm{d}x+\cos x\right)$$

$$=x^2\cos x-x\sin x-3\left(\int x\,\mathrm{d}\sin x+\cos x\right)$$

$$=x^2\cos x-x\sin x-3\left(x\sin x-\int\sin x\,\mathrm{d}x+\cos x\right)$$

$$=x^2\cos x-x\sin x-3(x\sin x+2\cos x)+C$$

$$=x^2\cos x-4x\sin x-6\cos x+C.$$

例 3-27　一曲线通过点 $(1,2)$,且在该曲线上任一点 $M(x,y)$ 处的切线的斜率为 $2x$,求这条曲线的方程.

解　设曲线的方程为 $y=f(x)$,有 $y'=2x$,$y=\displaystyle\int 2x\,\mathrm{d}x=x^2+C$.

由于曲线通过点 $(1,2)$,有 $2=1+C$,$C=1$,则 $y=x^2+1$.

例 3-28　已知 $f'(\mathrm{e}^x)=x\mathrm{e}^{-x}$,且 $f(1)=0$,则 $f(x)=$ _____.

解　令 $\mathrm{e}^x=t$,则 $x=\ln t$. $f'(t)=\ln t\cdot\mathrm{e}^{-\ln t}=\dfrac{\ln t}{t}$,$f'(x)=\dfrac{\ln x}{x}$.

$$f(x)=\int\frac{\ln x}{x}\mathrm{d}x=\int\ln x\,\mathrm{d}\ln x=\frac{1}{2}(\ln x)^2+C.$$

由于 $f(1)=0$,$f(1)=C=0$,故 $f(x)=\dfrac{1}{2}(\ln x)^2$.

§3.8　本章超纲内容汇总

1. 换元法(倒代换)

例如,求 $\displaystyle\int\frac{\sqrt{a^2-x^2}}{x^4}\mathrm{d}x$.

解 设 $x = \dfrac{1}{t}$，那么，$\mathrm{d}x = -\dfrac{1}{t^2}\mathrm{d}t$.

2. 求分段函数的不定积分

例如，求不定积分 $\displaystyle\int \mathrm{e}^{-|x|}\,\mathrm{d}x$.

3. 拼凑出一个 e^x

例如，(1992 年) 计算 $I = \displaystyle\int \dfrac{\operatorname{arccot} \mathrm{e}^x}{\mathrm{e}^x}\mathrm{d}x$.

解 原式 $= -\mathrm{e}^{-x}\operatorname{arccot}\mathrm{e}^x - \displaystyle\int \dfrac{1}{1+\mathrm{e}^{2x}}\mathrm{d}x = -\mathrm{e}^{-x}\operatorname{arccot}\mathrm{e}^x - \int\left(1 - \dfrac{\mathrm{e}^{2x}}{1+\mathrm{e}^{2x}}\right)\mathrm{d}x = \cdots$.

4. 三角函数的灵活变形

(1) 分子分母同乘以 $\sin x$.

例如，(1994 年) 求 $\displaystyle\int \dfrac{\mathrm{d}x}{\sin 2x + 2\sin x}$.

解
$$\int \dfrac{\mathrm{d}x}{\sin 2x + 2\sin x} = \int \dfrac{\mathrm{d}x}{2\sin x(\cos x + 1)} = \int \dfrac{\sin x\,\mathrm{d}x}{2\sin^2 x(1+\cos x)}$$
$$= \int \dfrac{\sin x\,\mathrm{d}x}{2(1-\cos^2 x)(1+\cos x)} = -\dfrac{1}{2}\int \dfrac{\mathrm{d}\cos x}{(1-\cos^2 x)(1+\cos x)}$$
$$\xlongequal{\cos x = u} -\dfrac{1}{2}\int \dfrac{\mathrm{d}u}{(1-u^2)(1+u)} = \cdots.$$

(2) 分子分母同乘以 $\cos x$.

例如，(2001 年) 求 $\displaystyle\int \dfrac{\mathrm{d}x}{(2x^2+1)\sqrt{x^2+1}}$.

解 设 $x = \tan u$，则 $\mathrm{d}x = \sec^2 u\,\mathrm{d}u$.

$$\text{原式} = \int \dfrac{\sec^2 u\,\mathrm{d}u}{\sec u(2\tan^2 u + 1)} = \int \dfrac{\mathrm{d}u}{\cos u(2\tan^2 u + 1)} = \int \dfrac{\cos u\,\mathrm{d}u}{\cos^2 u(2\tan^2 u + 1)}$$
$$= \int \dfrac{\cos u\,\mathrm{d}u}{2\sin^2 u + \cos^2 u} = \int \dfrac{\mathrm{d}(\sin u)}{1 + \sin^2 u} = \arctan(\sin u) + C = \cdots.$$

(3) 分子分母同乘以 $1 - \sin x$.

例如，(1996 年) 求 $\displaystyle\int \dfrac{\mathrm{d}x}{1 + \sin x}$.

解 $\displaystyle\int \dfrac{\mathrm{d}x}{1 + \sin x} = \int \dfrac{1 - \sin x}{\cos^2 x}\mathrm{d}x = \cdots = \tan x - \dfrac{1}{\cos x} + C$.

(4) 从一个"和"中提取出一个 $\cos^2 x$.

例如，求 $\displaystyle\int \dfrac{\mathrm{d}x}{\sin^2 x + 2\cos^2 x}$.

解 $\displaystyle\int \dfrac{\mathrm{d}x}{\sin^2 x + 2\cos^2 x} = \int \dfrac{\mathrm{d}x}{\left(\dfrac{\sin^2 x}{\cos^2 x} + 2\right)\cos^2 x} = \cdots$.

(5) 其他.

5. 三角函数的部分公式(中学)

(1) 三角函数的和差化积与积化和差公式.

① $\sin\alpha + \cos\beta = 2\sin\dfrac{\alpha+\beta}{2}\cos\dfrac{\alpha-\beta}{2}$;

② $\sin\alpha - \sin\beta = 2\cos\dfrac{\alpha+\beta}{2}\sin\dfrac{\alpha-\beta}{2}$;

③ $\cos\alpha + \cos\beta = 2\cos\dfrac{\alpha+\beta}{2}\cos\dfrac{\alpha-\beta}{2}$;

④ $\cos\alpha - \cos\beta = -2\sin\dfrac{\alpha+\beta}{2}\sin\dfrac{\alpha-\beta}{2}$;

⑤ $\sin\alpha\cos\beta = \dfrac{1}{2}\big[\sin(\alpha+\beta) + \sin(\alpha-\beta)\big]$;

⑥ $\cos\alpha\cos\beta = \dfrac{1}{2}\big[\cos(\alpha+\beta) + \cos(\alpha-\beta)\big]$;

⑦ $\cos\alpha\sin\beta = \dfrac{1}{2}\big[\sin(\alpha+\beta) - \sin(\alpha-\beta)\big]$;

⑧ $\sin\alpha\sin\beta = -\dfrac{1}{2}\big[\cos(\alpha+\beta) - \cos(\alpha-\beta)\big]$.

(2) 万能公式.

① $\sin\alpha = \dfrac{2\tan\dfrac{\alpha}{2}}{1+\tan^2\dfrac{\alpha}{2}}$;　② $\cos\alpha = \dfrac{1-\tan^2\dfrac{\alpha}{2}}{1+\tan^2\dfrac{\alpha}{2}}$;　③ $\tan\alpha = \dfrac{2\tan\dfrac{\alpha}{2}}{1-\tan^2\dfrac{\alpha}{2}}$.

(3) 边角关系.

① 正弦定理:

$$\frac{a}{\sin A} = \frac{b}{\sin B} = \frac{c}{\sin C} = 2R,$$

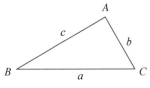

图 3-9　边角关系

R 为外接圆半径.

② 余弦定理:

$$a^2 = b^2 + c^2 - 2bc\cos A,$$
$$b^2 = a^2 + c^2 - 2ac\cos B,$$
$$c^2 = b^2 + a^2 - 2ab\cos C.$$

(4) 反三角函数恒等式.

① $\arcsin x \pm \arcsin y = \arcsin(x\sqrt{1-y^2} \pm y\sqrt{1-x^2})$;

② $\arccos x \pm \arcsin y = \arcsin(x\sqrt{1-y^2} \pm y\sqrt{1-x^2})$;

③ $\arctan x \pm \arctan y = \arctan\left(\dfrac{x\pm y}{1\mp xy}\right)$.

第4章　定积分的计算

§4.1 美俄交锋（普通函数的定积分）

知识梳理

1. 基本概念

　　定积分　已知函数 $y = f(x)$，由 x 轴、$x = a$，$x = b$ 和 $f(x)$ 所围成的图形的面积，叫做定积分，用 $\int_a^b f(x)\mathrm{d}x$ 表示.

　　积分下限和积分上限　其中，a 叫做积分下限，b 叫做积分上限.

2. 基本公式

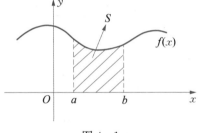

图 4-1

　　(1) 换脸公式：定积分只与被积函数和积分限有关，而与积分变量无关，即：

$$\int_a^b f(x)\mathrm{d}x = \int_a^b f(t)\mathrm{d}t = \int_a^b f(u)\mathrm{d}u = \cdots.$$

　　(2) 取反公式：$\int_a^b f(x)\mathrm{d}x = -\int_b^a f(x)\mathrm{d}x.$

　　(3) 加法公式：$\int_a^b [f(x) \pm g(x)]\mathrm{d}x = \int_a^b f(x)\mathrm{d}x \pm \int_a^b g(x)\mathrm{d}x.$

　　(4) 乘法公式（数乘）：$\int_a^b kf(x)\mathrm{d}x = k\int_a^b f(x)\mathrm{d}x$（$k$ 为常数）.

　　(5) 拼接公式：$\int_a^b f(x)\mathrm{d}x = \int_a^c f(x)\mathrm{d}x + \int_c^b f(x)\mathrm{d}x.$

　　(6) 降级公式：$\int_a^b \mathrm{d}x = b - a$（其中，$b - a$ 表示线段 ab 的长度）.

　　(7) 符号定理：若 $f(x) \geqslant 0$，则 $\int_a^b f(x)\mathrm{d}x \geqslant 0.$

　　(8) 比较定理：若 $f(x) \leqslant g(x)$，则 $\int_a^b f(x)\mathrm{d}x \leqslant \int_a^b g(x)\mathrm{d}x.$

3. 定积分的主要题型

　　(1) 普通函数的定积分;

　　(2) 特殊函数的定积分;

　　(3) 变限积分.

普京　　　　肯定"普特会"要生变了　　　特朗普

视频 4 - 1 "肯定普特变"1　　　　　　图 4 - 2 "肯定普特变"1

　　简称:"肯定普特变"1.

4. 普通函数"定积分"的一般求法

　　设 $f(x)$ 在 $[a,b]$ 上连续,

　　(1) $\int f(x)\mathrm{d}x = F(x) + C$;

　　(2) $\int_a^b f(x)\mathrm{d}x = F(x)\Big|_a^b = F(b) - F(a)$.

其中,(2) 式称为牛顿-莱布尼兹公式.

5. 换元法和交换法在定积分中的简化

　　(1) 换元法. 设函数 $f(x)$ 在 $[a,b]$ 上连续,若 $x = \varphi(t)$, $\varphi(\alpha) = a$, $\varphi(\beta) = b$,则

$$\int_a^b f(x)\mathrm{d}x \xrightarrow{x = \varphi(t)} \int_\alpha^\beta f[\varphi(t)]\varphi'(t)\mathrm{d}t.$$

　　(2) 交换法. 设 $u(x)$, $v(x)$ 在 $[a,b]$ 上具有连续导函数 $u'(x)$, $v'(x)$,则

$$\int_b^a u(x)\mathrm{d}v(x) = u(x)v(x)\Big|_b^a - \int_b^a v(x)\mathrm{d}u(x).$$

6. 基本函数的图像(复习)

　　(1) 指数与对数.

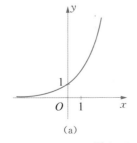 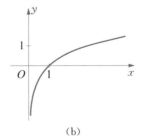

(a)　　　　　　　　　　　　(b)

图 4 - 3　指数与对数

（2）正弦与余弦.

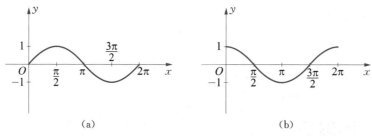

图 4-4　正弦与余弦

（3）正切与余切.

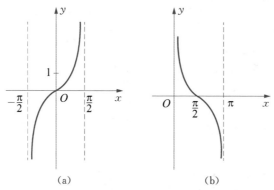

图 4-5　正切与余切

（4）反正切.

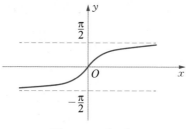

图 4-6　反正切

例 4-1　（2009 年）设函数 $y = f(x)$ 在区间 $[-1, 3]$ 上的

图形如图 4-7 所示,则函数 $F(x) = \int_0^x f(t)\mathrm{d}t$ 的图形为（　　）.

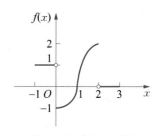

图 4-7　例 4-1 图

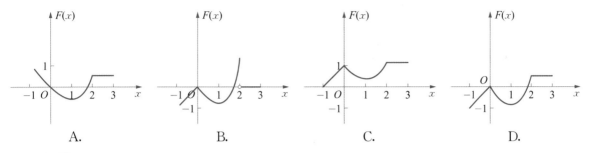

A.　　　　　　B.　　　　　　C.　　　　　　D.

解　技巧:选择题代入特殊值排除干扰项.

对于 $-1 \sim 0$ 这一段:当 $x = -0.5$ 时,

$$\int_0^x f(x)\mathrm{d}x = \int_0^{-0.5} f(x)\mathrm{d}x = -\int_{-0.5}^0 f(x)\mathrm{d}x$$

为负值,则可排除 A 和 C 选项.

观察发现 B 和 D 选项的区别在于 $2 \sim 3$ 这一段:当 $x = 2.5$ 时,

$$\int_0^x f(x)\mathrm{d}x = \int_0^{2.5} f(x)\mathrm{d}x = \int_0^1 f(x)\mathrm{d}x + \int_1^2 f(x)\mathrm{d}x + \int_2^{2.5} f(x)\mathrm{d}x,$$

其中, $\int_0^1 f(x)\mathrm{d}x$ 在 x 轴下方,为负值; $\int_1^2 f(x)\mathrm{d}x$ 在 x 轴上方,为正值,但前者所围面积比后者小,故 $\int_0^1 f(x)\mathrm{d}x + \int_1^2 f(x)\mathrm{d}x$ 为正值; $\int_2^{2.5} f(x)\mathrm{d}x$ 所围面积为 0. 所以,最终结果为正数,可排除 B 选项,答案为 D.

例 4-2　(2010 年) $\int_0^{\pi^2} \sqrt{x} \cos \sqrt{x}\,\mathrm{d}x = $ _____.

解　技巧:原式出现两次 $\sqrt{x}$,可用代换法求解.

原式 $\xrightarrow[\mathrm{d}x = 2t\mathrm{d}t]{\sqrt{x} = t} \int_0^\pi t \cos t \cdot 2t\,\mathrm{d}t = 2\int_0^\pi t^2 \cos t\,\mathrm{d}t = 2\int_0^\pi t^2\,\mathrm{d}\sin t = 2(t^2 \sin t \Big|_0^\pi - \int_0^\pi \sin t \cdot 2t\,\mathrm{d}t)$

$= 2 \times (-2\int_0^\pi t \sin t\,\mathrm{d}t) = 4\int_0^\pi t\,\mathrm{d}\cos t = 4(t \cos t \Big|_0^\pi - \int_0^\pi \cos t\,\mathrm{d}t)$

$= 4(\pi \cos \pi - 0 - \sin t \Big|_0^\pi) = 4(-\pi - 0) = -4\pi.$

例 4-3　(2014 年)设 $\int_0^a x\mathrm{e}^{2x}\,\mathrm{d}x = \dfrac{1}{4}$,则 $a = $ _____.

解　原式 $= \dfrac{1}{2}\int_0^a x\mathrm{e}^{2x}\,\mathrm{d}2x = \dfrac{1}{2}\int_0^a x\,\mathrm{d}\mathrm{e}^{2x} = \dfrac{1}{2}(x\mathrm{e}^{2x}\Big|_0^a - \int_0^a \mathrm{e}^{2x}\,\mathrm{d}x)$

$= \dfrac{1}{2}(a \cdot \mathrm{e}^{2a} - 0 - \dfrac{1}{2}\int_0^a \mathrm{e}^{2x}\,\mathrm{d}2x) = \dfrac{1}{2}(a \cdot \mathrm{e}^{2a} - \dfrac{1}{2}\mathrm{e}^{2x}\Big|_0^a)$

$= \dfrac{1}{2}\left[a \cdot \mathrm{e}^{2a} - \dfrac{1}{2}(\mathrm{e}^{2a} - \mathrm{e}^0)\right] = \dfrac{1}{2}a \cdot \mathrm{e}^{2a} - \dfrac{1}{4}\mathrm{e}^{2a} + \dfrac{1}{4}$

$= \mathrm{e}^{2a}\left(\dfrac{1}{2}a - \dfrac{1}{4}\right) + \dfrac{1}{4} = \dfrac{1}{4}.$

$$\mathrm{e}^{2a}\left(\frac{1}{2}a-\frac{1}{4}\right)=0,\ \mathrm{e}^{2a}\neq 0,\text{有}\frac{1}{2}a-\frac{1}{4}=0,\ \frac{1}{2}a=\frac{1}{4},\ a=\frac{1}{2}.$$

例 4-4 (2014 年)求下列定积分:

$(1)\ \displaystyle\int_{-\infty}^{1}\frac{1}{x^2+2x+5}\mathrm{d}x;\quad (2)\ \displaystyle\int_{0}^{+\infty}x\,\mathrm{e}^{-x^2}\mathrm{d}x;\quad (3)\ \displaystyle\int_{0}^{+\infty}\frac{\arctan x}{1+x^2}\mathrm{d}x.$

解 (1) 原式$=\displaystyle\int_{-\infty}^{1}\frac{1}{(x+1)^2+2^2}\mathrm{d}x=\frac{1}{2}\arctan\frac{x+1}{2}\Big|_{-\infty}^{1}$

$$=\frac{1}{2}\big[\arctan 1-\arctan(-\infty)\big]$$

$$=\frac{1}{2}\left(\frac{\pi}{4}+\frac{\pi}{2}\right)=\frac{1}{2}\times\frac{3}{4}\pi=\frac{3}{8}\pi.$$

(2) 原式$=\displaystyle\int_{0}^{+\infty}\mathrm{e}^{-x^2}\mathrm{d}\frac{x^2}{2}=-\frac{1}{2}\int_{0}^{+\infty}\mathrm{e}^{-x^2}\mathrm{d}(-x^2)=-\frac{1}{2}\mathrm{e}^{-x^2}\Big|_{0}^{+\infty}=-\frac{1}{2}(\mathrm{e}^{-\infty}-\mathrm{e}^{0})$

$$=-\frac{1}{2}(0-1)=\frac{1}{2}.$$

(3) 原式$=\displaystyle\int_{0}^{+\infty}\arctan x\cdot\frac{1}{1+x^2}\mathrm{d}x=\int_{0}^{+\infty}\arctan x\,\mathrm{d}\arctan x$

$$=\frac{(\arctan x)^2}{2}\Big|_{0}^{+\infty}=\frac{1}{2}\big[(\arctan+\infty)^2-0\big]=\frac{1}{2}\times\frac{\pi^2}{4}=\frac{\pi^2}{8}.$$

课堂练习

【练习 4-1】 (2020 年)$\displaystyle\int_{0}^{1}\frac{\arcsin\sqrt{x}}{\sqrt{x(1-x)}}\mathrm{d}x=(\qquad)$.

A. $\dfrac{\pi^2}{4}$ 　　　　B. $\dfrac{\pi^2}{8}$ 　　　　C. $\dfrac{\pi}{4}$ 　　　　D. $\dfrac{\pi}{8}$

【练习 4-2】 $\displaystyle\int_{0}^{1}\sqrt{2x-x^2}\,\mathrm{d}x=\underline{\qquad}$.

【练习 4-3】 $\displaystyle\int_{0}^{1}x\sqrt{1-x}\,\mathrm{d}x=\underline{\qquad}$.

【练习 4-4】 $\displaystyle\int_{0}^{\pi}t\sin t\,\mathrm{d}t=\underline{\qquad}$.

【练习 4-5】 $\displaystyle\int_{0}^{4}\mathrm{e}^{\sqrt{x}}\,\mathrm{d}x=\underline{\qquad}$.

【练习 4-6】 (2018 年)$y=f(x)$ 的图像过点$(0,0)$,且与 $y=2^x$ 相切于$(1,2)$,则 $\displaystyle\int_{0}^{1}xf''(x)\mathrm{d}x=\underline{\qquad}$.

【练习 4-7】 求 $\displaystyle\int_{0}^{\frac{\pi}{4}}\frac{x}{1+\cos 2x}\mathrm{d}x$.

【练习 4-8】 计算 $\displaystyle\int_{1}^{4}\frac{\mathrm{d}x}{x(1+\sqrt{x})}$.

【练习 4-9】 已知 $f(2)=\dfrac{1}{2}$, $f'(2)=0$ 及 $\displaystyle\int_{0}^{2}f(x)\mathrm{d}x=1$,求

$$\int_0^1 x^2 f''(2x)\,\mathrm{d}x.$$

【练习 4 - 10】　计算定积分 $\int_0^1 x\arcsin x\,\mathrm{d}x$.

【练习 4 - 11】　如图 4 - 8 所示，曲线 C 的方程为 $y=f(x)$，点 $(3,2)$ 是它的一个拐点，直线 l_1 与 l_2 分别是曲线 C 在点 $(0,0)$ 与 $(3,2)$ 处的切线，其交点为 $(2,4)$. 设函数 $f(x)$ 具有 3 阶连续导数，计算定积分 $\int_0^3 (x^2+x)f'''(x)\,\mathrm{d}x$.

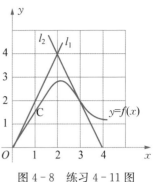

图 4 - 8　练习 4 - 11 图

§4.2　新官上任(特殊函数的定积分)

🔖 知识梳理

1. 定积分的主要题型

视频 4 - 2　"肯定普特变"2

肯定普特变2

普京　　肯定"普特变"要生变了　　特朗普

图 4 - 9　"肯定普特变"2

（1）普通函数的定积分；
（2）特殊函数的定积分；
（3）变限积分.
简称："肯定普特变"2.

2. 特殊函数的类型

（1）奇函数和偶函数；

视频 4 - 3　"特奇周半死"

特奇周半死

他很奇葩，上任一周就把美国搞得半死

图 4 - 10　"特奇周半死"

（2）周期函数；

（3）半圆函数；

（4）$\sin x$ 和 $\cos x$ 的 n 次方.

简称："特奇周半死".

3. 常用公式

（1）奇函数和偶函数：

若 $f(x)$ 为奇函数，$\displaystyle\int_{-l}^{l} f(x)\,\mathrm{d}x = \int_{0}^{l}\left[f(x)+f(-x)\right]\mathrm{d}x = 0$；

若 $f(x)$ 为偶函数，$\displaystyle\int_{-l}^{l} f(x)\,\mathrm{d}x = \int_{0}^{l}\left[f(x)+f(-x)\right]\mathrm{d}x = 2\int_{0}^{l} f(x)\,\mathrm{d}x$.

（2）周期函数：

若 $f(x)$ 为以 T 为周期的周期函数，$\displaystyle\int_{a}^{a+T} f(x)\,\mathrm{d}x = \int_{0}^{T} f(x)\,\mathrm{d}x$.

（3）半圆函数：$y = \sqrt{a^2 - x^2}$.

$$\int_{-a}^{a} \sqrt{a^2 - x^2}\,\mathrm{d}x = S_{半圆} = \frac{1}{2}S_{圆} = \frac{1}{2}\pi r^2 = \frac{1}{2}\pi a^2 ;$$

$$\int_{0}^{a} \sqrt{a^2 - x^2}\,\mathrm{d}x = \frac{1}{4}S_{圆} = \frac{1}{4}\pi r^2 = \frac{1}{4}\pi a^2 .$$

（4）$\sin x$ 和 $\cos x$ 的 n 次方：

若 n 为偶数，$\displaystyle\int_{0}^{\frac{\pi}{2}} \sin^n x\,\mathrm{d}x = \int_{0}^{\frac{\pi}{2}} \cos^n x\,\mathrm{d}x = \frac{n-1}{n}\cdot\frac{n-3}{n-2}\cdot\cdots\cdot\frac{1}{2}I_0$；

若 n 为奇数，$\displaystyle\int_{0}^{\frac{\pi}{2}} \sin^n x\,\mathrm{d}x = \int_{0}^{\frac{\pi}{2}} \cos^n x\,\mathrm{d}x = \frac{n-1}{n}\cdot\frac{n-3}{n-2}\cdot\cdots\cdot\frac{2}{3}I_1$.

其中，

$$\begin{cases} I_0 = \displaystyle\int_{0}^{\frac{\pi}{2}} \sin^0 x\,\mathrm{d}x = \int_{0}^{\frac{\pi}{2}} \cos^0 x\,\mathrm{d}x = \int_{0}^{\frac{\pi}{2}} \mathrm{d}x = \frac{\pi}{2}, \\[2mm] I_1 = \displaystyle\int_{0}^{\frac{\pi}{2}} \sin x\,\mathrm{d}x = \int_{0}^{\frac{\pi}{2}} \cos x\,\mathrm{d}x = \sin x\,\Big|_{0}^{\frac{\pi}{2}} = 1. \end{cases}$$

这个公式的被积函数是 $\sin x$ 的 n 次方，简称："死 n 公式".

4. 总结

（1）只有在特殊区间内才可以使用以上公式；

（2）特殊函数的特殊区间，简称"双特".

例 4-5 求下列定积分：

（1）（2015 年）$\displaystyle\int_{-\frac{\pi}{2}}^{\frac{\pi}{2}}\left(\frac{\sin x}{1+\cos x} + |x|\right)\mathrm{d}x$；　　（2）（2012 年）$\displaystyle\int_{0}^{2} x\sqrt{2x - x^2}\,\mathrm{d}x$.

解　（1）$\dfrac{\sin x}{1+\cos x}$ 为奇函数，$|x|$ 为偶函数，所以，

$$原式 = \int_{-\frac{\pi}{2}}^{\frac{\pi}{2}} \mid x \mid \mathrm{d}x = 2\int_{0}^{\frac{\pi}{2}} x\,\mathrm{d}x = 2 \times \frac{x^2}{2} \Big|_{0}^{\frac{\pi}{2}} = \frac{\pi^2}{4} - 0 = \frac{\pi^2}{4}.$$

（2）方法一：$2x - x^2 = -(x^2 - 2x) = -[(x-1)^2 - 1] = 1 - (x-1)^2$，所以，

$$原式 = \int_{0}^{2} x\sqrt{1 - (x-1)^2}\,\mathrm{d}x.$$

令 $x - 1 = \sin t$，$x = \sin t + 1$，$\mathrm{d}x = \cos t\,\mathrm{d}t$，则

$$原式 = \int_{-\frac{\pi}{2}}^{\frac{\pi}{2}} (\sin t + 1)\cos^2 t\,\mathrm{d}t = \int_{-\frac{\pi}{2}}^{\frac{\pi}{2}} \sin t\cos^2 t\,\mathrm{d}t + \int_{-\frac{\pi}{2}}^{\frac{\pi}{2}} \cos^2 t\,\mathrm{d}t$$

$$= 0 + 2\int_{0}^{\frac{\pi}{2}} \cos^2 t\,\mathrm{d}t = 2 \times \frac{1}{2} I_0 = I_0 = \int_{0}^{\frac{\pi}{2}} \mathrm{d}t = \frac{\pi}{2}.$$

方法二：令 $t = x - 1$，$x = t + 1$，则

$$原式 = \int_{-1}^{1} (t+1)\sqrt{2(t+1) - (t+1)^2}\,\mathrm{d}t = \int_{-1}^{1} (t+1)\sqrt{(t+1)[2 - (t+1)]}\,\mathrm{d}t$$

$$= \int_{-1}^{1} (t+1)\sqrt{(t+1)(1-t)}\,\mathrm{d}t = \int_{-1}^{1} (t+1)\sqrt{1 - t^2}\,\mathrm{d}t$$

$$= \int_{-1}^{1} t\sqrt{1 - t^2}\,\mathrm{d}t + \int_{-1}^{1} \sqrt{1 - t^2}\,\mathrm{d}t = 0 + \frac{1}{2}\pi r^2 = \frac{1}{2}\pi.$$

例 4-6　求下列定积分：

（1）（2017 年）$\int_{-\pi}^{\pi} (\sin^3 x + \sqrt{\pi^2 - x^2})\mathrm{d}x$；

（2）$\int_{-3}^{3} \left[x^2\ln(x + \sqrt{1 + x^2}) - \sqrt{9 - x^2} \right]\mathrm{d}x$.

解　（1）原式 $= 2\int_{0}^{\pi} \sqrt{\pi^2 - x^2}\,\mathrm{d}x = 2 \times \frac{1}{4}\pi r^2 = \frac{1}{2}\pi \cdot \pi^2 = \frac{1}{2}\pi^3$.

（2）令 $f(x) = \ln(x + \sqrt{1 + x^2})$，则 $f(-x) = \ln(-x + \sqrt{1 + x^2})$，$f(x) + f(-x) = \ln[(1 + x^2) - x^2] = \ln 1 = 0$，所以，$f(x)$ 为奇函数，则

$$原式 = -\int_{-3}^{3} \sqrt{9 - x^2}\,\mathrm{d}x = -\frac{1}{2}\pi r^2 = -\frac{1}{2}\pi \cdot 3^2 = -\frac{9}{2}\pi.$$

例 4-7　求下列定积分：

（1）（2016 年）$\int_{0}^{\frac{\pi}{2}} \cos^4 \theta\,\mathrm{d}\theta$；　　　　　　（2）$\int_{-\frac{\pi}{2}}^{\frac{\pi}{2}} (x^2\arctan x + \cos^7 x + \sin^8 x)\mathrm{d}x$.

解　（1）原式 $= \frac{3}{4} \cdot \frac{1}{2} I_0 = \frac{3}{8}\int_{0}^{\frac{\pi}{2}} \mathrm{d}\theta = \frac{3}{8} \cdot \frac{\pi}{2} = \frac{3}{16}\pi$.

（2）原式 $= 2\int_{0}^{\frac{\pi}{2}} (\cos^7 x + \sin^8 x)\mathrm{d}x = 2\left(\int_{0}^{\frac{\pi}{2}} \cos^7 x\,\mathrm{d}x + \int_{0}^{\frac{\pi}{2}} \sin^8 x\,\mathrm{d}x \right)$

$$= 2\left(\frac{6}{7} \cdot \frac{4}{5} \cdot \frac{2}{3} I_1 + \frac{7}{8} \cdot \frac{5}{6} \cdot \frac{3}{4} \cdot \frac{1}{2} I_0 \right) = 2\left(\frac{16}{35} + \frac{35}{256}\pi \right).$$

例 4-8 （2018 年）求定积分 $\displaystyle\int_0^{2\pi}(1-\cos t)^3\,dt$.

解 原式 $=\displaystyle\int_0^{2\pi}\left[1-\left(1-2\sin^2\frac{t}{2}\right)\right]^3\,dt=\int_0^{2\pi}\left(2\sin^2\frac{t}{2}\right)^3\,dt=8\times2\int_0^{2\pi}\sin^6\frac{t}{2}\,d\frac{t}{2}$

$\xrightarrow{\text{令}\frac{t}{2}=u} 16\displaystyle\int_0^{\pi}\sin^6 u\,du=16\times2\int_0^{\frac{\pi}{2}}\sin^6 u\,du=32\times\frac{5}{6}\times\frac{3}{4}\times\frac{1}{2}I_0=5\pi.$

例 4-9 （2014 年）若

$$\int_{-\pi}^{\pi}(x-a_1\cos x-b_1\sin x)^2\,dx=\min_{a,\,b\in\mathbf{R}}\left\{\int_{-\pi}^{\pi}(x-a\cos x-b\sin x)^2\,dx\right\},$$

则 $a_1\cos x+b_1\sin x=(\quad)$.

A. $2\sin x$ B. $2\cos x$ C. $2\pi\sin x$ D. $2\pi\cos x$

解 题目等价于求 a,b 为何值时，$\displaystyle\int_{-\pi}^{\pi}(x-a\cos x-b\sin x)^2\,dx$ 为最小值？

(1) $\displaystyle\int_{-\pi}^{\pi}(x-a\cos x-b\sin x)^2\,dx$

$=\displaystyle\int_{-\pi}^{\pi}(x^2+a^2\cos^2 x+b^2\sin^2 x-2ax\cos x-2bx\sin x+2ab\sin x\cos x)\,dx$

$=\displaystyle\int_{-\pi}^{\pi}x^2\,dx+\int_{-\pi}^{\pi}a^2\cos^2 x\,dx+\int_{-\pi}^{\pi}b^2\sin^2 x\,dx+\int_{-\pi}^{\pi}(-2b)x\sin x\,dx=I_1+I_2+I_3+I_4.$

(2) $I_1=2\displaystyle\int_0^{\pi}x^2\,dx=2\times\frac{x^3}{3}\Big|_0^{\pi}=\frac{2}{3}\pi^3,$

$I_2=2\displaystyle\int_0^{\pi}a^2\cos^2 x\,dx=4a^2\int_0^{\frac{\pi}{2}}\cos^2 x\,dx=4a^2\times\frac{1}{2}I_0=4a^2\times\frac{1}{2}\times\frac{\pi}{2}=a^2\pi,$

$I_3=2\displaystyle\int_0^{\pi}b^2\sin^2 x\,dx=4b^2\int_0^{\frac{\pi}{2}}\sin^2 x\,dx=4b^2\times\frac{1}{2}I_0=4b^2\times\frac{1}{2}\times\frac{\pi}{2}=b^2\pi,$

$I_4=2\times(-2b)\displaystyle\int_0^{\pi}x\sin x\,dx=4b\int_0^{\pi}x\,d\cos x=4b\left(x\cos x\Big|_0^{\pi}-\int_0^{\pi}\cos x\,dx\right)$

$=4b\left(-\pi-\sin x\Big|_0^{\pi}\right)=4b(-\pi-0)=-4b\pi.$

(3) 原式 $=\dfrac{2}{3}\pi^3+a^2\pi+b^2\pi-4b\pi=\dfrac{2}{3}\pi^3+\pi(a^2+b^2-4b)$

$=\dfrac{2}{3}\pi^3+\pi[a^2+(b-2)^2-4].$

当 $a=0,b=2$ 时，此积分取最小值.

$a_1\cos x+b_1\sin x=0\cdot\cos x+2\cdot\sin x=2\sin x$，故选 A.

注意 $(a+b+c)^2=a^2+b^2+c^2+2ab+2ac+2bc$，这个公式经常会用到，一定要记住.

课堂练习

【练习 4-12】 $\displaystyle\int_{-\frac{\pi}{2}}^{\frac{\pi}{2}}(x^3+\sin^2 x)\cos^2 x\,dx=\underline{\qquad}.$

【练习 4－13】　$\displaystyle\int_{-1}^{1}(x+\sqrt{1-x^2})^2\,\mathrm{d}x=$ _____.

【练习 4－14】　$\displaystyle\int_{-2}^{2}\frac{x+\mid x\mid}{2+x^2}\,\mathrm{d}x=$ _____.

【练习 4－15】　计算 $\displaystyle\int_{0}^{1}x(1-x^4)^{\frac{3}{2}}\,\mathrm{d}x$.

【练习 4－16】　计算 $\displaystyle\int_{-2}^{2}(\mid x\mid+x)\mathrm{e}^{-\mid x\mid}\,\mathrm{d}x$.

§4.3　汉字的魅力（变限积分）

知识梳理

1. 定积分的主要题型

视频 4－4　"肯定普特变"3

肯定普特变3

普京　　　肯定"普特会"要生变了　　　特朗普

图 4－11　"肯定普特变"3

（1）普通函数的定积分；

（2）特殊函数的定积分；

（3）变限积分.

简称："肯定普特变"3.

2. 变限积分的基本公式

设函数 $f(x)$ 在 $[a,b]$ 上连续，则 $\left(\displaystyle\int_{a}^{x}f(t)\,\mathrm{d}t\right)'_{x}=f(x)$.

3. 推论

（1）$\left(\displaystyle\int_{a}^{\varphi(x)}f(t)\,\mathrm{d}t\right)'_{x}=f[\varphi(x)]\cdot\varphi'(x)$.

视频 4－5　"变下面一撇"

下面一撇

图 4－12　"变下面一撇"

步骤：①将变限积分中的 $\varphi(x)$ 放到下面；②然后再对 $\varphi(x)$ 求导.

简称："变下面一撇".

(2) $\left(\int_{\psi(x)}^{\varphi(x)} f(t)\mathrm{d}t\right)'_x = f[\varphi(x)]\varphi'(x) - f[\psi(x)] \cdot \psi'(x)$.

(3) $\left(\int_a^{\varphi(x)} f(t)g(x)\mathrm{d}t\right)'_x = \left(g(x)\int_a^{\varphi(x)} f(t)\mathrm{d}t\right)'_x$

$$= g'(x)\int_a^{\varphi(x)} f(t)\mathrm{d}t + g(x)f[\varphi(x)] \cdot \varphi'(x).$$

例 4 - 10 （2019 年）已知 $f(x) = \int_1^x \sqrt{1+t^4}\,\mathrm{d}t$，则 $\int_0^1 x^2 f(x)\mathrm{d}x = $ _____ .

解 遇到变限积分，求导：$f'(x) = \sqrt{1+x^4}$.

$$\int_0^1 x^2 f(x)\mathrm{d}x = \frac{1}{3}\int_0^1 f(x)\mathrm{d}x^3 = \frac{1}{3}\left[f(x) \cdot x^3 \Big|_0^1 - \int_0^1 x^3 f'(x)\mathrm{d}x\right]$$

$$= \frac{1}{3}\left(0 - \int_0^1 x^3\sqrt{1+x^4}\,\mathrm{d}x\right) = -\frac{1}{3}\times\frac{1}{4}\int_0^1 \sqrt{1+x^4}\,\mathrm{d}(x^4+1)$$

$$\xlongequal{1+x^4=t} -\frac{1}{12}\int_1^2 \sqrt{t}\,\mathrm{d}t = -\frac{1}{12}\times\frac{t^{\frac{1}{2}+1}}{\frac{3}{2}}\Big|_1^2 = -\frac{1}{12}\times\frac{2}{3}\cdot t^{\frac{3}{2}}\Big|_1^2$$

$$= -\frac{1}{18}(2^{\frac{3}{2}}-1) = -\frac{1}{18}(2\sqrt{2}-1).$$

例 4 - 11 （2013 年）计算 $\int_0^1 \frac{f(x)}{\sqrt{x}}\mathrm{d}x$，其中，$f(x) = \int_1^x \frac{\ln(t+1)}{t}\mathrm{d}t$.

解 $f'(x) = \frac{\ln(x+1)}{x}$.

$$\int_0^1 \frac{f(x)}{\sqrt{x}}\mathrm{d}x = \int_0^1 f(x)\mathrm{d}2\sqrt{x} = 2\sqrt{x}f(x)\Big|_0^1 - \int_0^1 2\sqrt{x}f'(x)\mathrm{d}x$$

$$= 0 - 2\int_0^1 \sqrt{x}\cdot\frac{\ln(x+1)}{x}\mathrm{d}x = -2\int_0^1 \frac{\ln(x+1)}{\sqrt{x}}\mathrm{d}x = -2\int_0^1 \ln(x+1)\mathrm{d}2\sqrt{x}$$

$$= -2\left[2\sqrt{x}\ln(x+1)\Big|_0^1 - \int_0^1 2\sqrt{x}\cdot\frac{1}{x+1}\mathrm{d}x\right] = -2\left(2\ln 2 - 0 - 2\int_0^1 \frac{\sqrt{x}}{x+1}\mathrm{d}x\right)$$

$$= -4\ln 2 + 4\int_0^1 \frac{\sqrt{x}}{x+1}\mathrm{d}x.$$

$$\int_0^1 \frac{\sqrt{x}}{x+1}\mathrm{d}x \xlongequal[\mathrm{d}x=2t\mathrm{d}t]{\sqrt{x}=t} \int_0^1 \frac{t}{t^2+1}\cdot 2t\mathrm{d}t = 2\int_0^1 \frac{t^2}{t^2+1}\mathrm{d}t = 2\int_0^1 \frac{t^2+1-1}{t^2+1}\mathrm{d}t$$

$$= 2\int_0^1\left(1-\frac{1}{t^2+1}\right)\mathrm{d}t = 2\left(\int_0^1 \mathrm{d}t - \int_0^1 \frac{1}{t^2+1}\mathrm{d}t\right) = 2\left(1-\arctan t\Big|_0^1\right) = 2\left(1-\frac{\pi}{4}\right).$$

原式 $= -4\ln 2 + 4\times 2\left(1-\frac{\pi}{4}\right) = -4\ln 2 + 8\left(1-\frac{\pi}{4}\right) = -4\ln 2 + 8 - 2\pi$.

例 4-12 （2009 年）曲线 $\begin{cases} x = \displaystyle\int_0^{1-t} \mathrm{e}^{-u^2}\,\mathrm{d}u, \\ y = t^2\ln(2-t^2) \end{cases}$ 在 $(0,0)$ 处的切线方程为 _____.

解 遇到变限积分，求导：

$$\frac{\mathrm{d}x}{\mathrm{d}t} = x'_t = \mathrm{e}^{-(1-t)^2} \cdot (-1)\Big|_{t=1} = -\mathrm{e}^0 = -1,$$

$$\frac{\mathrm{d}y}{\mathrm{d}t} = 2t\ln(2-t^2) + \frac{1}{2-t^2}\cdot(-2t)\cdot t^2 = 2t\ln(2-t^2) - \frac{2t^3}{2-t^2}\Big|_{t=1} = -2.$$

求切线方程的斜率：

$$k = \frac{\mathrm{d}y}{\mathrm{d}x}\Big|_{x=0} = \frac{\dfrac{\mathrm{d}y}{\mathrm{d}t}}{\dfrac{\mathrm{d}x}{\mathrm{d}t}}\Big|_{t=1} = \frac{-2}{-1} = 2.$$

点斜式求方程：

$$y - 0 = 2(x-0),\ y = 2x.$$

例 4-13 （2015 年）设函数 $f(x)$ 连续，$\varphi(x) = \displaystyle\int_0^{x^2} xf(t)\,\mathrm{d}t$，若 $\varphi(1)=1$，$\varphi'(1)=5$，则 $f(1)=$ _____.

解 遇到变限积分，求导：

$$\varphi'(x) = \Big[x\int_0^{x^2} f(t)\,\mathrm{d}t\Big]' = \int_0^{x^2} f(t)\,\mathrm{d}t + f(x^2)\cdot 2x\cdot x = \int_0^{x^2} f(t)\,\mathrm{d}t + 2x^2 f(x^2).$$

代入条件：$\varphi(1)=1$，有 $\varphi(1) = \displaystyle\int_0^1 f(t)\,\mathrm{d}t = 1$. 由于 $\varphi'(1)=5$，有

$$\varphi'(1) = \int_0^1 f(t)\,\mathrm{d}t + 2f(1) = 1 + 2f(1) = 5,$$

则 $2f(1)=4$，$f(1)=2$.

例 4-14 （2010 年）设可导函数 $y=y(x)$ 由方程 $\displaystyle\int_0^{x+y} \mathrm{e}^{-t^2}\,\mathrm{d}t = \int_0^x \sin t^2\,\mathrm{d}t$ 确定，则 $\dfrac{\mathrm{d}y}{\mathrm{d}x}\Big|_{x=0} = $ _____.

解 遇到变限积分，求导：两边对 x 求导，得

$$\mathrm{e}^{-(x+y)^2}\cdot(x+y)' = \Big(x\int_0^x \sin t^2\,\mathrm{d}t\Big)',\ \mathrm{e}^{-(x+y)^2}\cdot(1+y') = \int_0^x \sin t^2\,\mathrm{d}t + x\sin x^2.$$

令 $x=0$，则 $y=0$，代入上式，得 $\mathrm{e}^0\cdot[1+y'(0)] = 0+0$，$1+y'(0)=0$，即

$$y'(0) = -1.$$

例 4-15 设函数 $f(x) = \begin{cases} x^2, & 0 \leqslant x \leqslant 1, \\ 2-x, & 1 < x \leqslant 2, \end{cases}$ 记 $F(x) = \displaystyle\int_0^x f(t)\,\mathrm{d}t$，$0 \leqslant x \leqslant 2$，则

(　　).

A. $F(x) = \begin{cases} \dfrac{x^3}{3}, & 0 \leqslant x \leqslant 1, \\[3mm] \dfrac{1}{3} + 2x - \dfrac{x^2}{2}, & 1 < x \leqslant 2 \end{cases}$

B. $F(x) = \begin{cases} \dfrac{x^3}{3}, & 0 \leqslant x \leqslant 1, \\[3mm] -\dfrac{7}{6} + 2x - \dfrac{x^2}{2}, & 1 < x \leqslant 2 \end{cases}$

C. $F(x) = \begin{cases} \dfrac{x^3}{3}, & 0 \leqslant x \leqslant 1, \\[3mm] \dfrac{x^3}{3} + 2x - \dfrac{x^2}{2}, & 1 < x \leqslant 2 \end{cases}$

D. $F(x) = \begin{cases} \dfrac{x^3}{3}, & 0 \leqslant x \leqslant 1, \\[3mm] 2x - \dfrac{x^2}{2}, & 1 < x \leqslant 2 \end{cases}$

解 $f(x)$ 为分段函数,函数图像如图 4-13 所示.

(1) 当 $0 \leqslant x \leqslant 1$ 时,

$$F(x) = \int_0^x f(t)\mathrm{d}t = \int_0^x t^2 \mathrm{d}t = \left.\frac{t^3}{3}\right|_0^x = \frac{x^3}{3}.$$

(2) 当 $1 < x \leqslant 2$ 时,

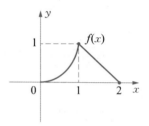

图 4-13 例 4-15 图

$$F(x) = \int_0^x f(t)\mathrm{d}t = \int_0^1 f(t)\mathrm{d}t + \int_1^x f(t)\mathrm{d}t$$

$$= \int_0^1 t^2 \mathrm{d}t + \int_1^x (2-t)\mathrm{d}t$$

$$= \left.\frac{t^3}{3}\right|_0^1 + \left(2t - \frac{t^2}{2}\right)\Big|_1^x = \frac{1}{3} + \left(2x - \frac{x^2}{2}\right) - \left(2 - \frac{1}{2}\right) = -\frac{1}{2}x^2 + 2x - \frac{7}{6}.$$

(3) $F(x) = \begin{cases} \dfrac{x^3}{3}, & 0 \leqslant x \leqslant 1, \\[3mm] -\dfrac{1}{2}x^2 + 2x - \dfrac{7}{6}, & 1 < x \leqslant 2, \end{cases}$ 故选 B.

注意 对于分段函数,有两点要注意:①尽量画出对应的函数图像;②要分类讨论.

例 4-16 设 $f(x)$ 连续,则 $\dfrac{\mathrm{d}}{\mathrm{d}x}\displaystyle\int_0^x tf(x^2 - t^2)\mathrm{d}t = $ _____.

解 令 $x^2 - t^2 = u$,则 $t = \sqrt{x^2 - u}$,有

$$\int_0^x tf(x^2 - t^2)\mathrm{d}t = \int_{x^2}^0 \sqrt{x^2 - u} \cdot f(u) \cdot \frac{-1}{2\sqrt{x^2 - u}}\mathrm{d}u = \frac{1}{2}\int_0^{x^2} f(u)\mathrm{d}u,$$

$$\frac{\mathrm{d}}{\mathrm{d}x}\int_0^x tf(x^2 - t^2)\mathrm{d}t = \frac{1}{2} \cdot \frac{\mathrm{d}}{\mathrm{d}x}\int_0^{x^2} f(u)\mathrm{d}u = \frac{1}{2} \cdot f(x^2) \cdot 2x = xf(x^2).$$

注意　对于变限积分来说,如果被积函数既有 x 又有 t 时,常用的做法是变量代换.

例 4 - 17　(2010 年)求函数 $f(x)=\displaystyle\int_1^{x^2}(x^2-t)\mathrm{e}^{-t^2}\mathrm{d}t$ 的单调区间与极值.

解　(1) 令 $f'(x)=0$.

$$
\begin{aligned}
f'(x) &=\left(\int_1^{x^2}x^2\mathrm{e}^{-t^2}\mathrm{d}t-\int_1^{x^2}t\,\mathrm{e}^{-t^2}\mathrm{d}t\right)'=\left(x^2\int_1^{x^2}\mathrm{e}^{-t^2}\mathrm{d}t-\int_1^{x^2}t\,\mathrm{e}^{-t^2}\mathrm{d}t\right)' \\
&=\left(x^2\int_1^{x^2}\mathrm{e}^{-t^2}\mathrm{d}t\right)'-\left(\int_1^{x^2}t\,\mathrm{e}^{-t^2}\mathrm{d}t\right)' \\
&=2x\int_1^{x^2}\mathrm{e}^{-t^2}\mathrm{d}t+\mathrm{e}^{-x^4}\cdot2x\cdot x^2-x^2\cdot\mathrm{e}^{-x^4}\cdot2x=2x\int_1^{x^2}\mathrm{e}^{-t^2}\mathrm{d}t=0.
\end{aligned}
$$

故 $x=0$ 或 $x=\pm1$.

1° 当 $x\in(-\infty,-1)$ 时,$f'(x)<0$,
$f(x)$ 单调递减;

2° 当 $x\in(-1,0)$ 时,$f'(x)>0$,$f(x)$ 单
调递增;

3° 当 $x\in(0,1)$ 时,$f'(x)<0$,$f(x)$ 单调
递减;

4° 当 $x\in(1,+\infty)$ 时,$f'(x)>0$,$f(x)$
单调递增.

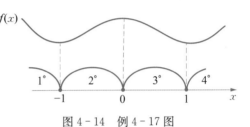

图 4 - 14　例 4 - 17 图

如图 4 - 14 所示,单调增加的区间有 $[-1,0]$ 和 $[1,+\infty)$,单调减少的区间有 $(-\infty,-1]$ 和 $[0,1]$.

(2) $f(-1)=f(1)=0$ 为极小值.

$$
f(0)=\int_1^0(-t)\mathrm{e}^{-t^2}\mathrm{d}t=\frac{1}{2}\int_1^0\mathrm{e}^{-t^2}\mathrm{d}(-t^2)=\frac{1}{2}\mathrm{e}^{-t^2}\Big|_1^0=\frac{1}{2}(\mathrm{e}^0-\mathrm{e}^{-1})=\frac{1}{2}(1-\mathrm{e}^{-1})
$$
为极大
值.

◤课堂练习◢

【练习 4 - 17】　(2010 年)设 $x=\mathrm{e}^{-t}$,$y=\displaystyle\int_0^t\ln(1+u^2)\mathrm{d}u$,求 $\dfrac{\mathrm{d}^2y}{\mathrm{d}x^2}\Big|_{t=0}=\underline{\qquad}$.

【练习 4 - 18】　(2013 年)设函数 $f(x)=\displaystyle\int_{-1}^x\sqrt{1-\mathrm{e}^t}\,\mathrm{d}t$,则 $y=f(x)$ 的反函数 $x=f^{-1}(y)$ 在 $y=0$ 处的导数 $\dfrac{\mathrm{d}x}{\mathrm{d}y}\Big|_{y=0}=\underline{\qquad}$.

【练习 4 - 19】　设 $f(x)=\begin{cases}x\mathrm{e}^{x^2}, & -\dfrac{1}{2}\leqslant x<\dfrac{1}{2}, \\ -1, & x\geqslant\dfrac{1}{2},\end{cases}$ 则 $\displaystyle\int_{\frac{1}{2}}^2 f(x-1)\mathrm{d}x=\underline{\qquad}$.

【练习 4 - 20】　设 $f(x)=\displaystyle\int_0^x\dfrac{\sin t}{\pi-t}\mathrm{d}t$,计算 $\displaystyle\int_0^\pi f(x)\mathrm{d}x$.

【练习 4 - 21】 设函数 $f(x)$ 连续，且 $\int_0^x tf(2x-t)\mathrm{d}t = \dfrac{1}{2}\arctan x^2$. 已知 $f(1)=1$，求 $\int_1^2 f(x)\mathrm{d}x$ 的值.

【练习 4 - 22】 设 $f(x) = \begin{cases} 2x + \dfrac{3}{2}x^2, & -1 \leqslant x < 0, \\[2mm] \dfrac{x\,\mathrm{e}^x}{(\mathrm{e}^x+1)^2}, & 0 \leqslant x \leqslant 1, \end{cases}$ 求函数 $F(x) = \int_{-1}^x f(t)\mathrm{d}t$ 的表达式.

【练习 4 - 23】 求连续函数 $f(x)$，使它满足 $\int_0^1 f(tx)\mathrm{d}t = f(x) + x\sin x$.

§4.4 本章超纲内容汇总

1. 同"不定积分"

不定积分的超纲内容同样适用于定积分.

例如，（1992 年）$\displaystyle\int_0^\pi \sqrt{1-\sin x}\,\mathrm{d}x = \int_0^\pi \sqrt{\sin^2 \dfrac{x}{2} + \cos^2 \dfrac{x}{2} - 2\sin\dfrac{x}{2}\cos\dfrac{x}{2}}\,\mathrm{d}x = \int_0^\pi \sqrt{\left(\sin\dfrac{x}{2} - \cos\dfrac{x}{2}\right)^2}\,\mathrm{d}x = \int_0^\pi \left|\sin\dfrac{x}{2} - \cos\dfrac{x}{2}\right|\mathrm{d}x = \cdots.$

2. 变限积分

（1）变限积分与反函数的综合题.

例如，（2001 年）设函数 $f(x)$ 在 $[0, +\infty)$ 上可导，$f(0)=0$，且其反函数为 $g(x)$，若 $\int_0^{f(x)} g(t)\mathrm{d}t = x^2\mathrm{e}^x$，求 $f(x)$.

（2）变限积分与解析几何的综合题.

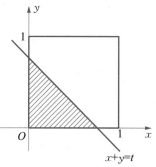

例如，（2000 年）设 xOy 平面上有正方形 $D = \{(x, y)\mid 0 \leqslant x \leqslant 1, 0 \leqslant y \leqslant 1\}$ 及直线 $l: x+y=t\,(t\geqslant 0)$. 若 $S(t)$ 表示正方形 D 位于直线 l 左下方的面积，如图 4 - 15 所示，试求 $\int_0^x S(t)\mathrm{d}t\,(x \geqslant 0)$.

图 4 - 15 变限积分与解析几何的综合题举例

3. 证明与"积分"有关的基本定理

例如，试证明"如果在区间 $[a, b]$ 上，$f(x) \geqslant 0$，则 $\int_a^b f(x)\mathrm{d}x \geqslant 0$".

因为 $f(x) \geqslant 0$，所以，

$$f(\xi_i) \geqslant 0 \,(i=1, 2, \cdots, n).$$

又由于 $\Delta x_i \geqslant 0\,(i=1, 2, \cdots, n)$，因此，

$$\sum_{i=1}^{n} f(\xi_i)\Delta x_i \geqslant 0.$$

令 $\lambda = \max\{\Delta x_1, \cdots, \Delta x_n\} \to 0$, 得证.

再如, 试证明"如果函数 $f(x)$ 在区间 $[a, b]$ 上连续, 则函数 $\Phi(x) = \int_a^x f(t)\mathrm{d}t$ 在 $[a, b]$ 上可导, 且 $\Phi'(x) = \dfrac{\mathrm{d}}{\mathrm{d}x}\displaystyle\int_a^x f(t)\mathrm{d}t = f(x)$".

证明　若 $x \in (a, b)$, 使 x 获得增量 Δx, 其绝对值足够小, 使得 $x + \Delta x \in (a, b)$, 则 $\Phi(x)$ 在 $x + \Delta x$ 处的函数值为 $\Phi(x + \Delta x) = \displaystyle\int_a^{x+\Delta x} f(t)\mathrm{d}t$, 由此得函数的增量

$$\Delta\Phi = \Phi(x+\Delta x) - \Phi(x) = \int_a^{x+\Delta x} f(t)\mathrm{d}t - \int_a^x f(t)\mathrm{d}t$$

$$= \int_a^x f(t)\mathrm{d}t + \int_x^{x+\Delta x} f(t)\mathrm{d}t - \int_a^x f(t)\mathrm{d}t = \int_x^{x+\Delta x} f(t)\mathrm{d}t.$$

再应用积分中值定理, 即有等式 $\Delta\Phi = f(\xi)\Delta x, \cdots$.

4. 证明与积分有关的等式与不等式

注意　①两个定积分比较大小除外; ②变限积分除外; ③能转化为变限积分问题的除外.

(1) 结论中出现定积分的不等式证明.

例如, (1988 年) 设 $f(x)$ 在 $(-\infty, +\infty)$ 上有连续导数, 且 $m \leqslant f(x) \leqslant M$. 求 $\lim\limits_{a \to 0^+} \dfrac{1}{4a^2}\displaystyle\int_{-a}^{a} [f(t+a) - f(t-a)]\mathrm{d}t$; 证明 $\left| \dfrac{1}{2a}\displaystyle\int_{-a}^{a} f(t)\mathrm{d}t - f(x) \right| \leqslant M - m (a > 0)$.

再如, (1993 年) 设 $f'(x)$ 在 $[0, a]$ 上连续, 且 $f(0) = 0$, 证明: $\left| \displaystyle\int_0^a f(x)\mathrm{d}x \right| \leqslant \dfrac{Ma^2}{2}$, 其中, $M = \max\limits_{0 \leqslant x \leqslant a} |f'(x)|$.

(2) 结论中出现定积分的等式证明.

例如, (1995 年) 设 $f(x)$, $g(x)$ 在区间 $[-a, a] (a > 0)$ 上连续, $g(x)$ 为偶函数, 且 $f(x)$ 满足条件 $f(x) + f(-x) = A$ (A 为常数). 证明 $\displaystyle\int_{-a}^{a} f(x)g(x)\mathrm{d}x = A\displaystyle\int_0^a g(x)\mathrm{d}x$; 利用证明所得的结论计算定积分 $\displaystyle\int_{-\frac{\pi}{2}}^{\frac{\pi}{2}} |\sin x| \arctan \mathrm{e}^x \mathrm{d}x$.

第 5 章 一重积分的应用

§ 5.1 一日三餐(平面图形的面积)

知识梳理

1. 一重积分的应用

(1) 平面图形的面积;

(2) 旋转体的体积.

简称:"面旋"1.

2. 求面积的 3 种题型

(1) 面条形;

(2) 麻花形;

(3) 千层饼.

面旋

3. "切割法"的一般步骤

(1) 将图形切割成无数个小薄片;

(2) 求出小薄片的面积"小 S"(dS);

(3) 将"≈"变为"=";

(4) 等式两边积分,求出整个图形的面积"大 S"(S).

简称:"切小变大".

面在旋转

视频 5-1 "面旋"1   图 5-1 "面旋"1

4. 平面图形的面积

(1) 直角坐标系(面条形),如图 5-2 所示.

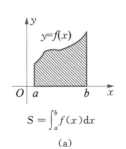

$$S = \int_a^b f(x)\mathrm{d}x$$

(a)

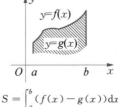

$$S = \int_a^b (f(x) - g(x))\mathrm{d}x$$

(b)

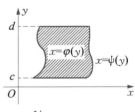

$$S = \int_c^d (\psi(y) - \varphi(y))\mathrm{d}y$$

(c)

图 5-2 直角坐标系(面条形)

重要结论

当图形中出现竖线时,x 的积分限很容易确定,此时应选择 x 作为积分变量;

当图形中出现横线时,y 的积分限很容易确定,此时应选择 y 作为积分变量.

(2) 直角坐标系(麻花形).

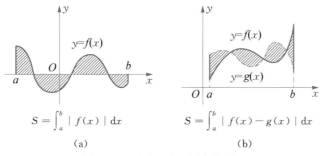

$$S = \int_a^b |f(x)| \, \mathrm{d}x$$

(a)

$$S = \int_a^b |f(x) - g(x)| \, \mathrm{d}x$$

(b)

图 5 - 3 直角坐标系(麻花形)

(3) 极坐标(千层饼).

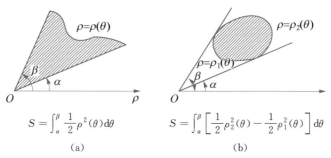

$$S = \int_\alpha^\beta \frac{1}{2} \rho^2(\theta) \mathrm{d}\theta$$

(a)

$$S = \int_\alpha^\beta \left[\frac{1}{2} \rho_2^2(\theta) - \frac{1}{2} \rho_1^2(\theta) \right] \mathrm{d}\theta$$

(b)

图 5 - 4 极坐标(千层饼)

例 5 - 1 证明:图 5 - 5 中阴影部分的面积为 $\int_a^b f(x)\mathrm{d}x$.

证明 口诀:"切小变大".

(1) 将图形切割成无数个小薄片,如图 5 - 5 所示,其中,一个薄片的宽度为 $\mathrm{d}x$.

(2) 由于小薄片的面积近似为长方形的面积,

$$\mathrm{d}s \approx S_K = f(x) \cdot \mathrm{d}x.$$

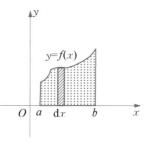

图 5 - 5 例 5 - 1 图

(3) 因为 $\mathrm{d}s \to 0$,故小薄片的面积为 $\mathrm{d}s = f(x)\mathrm{d}x$.两边求积分,得 $S = \int_a^b f(x)\mathrm{d}x$.

例 5 - 2 证明:图 5 - 6 中阴影部分的面积为 $\int_\alpha^\beta \frac{1}{2}\rho^2(\theta)\mathrm{d}\theta$.

证明 口诀:"切小变大".

(1) 将图形切割成无数个小薄片,如图 5 - 6 所示,其中,一

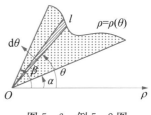

图 5 - 6 例 5 - 2 图

个小薄片的夹角为 $d\theta$.

（2）小薄片的面积 $\approx$ 小扇形的面积 $\approx$ 小三角形的面积.

在扇形中，有 $\theta = \dfrac{l}{r}$，$l = \theta \cdot r$，可得 $l = d\theta \cdot \rho$，所以，

$$ds \approx S_{扇} \approx S_{\triangle} = \frac{1}{2} \cdot l \cdot \rho = \frac{1}{2} \cdot d\theta \cdot \rho \cdot \rho = \frac{1}{2}\rho^2 d\theta.$$

（3）对 $ds = \dfrac{1}{2}\rho^2 d\theta$ 两边求积分，得 $S = \displaystyle\int_{\alpha}^{\beta} \frac{1}{2}\rho^2 d\theta$，得证.

例 5-3　（2014 年）设 D 是由曲线 $xy + 1 = 0$ 与直线 $y + x = 0$ 及 $y = 2$ 围成的有界区域，则 D 的面积为 _____.

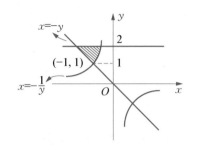

分析　面积类型：面条型→上减下，只有一条横线，对 y 进行积分. 如图 5-7 所示.

解　$S = \displaystyle\int_1^2 \left(-\frac{1}{y} + y\right) dy = \left(\frac{y^2}{2} - \ln y\right)\Big|_1^2$

$\qquad = (2 - \ln 2) - \left(\frac{1}{2} - 0\right) = 2 - \ln 2 - \frac{1}{2} = \frac{3}{2} - \ln 2.$

图 5-7　例 5-3 图

例 5-4　（2012 年）由曲线 $y = \dfrac{4}{x}$ 和直线 $y = x$ 及 $y = 4x$ 在第一象限中围成的平面图形的面积为 _____.

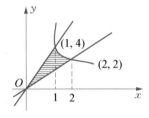

分析　面积类型：面条型→上减下，无横竖线，将面积切成两部分.

解　$S = S_1 + S_2 = \displaystyle\int_0^1 (4x - x) + \int_1^2 \left(\frac{4}{x} - x\right) dx$

$\qquad = \displaystyle\int_0^1 3x\, dx + \left(4\ln x - \frac{x^2}{2}\right)\Big|_1^2$

$\qquad = 3 \times \dfrac{x^2}{2}\Big|_0^1 + (4\ln 2 - 2) - \left(0 - \frac{1}{2}\right)$

$\qquad = \dfrac{3}{2} \times (1 - 0) + 4\ln 2 - 2 + \frac{1}{2} = 4\ln 2.$

图 5-8　例 5-4 图

例 5-5　（2013 年）设封闭曲线 L 的极坐标方程为 $r = \cos 3\theta\left(-\dfrac{\pi}{6} \leqslant \theta \leqslant \dfrac{\pi}{6}\right)$，则 L 所围成的平面图形的面积为 _____.

分析　面积类型：极坐标→千层饼.

解　$S = \displaystyle\int_{-\frac{\pi}{6}}^{\frac{\pi}{6}} \frac{1}{2}\rho^2 d\theta = \int_{-\frac{\pi}{6}}^{\frac{\pi}{6}} \frac{1}{2}r^2 d\theta = \frac{1}{2}\int_{-\frac{\pi}{6}}^{\frac{\pi}{6}} \cos^2 3\theta\, d\theta = \frac{1}{2}\int_{-\frac{\pi}{6}}^{\frac{\pi}{6}} \frac{1 + \cos 6\theta}{2} d\theta$

$\qquad = \dfrac{1}{4} \times 2 \displaystyle\int_0^{\frac{\pi}{6}} (1 + \cos 6\theta) d\theta = \frac{1}{2}\left(\int_0^{\frac{\pi}{6}} d\theta + \int_0^{\frac{\pi}{6}} \cos 6\theta\, d\theta\right) = \frac{1}{2}\left(\frac{\pi}{6} + \frac{1}{6}\sin 6\theta\Big|_0^{\frac{\pi}{6}}\right)$

$\qquad = \dfrac{1}{2}\left[\dfrac{\pi}{6} + \dfrac{1}{6}(\sin \pi - \sin 0)\right] = \dfrac{\pi}{12}.$

例 5-6　由曲线 $y = x e^x$ 与直线 $y = ex$ 所围成图形的面积 $S = $ _____.

解　(1) 根据题意画图,如图 5-9 所示.

① 求出两函数图形的交点.解方程组

$$\begin{cases} y = x\,e^x, \\ y = ex, \end{cases}$$

所以,$x\,e^x = ex$,$x(e^x - e) = 0$,求得 $x = 0$ 或 $x = 1$.

② 分析 $y = x\,e^x$ 的凹凸性.

$$y' = e^x(x+1),\quad y'' = e^x(x+2).$$

当 $x \in [0,1]$ 时,$y'' > 0$,故 $y = x\,e^x$ 的图形是凹的.

(2) 求围成图形的面积 S.

$$S = \int_0^1 (ex - x\,e^x)\,dx = e \cdot \frac{x^2}{2}\Big|_0^1 - \int_0^1 x\,de^x = \frac{1}{2}e - \left(x\,e^x\Big|_0^1 - \int_0^1 e^x\,dx\right)$$

$$= \frac{1}{2}e - [e - (e-1)] = \frac{1}{2}e - (e - e + 1) = \frac{1}{2}e - 1.$$

注意　当图形难画时,可以研究函数的凹凸性.

图 5-9　例 5-6 图

课堂练习

【练习 5-1】　由曲线 $y = x + \dfrac{1}{x}$,$x = 2$ 及 $y = 2$ 所围图形的面积 $S =$ _____.

【练习 5-2】　曲线 $y = x^2$ 与直线 $y = x + 2$ 所围成的平面图形的面积为 _____.

【练习 5-3】　由曲线 $y = \ln x$ 与两直线 $y = e + 1 - x$ 及 $y = 0$ 所围成的平面图形的面积为 _____.

【练习 5-4】　设曲线的极坐标方程为 $\rho = e^{a\theta}(a > 0)$,则该曲线上相应于 θ 从 0 变到 2π 的一段弧与极轴所围成的图形的面积为 _____.

§5.2　家道中落(旋转体的体积)

知识梳理

1. 一重积分的应用

(1) 平面图形的面积;

(2) 旋转体的体积.

简称:"面旋"2.

2. 求"旋转体体积"的两种题型

(1) 磨盘的体积;

(2) 扳指的体积.

面旋

面在旋转

视频 5-2　"面旋"2　　图 5-10　"面旋"2

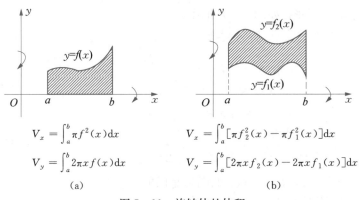

$$V_x = \int_a^b \pi f^2(x)\,\mathrm{d}x$$

$$V_y = \int_a^b 2\pi x f(x)\,\mathrm{d}x$$

(a)

$$V_x = \int_a^b \left[\pi f_2^2(x) - \pi f_1^2(x)\right]\mathrm{d}x$$

$$V_y = \int_a^b \left[2\pi x f_2(x) - 2\pi x f_1(x)\right]\mathrm{d}x$$

(b)

图 5 - 11　旋转体的体积

重要结论　在直角坐标系中,出现双函数时,都是"上一下".

视频 5 - 3　"旋转,磨豆腐"　　图 5 - 12　"旋转,磨豆腐"

例 5 - 7　试证明:如图 5 - 13 所示,阴影区域绕 x 轴和 y 轴旋转一周所形成的旋转体的体积,分别为

$$V_x = \int_a^b \pi \cdot f^2(x)\,\mathrm{d}x \text{ 和 } V_y = \int_a^b 2\pi \cdot x \cdot f(x)\,\mathrm{d}x.$$

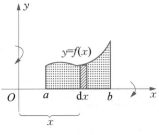

证明　(1) 求磨盘的体积. 将磨盘切割成小薄片,小薄片的体积为 $\mathrm{d}V_x$.

$$\mathrm{d}V_x = St = \pi \cdot r^2 t = \pi \cdot f^2(x)\,\mathrm{d}x,$$

图 5 - 13　例 5 - 7 图

其中,t 代表厚度. 故 $V_x = \int_a^b \pi \cdot f^2(x)\,\mathrm{d}x$,得证.

　　(2) 求扳指的体积. 将扳指切割成小薄片,小薄片的体积为 $\mathrm{d}V_y$.

$$\mathrm{d}V_y = S_{侧} \cdot t = C \cdot ht = 2\pi \cdot rht = 2\pi \cdot x \cdot f(x)\,\mathrm{d}x,$$

其中,t 代表厚度. 故 $V_y = \int_a^b 2\pi \cdot x \cdot f(x)\,\mathrm{d}x$,得证.

例 5-8　(2015 年)设 $A > 0$，D 是由曲线段 $y = A\sin x$ $\left(0 \leqslant x \leqslant \dfrac{\pi}{2}\right)$ 及直线 $y = 0$，$x = \dfrac{\pi}{2}$ 所围成的平面区域，V_1 和 V_2 分别表示 D 绕 x 轴与绕 y 轴旋转所成旋转体的体积，如图 5-14 所示. 若 $V_1 = V_2$，求 A 的值.

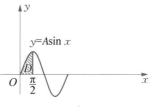

图 5-14　例 5-8 图

分析　$\mathrm{d}V_x = St = \pi \cdot f^2(x)\mathrm{d}x$，$V_x = \displaystyle\int_a^b \pi \cdot f^2(x)\mathrm{d}x$.

$\mathrm{d}V_y = S_{侧} \cdot t = Cht = 2\pi \cdot x \cdot f(x)\mathrm{d}x$，$V_y = \displaystyle\int_a^b 2\pi \cdot x \cdot f(x)\mathrm{d}x$.

解　(1) $V_1 = V_x = \displaystyle\int_0^{\frac{\pi}{2}} \pi \cdot f^2(x)\mathrm{d}x = \int_0^{\frac{\pi}{2}} \pi A^2 \sin^2 x\,\mathrm{d}x = \pi A^2 \int_0^{\frac{\pi}{2}} \dfrac{1 - \cos 2x}{2}\mathrm{d}x$

$= \dfrac{1}{2} \times \dfrac{1}{2} \pi A^2 \displaystyle\int_0^{\frac{\pi}{2}} (1 - \cos 2x)\mathrm{d}2x = \dfrac{1}{4} \pi A^2 (2x - \sin 2x) \Big|_0^{\frac{\pi}{2}}$

$= \dfrac{1}{4} \pi A^2 \big[(\pi - \sin \pi) - (0 - \sin 0)\big] = \dfrac{1}{4} \pi^2 A^2$.

(2) $V_2 = V_y = \displaystyle\int_0^{\frac{\pi}{2}} 2\pi \cdot x \cdot f(x)\mathrm{d}x = \int_0^{\frac{\pi}{2}} 2\pi \cdot x \cdot A\sin x\,\mathrm{d}x = -2A\pi \int_0^{\frac{\pi}{2}} x\,\mathrm{d}\cos x$

$= -2A\pi \left(x\cos x \Big|_0^{\frac{\pi}{2}} - \displaystyle\int_0^{\frac{\pi}{2}} \cos x\,\mathrm{d}x\right) = -2A\pi \cdot (-1) = 2A\pi$.

(3) 因为 $V_1 = V_2$，所以，$\dfrac{1}{4} \pi^2 A^2 = 2A\pi$，则 $A = 2 \times \dfrac{4}{\pi} = \dfrac{8}{\pi}$.

例 5-9　(2010 年)设位于曲线 $y = \dfrac{1}{\sqrt{x(1 + \ln^2 x)}}$ $(e \leqslant x < +\infty)$ 下方、x 轴上方的无界区域为 G，则 G 绕 x 轴旋转一周所得空间区域的体积是 _____.

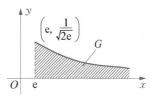

图 5-15　例 5-9 图

解　画出草图，如图 5-15 所示，绕 x 轴旋转即求 V_x.

$V_x = \displaystyle\int_e^{+\infty} \pi f^2(x)\mathrm{d}x = \int_e^{+\infty} \pi \dfrac{1}{x(1 + \ln^2 x)}\mathrm{d}x = \pi \int_e^{+\infty} \dfrac{1}{1 + \ln^2 x}\mathrm{d}\ln x$

$= \pi \displaystyle\int_1^{+\infty} \dfrac{1}{1 + t^2}\mathrm{d}t = \pi \arctan t \Big|_1^{+\infty} = \pi \left(\dfrac{\pi}{2} - \dfrac{\pi}{4}\right) = \pi \cdot \dfrac{\pi}{4} = \dfrac{\pi^2}{4}$.

例 5-10　(2011 年)由曲线 $y = \sqrt{x^2 - 1}$、直线 $x = 2$ 及 x 轴所围成的平面图形绕 x 轴旋转所成的旋转体的体积为 _____.

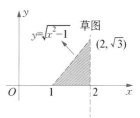

图 5-16　例 5-10 图

解　曲线与 $x = 2$ 相交于点 $(2, \sqrt{3})$，画出草图，如图 5-16 所示，绕 x 轴旋转即求 V_x.

$V_x = \displaystyle\int_1^2 \pi f^2(x)\mathrm{d}x = \int_1^2 \pi(x^2 - 1)\mathrm{d}x = \pi \left(\dfrac{x^3}{3} - x\right) \Big|_1^2 = \pi \left[\left(\dfrac{8}{3} - 2\right) - \left(\dfrac{1}{3} - 1\right)\right]$

$= \pi \left(\dfrac{8}{3} - 2 - \dfrac{1}{3} + 1\right) = \pi \left(\dfrac{7}{3} - 1\right) = \dfrac{4}{3}\pi$.

例 5-11 （2013 年）设 D 是由曲线 $y=\sqrt[3]{x}$、直线 $x=a$ $(a>0)$ 及 x 轴所围成的平面图形，V_x 和 V_y 分别是 D 绕 x 轴和 y 轴旋转一周所形成的立体的体积，如图 5-17 所示. 若 $10V_x=V_y$，求 a 的值.

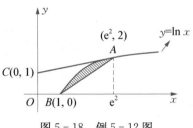

图 5-17　例 5-11 图

解　（1）$V_x=\int_0^a \pi \cdot f^2(x)\mathrm{d}x=\pi\int_0^a (x^{\frac{1}{3}})^2\mathrm{d}x=\pi\int_0^a x^{\frac{2}{3}}\mathrm{d}x=\pi \cdot$

$\dfrac{x^{\frac{2}{3}+1}}{\frac{5}{3}}\Big|_0^a=\dfrac{3}{5}\pi \cdot a^{\frac{5}{3}}.$

（2）$V_y=\int_0^a 2\pi \cdot x \cdot f(x)\mathrm{d}x=2\pi\int_0^a x \cdot x^{\frac{1}{3}}\mathrm{d}x=2\pi \cdot \dfrac{x^{\frac{4}{3}+1}}{\frac{7}{3}}\Big|_0^a=\dfrac{6}{7}\pi \cdot x^{\frac{7}{3}}\Big|_0^a=\dfrac{6}{7}\pi \cdot a^{\frac{7}{3}}.$

（3）因为 $10V_x=V_y$，所以，

$$10 \cdot \frac{3}{5}\pi \cdot a^{\frac{5}{3}}=\frac{6}{7}\pi \cdot a^{\frac{7}{3}},$$

$$10 \cdot \frac{3}{5}=\frac{6}{7} \cdot a^{\frac{2}{3}},$$

$$a^{\frac{2}{3}}=10^2 \cdot \frac{3}{5} \cdot \frac{7}{6}=7,$$

可得 $a=7^{\frac{3}{2}}=7\sqrt{7}.$

例 5-12 （2012 年）过 $(0,1)$ 点作曲线 $L:y=\ln x$ 的切线，切点为 A，又 L 与 x 轴交于 B 点，区域 D 由 L 与直线 AB 围成，求区域 D 的面积及 D 绕 x 轴旋转一周所得旋转体的体积.

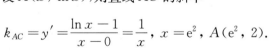
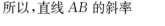

图 5-18　例 5-12 图

解　（1）由题意得：$B(1,0)$，$C(0,1)$.

设 $A(x,\ln x)$，则直线 AC 的斜率

$$k_{AC}=y'=\frac{\ln x-1}{x-0}=\frac{1}{x}, \quad x=\mathrm{e}^2, \quad A(\mathrm{e}^2,2).$$

所以，直线 AB 的斜率

$$k_{AB}=\frac{y-0}{x-1}=\frac{2-0}{\mathrm{e}^2-1}=\frac{2}{\mathrm{e}^2-1},$$

直线 AB 的方程

$$y=\frac{2}{\mathrm{e}^2-1}(x-1),$$

区域 D 的面积

$$S = \int_1^{e^2} \left[\ln x - \frac{2}{e^2-1}(x-1) \right] dx = \left(x \ln x \mid_1^{e^2} - \int_1^{e^2} x \cdot \frac{1}{x} dx \right) - \int_0^{e^2-1} \frac{2}{e^2-1} t \, dt$$

$$= 2e^2 - (e^2-1) - \frac{2}{e^2-1} \cdot \frac{t^2}{2} \Big|_0^{e^2-1} = e^2 + 1 - \frac{2}{e^2-1} \cdot \frac{(e^2-1)^2}{2} = e^2 + 1 - e^2 + 1 = 2.$$

(2) $V_x = \int_1^{e^2} \pi \cdot f_2^2(x) dx - \int_1^{e^2} \pi \cdot f_1^2(x) dx$

$$= \int_1^{e^2} \pi (\ln x)^2 dx - \int_1^{e^2} \pi \left[\frac{2}{e^2-1}(x-1) \right]^2 dx.$$

上式中第 1 项

$$\int_1^{e^2} \pi (\ln x)^2 dx \xrightarrow{\ln x = t} \pi \int_0^2 t^2 de^t = \pi \left(t^2 e^t \mid_0^2 - \int_0^2 2t e^t dt \right) = \pi \left(4e^2 - 2\int_0^2 t \, de^t \right)$$

$$= 2\pi \left[2e^2 - \left(t e^t \mid_0^2 - \int_0^2 e^t dt \right) \right] = 2\pi \left[2e^2 - \left(2e^2 - e^t \Big|_0^2 \right) \right]$$

$$= 2\pi (e^2 - e^0) = 2\pi (e^2 - 1),$$

上式中第 2 项

$$\int_1^{e^2} \pi \left[\frac{2}{e^2-1}(x-1) \right]^2 dx = \pi \cdot \frac{4}{(e^2-1)^2} \int_1^{e^2} (x-1)^2 d(x-1) \xrightarrow{\text{令 } x-1=t} \pi \frac{4}{(e^2-1)^2} \int_0^{e^2-1} t^2 dt$$

$$= \frac{4\pi}{(e^2-1)^2} \cdot \frac{t^3}{3} \Big|_0^{e^2-1} = \frac{4\pi}{(e^2-1)^2} \cdot \frac{(e^2-1)^3}{3} = \frac{4}{3} \pi (e^2-1),$$

所以，

$$V_x = 2\pi (e^2-1) - \frac{4}{3} \pi (e^2-1) = \frac{2}{3} \pi (e^2-1).$$

例 5-13　（2016 年）设 D 是由曲线 $y = \sqrt{1-x^2}(0 \leqslant x \leqslant 1)$ 与 $\begin{cases} x = \cos^3 t, \\ y = \sin^3 t \end{cases} \left(0 \leqslant t \leqslant \frac{\pi}{2} \right)$ 围成的平面区域,求 D 绕 x 轴旋转一周所得旋转体的体积.

解　(1) 由题意得：$\cos t = \sqrt[3]{x}$，$\sin t = \sqrt[3]{y}$. 因为 $\sin^2 t + \cos^2 t = 1$,所以，

$$(\sqrt[3]{x})^2 + (\sqrt[3]{y})^2 = 1, \quad (x^{\frac{1}{3}})^2 + (y^{\frac{1}{3}})^2 = 1, \quad x^{\frac{2}{3}} + y^{\frac{2}{3}} = 1, \quad y^{\frac{2}{3}} = 1 - x^{\frac{2}{3}}, \quad y = (1 - x^{\frac{2}{3}})^{\frac{3}{2}}.$$

根据 $t = 0$ 的对应点 $(1, 0)$、$t = \frac{\pi}{2}$ 的对应点 $(0, 1)$,可以画出 $y = (1 - x^{\frac{2}{3}})^{\frac{3}{2}}$ 的草图,如图 5-19 所示.

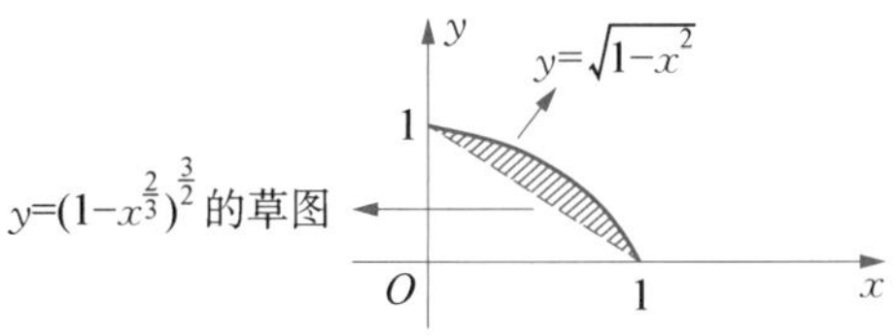

$$V_x = \int_0^1 \pi \cdot (\sqrt{1-x^2})^2 dx - \int_0^1 \pi \left[(1 - x^{\frac{2}{3}})^{\frac{3}{2}} \right]^2 dx.$$

图 5-19　例 5-13 图

上式中第 1 项

$$\int_0^1 \pi \cdot (\sqrt{1-x^2})^2 \,dx = \int_0^1 \pi(1-x^2)\,dx = \pi\left(x - \frac{x^3}{3}\right)\Big|_0^1 = \pi\left(1 - \frac{1}{3}\right) = \frac{2}{3}\pi,$$

上式中第 2 项

$$\int_0^1 \pi\left[(1-x^{\frac{2}{3}})^{\frac{3}{2}}\right]^2 dx = \pi\int_0^1 (1-x^{\frac{2}{3}})^3 \,dx \xlongequal[x=t^3]{\diamondsuit\, x^{\frac{1}{3}}=t} \pi\int_0^1 (1-t^2)^3 \cdot 3t^2 \,dt$$

$$\xlongequal{\diamondsuit\, t=\sin u} 3\pi\int_0^{\frac{\pi}{2}} \cos^6 u \cdot \sin^2 u \cdot \cos u \,du = 3\pi\int_0^{\frac{\pi}{2}} \cos^7 u \cdot \sin^2 u \,du$$

$$= 3\pi\int_0^{\frac{\pi}{2}} \cos^7 u (1-\cos^2 u)\,du = 3\pi(I_7 - I_9) = 3\pi\left(\frac{6}{7} \cdot \frac{4}{5} \cdot \frac{2}{3}I_1 - \frac{8}{9} \cdot \frac{6}{7} \cdot \frac{4}{5} \cdot \frac{2}{3}I_1\right)$$

$$= 3\pi\left(1 - \frac{8}{9}\right) \cdot \frac{6}{7} \cdot \frac{4}{5} \cdot \frac{2}{3} = 3\pi \cdot \frac{1}{9} \cdot \frac{6 \times 4 \times 2}{7 \times 5 \times 3} = \frac{16}{3 \times 7 \times 5}\pi,$$

所以,

$$V_x = \frac{2}{3}\pi - \frac{16}{3 \times 7 \times 5}\pi = \frac{2 \times 7 \times 5 - 16}{3 \times 7 \times 5}\pi = \frac{18}{35}\pi.$$

注意 $\int_0^{\frac{\pi}{2}} \cos^n x \,dx = I_n$,其中,$\int_0^{\frac{\pi}{2}} \cos x \,dx = I_1 = 1$.

例 5-14 设 $f(x)$, $g(x)$ 在区间 $[a,b]$ 上连续,且 $g(x) < f(x) < m$(m 为常数),由曲线 $y=g(x)$, $y=f(x)$, $x=a$ 及 $x=b$ 所围平面图形绕直线 $y=m$ 旋转而成的旋转体体积为( ).

A. $\int_a^b \pi[2m - f(x) + g(x)][f(x) - g(x)]\,dx$

B. $\int_a^b \pi[2m - f(x) - g(x)][f(x) - g(x)]\,dx$

C. $\int_a^b \pi[m - f(x) + g(x)][f(x) - g(x)]\,dx$

D. $\int_a^b \pi[m - f(x) - g(x)][f(x) - g(x)]\,dx$

解 画出草图,如图 5-20 所示.

$$dV = \pi[m - g(x)]^2 \,dx - \pi[m - f(x)]^2 \,dx,$$

$$V = \int_a^b \pi\{[m - g(x)]^2 - [m - f(x)]^2\}\,dx$$

$$= \int_a^b \pi[2m - g(x) - f(x)][f(x) - g(x)]\,dx.$$

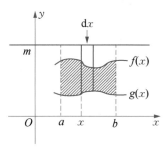

图 5-20 例 5-14 图

所以,B 选项正确.

注意 如果不是沿着 x 轴或者 y 轴旋转,用切割法(微元法)即可.

课堂练习

【练习5-5】 由曲线 $y=\sin^{\frac{3}{2}}x\,(0\leqslant x\leqslant\pi)$ 与 x 轴围成的平面图形绕 x 轴旋转而成的旋转体的体积为( ).

A. $\dfrac{4}{3}$ B. $\dfrac{4}{3}\pi$ C. $\dfrac{2}{3}\pi^2$ D. $\dfrac{2}{3}\pi$

【练习5-6】 曲线 $y=\cos x\left(-\dfrac{\pi}{2}\leqslant x\leqslant\dfrac{\pi}{2}\right)$ 与 x 轴所围成的图形绕 x 轴旋转一周所成旋转体的体积为( ).

A. $\dfrac{\pi}{2}$ B. π C. $\dfrac{\pi^2}{2}$ D. π^2

【练习5-7】 (2020年) $D=\left\{(x,y)\left|\dfrac{x}{2}\leqslant y\leqslant\dfrac{1}{1+x^2},\,0\leqslant x\leqslant1\right.\right\}$ 绕 y 轴旋转一周的体积为_____.

【练习5-8】 设 D 是由曲线 $y=\sin x+1$ 与3条直线 $x=0$，$x=\pi$，$y=0$ 围成的曲边梯形，求 D 绕 x 轴旋转一周所生成的旋转体的体积.

【练习5-9】 设平面图形 A 由 $x^2+y^2\leqslant2x$ 与 $y\geqslant x$ 所确定，求图形 A 绕直线 $x=2$ 旋转一周所得旋转体的体积.

【练习5-10】 (2020年)设函数 $f(x)$ 的定义域为 $(0,+\infty)$，且满足 $2f(x)+x^2f\left(\dfrac{1}{x}\right)=\dfrac{x^2+2x}{\sqrt{1+x^2}}$，求 $f(x)$，并求曲线 $y=f(x)$，$y=\dfrac{1}{2}$，$y=\dfrac{\sqrt{3}}{2}$ 及 y 轴所围图形绕 x 轴旋转所成旋转体的体积.

§5.3 本章超纲内容汇总

1. 平面图形的面积

（1）面积与最值的综合题.

例如，(1987年)函数 $y=\sin x$，$0\leqslant x\leqslant\dfrac{\pi}{2}$. 问：①$t$ 取何值时，如图5-21所示，阴影部分的面积 S_1 与 S_2 之和 $S=S_1+S_2$ 最小？②t 取何值时，$S=S_1+S_2$ 最大？

（2）双纽线问题.

例如，(1993年)双纽线 $(x^2+y^2)^2=x^2-y^2$ 所围成的区域面积可用定积分表示为( ).

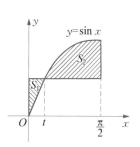

图5-21 面积与最值的综合题例题图

A. $2\displaystyle\int_0^{\frac{\pi}{4}}\cos2\theta\,\mathrm{d}\theta$ B. $4\displaystyle\int_0^{\frac{\pi}{4}}\cos2\theta\,\mathrm{d}\theta$

C. $2\displaystyle\int_0^{\frac{\pi}{4}}\sqrt{\cos2\theta}\,\mathrm{d}\theta$ D. $\dfrac{1}{2}\displaystyle\int_0^{\frac{\pi}{4}}(\cos2\theta)^2\,\mathrm{d}\theta$

2. 旋转体的体积

（1）旋转体体积与最值的综合题．

例如，（1989年）设抛物线 $y = ax^2 + bx + c$ 过原点，当 $0 \leqslant x \leqslant 1$ 时，$y \geqslant 0$．又已知该抛物线与 x 轴及直线 $x = 1$ 所围图形的面积为 $\dfrac{1}{3}$，试确定 a，b，c 的值，使此图形绕 x 轴旋转一周而成的旋转体的体积 V 最小．

（2）旋转体体积与分段函数的综合题．

例如，（1994年）求曲线 $y = 3 - |x^2 - 1|$ 与 x 轴围成的封闭图形绕直线 $y = 3$ 旋转所得的旋转体体积．

3. 求已知平行截面面积的立体体积

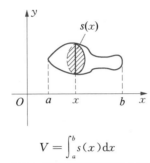

$$V = \int_a^b s(x) \, \mathrm{d}x$$

图 5 - 22　求已知平行截面面积的立体体积例题图

第6章 二元微分的计算

§6.1 幸运数字(偏导的四则运算)

知识梳理

1. x 的偏导

x 的偏导 令 y 为常数,然后让二元函数 $z=f(x,y)$ 对 x 进行求导,叫做 z 对 x 的偏导,记作 z'_x 或者 f'_x. 这种书写形式称为 x 的偏导的导数形式.

几何意义 偏导 z'_x 的每一个函数值表示当 y 为某一常数时,曲线 $z=f(x,y)$ 的对应点的方向(此点处切线的斜率).

微商 偏导的微商形式为 $\dfrac{\partial z}{\partial x}$ 或者 $\dfrac{\partial f}{\partial x}$.

导数与微商 导数形式和微商形式是同一件事情的两种书写形式,所以,

$$z'_x = \frac{\partial z}{\partial x} = f'_x = \frac{\partial f}{\partial x}.$$

最重要的写法 在 4 种写法中,最重要的写法是 z'_x,其次是 f'_x.

2. y 的偏导

y 的偏导 令 x 为常数,然后让二元函数 $z=f(x,y)$ 对 y 进行求导,叫做 z 对 y 的偏导,记作 z'_y 或者 f'_y. 这种书写形式称为 y 的偏导的导数形式.

几何意义 偏导 z'_y 的每一个函数值表示当 x 为某一常数时,曲线 $z=f(x,y)$ 的对应点的方向(此点处切线的斜率).

微商 偏导的微商形式为 $\dfrac{\partial z}{\partial y}$ 或者 $\dfrac{\partial f}{\partial y}$.

导数与微商 导数形式和微商形式是同一件事情的两种书写形式,所以,

$$z'_y = \frac{\partial z}{\partial y} = f'_y = \frac{\partial f}{\partial y}.$$

最重要的写法　在 4 种写法中,最重要的写法是 z'_y,其次是 f'_y.

幸运数字　在考研的历程中,最幸运的数字是"2".

3. 偏导的四则运算

(1) $(u+v)'=u'+v'$;　　　　　　　　　(2) $(u-v)'=u'-v'$;

(3) $(uv)'=u'v+v'u$;　　　　　　　　(4) $\left(\dfrac{u}{v}\right)'=\dfrac{u'v-v'u}{v^2}$.

4. 全微分

$$\mathrm{d}z=z'_x\mathrm{d}x+z'_y\mathrm{d}y.$$

5. 重要结论

对于二元函数 $z=f(x,y)$ 来说,x 和 y 之间没有函数关系,二者互相独立,此时有

$$y'_x=x'_y=0.$$

6.1.1　已知函数求偏导

例 6-1　(2016 年)已知函数 $f(x,y)=\dfrac{\mathrm{e}^x}{x-y}$,则(　　).

A. $f'_x-f'_y=0$ 　　　　B. $f'_x+f'_y=0$ 　　　　C. $f'_x-f'_y=f$ 　　　　D. $f'_x+f'_y=f$

解　因为

$$f'_x=\frac{(\mathrm{e}^x)'_x(x-y)-(x-y)'_x\mathrm{e}^x}{(x-y)^2}=\frac{\mathrm{e}^x(x-y)-1\cdot\mathrm{e}^x}{(x-y)^2},$$

$$f'_y=\frac{(\mathrm{e}^x)'_y(x-y)-(x-y)'_y\mathrm{e}^x}{(x-y)^2}=\frac{0+1\cdot\mathrm{e}^x}{(x-y)^2},$$

$$f'_x+f'_y=\frac{\mathrm{e}^x(x-y)-\mathrm{e}^x+\mathrm{e}^x}{(x-y)^2}=\frac{\mathrm{e}^x}{x-y}=f.$$

所以,D 选项正确.

例 6-2　(2015 年)设函数 $f(u,v)$ 满足 $f\left(x+y,\dfrac{y}{x}\right)=x^2-y^2$,则 $\dfrac{\partial f}{\partial u}\Big|_{\substack{u=1\\v=1}}$ 与

$\dfrac{\partial f}{\partial v}\Big|_{\substack{u=1\\v=1}}$ 依次是(　　).

A. $\dfrac{1}{2},0$ 　　　　B. $0,\dfrac{1}{2}$ 　　　　C. $-\dfrac{1}{2},0$ 　　　　D. $0,-\dfrac{1}{2}$

解　微商形式并不直观,可改为导数形式:

$$\frac{\partial f}{\partial u}\Big|_{\substack{u=1\\v=1}}=f'_u(1,1),\quad \frac{\partial f}{\partial v}\Big|_{\substack{u=1\\v=1}}=f'_v(1,1).$$

令

$$\begin{cases}u=x+y, & \qquad\qquad①\\v=\dfrac{y}{x}. & \qquad\qquad②\end{cases}$$

由②得：$y = xv$. 代入①式，$u = x + xv$，$x = \dfrac{u}{1+v}$，$y = xv = \dfrac{uv}{1+v}$. 因为

$$f(u, v) = x^2 - y^2 = \left(\dfrac{u}{1+v}\right)^2 - \left(\dfrac{uv}{1+v}\right)^2 = \dfrac{u^2 - u^2 v^2}{(1+v)^2} = \dfrac{u^2(1+v)(1-v)}{(1+v)^2} = \dfrac{u^2(1-v)}{1+v},$$

所以，$f'_u = \dfrac{1-v}{1+v} \cdot 2u$，$f'_u(1, 1) = 0$. 因为

$$f'_v = u^2 \cdot \dfrac{-1 \cdot (1+v) - 1 \cdot (1-v)}{(1+v)^2} = u^2 \cdot \dfrac{-1-v-1+v}{(1+v)^2} = \dfrac{-2u^2}{(1+v)^2},$$

所以，$f'_v = (1, 1) = \dfrac{-2}{4} = -\dfrac{1}{2}$. 故 D 选项正确.

例 6-3　求下列函数的全微分：

(1) $z = xy + \dfrac{x}{y}$；　　　　　　　　　　　　　　(2) $z = \dfrac{y}{\sqrt{x^2+y^2}}$.

解　(1) 因为 $\mathrm{d}z = z'_x \mathrm{d}x + z'_y \mathrm{d}y$，所以，

$$z'_x = (xy)'_x + \left(\dfrac{x}{y}\right)'_x = y + \dfrac{1}{y}, \quad z'_y = (xy)'_y + \left(\dfrac{x}{y}\right)'_y = x + x\left(-\dfrac{1}{y^2}\right) = x - \dfrac{x}{y^2},$$

则 $\mathrm{d}z = \left(y + \dfrac{1}{y}\right)\mathrm{d}x + \left(x - \dfrac{x}{y^2}\right)\mathrm{d}y$.

(2) $z'_x = \dfrac{y'_x \sqrt{x^2+y^2} - (\sqrt{x^2+y^2})'_x y}{x^2+y^2} = -\dfrac{\dfrac{2x}{2\sqrt{x^2+y^2}} \cdot y}{x^2+y^2} = -\dfrac{xy}{(x^2+y^2)^{\frac{3}{2}}}$，

$$z'_y = \dfrac{y'_y \sqrt{x^2+y^2} - (\sqrt{x^2+y^2})'_y y}{x^2+y^2} = \dfrac{\sqrt{x^2+y^2} - \dfrac{2y^2}{2\sqrt{x^2+y^2}}}{x^2+y^2}$$

$$= \dfrac{(x^2+y^2) - y^2}{(x^2+y^2)^{\frac{3}{2}}} = \dfrac{x^2}{(x^2+y^2)^{\frac{3}{2}}},$$

所以，$\mathrm{d}z = -\dfrac{xy}{(x^2+y^2)^{\frac{3}{2}}}\mathrm{d}x + \dfrac{x^2}{(x^2+y^2)^{\frac{3}{2}}}\mathrm{d}y$.

6.1.2　已知偏导求函数

例 6-4　(2017 年)设函数 $f(x, y)$ 具有一阶连续偏导数，且 $\mathrm{d}f(x, y) = y\mathrm{e}^y \mathrm{d}x + x(1+y)\mathrm{e}^y \mathrm{d}y$，$f(0, 0) = 0$，则 $f(x, y) = $＿＿＿＿＿＿＿.

解　(1) 由题意得：$z'_x = y\mathrm{e}^y$，所以，$z = \displaystyle\int y\mathrm{e}^y \mathrm{d}x = xy\mathrm{e}^y + C(y)$.

(2) $z'_y = x(1+y) \cdot \mathrm{e}^y$，所以，

$$z'_y = (xy\mathrm{e}^y)'_y + C'(y) = x(\mathrm{e}^y + y\mathrm{e}^y) + C'(y) = x\mathrm{e}^y(1+y) + C'(y),$$

则 $C'(y)=0$，$C(y)=C$，所以，$z=xye^y+C$.

（3）因为 $f(0,0)=0$，则 $C=0$，所以，$z=xye^y$.

例 6-5 （2014 年）已知函数 $f(x,y)$ 满足 $\dfrac{\partial f}{\partial y}=2(y+1)$，且 $f(y,y)=(y+1)^2-(2-y)\ln y$，求曲线 $f(x,y)=0$ 所围成的图形绕直线 $y=-1$ 旋转所成的旋转体的体积.

解 （1）$f'_y=2(y+1)$，所以，$f=\int 2(y+1)\mathrm{d}y=y^2+2y+C(x)$.

将 $x=y$ 代入上式，得 $f(y,y)=y^2+2y+C(y)$. 又因为

$$f(y,y)=(y+1)^2-(2-y)\ln y=y^2+2y+1-(2-y)\ln y,$$

则 $C(y)=1-(2-y)\ln y$，所以，

$$f(x,y)=y^2+2y+1-(2-x)\ln x=(y+1)^2-(2-x)\ln x.$$

（3）令 $f(x,y)=0$，得 $(y+1)^2-(2-x)\ln x=0$，$(y+1)^2=(2-x)\ln x$.

设 $y=-1$ 为 x' 轴. 在坐标系 $x'Oy$ 中，$(y-1+1)^2=(2-x)\ln x$，即 $y^2=(2-x)\ln x\geqslant 0$.

令 $y=0$，得 $(2-x)\ln x=0$，$x=2$ 或 $x=1$，可以做出函数的草图如图 6-1 所示.

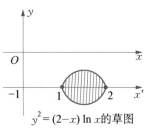

图 6-1　例 6-5 图

$$(4)\ V_{x'}=\int_1^2 \pi\cdot f^2(x)\mathrm{d}x=\pi\int_1^2 y^2\mathrm{d}x=\pi\int_1^2(2-x)\ln x\mathrm{d}x=\pi\int_1^2\ln x\mathrm{d}\left(2x-\dfrac{x^2}{2}\right)$$

$$=\pi\left[\left(2x-\dfrac{x^2}{2}\right)\ln x\Big|_1^2-\int_1^2\left(2x-\dfrac{x^2}{2}\right)\cdot\dfrac{1}{x}\mathrm{d}x\right]$$

$$=\pi\left[(4-2)\ln 2-0-\int_1^2\left(2-\dfrac{x}{2}\right)\mathrm{d}x\right]=\pi\left[2\ln 2-\left(2x-\dfrac{1}{2}\cdot\dfrac{x^2}{2}\right)\Big|_1^2\right]$$

$$=\pi\left\{2\ln 2-\left[(4-1)-\left(2-\dfrac{1}{4}\right)\right]\right\}=\pi\left[2\ln 2-\left(3-2+\dfrac{1}{4}\right)\right]$$

$$=\pi\left(2\ln 2-\dfrac{5}{4}\right).$$

课堂练习

【练习 6-1】 设 $z=e^{\sin xy}$，则 $\mathrm{d}z=$ _____.

【练习 6-2】 设二元函数 $z=xe^{x+y}+(x+1)\ln(1+y)$，则 $\mathrm{d}z\big|_{(1,0)}=$ _____.

【练习 6-3】 （2020 年）设 $z=\arctan[xy+\sin(x+y)]$，则 $\mathrm{d}z\big|_{(0,\pi)}=$ _____.

【练习 6-4】 $z=\arctan\dfrac{x+y}{x-y}$，求 $\mathrm{d}z$.

【练习 6-5】 已知 $u=e^{\frac{x}{y}}$，求 $\dfrac{\partial^2 u}{\partial x\partial y}$.

【练习 6-6】 已知 $z=a^{\sqrt{x^2-y^2}}$，其中，$a>0$，$a\neq 1$，求 $\mathrm{d}z$.

【练习 6 - 7】　已知 $f(x, y) = x^2 \arctan \dfrac{y}{x} - y^2 \arctan \dfrac{x}{y}$, 求 $\dfrac{\partial^2 f}{\partial x \partial y}$.

【练习 6 - 8】　设 $z = (x^2 + y^2) \mathrm{e}^{-\arctan \frac{y}{x}}$, 求 $\mathrm{d}z$ 与 $\dfrac{\partial^2 z}{\partial x \partial y}$.

§6.2　高速公路(复合函数的偏导 1)

知识梳理

1. 二元函数求偏导的基本题型

（1）复合函数；

（2）隐函数.

简称:"二元,复隐"1.

二元复（腹）隐

腹部隐隐作痛

视频 6 - 1　"二元,复隐"1　　　图 6 - 2　"二元,复隐"1

2. 复合函数的基本概念

复合函数　若 $y = f(u)$, 而 $u = \varphi(x)$, 即函数中又包含了函数,则此函数称为复合函数.

父函数　其中, $y = f(u)$ 称为 父函数.

子函数　$u = \varphi(x)$ 称为 子函数.

3. 复合函数的种类

表 6 - 1　复合函数的种类

父函数	子函数	具体形式	类型
一元	一元	$y = f(u)$ $u = \varphi(x)$	1 - 1 型

父函数	子函数	具体形式	类型
一元	二元	$z = f(u)$ $u = \varphi(x, y)$	$1 - 2$ 型
二元	一元	$z = f(u, v)$ $u = \varphi(x)$ $v = \psi(x)$	$2 - 1$ 型
二元	二元	$z = f(u, v)$ $u = \varphi(x, y)$ $v = \psi(x, y)$	$2 - 2$ 型

4. 公路图

导数　研究曲线 $y = f(x)$ 上每一点方向的函数，叫做它的导函数，简称导数，记作 y'，也可以具体地写成 y'_x.

(1) $1 - 1$ 型：

$$y - u - x, \quad y'_x = y'_u u'_x.$$

(2) $1 - 2$ 型：

$$z - u \Big\langle {x \atop y}, \quad z'_x = z'_u u'_x, \quad z'_y = z'_u u'_y.$$

(3) $2 - 1$ 型：

$$z \Big\langle {u - x \atop v - x}, \quad z'_x = z'_u u'_x + z'_v v'_x.$$

(4) $2 - 2$ 型：

$$z \Big\langle {u \langle {x \atop y} \atop v \langle {x \atop y}}, \quad z'_x = z'_u u'_x + z'_v v'_x, \quad z'_y = z'_u u'_y + z'_v v'_y.$$

5. 复合函数求偏导的一般步骤

视频 6 - 2 "复 u 公路"　　　　图 6 - 3 "复 u 公路"

（1）设中间变量 u，v，w；

（2）画公路图；

（3）写出偏导．

简称："复 u 公路"．

6. 课本上的公式

（1）1－2 型：

$$\begin{cases} \dfrac{\partial z}{\partial x}=\dfrac{\partial z}{\partial u}\cdot\dfrac{\partial u}{\partial x}, \\[3mm] \dfrac{\partial z}{\partial y}=\dfrac{\partial z}{\partial u}\cdot\dfrac{\partial u}{\partial y}, \end{cases} \quad 即 \begin{cases} z'_x=z'_u u'_x, \\[1mm] z'_y=z'_u u'_y. \end{cases}$$

（2）2－1 型：

$$\frac{\mathrm{d}z}{\mathrm{d}x}=\frac{\partial z}{\partial u}\cdot\frac{\mathrm{d}u}{\mathrm{d}x}+\frac{\partial z}{\partial v}\cdot\frac{\mathrm{d}v}{\mathrm{d}x}, \quad 即\ z'_x=z'_u u'_x+z'_v v'_x.$$

（3）2－2 型：

$$\begin{cases} \dfrac{\partial z}{\partial x}=\dfrac{\partial z}{\partial u}\cdot\dfrac{\partial u}{\partial x}+\dfrac{\partial z}{\partial v}\cdot\dfrac{\partial v}{\partial x}, \\[3mm] \dfrac{\partial z}{\partial y}=\dfrac{\partial z}{\partial u}\cdot\dfrac{\partial u}{\partial y}+\dfrac{\partial z}{\partial v}\cdot\dfrac{\partial v}{\partial y}, \end{cases} \quad 即 \begin{cases} z'_x=z'_u u'_x+z'_v v'_x, \\[1mm] z'_y=z'_u u'_y+z'_v v'_y. \end{cases}$$

7. 二阶偏导

(1) $z''_{uu}=(z'_u)'_u$，$z''_{uv}=(z'_u)'_v$，$z''_{vu}=(z'_v)'_u$，$z''_{vv}=(z'_v)'_v$．

(2) $f''_{uu}=(f'_u)'_u$，$f''_{uv}=(f'_u)'_v$，$f''_{vu}=(f'_v)'_u$，$f''_{vv}=(f'_v)'_v$．

基本原则：直接去括号（　　）．

一般来说：$\boxed{f''_{uv}=f''_{vu}}$．

8. 偏导的公路图

$$f\begin{cases} u\begin{cases} x \\ y \end{cases} \\ v\begin{cases} x \\ y \end{cases} \end{cases},\quad f'\begin{cases} u\begin{cases} x \\ y \end{cases} \\ v\begin{cases} x \\ y \end{cases} \end{cases},\quad f''\begin{cases} u\begin{cases} x \\ y \end{cases} \\ v\begin{cases} x \\ y \end{cases} \end{cases}.$$

结论：对一个函数进行求导，其导函数的自变量的种类不会发生改变．

例 6－6　（2019 年）设函数 $f(u)$ 可导，$z=f(\sin y-\sin x)+xy$，则

$$\frac{1}{\cos x}\cdot\frac{\partial z}{\partial x}+\frac{1}{\cos y}\cdot\frac{\partial z}{\partial y}=\underline{\hspace{3cm}}.$$

解　口诀："复 u 公路"．

（1）设 u；令 $\sin y-\sin x=u$，则 $z=f(u)+xy$．

（2）公路图：

$$f - u \begin{cases} x \\ y \end{cases}.$$

(3) $z'_x = f'_x + (xy)'_x = f'_u u'_x + y = f'_u(-\cos x) + y = y - f'_u \cos x,$

$z'_y = f'_y + (xy)'_y = f'_u u'_y + x = f'_u \cdot \cos y + x.$

原式 $= \dfrac{1}{\cos x} z'_x + \dfrac{1}{\cos y} z'_y = \left(\dfrac{y}{\cos x} - f'_u \right) + \left(f'_u + \dfrac{x}{\cos y} \right) = \dfrac{y}{\cos x} + \dfrac{x}{\cos y}.$

例 6-7 (2017 年)设函数 $f(u, v)$ 具有二阶连续偏导数，$y = f(e^x, \cos x)$，求 $\dfrac{\mathrm{d}y}{\mathrm{d}x}\bigg|_{x=0}$，$\dfrac{\mathrm{d}^2 y}{\mathrm{d}x^2}\bigg|_{x=0}$.

解 (1) 令 $e^x = u$，$\cos x = v$，则 $y = f(u, v)$.

(2) 公路图：

$$f = y \begin{cases} u - x \\ v - x \end{cases}, \quad f' \begin{cases} u - x \\ v - x \end{cases}, \quad f'' \begin{cases} u - x \\ v - x \end{cases}.$$

(3) ① $y'_x = y'_u u'_x + y'_v v'_x = f'_u e^x + f'_v(-\sin x)$.

令 $x = 0$，则 $u = 1$，$v = 1$，则

$$\frac{\mathrm{d}y}{\mathrm{d}x}\bigg|_{x=0} = y'_x(0) = f'_u = f'_u(u, v) = f'_u(1, 1).$$

② $y''_{xx} = (y'_x)'_x = (f'_u e^x)'_x - (f'_v \sin x)'_x = (f'_u)'_x e^x + e^x f'_u - [(f'_v)'_x \sin x + \cos x f'_v]$

$= [(f'_u)'_u \cdot u_x + (f'_u)'_v \cdot v_x] e^x + e^x f'_u - [(f'_v)'_u \cdot u_x + (f'_v)'_v \cdot v_x] \sin x$

$\quad - \cos x f'_v$

$= [f''_{uu} e^x + f''_{uv}(-\sin x)] e^x + e^x f'_u - [f''_{vu} e^x + f''_{vv}(-\sin x)] \sin x - \cos x f'_v.$

③ $\dfrac{\mathrm{d}^2 y}{\mathrm{d}x^2}\bigg|_{x=0} = y''_{xx}(0) = f''_{uu} + f'_u - f'_v = f''_{uu}(1, 1) + f'_u(1, 1) - f'_v(1, 1).$

例 6-8 (2019 年)$f(u, v)$ 具有二阶连续偏导数，且 $g(x, y) = xy - f(x + y, x - y)$，求 $\dfrac{\partial^2 g}{\partial x^2} + \dfrac{\partial^2 g}{\partial x \partial y} + \dfrac{\partial^2 g}{\partial y^2}$.

解 (1) 令 $x + y = u$，$x - y = v$，则 $g(x, y) = xy - f(u, v)$.

(2) 公路图：

$$f \begin{cases} u \begin{cases} x \\ y \end{cases} \\ v \begin{cases} x \\ y \end{cases} \end{cases}, \quad f' \begin{cases} u \begin{cases} x \\ y \end{cases} \\ v \begin{cases} x \\ y \end{cases} \end{cases}, \quad f'' \begin{cases} u \begin{cases} x \\ y \end{cases} \\ v \begin{cases} x \\ y \end{cases} \end{cases}.$$

(3) $g'_x = (xy)'_x - f'_x = y - (f'_u u'_x + f'_v v'_x) = y - f'_u - f'_v,$

$g'_y = (xy)'_y - f'_y = x - (f'_u u'_y + f'_v v'_y) = x - f'_u + f'_v.$

① $g''_{xx} = (g'_x)'_x = y'_x - (f'_u)'_x - (f'_v)'_x = 0 - (f''_{uu} \cdot u'_x + f''_{uv} \cdot v'_x) - (f''_{vu} u'_x + f''_{vv} \cdot v'_x)$

$$=-f''_{uu}-f''_{uv}-f''_{vu}-f''_{vv}=-f''_{uu}-2f''_{uv}-f''_{vv},$$

② $g''_{xy}=(g'_x)'_y=y'_y-(f'_u)'_y-(f'_v)'_y=1-(f''_{uu}u'_y+f''_{uv}v'_y)-(f''_{vu}u'_y+f''_{vv}\cdot v'_y)$

$$=1-f''_{uu}+f''_{uv}-f''_{vu}+f''_{vv}=1-f''_{uu}+f''_{vv},$$

③ $g''_{yy}=(g'_y)'_y=x'_y-(f'_u)'_y+(f'_v)'_y=0-(f''_{uu}u'_y+f''_{uv}v'_y)+(f_{vu}u_y+f_{vv}v_y)$

$$=-f''_{uu}+f''_{uv}+f''_{vu}-f''_{vv}=-f''_{uu}+2f''_{uv}-f''_{vv}.$$

所以，

$$\frac{\partial^2 g}{\partial x^2}+\frac{\partial^2 g}{\partial x\partial y}+\frac{\partial^2 g}{\partial y^2}=g''_{xx}+g''_{xy}+g''_{yy}$$

$$=-f''_{uu}-2f''_{uv}-f''_{vv}+1-f''_{uu}+f''_{vv}-f''_{uu}+2f''_{uv}-f''_{vv}$$

$$=-3f''_{uu}-f''_{vv}+1.$$

例 6 - 9　（2011 年）设函数 $F(x,y)=\displaystyle\int_0^{xy}\frac{\sin t}{1+t^2}\mathrm{d}t$，则 $\left.\dfrac{\partial^2 F}{\partial x^2}\right|_{\substack{x=0\\y=2}}=$ _____.

解　写成导数形式：

$$\left.\frac{\partial^2 F}{\partial x^2}\right|_{\substack{x=0\\y=2}}=F''xx(0,2).$$

因为

$$F'_x=\frac{\sin(xy)}{1+(xy)^2}\cdot(xy)'_x=y\cdot\frac{\sin xy}{1+(xy)^2},$$

所以，

$$F'_{xx}=(F'_x)'_x=y\cdot\frac{(\sin xy)'_x[1+(xy)^2]-[1+(xy)^2]'_x\sin xy}{[1+(xy)^2]^2},$$

$$F'_{xx}(0,2)=2\cdot\left.\frac{(\sin xy)'_x-0}{1}\right|_{\substack{x=0\\y=2}}=2y\cos xy\Big|_{\substack{x=0\\y=2}}=2\cdot 2\cos 0=4.$$

课堂练习

【练习 6 - 9】　（2013 年）设函数 $z=\dfrac{y}{x}f(xy)$，其中，函数 f 可微，则 $\dfrac{x}{y}\cdot\dfrac{\partial z}{\partial x}+\dfrac{\partial z}{\partial y}$ =（　　）.

　　A. $2yf'(xy)$　　　　　　B. $-2yf'(xy)$　　　　　C. $\dfrac{2}{x}f(xy)$　　　　　D. $-\dfrac{2}{x}f(xy)$

【练习 6 - 10】　设函数 $u(x,y)=\varphi(x+y)+\varphi(x-y)+\displaystyle\int_{x-y}^{x+y}\psi(t)\mathrm{d}t$，其中，函数 φ 具有二阶导数，ψ 具有一阶导数，则必有（　　）.

　　A. $\dfrac{\partial^2 u}{\partial x^2}=-\dfrac{\partial^2 u}{\partial y^2}$　　　　B. $\dfrac{\partial^2 u}{\partial x^2}=\dfrac{\partial^2 u}{\partial y^2}$　　　　C. $\dfrac{\partial^2 u}{\partial x\partial y}=\dfrac{\partial^2 u}{\partial y^2}$　　　　D. $\dfrac{\partial^2 u}{\partial x\partial y}=\dfrac{\partial^2 u}{\partial x^2}$

【练习 6 - 11】　（2019 年）设函数 $f(u)$ 可导，$z=yf\left(\dfrac{y^2}{x}\right)$，则 $2x\dfrac{\partial z}{\partial x}+y\dfrac{\partial z}{\partial y}=$ _____.

【练习 6 - 12】 (2020 年)设函数 $f(x, y) = \int_0^{xy} e^{xt^2} dt$，则 $\dfrac{\partial^2 f}{\partial x \partial y}\Big|_{(1, 1)} = $ _____.

【练习 6 - 13】 (2012 年)设 $z = f\left(\ln x + \dfrac{1}{y}\right)$，其中，函数 $f(u)$ 可微，则 $x\dfrac{\partial z}{\partial x} + y^2\dfrac{\partial z}{\partial y}$ = _____.

【练习 6 - 14】 (2009 年)设函数 $f(u, v)$ 具有二阶连续偏导数，$z = f(x, xy)$，则 $\dfrac{\partial^2 z}{\partial x \partial y} = $ _____.

【练习 6 - 15】 设 $f(x, y) = \int_0^{xy} e^{-t^2} dt$，求 $\dfrac{x}{y} \cdot \dfrac{\partial^2 f}{\partial x^2} - 2\dfrac{\partial^2 f}{\partial x \partial y} + \dfrac{y}{x} \cdot \dfrac{\partial^2 f}{\partial y^2}$.

§6.3 辫子没了(复合函数的偏导 2)

知识梳理

1. 一阶偏导符号的简化

$$y'_x \Rightarrow y_x, \ z'_x \Rightarrow z_x, \ f'_y \Rightarrow f_y.$$

2. 二阶偏导符号的简化

$$z''_{uv} \Rightarrow z_{uv}, \ f''_{uv} \Rightarrow f_{uv}.$$

3. 总原则

辫子没了.

4. 选择导数形式的理由

(1) 简便：$\dfrac{\partial^2 z}{\partial x \partial y}$(7 个字母)$\Rightarrow z_{xy}$(3 个字母).

(2) 统一：$[f(\varphi(x))]' = f'(\varphi(x))\varphi'(x)$【一元复合函数的求导公式】.

5. 常见函数的偏导

表 6 - 2　常见函数的偏导

	函数表达式	z_x	z_y
加法函数	$z = ax + by$	$z_x = a$	$z_y = b$
乘法函数	$z = xy$	$z_x = y$	$z_y = x$

例 6 - 10 (2009 年)设 $z = (x + e^y)^x$，则 $\dfrac{\partial z}{\partial x}\Big|_{(1, 0)} = $ _____.

解 口诀："复 u 公路".

(1) 设 $u = x + e^y$，$v = x$，则 $z = u^v$.

(2) 公路图：

$$z\left\{\begin{array}{l}u<\begin{array}{l}x\\y\end{array}\\v-x.\end{array}\right.$$

(3) $z_x = z_u \cdot u_x + z_v \cdot v_x = v \cdot u^{v-1} \cdot 1 + u^v \ln u \cdot 1.$

(4) 将 $x = 1, y = 0$ 代入得：$u = 1 + 1 = 2, v = 1.$ 所以，

$$z_x(1, 0) = 1 \cdot 2^0 \cdot 1 + 2^1 \ln 2 \cdot 1 = 1 + 2\ln 2.$$

例 6-11 （2011 年）设函数 $z = \left(1 + \dfrac{x}{y}\right)^{\frac{x}{y}}$，则 $\mathrm{d}z \mid_{(1, 1)} = $ _____.

解 口诀："复 u 公路".

$$\mathrm{d}z = z_x \mathrm{d}x + z_y \mathrm{d}y.$$

(1) 设 $u = \left(1 + \dfrac{x}{y}\right), v = \dfrac{x}{y}$，则 $z = u^v.$

(2) 公路图：

$$z\left\{\begin{array}{l}u<\begin{array}{l}x\\y\end{array}\\v<\begin{array}{l}x\\y.\end{array}\end{array}\right.$$

$$z_x = z_u \cdot u_x + z_v v_x = v \cdot u^{v-1} \cdot \frac{1}{y} + u^v \ln u \cdot \frac{1}{y},$$

$$z_y = z_u \cdot u_y + z_v \cdot v_y = v \cdot u^{u-1} \cdot x \cdot \left(-\frac{1}{y^2}\right) + u^v \ln u \cdot x \cdot \left(-\frac{1}{y^2}\right).$$

(3) 将 $x = 1, y = 1$ 代入得：$u = 1 + 1 = 2, v = 1.$ 所以，

$$z_x(1, 1) = 1 \cdot 2^{1-1} \cdot 1 + 2^1 \ln 2 \cdot 1 = 1 + 2\ln 2,$$

$$z_y(1, 1) = 1 \cdot 2^0 \cdot 1 \cdot (-1) + 2^1 \ln 2 \cdot 1 \cdot (-1) = -1 - 2\ln 2.$$

故

$$\mathrm{d}z \mid_{(1, 1)} = (1 + 2\ln 2)\mathrm{d}x + (-1 - 2\ln 2)\mathrm{d}y.$$

例 6-12 （2019 年）已知函数 $u(x, y)$ 满足 $2\dfrac{\partial^2 u}{\partial x^2} - 2\dfrac{\partial^2 u}{\partial y^2} + 3\dfrac{\partial u}{\partial x} + 3\dfrac{\partial u}{\partial y} = 0$，求 a, b 的值，使得在变换 $u(x, y) = v(x, y)\mathrm{e}^{ax+by}$ 下，上述等式可化为 $v(x, y)$ 不含一阶偏导数的等式.

分析 原式的导数形式：$2u_{xx} - 2u_{yy} + 3u_x + 3u_y = 0.$

解 （1）令 $w = \mathrm{e}^{ax+by}$，则 $u = vw.$

(2) 公路图：

$$u \left\{ \begin{array}{l} v \left\{ \begin{array}{l} x \\ y \end{array} \right. \\ w \left\{ \begin{array}{l} x \\ y. \end{array} \right. \end{array} \right.$$

(3) $w_x = e^{ax+by} \cdot a = a \cdot w$, $w_y = e^{ax+by} \cdot b = b \cdot w$.

$u_x = u_v \cdot v_x + u_w \cdot w_x = wv_x + v \cdot aw$, $u_y = u_v \cdot v_y + u_w \cdot w_y = w \cdot v_y + v \cdot bw$.

$u_{xx} = (wv_x)'_x + (v \cdot aw)'_x = w_x v_x + v_{xx}w + a(v_x w + w_x v)$, $u_{yy} = (u_y)'_y$

$\quad = (w \cdot v_y)'_y + (vbw)'_y = w_y v_y + v_{yy}w + b(v_y w + w_y v)$.

(4) 因为 $2u_{xx} - 2u_{yy} + 3u_x + 3u_y = 0$，所以，

$$2(w_x v_x + v_{xx}w) + 2a(v_x w + w_x v) - 2(w_y v_y + v_{yy}w)$$
$$- 2b(v_y w + w_y v) + 3(wv_x + v \cdot aw) + 3(wv_y + vbw) = 0.$$

因为以上等式不含 v 的一阶偏导，故

$$\begin{cases} 2w_x + 2aw + 3w = 0, \\ -2w_y - 2bw + 3w = 0, \end{cases} \quad \begin{cases} 2aw + 2aw + 3w = 0, \\ -2bw - 2bw + 3w = 0, \end{cases} \quad \begin{cases} w(4a+3) = 0, \\ w(-4b+3) = 0. \end{cases}$$

因为 $w = e^{ax+by} > 0$，所以，

$$\begin{cases} 4a + 3 = 0, \\ -4b + 3 = 0, \end{cases} \quad \begin{cases} a = -\dfrac{3}{4}, \\ b = \dfrac{3}{4}. \end{cases}$$

例 6 - 13 （2010 年）设函数 $u = f(x, y)$ 具有二阶连续偏导数，且满足等式

$$4 \frac{\partial^2 u}{\partial x^2} + 12 \frac{\partial^2 u}{\partial x \partial y} + 5 \frac{\partial^2 u}{\partial y^2} = 0,$$

确定 a, b 的值，使等式在变换 $\xi = x + ay$，$\eta = x + by$ 下化简 $\dfrac{\partial^2 u}{\partial \xi \partial \eta} = 0$.

解

(1) 公路图：

$$u \left\{ \begin{array}{l} \xi \left\{ \begin{array}{l} x \\ y \end{array} \right. \\ \eta \left\{ \begin{array}{l} x \\ y, \end{array} \right. \end{array} \right. \quad u_\xi \left\{ \begin{array}{l} \xi \left\{ \begin{array}{l} x \\ y \end{array} \right. \\ \eta \left\{ \begin{array}{l} x \\ y, \end{array} \right. \end{array} \right. \quad u_\eta \left\{ \begin{array}{l} \xi \left\{ \begin{array}{l} x \\ y \end{array} \right. \\ \eta \left\{ \begin{array}{l} x \\ y. \end{array} \right. \end{array} \right.$$

(2) $\xi_x = 1$, $\xi_y = a$. $\eta_x = 1$, $\eta_y = b$.

$u_x = u_\xi \cdot \xi_x + u_\eta \cdot \eta_x = u_\xi + u_\eta$, $u_y = u_\xi \cdot \xi_y + u_\eta \cdot \eta_y = au_\xi + bu_\eta$.

$u_{xx} = (u_x)'_x = (u_\xi)'_x + (u_\eta)'_x = (u_{\xi\xi} \cdot \xi_x + u_{\xi\eta} \cdot \eta_x) + (u_{\eta\xi} \cdot \xi_x + u_{\eta\eta} \cdot \eta_x)$

$\quad = u_{\xi\xi} + u_{\eta\eta} + 2u_{\xi\eta}$,

$u_{yy} = (u_y)'_y = a(u_\xi)'_y + b(u_\eta)'_y = a(u_{\xi\xi} \cdot \xi_y + u_{\xi\eta} \cdot \eta_y) + b(u_{\eta\xi} \cdot \xi_y + u_{\eta\eta} \cdot \eta_y)$

$\quad = a(au_{\xi\xi} + bu_{\xi\eta}) + b(au_{\eta\xi} + bu_{\eta\eta}) = a^2 u_{\xi\xi} + b^2 u_{\eta\eta} + 2ab u_{\xi\eta}$,

$$u_{xy} = (u_x)'_y = (u_\xi)'_y + (u_\eta)'_y = au_{\xi\xi} + bu_{\eta\eta} + (a+b)u_{\xi\eta}.$$

（3）因为 $4u_{xx} + 12u_{xy} + 5u_{yy} = 0$，所以，

$$4(u_{\xi\xi} + u_{\eta\eta} + 2u_{\xi\eta}) + 12[au_{\xi\xi} + bu_{\eta\eta} + (a+b)u_{\xi\eta}] + 5(a^2u_{\xi\xi} + b^2u_{\eta\eta} + 2abu_{\xi\eta}) = 0.$$

上式可化为 $u_{\xi\eta} = 0$，

$$\begin{cases} 4 + 12a + 5a^2 = 0, & ① \\ 4 + 12b + 5b^2 = 0, & ② \\ 8 + 12(a+b) + 10ab \neq 0. & ③ \end{cases}$$

由①和②可得：$5x^2 + 12x + 4 = 0$，$(x+2)(5x+2) = 0$，解得 $x = -2$ 或 $x = -\dfrac{2}{5}$，则

$$a = -2 \text{ 或 } -\frac{2}{5}, \quad b = -2 \text{ 或 } -\frac{2}{5}.$$

（i）当 $a = -2$，$b = -2$ 时，$A = 8 + 12(a+b) + 10ab = 8 + 12 \times (-4) + 10 \times 4 = 0$（舍）；

（ii）当 $a = -\dfrac{2}{5}$，$b = -\dfrac{2}{5}$ 时，$A = 8 + 12 \times \left(-\dfrac{4}{5}\right) + 10 \times \dfrac{4}{25} = 8 - \dfrac{48}{5} + \dfrac{8}{5} = 8 - \dfrac{40}{5} = 0$（舍）；

（iii）当 $a = -2$，$b = -\dfrac{2}{5}$ 或 $a = -\dfrac{2}{5}$，$b = -2$ 时，$A = 8 + 12\left(-2 - \dfrac{2}{5}\right) + 10 \times \left(2 \times \dfrac{2}{5}\right) = 8 + 12 \times \left(-\dfrac{12}{5}\right) + 10 \times \dfrac{4}{5} = 8 - \dfrac{144}{5} + 8 \neq 0$，符合.

所以，$a = -2$，$b = -\dfrac{2}{5}$ 或 $a = -\dfrac{2}{5}$，$b = -2$.

例 6-14 （2009 年）设 $z = f(x+y, \ x-y, \ xy)$，其中，f 具有 2 阶连续偏导数，求 $\dfrac{\partial^2 z}{\partial x \partial y}$.

解 （1）设 $u = x + y$，$v = x - y$，$w = xy$，则 $z = f(u, v, w)$.

（2）公路图：

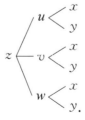

注意 z_u，z_v，z_w 的公路图也同上.

（3）$u_x = 1$，$v_x = 1$，$w_x = y$.

$z_x = z_u \cdot u_x + z_v \cdot v_x + z_w \cdot w_x = z_u \cdot 1 + z_v \cdot 1 + z_w \cdot y = z_u + z_v + z_w y.$

$z_{xy} = (z_x)'_y = (z_u)'_y + (z_v)'_y + (z_w y)'_y$

$$= z_{uu}u_y + z_{uv}v_y + z_{uw} \cdot w_y + z_{vu}u_y + z_{vv}v_y + z_{vw}w_y + (z_w)'_y y + z_w$$

$$= z_{uu} \cdot 1 + z_{uv} \cdot (-1) + z_{uw} \cdot x + z_{vu} \cdot 1 + z_{vv} \cdot (-1)$$

$$+ z_{vw} \cdot x + [z_{wu} \cdot 1 + z_{wv} \cdot (-1) + z_{ww} \cdot x]y + z_w$$

$$= z_{uu} + z_{uw}(x+y) - z_{vv} + z_{vw}(x-y) + xyz_{ww} + z_w$$

$$= f_{uu} + f_{uw}(x+y) - f_{vv} + f_{vw}(x-y) + xyf_{ww} + f_w.$$

课堂练习

【练习 6-16】 设 $z = (x + e^y)^x$，则 $\left.\dfrac{\partial z}{\partial x}\right|_{(1,0)} = $ _____.

【练习 6-17】 设 $z = \left(\dfrac{y}{x}\right)^{\frac{x}{y}}$，则 $\left.\dfrac{\partial z}{\partial x}\right|_{(1,2)} = $ _____.

【练习 6-18】 设 $f(u,v)$ 是二元可微函数，$z = f\left(\dfrac{y}{x}, \dfrac{x}{y}\right)$，则 $x\dfrac{\partial z}{\partial x} - y\dfrac{\partial z}{\partial y} = $

_____.

【练习 6-19】 已知 $z = f(u,v)$，$u = x + y$，$v = xy$，且 $f(u,v)$ 的二阶偏导数都连续. 求 $\dfrac{\partial^2 z}{\partial x \partial y}$.

【练习 6-20】 设 $z = \sin(xy) + \varphi\left(x, \dfrac{x}{y}\right)$，求 $\dfrac{\partial^2 z}{\partial x \partial y}$，其中，$\varphi(u,v)$ 具有二阶偏导数.

【练习 6-21】 设 $f(u,v)$ 具有二阶连续偏导数，且满足 $\dfrac{\partial^2 f}{\partial u^2} + \dfrac{\partial^2 f}{\partial v^2} = 1$，又 $g(x,y) = f\left[xy, \dfrac{1}{2}(x^2 - y^2)\right]$，求 $\dfrac{\partial^2 g}{\partial x^2} + \dfrac{\partial^2 g}{\partial y^2}$.

【练习 6-22】 设 $f(u)$ 具有二阶连续导数，且 $g(x,y) = f\left(\dfrac{y}{x}\right) + yf\left(\dfrac{x}{y}\right)$，求 $x^2\dfrac{\partial^2 g}{\partial x^2} - y^2\dfrac{\partial^2 g}{\partial y^2}$.

【练习 6-23】 设 $z = f(x^2 - y^2, e^{xy})$，其中，f 具有连续二阶偏导数，求 $\dfrac{\partial z}{\partial x}$，$\dfrac{\partial z}{\partial y}$，$\dfrac{\partial^2 z}{\partial x \partial y}$.

【练习 6-24】 设 $z = f(2x - y, y\sin x)$，其中，$f(u,v)$ 具有连续的二阶偏导数，求 $\dfrac{\partial^2 z}{\partial x \partial y}$.

【练习 6-25】 设 $z = f(e^x \sin y, x^2 + y^2)$，其中，$f$ 具有二阶连续偏导数，求 $\dfrac{\partial^2 z}{\partial x \partial y}$.

【练习 6-26】 设变换 $\begin{cases} u = x - 2y \\ v = x + ay \end{cases}$，可把方程 $6\dfrac{\partial^2 z}{\partial x^2} + \dfrac{\partial^2 z}{\partial x \partial y} - \dfrac{\partial^2 z}{\partial y^2} = 0$ 简化为 $\dfrac{\partial^2 z}{\partial u \partial v} = 0$，求常数 a.

§6.4 **白蛇外传(隐函数的偏导)**

知识梳理

1. 二元函数求偏导的基本题型

二元复（腹）隐

腹部隐隐作痛

视频 6-3 "二元,复隐"2　　　　图 6-4 "二元,复隐"2

(1) 复合函数；

(2) 隐函数.

简称："二元,复隐"2.

2. 显函数与隐函数

(1) 显函数.

显函数　很明显的函数,形如 $z = z(x, y)$ 的函数称为 显函数.

举例　$z = xy + \dfrac{x}{y}$.

(2) 隐函数.

隐函数　隐藏起来的函数称为隐函数.

举例　函数 $z = z(x, y)$ 由方程 $e^z + xyz + x + \cos x = 2$ 确定.

特点 1　一般来说,等式中 z 出现 2 次或 2 次以上.

特点 2　含 z 的项,无法合并同类项,因此,也无法方便地推出其对应的显函数.

3. 隐函数求偏导的一般步骤

隐点两　（下）

隐隐作痛

点两下

视频 6-4 "隐点两"　　　　图 6-5 "隐点两"

(1) 计算所给点的完整坐标；

(2) 两边求导.

简称："隐点两".

4. 结论

当出现幂指函数时,可以先两边取对数,再两边求导.

例 6-15 (2015 年)若函数 $z=z(x,y)$ 由方程 $e^z+xyz+x+\cos x=2$ 确定,则 $dz\big|_{(0,1)}=$ _____.

解 口诀："隐点两".

(1) "点". 将 $x=0$, $y=1$ 代入方程得：$e^z+0+0+1=2$, $e^z=1$, $z=0$,有 $(0,1,0)$.

(2) "两".

① 两边对 x 求偏导,得：$e^z\cdot z_x+y\cdot(z+z_x\cdot x)+1-\sin x=0$.

将 $(0,1,0)$ 代入,得：$e^0\cdot z_x+1\cdot(0+0)+1-0=0$, $z_x+1=0$, $z_x=-1$.

② 两边对 y 求偏导,得：$e^z\cdot z_y+x(z+z_y\cdot y)=0$.

将 $(0,1,0)$ 代入,得：$e^0\cdot z_y+0=0$, $z_y=0$.

(3) $dz=z_x dx+z_y dy=-dx+0\cdot dy=-dx$.

例 6-16 (2013 年)设函数 $z=z(x,y)$ 由方程 $(z+y)^x=xy$ 确定,则 $\dfrac{\partial z}{\partial x}\Big|_{(1,2)}=$

_____.

解 口诀："隐点两".

(1) "点". 将 $x=1$, $y=2$ 代入方程得：$(z+2)'=2$, $z+2=2$, $z=0$,有 $(1,2,0)$.

(2) "两".

方程两边取对数,得：$x\ln(z+y)=\ln x+\ln y$.

两边对 x 求偏导,得：$\ln(z+y)+\dfrac{z_x}{z+y}\cdot x=\dfrac{1}{x}$.

将 $(1,2,0)$ 代入,得：$\ln(0+2)+\dfrac{z_x}{0+2}\cdot 1=1$, $\ln 2+\dfrac{z_x}{2}=1$, $\dfrac{z_x}{2}=1-\ln 2$,故

$$z_x=2-2\ln 2.$$

总结 当出现幂指函数时,可以先两边取对数,再两边求导.

例 6-17 (2016 年)设函数 $f(u,v)$ 可微, $z=z(x,y)$ 由方程 $(x+1)z-y^2=x^2 f(x-z,y)$ 确定,则 $dz(0,1)=$ _____.

解 口诀："隐点两".

(1) "点". 将 $x=0$, $y=1$ 代入方程,得：$z-1=0$, $z=1$,有 $(0,1,1)$.

(2) "两".

① 方程两边对 x 求偏导,得：$1\cdot z+z_x(x+1)-0=2xf(u,v)+f_u\cdot u_x\cdot x^2$.

将 $(0,1,1)$ 代入,得：$1+z_x=0$, $z_x=-1$.

② 方程两边对 y 求偏导,得：$(x+1)z_y-2y=x^2[f_u\cdot u_y+f_v\cdot u_y]$.

将 $(0, 1, 1)$ 代入,得: $z_y - 2 = 0$, $z_y = 2$.

(3) $\mathrm{d}z = z_x \mathrm{d}x + z_y \mathrm{d}y = -\mathrm{d}x + 2\mathrm{d}y$.

例 6-18 (2010 年)设函数 $z = z(x, y)$ 由方程 $F\left(\dfrac{y}{x}, \dfrac{z}{x}\right) = 0$ 确定,其中, F 为可微

函数,且 $F_2' \neq 0$,则 $x \dfrac{\partial z}{\partial x} + y \dfrac{\partial z}{\partial y} = (\qquad)$.

A. x B. z C. $-x$ D. $-z$

解 口诀:"隐点两".

(1) 方程两边对 x 求偏导,得: $F_u \cdot u_x + F_v \cdot v_x = 0$.

$$F_u \cdot y \cdot \left(-\frac{1}{x^2}\right) + F_v \cdot \frac{z_x \cdot x - z}{x^2} = 0, \quad F_v(xz_x - z) = yF_u, \quad z_x = \frac{y\dfrac{F_u}{F_v} + z}{x}.$$

(2) 方程两边对 y 求偏导,得: $F_u \cdot u_y + F_v \cdot v_y = 0$.

$$F_u \cdot \frac{1}{x} \cdot 1 + F_v \cdot \frac{1}{x} \cdot z_y = 0, \quad F_u + F_v \cdot z_y = 0, \quad z_y = -\frac{F_u}{F_v}.$$

$$原式 = y\frac{F_u}{F_v} + z - y\frac{F_u}{F_v} = z.$$

故 B 选项正确.

课堂练习

【练习 6-27】 设函数 $z = z(x, y)$ 由方程 $z = \mathrm{e}^{2x-3z} + 2y$ 确定,则 $3\dfrac{\partial z}{\partial x} + \dfrac{\partial z}{\partial y}$
= _____.

【练习 6-28】 (2018 年)设函数 $z = z(x, y)$ 由方程 $\ln z + \mathrm{e}^{z-1} = xy$ 确定,则
$\dfrac{\partial z}{\partial x}\Big|_{(2, \frac{1}{2})} = $ _____.

【练习 6-29】 由方程 $xyz + \sqrt{x^2 + y^2 + z^2} = \sqrt{2}$ 所确定的函数 $z = z(x, y)$,在点 $(1, 0, -1)$ 处的全微分 $\mathrm{d}z = $ _____.

【练习 6-30】 (2014 年)设 $z = z(x, y)$ 是由方程 $\mathrm{e}^{2yz} + x + y^2 + z = \dfrac{7}{4}$ 确定的函数,
则 $\mathrm{d}z\Big|_{(\frac{1}{2}, \frac{1}{2})} = $ _____.

【练习 6-31】 已知 $u + \mathrm{e}^u = xy$,求 $\dfrac{\partial^2 u}{\partial x \partial y}$.

【练习 6-32】 设 $z = f(x, y)$ 是由方程 $z - y - x + x\mathrm{e}^{z-y-x} = 0$ 所确定的二元函数,
求 $\mathrm{d}z$.

【练习 6-33】 已知 $xy = xf(z) + yg(z)$, $xf'(z) + yg'(z) \neq 0$,其中, $z = z(x, y)$
是 x 和 y 的函数,求证:

$$[x-g(z)]\frac{\partial z}{\partial x}=[y-f(z)]\frac{\partial z}{\partial y}.$$

§6.5 本章超纲内容汇总

1. 隐函数的 2 个求导公式

设 $F(x,y)=0$,则 $\dfrac{\mathrm{d}y}{\mathrm{d}x}=-\dfrac{F_x}{F_y}$;

设 $F(x,y,z)=0$,则 $\dfrac{\partial z}{\partial x}=-\dfrac{F_x}{F_z},\dfrac{\partial z}{\partial y}=-\dfrac{F_y}{F_z}.$

2. 由方程组确定的隐函数

设 $y=y(x),z=z(x)$ 是由方程组 $\begin{cases}F(x,y,z)=0\\G(x,y,z)=0\end{cases}$,确定的隐函数,求 $\dfrac{\mathrm{d}y}{\mathrm{d}x},\dfrac{\mathrm{d}z}{\mathrm{d}x}.$

例如,(1999 年)设 $y=y(x),z=z(x)$ 是由方程 $z=xf(x+y)$ 和 $F(x,y,z)=0$ 所确定的函数,其中,f 和 F 分别具有一阶连续导数和一阶连续偏导数,求 $\dfrac{\mathrm{d}z}{\mathrm{d}x}.$

3. 变量的个数＞3,且出现了隐函数的题目

例如,(1996 年)设函数 $z=f(u)$,方程 $u=\varphi(u)+\displaystyle\int_{y}^{x}P(t)\mathrm{d}t$ 确定 u 是 x,y 的函数,其中,$f(u),\varphi(u)$ 可微,$p(t),\varphi'(u)$ 连续,且 $\varphi'(u)\neq1$,求 $P(y)\dfrac{\partial z}{\partial x}+P(x)\dfrac{\partial z}{\partial y}.$

再如,(1997 年)设 $u=f(x,y,z)$ 有连续偏导数,$y=y(x)$ 和 $z=z(x)$ 分别由方程 $\mathrm{e}^{xy}-y=0$ 和 $\mathrm{e}^{x}-xz=0$ 所确定,求 $\dfrac{\mathrm{d}u}{\mathrm{d}x}.$

4. 复合函数和隐函数的综合题

例如,设 $y=f(x,z)$,函数 $z=z(x,y)$ 由方程 $\ln z+\mathrm{e}^{z-1}=xy$ 确定,求 $\dfrac{\mathrm{d}y}{\mathrm{d}x}.$

解 将 $z=z(x,y)$ 代入 $y=f(x,z)$,得 $y=f[x,z(x,y)]$.以下略.

第7章 二元微分的应用

§7.1 正相关与负相关(单调性)

知识梳理

1. 一元微分的应用:画图

视频 7-1 "画图,单极凹拐"4

画图:单极凹拐

两极图　　单极图

图 7-1 "画图,单极凹拐"4

(1) 单调性与单调区间;

(2) 极值与最值;

(3) 凹凸性;

(4) 拐点.

简称:"画图,单极凹拐"4.

2. 二元微分的应用

(1) 单调性;

(2) 极值与最值.

3. 单调性的特点(复习)

(1) 单调增加:当 $x_1 > x_2$ 时,$y_1 > y_2$;当 $x_1 < x_2$ 时,$y_1 < y_2$.

单调增加的特点:x 与 y 正相关.

(2) 单调减少:当 $x_1 > x_2$ 时,$y_1 < y_2$;当 $x_1 < x_2$ 时,$y_1 > y_2$.

单调减少的特点:x 与 y 负相关.

4. 单调性定理

定理 1　设函数 $z = f(x, y)$，如果 $f_x > 0$，则函数 $f(x, y)$ 在 x 方向上是单调增加的.

定理 2　设函数 $z = f(x, y)$，如果 $f_x < 0$，则函数 $f(x, y)$ 在 x 方向上是单调减少的.

例 7-1　（2017 年）设 $f(x, y)$ 具有一阶偏导数，且对任意的 (x, y)，都有 $\dfrac{\partial f(x, y)}{\partial x} > 0, \dfrac{\partial f(x, y)}{\partial y} < 0$，则(　　).

A. $f(0, 0) > f(1, 0)$ B. $f(0, 0) < f(1, 1)$

C. $f(0, 1) > f(1, 0)$ D. $f(0, 1) < f(1, 0)$

解　$\dfrac{\partial f(x, y)}{\partial x} = f_x > 0, \dfrac{\partial f(x, y)}{\partial y} = f_y < 0.$

因为 $f_x > 0, f_y < 0$，所以，x 与函数值呈正相关，y 与函数值呈负相关，故 $f(1, 0) > f(0, 1)$. D 选项正确.

例 7-2　（2012 年）设函数 $f(x, y)$ 为可微函数，且对任意的 x, y，都有 $\dfrac{\partial f(x, y)}{\partial x} > 0, \dfrac{\partial f(x, y)}{\partial y} < 0$，则使不等式 $f(x_1, y_1) < f(x_2, y_2)$ 成立的一个充分条件是(　　).

A. $x_1 > x_2, y_1 < y_2$ B. $x_1 > x_2, y_1 > y_2$

C. $x_1 < x_2, y_1 < y_2$ D. $x_1 < x_2, y_1 > y_2$

解　$\dfrac{\partial f(x, y)}{\partial x} = f_x > 0, \dfrac{\partial f(x, y)}{\partial y} = f_y < 0.$

因为 $f_x > 0, f_y < 0$，所以，x 与函数值呈正相关，$x_1 < x_2$.

y 与函数值呈负相关，则 $y_1 > y_2$. 故 D 选项正确.

§7.2　判别式来了（普通极值1）

知识梳理

1. 二元微分的应用

（1）单调性；

（2）极值与最值.

2. 极值

组合函数的极值点　一般来说，对于组合函数（非分段函数）来说，极值点就是"西瓜皮的顶点"，"西瓜皮的顶点"就是极值点，简称："西极". 其中，"上西瓜"的顶点就是极小值点，"下西瓜"的顶点就是极大值点.

视频 7-2　"西极"

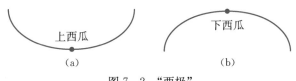

图 7 - 2　"西极"

3. 极值的判定(一元函数)

(1) 同级判别法;

(2) 高级判别法.

口诀　当 $y'=0$, $y''\neq 0$ 时,取极值.

4. 极值的判定(二元函数)

唯一的方法:高级判别法.

根的判别式　$\Delta=b^2-4ac$,若 $\Delta>0$,方程有解;若 $\Delta<0$,方程无解.

极值的判别式　令 $A=z_{xx}$, $B=z_{xy}$, $C=z_{yy}$,则极值的判别式 $\bar{\Delta}=AC-B^2$($\bar{\Delta}$ 读作 "反向 Δ"或者"Δ 一杠").

若 $\bar{\Delta}>0$,则此点有极值;若 $\bar{\Delta}<0$,则此点无极值.

设函数 $z=f(x,y)$ 在点 (x_0,y_0) 处二阶可导,且 $z'(x_0,y_0)=0$,即

$$\begin{cases} z_x(x_0,y_0)=0, \\ z_y(x_0,y_0)=0. \end{cases}$$

表 7 - 1　极值的判定

$z''(x_0,y_0)$	(x_0,y_0)	A	函数的图像	$z(x_0,y_0)$
$\bar{\Delta}>0$	极值点	$+$		极小值
		$-$		极大值
$\bar{\Delta}<0$	非极值点	/		非极值
$\bar{\Delta}=0$			超纲	

口诀　当 $z'=0$, $\bar{\Delta}>0$ 时,取极值.

5. 求极值的一般步骤

(1) 准备工作:求出所有的 z'(2 个)和所有的 z''(3 个);

(2) 令所有的 $z'=0$,求出所有的驻点;

(3) 对每一个驻点,判断是否有 $\bar{\Delta}>0$,若是,则此点对应的 z 即为极值.

6. 两种常见的计算题

(1) 已知函数的积分,求此函数.

方法:两边求导.

例如,已知 $\int f(x)\mathrm{d}x = g(x)$,求 $f(x)$.

两边求导,得

$$\left[\int f(x)\mathrm{d}x\right]' = g'(x), \quad f(x) = g'(x).$$

(2) 已知函数的导数,求此函数.

方法:两边积分.

例如,已知 $f'(x) = g(x)$,求 $f(x)$.

两边积分,得

$$\int f'(x)\mathrm{d}x = \int g(x)\mathrm{d}x + C, \quad f(x) = \int g(x)\mathrm{d}x + C.$$

(3) 已知函数的偏导,求此函数.

方法:两边积分.

例如,已知 $f_x = g(x, y)$,求 $f(x, y)$.

两边对 x 积分,得

$$\int f_x\mathrm{d}x = \int g(x, y)\mathrm{d}x + C(y), \quad f(x, y) = \int g(x, y)\mathrm{d}x + C(y).$$

例 7-3 (2017 年)二元函数 $z = xy(3-x-y)$ 的极值点是( ).

A. $(0, 0)$ B. $(0, 3)$ C. $(3, 0)$ D. $(1, 1)$

解 口诀: $z'=0, \bar{\Delta}>0$.

(1) 准备工作.

$$z_x = y(3-x-y) + (-xy) = 3y - 2xy - y^2,$$
$$z_y = x(3-x-y) + (-xy) = 3x - x^2 - 2xy.$$
$$A = z_{xx} = (z_x)'_x = -2y, \quad B = z_{xy} = (z_x)'_y = 3 - 2x - 2y, \quad C = z_{yy} = (z_y)'_y = -2x.$$

(2) $z'=0$.

$$\begin{cases} z_x = 3y - 2xy - y^2 = 0, \\ z_y = 3x - x^2 - 2xy = 0 \end{cases} \Rightarrow \begin{cases} y(3-2x-y) = 0, \\ x(3-x-2y) = 0 \end{cases} \Rightarrow \begin{cases} y=0 \text{ 或 } 3-2x-y=0, \\ x=0 \text{ 或 } 3-x-2y=0. \end{cases}$$

因此,

$$\begin{cases} x=0, \\ y=0 \end{cases} 或 \begin{cases} x=0, \\ y=3-2x=3 \end{cases} 或 \begin{cases} x=3-2y=3, \\ y=0 \end{cases} 或 \begin{cases} x=3-2y, \\ y=3-2x \end{cases} 即 \begin{cases} x=1, \\ y=1. \end{cases}$$

(3) 判断是否满足 $\bar{\Delta}>0$.

① 对于 $(0,0)$,

$A=-2\times 0=0,\ B=3-0-0=3,\ C=-2\times 0=0,\ \bar{\Delta}=AC-B^2=0-9<0(舍).$

② 对于 $(0,3)$,

$A=-2\times 3=-6,\ B=3-0-6=-3,\ C=-2\times 0=0,\ \bar{\Delta}=AC-B^2=0-9<0(舍).$

③ 对于 $(3,0)$,

$$A=-2\times 0=0,\ B=3-2\times 3-2\times 0=3-6=-3,$$
$$C=-2\times 3=-6,\ \bar{\Delta}=AC-B^2=0-9<0(舍).$$

④ 对于 $(1,1)$,

$$A=-2,\ B=-1,\ C=-2,\ \bar{\Delta}=AC-B^2=4-1=3>0(符合).$$

故 D 选项正确.

例 7-4 (2013 年)求函数 $f(x,y)=\left(y+\dfrac{x^3}{3}\right)e^{x+y}$ 的极值.

分析　口诀：$z'=0,\ \bar{\Delta}>0$.

解　(1) 准备工作.

$$f_x=x^2e^{x+y}+e^{x+y}\left(y+\frac{x^3}{3}\right)=e^{x+y}\left(x^2+y+\frac{x^3}{3}\right),$$

$$f_y=1\cdot e^{x+y}+e^{x+y}\left(y+\frac{x^3}{3}\right)=e^{x+y}\left(1+y+\frac{x^3}{3}\right),$$

$$A=f_{xx}=(f_x)'_x=e^{x+y}\left(2x+2x^2+y+\frac{x^3}{3}\right),$$

$$B=f_{xy}=(f_x)'_y=e^{x+y}\left(1+x^2+y+\frac{x^3}{3}\right),$$

$$C=f_{yy}=(f_y)'_y=e^{x+y}\left(2+y+\frac{x^3}{3}\right).$$

(2) $z'=0$.

$$\begin{cases} f_x=e^{x+y}\left(x^2+y+\dfrac{x^3}{3}\right)=0, \\ f_y=e^{x+y}\left(1+y+\dfrac{x^3}{3}\right)=0 \end{cases} \Rightarrow \begin{cases} x^2+y+\dfrac{x^3}{3}=0, & ① \\ 1+y+\dfrac{x^3}{3}=0. & ② \end{cases}$$

由 ①-② 得：$x^2-1=0,\ x=\pm 1$. 所以,

$$\begin{cases} x=1, \\ y=-\dfrac{4}{3} \end{cases} 或 \begin{cases} x=-1, \\ y=-\dfrac{2}{3}. \end{cases}$$

(3) 判断是否满足 $\bar{\Delta}>0$.

① 对于 $\left(1,-\dfrac{4}{3}\right)$,

$$A=3\mathrm{e}^{-\frac{1}{3}},\ B=\mathrm{e}^{-\frac{1}{3}},\ C=\mathrm{e}^{-\frac{1}{3}},\ \bar{\Delta}=AC-B^2=3\mathrm{e}^{-\frac{2}{3}}-\mathrm{e}^{-\frac{2}{3}}=2\mathrm{e}^{-\frac{2}{3}}>0.$$

又因为 $A>0$,$\left(1,-\dfrac{4}{3}\right)$ 为极小值点,$f\left(1,-\dfrac{4}{3}\right)=-\mathrm{e}^{-\frac{1}{3}}$ 为极小值.

② 对于 $\left(-1,-\dfrac{2}{3}\right)$,

$$A=-\mathrm{e}^{-\frac{5}{3}},\ B=\mathrm{e}^{-\frac{5}{3}},\ C=\mathrm{e}^{-\frac{5}{3}},\ \bar{\Delta}=AC-B^2=-\mathrm{e}^{-\frac{10}{3}}-\mathrm{e}^{-\frac{10}{3}}=-2\mathrm{e}^{-\frac{10}{3}}<0(\text{舍去}).$$

例 7-5　(2011 年)设函数 $f(x)$ 具有二阶连续导数,且 $f(x)>0$,$f'(0)=0$,则函数 $z=f(x)\ln f(y)$ 在点 $(0,0)$ 处取得极小值的一个充分条件是(　　).

A. $f(0)>1$,$f''(0)>0$　　　　　　　　B. $f(0)>1$,$f''(0)<0$

C. $f(0)<1$,$f''(0)>0$　　　　　　　　D. $f(0)<1$,$f''(0)<0$

解　口诀:$z'=0$,$\bar{\Delta}>0$.

(1) 准备工作.

$$z_x=\ln f(y)\cdot f_x,\ z_y=f(x)\cdot\frac{f_y}{f(y)}.$$
$$A=z_{xx}=(z_x)'_x=\ln f(y)\cdot f_{xx},$$
$$B=z_{xy}=(z_x)'_y=f_x\cdot\frac{f_y}{f(y)},\ C=z_{yy}=(z_y)'_y=f(x)\frac{f_{yy}f(y)-f_y^2}{f^2(y)}.$$

(2) $z'=0$.

$$z_x(0,0)=0\Rightarrow\ln f(0)\cdot f'(0)=0,\ z_y(0,0)=0\Rightarrow f(0)\cdot\frac{f'(0)}{f(0)}=f'(0)=0.$$

(3) 判断是否满足 $\bar{\Delta}>0(A>0)$.

$$A=z_{xx}(0,0)=\ln f(0)\cdot f''(0)>0,$$
$$B=z_{xy}(0,0)=f'(0)\cdot\frac{f'(0)}{f(0)}=\frac{[f'(0)]^2}{f(0)}=\frac{0}{f(0)}=0,$$
$$C=z_{yy}(0,0)=f(0)\cdot\frac{f''(0)f(0)-[f'(0)]^2}{f^2(0)}=f''(0)-\frac{0}{f(0)}=f''(0).$$
$$\bar{\Delta}=AC-B^2=AC=\ln f(0)\cdot[f''(0)]^2>0.$$

① 因为 $[f''(0)]^2>0$,所以,$\ln f(0)>0$,$f(0)>1$.

② 因为 $AC>0$,又因为 $A>0$,所以,$C>0$,$f''(0)>0$.故正确选项为 A.

例 7-6　(2015 年)已知函数 $f(x,y)$ 满足 $f''_{xy}(x,y)=2(y+1)\mathrm{e}^x$,$f'_x(x,0)=(x+1)\mathrm{e}^x$,$f(0,y)=y^2+2y$,求 $f(x,y)$ 的极值.

解　(1) ① 因为 $(f_x)'_y = 2(y+1)e^x$. 两边对 y 积分,得 $\int (f_x)'_y \mathrm{d}y = \int 2(y+1)e^x \mathrm{d}y + C_1(x)$,则

$$f_x = 2e^x \cdot \left(\frac{y^2}{2}+y\right) + C_1(x) = e^x(y^2+2y) + C_1(x).$$

因为 $f_x(x,0) = (x+1)e^x$,所以,$e^x \cdot 0 + C_1(x) = C_1(x) = (x+1)e^x$, $f_x = e^x(y^2+2y) + e^x(x+1)$.

② 两边对 x 积分,得 $\int f_x \mathrm{d}x = \int e^x(y^2+2y)\mathrm{d}x + \int e^x(x+1)\mathrm{d}x + C_2(y)$,则

$$f = (y^2+2y)e^x + \int e^x(x+1)\mathrm{d}x + C_2(y),$$

其中,$\int e^x(x+1)\mathrm{d}x = \int (x+1)\mathrm{d}e^x = e^x(x+1) - \int e^x \mathrm{d}x = e^x(x+1) - e^x + C = xe^x + C$,则

$$f = (y^2+2y)e^x + xe^x + C + C_2(y).$$

因为 $f(0,y) = y^2+2y$,所以,$(y^2+2y) \cdot 1 + 0 + C + C_2(y) = y^2+2y$, $C+C_2(y) = 0$,则

$$f = (y^2+2y)e^x + xe^x.$$

(2) 准备工作.

$$f_x = (y^2+2y)e^x + e^x + xe^x, \quad f_y = e^x(2y+2).$$

$$A = f_{xx} = (f_x)'_x = (y^2+2y)e^x + 2e^x + xe^x, \quad B = f_{xy} = 2(y+1)e^x, \quad C = f_{yy} = 2e^x.$$

(3) $z' = 0$.

$$\begin{cases} f_x = 0, \\ f_y = 0 \end{cases} \Rightarrow \begin{cases} e^x(y^2+2y+1+x) = 0, \\ e^x(2y+2) = 0 \end{cases} \Rightarrow \begin{cases} y^2+2y+1+x = 0, \\ 2y+2 = 0 \end{cases} \Rightarrow \begin{cases} x = 0, \\ y = -1. \end{cases}$$

(4) 判断是否满足 $\bar{\Delta} > 0$.

$$A = 1, \quad B = 0, \quad C = 2, \quad \bar{\Delta} = AC - B^2 = 2 > 0.$$

因为 $A > 0$,所以,$(0,-1)$ 为极小值点,$f(0,-1) = -1$ 为极小值.

例 7 - 7　(2011 年)设函数 $z = f(xy, yg(x))$,其中,函数 f 具有二阶连续偏导数,函数 $g(x)$ 可导,且在 $x = 1$ 处取得极值 $g(1) = 1$,求 $\left.\dfrac{\partial^2 z}{\partial x \partial y}\right|_{\substack{x=1 \\ y=1}}$.

分析　口诀:"富油公路";$y' = 0$, $y'' \neq 0$.

解　(1) 因为 $g(x)$ 在 $x = 1$ 处有极值 $g(1) = 1$,所以,$g'(1) = 0$, $g''(1) \neq 0$.

(2) 设 $u = xy$, $v = yg(x)$,则 $z = f(u,v)$.

(3) 公路图:

$$f=z\begin{cases}u\begin{cases}x\\y\end{cases}\\v\begin{cases}x\\y,\end{cases}\end{cases}\quad f_u\begin{cases}u\begin{cases}x\\y\end{cases}\\v\begin{cases}x\\y,\end{cases}\end{cases}\quad f_v\begin{cases}u\begin{cases}x\\y\end{cases}\\v\begin{cases}x\\y.\end{cases}\end{cases}$$

(4) $z_x=z_u u_x+z_v\cdot v_x=f_u\cdot y+f_v\cdot yg'(x)$,

$z_{xy}=(z_x)'_y=(f_u\cdot y)'_y+[yf_v\cdot g'(x)]'_y=(f_u)'_y\cdot y+f_u+g'(x)\cdot(yf_v)'_y$

$=(f_{uu}\cdot u_y+f_{uv}\cdot v_y)y+f_u+g'(x)\cdot(yf_v)'_y$

$=[f_{uu}\cdot x+f_{uv}\cdot g(x)]y+f_u+g'(x)\cdot(yf_v)'_y$.

当 $x=1$，$y=1$ 时，$u=1$，$v=1\cdot g(1)=1$，则

$z_{xy}(1,1)=[f_{uu}(1,1)\cdot 1+f_{uv}(1,1)\cdot g(1)]\cdot 1+f_u(1,1)+g'(1)\cdot(yf_v)'_y$

$=f_{uu}(1,1)+f_{uv}(1,1)+f_u(1,1)$.

课堂练习

【练习 7-1】 (2020 年)求函数 $f(x,y)=x^3+8y^3-xy$ 的极值.

【练习 7-2】 (2012 年)求 $f(x,y)=x\mathrm{e}^{-\frac{x^2+y^2}{2}}$ 的极值.

【练习 7-3】 (2009 年)求二元函数 $f(x,y)=x^2(2+y^2)+y\ln y$ 的极值.

【练习 7-4】 (2011 年)已知函数 $f(u,v)$ 具有二阶连续偏导数，$f(1,1)=2$ 是 $f(u,v)$ 的极值，$z=f[x+y,f(x,y)]$. 求 $\left.\dfrac{\partial^2 z}{\partial x\partial y}\right|_{(1,1)}$.

§7.3 最美的边疆(普通极值 2)

知识梳理

1. 最值的求法(复习)

若为组合函数(非分段函数)，其定义在 $[a,b]$ 上且函数连续，则最值的求解一般步骤如下：

(1) 令 $f'(x)=0$，找出所有的极值点(假设共有 n 个)；

最极边

视频 7-3 "最极边"

图 7-3 "最极边"

徐霞客

极边第一城

（2）计算 $f(a)$，$f(b)$ 的值；

（3）将以上 $n+2$ 个点在坐标系里标出，最高的点对应最大值，最低的点对应最小值.

简称："最值＝极值＋边界".

口诀："最极边".

2. 方程的个数与未知数的关系

（1）要求出 1 个未知数，就必须列 1 个方程. 例如，

$$4(x+2)=5(x-2).$$

（2）要求出 2 个未知数，就必须列 2 个方程. 例如，

$$\begin{cases} 2x+5y=19, & ① \\ 3x+4y=56. & ② \end{cases}$$

（3）要求出 3 个未知数，就必须列 3 个方程. 例如，

$$\begin{cases} 2x+7y-z=24, & ① \\ 4x-4y+z=13, & ② \\ 2x+3y-2z=5. & ③ \end{cases}$$

例 7-8 （2014 年）设函数 $u(x,y)$ 在有界闭区域 D 上连续，在 D 的内部具有 2 阶连续偏导数，且满足 $\dfrac{\partial^2 u}{\partial x \partial y} \neq 0$，$\dfrac{\partial^2 u}{\partial x^2} + \dfrac{\partial^2 u}{\partial y^2} = 0$，则（　　　）.

A. $u(x,y)$ 的最大值和最小值都在 D 的边界取得

B. $u(x,y)$ 的最大值和最小值都在 D 的内部取得

C. $u(x,y)$ 的最大值在 D 的内部取得，最小值在 D 的边界取得

D. $u(x,y)$ 的最小值在 D 的内部取得，最大值在 D 的边界取得

解　口诀："最极边"；$z'=0$，$\bar{\Delta}>0$.

由题意得：$u_{xy} \neq 0$，$u_{xx}+u_{yy}=0 \Rightarrow u_{yy}=-u_{xx}$.

$$\bar{\Delta}=AC-B^2=u_{xx} \cdot u_{yy}-u_{xy}^2=-u_{xx}^2-u_{xy}^2<0.$$

所以，无极值，A 选项正确.

例 7-9　已知函数 $z=f(x,y)$ 的全微分 $\mathrm{d}z=2x\mathrm{d}x-2y\mathrm{d}y$，并且 $f(1,1)=2$，求 $f(x,y)$ 在椭圆域 $D=\left\{(x,y) \mid x^2+\dfrac{y^2}{4} \leqslant 1\right\}$ 的最大值和最小值.

分析　最值口诀："最极边". 椭圆域如图 7-4 所示.

解　（1）极值点（驻点）. 令

$$z'=0 \Rightarrow \begin{cases} z_x=0, \\ z_y=0 \end{cases} \Rightarrow \begin{cases} 2x=0, \\ -2y=0 \end{cases} \Rightarrow \begin{cases} x=0, \\ y=0. \end{cases}$$

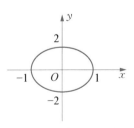

图 7-4　例 7-9 图

因为 $z_x = 2x$,所以,

$$z = \int 2x\,dx + C(y) = x^2 + C(y),$$

$$z_y = [x^2 + C(y)]'y = [C(y)]'y = -2y,$$

$$C(y) = \int -2y\,dy = -y^2 + C,$$

所以,
$$z = x^2 - y^2 + C,$$

又因为 $f(1,1) = 2$,有 $2 = 1 - 1 + C$,解得 $C = 2$.所以 $z = x^2 - y^2 + 2$,故 $z(0,0) = 2$.

(2) 边界.

$$\begin{cases} x^2 + \dfrac{y^2}{4} = 1, & ① \\ z = x^2 - y^2 + 2. & ② \end{cases}$$

由①式,得 $x^2 = 1 - \dfrac{y^2}{4}$.代入②式,得

$$z = \left(1 - \frac{y^2}{4}\right) - y^2 + 2 = 3 - \frac{5}{4}y^2.$$

因为 $-2 \leqslant y \leqslant 2$,$0 \leqslant y^2 \leqslant 4$,则 $-2 \leqslant z \leqslant 3$.

(3) 综上所述,$f(x,y)$ 在椭圆域 D 的最大值为 3,最小值为 -2.

注意 在最值问题中,可以把极值点换成驻点去分析,不需要用判别式去判断是否为极值点,这样可以减少计算量.

例 7 - 10 (2009 年)设函数 $z = f(x,y)$ 的全微分为 $dz = x\,dx + y\,dy$,则点 $(0,0)$( ).

A. 不是 $f(x,y)$ 的连续点   B. 不是 $f(x,y)$ 的极值点

C. 是 $f(x,y)$ 的极大值点   D. 是 $f(x,y)$ 的极小值点

解 口诀:$z' = 0$,$\bar{\Delta} > 0$.

(1) 准备工作.

$$z' \begin{cases} z_x = x, \\ z_y = y, \end{cases} \qquad z'' \begin{cases} A = z_{xx} = (z_x)'_x = 1, \\ B = z_{xy} = (z_x)'_y = 0, \\ C = z_{yy} = 1. \end{cases}$$

(2) $z' = 0$.

$$\begin{cases} z_x = 0, \\ z_y = 0 \end{cases} \Rightarrow \begin{cases} x = 0, \\ y = 0. \end{cases}$$

(3) 判断是否满足 $\bar{\Delta} > 0$.

因为 $A = 1$,$B = 0$,$C = 1$,所以,$\bar{\Delta} = AC - B^2 = 1 - 0 > 0$,因为 $A > 0$,所以,$(0,0)$ 为极小值点,故 D 选项正确.

例 7 - 11　（2017 年）已知函数 $y(x)$ 由方程 $x^3 + y^3 - 3x + 3y - 2 = 0$ 确定,求 $y(x)$ 的极值.

分析　口诀：$y' = 0$, $y'' \neq 0$；"隐点两".

解　（1）准备工作.

方程两边对 x 求导,得

$$3x^2 + 3y^2 y' - 3 + 3y' = 0. \qquad ①$$

①式两边再对 x 求导,得

$$6x + 6y(y')^2 + 3y^2 y'' + 3y'' = 0. \qquad ②$$

（2）令 $y' = 0$.

将 $y' = 0$ 代入 ① 式,得 $x^2 = 1$,有 $x = \pm 1$.

将 $x = \pm 1$ 代入原方程,得 $\begin{cases} x = 1, \\ y = 1 \end{cases}$ 或 $\begin{cases} x = -1, \\ y = 0. \end{cases}$

（3）$y'' \neq 0$.

① 对于 $(1, 1)$,将 $x = 1$, $y = 1$, $y' = 0$ 代入 ② 式,得 $y'' = -1 < 0$,所以,$(1, 1)$ 为极大值点,$y = 1$ 为极大值.

② 对于 $(-1, 0)$,将 $x = -1$, $y = 0$, $y' = 0$ 代入 ② 式,得 $y'' = 2 > 0$,所以,$(-1, 0)$ 为极小值点,$y = 0$ 为极小值.

例 7 - 12　（2016 年）已知函数 $z = z(x, y)$ 由方程 $(x^2 + y^2)z + \ln z + 2(x + y + 1) = 0$ 确定,求 $z = z(x, y)$ 的极值.

分析　口诀：$z' = 0$, $\bar{\Delta} > 0$；"隐点两".

解

（1）准备工作.

方程两边对 x 求偏导,得

$$2xz + z_x(x^2 + y^2) + \frac{1}{z} \cdot z_x + 2 = 0. \qquad ①$$

方程两边对 y 求偏导,得

$$2yz + z_y(x^2 + y^2) + \frac{1}{z} \cdot z_y + 2 = 0. \qquad ②$$

①式两边对 x 求偏导,得

$$A : 2z + 2x \cdot z_x + 2xz_x + (x^2 + y^2)z_{xx} + \left(-\frac{1}{z^2}\right)(z_x)^2 + \frac{1}{z}z_{xx} = 0. \qquad ③$$

①式两边对 y 求偏导,得

$$B : 2xz_y + 2yz_x + (x^2 + y^2)z_{xy} - \frac{1}{z^2}z_y z_x + \frac{1}{z}z_{xy} = 0. \qquad ④$$

②式两边对 y 求偏导,得

$$C: 2z + 2yz_y + 2yz_y + (x^2 + y^2)z_{yy} - \frac{1}{z^2} \cdot (z_y)^2 + \frac{1}{z}z_{yy} = 0. \tag{⑤}$$

(2) $z' = 0$.

$$\begin{cases} z_x = 0, \\ z_y = 0 \end{cases} \Rightarrow \begin{cases} xz + 1 = 0, & \text{⑥} \\ yz + 1 = 0, & \text{⑦} \\ (x^2 + y^2)z + \ln z + 2(x + y + 1) = 0. & \text{⑧} \end{cases}$$

由⑥和⑦式得: $x = -\dfrac{1}{z}$, $y = -\dfrac{1}{z}$. 代入 ⑧ 式,得

$$\left(\frac{1}{z^2} + \frac{1}{z^2}\right)z + \ln z + 2\left(-\frac{2}{z} + 1\right) = 0,$$

整理得 $\ln z - \dfrac{2}{z} + 2 = 0$,解得 $z = 1$. 所以, $\begin{cases} x = -1, \\ y = -1, \\ z = 1. \end{cases}$

(3) 判断是否满足 $\bar{\Delta} > 0$.

将 $x = -1$, $y = -1$, $z = 1$, $z_x = 0$, $z_y = 0$ 代入 ③、④、⑤式,得

$$A = z_{xx} = -\frac{2}{3}, \quad B = z_{xy} = 0, \quad C = z_{yy} = -\frac{2}{3},$$

$$\bar{\Delta} = AC - B^2 = \frac{4}{9} - 0 > 0.$$

又因为 $A < 0$,所以, $(-1, -1, 1)$ 为极大值点, $z = 1$ 为极大值.

课堂练习

【练习 7-5】 求函数 $f(x, y) = x^2 + 2y^2 - x^2y^2$ 在区域 $D = \{(x, y) \mid x^2 + y^2 \leqslant 4, y \geqslant 0\}$ 的最大值和最小值.

【练习 7-6】 求二元函数 $z = f(x, y) = x^2y(4 - x - y)$ 在由直线 $x + y = 6$、x 轴和 y 轴所围成的闭区域 D 的极值、最大值与最小值.

【练习 7-7】 设 $z = z(x, y)$ 是由 $x^2 - 6xy + 10y^2 - 2yz - z^2 + 18 = 0$ 确定的函数,求 $z = z(x, y)$ 的极值点和极值.

§7.4 大山里的学校(条件极值)

知识梳理

1. 二元微分的应用

  (1) 单调性;

  (2) 极值与最值.

2. 基本概念

　　条件极值　　有条件的极值叫做条件极值.

　　条件极值与普通极值的区别　　在普通极值中,只有 1 个函数;而在条件极值中,有 2 个函数,简称"二条".

　　主函数　　一般来说,在题目中的"提问"部分出现的函数为主函数.

　　条件函数　　一般来说,在题目的"已知条件"部分出现的函数为条件函数. 有时条件函数的前面会出现"条件"二字.

3. 求条件极值的一般步骤

视频 7-4 "主条辅导 0"　　　　　　　图 7-5 "主条辅导 0"

　　(1) 根据题意,写出主函数 $f(x, y, z)$ 和条件函数 $\varphi(x, y, z) = 0$;

　　(2) 构造辅助函数 $L = f(x, y, z) + \lambda \varphi(x, y, z)$;

　　(3) 令所有的 $L' = 0$,得到一个方程组;

　　(4) 解方程组,得到极值点(如果存在的话).

　　简称:"主条辅导 0".

4. 解方程组的一般步骤(一次)

$$
\begin{cases}
L_x = 0, \\
L_y = 0, \\
L_z = 0, \\
L_\lambda = 0
\end{cases}
\Rightarrow
\begin{cases}
f_x + \lambda \varphi_x = 0, & \text{①}\\
f_y + \lambda \varphi_y = 0, & \text{②}\\
f_z + \lambda \varphi_z = 0, & \text{③}\\
\varphi(x, y, z) = 0. & \text{④}
\end{cases}
$$

　　(1) 假设 λ 已知,解关于 x, y, z 的三元一次方程组,

$$
\begin{cases}
f_x + \lambda \varphi_x = 0, & \text{⑤}\\
f_y + \lambda \varphi_y = 0, & \text{⑥}\\
f_z + \lambda \varphi_z = 0, & \text{⑦}
\end{cases}
$$

得

$$
\begin{cases}
x = u(\lambda), \\
y = v(\lambda), \\
z = w(\lambda).
\end{cases}
$$

(2) 将(1)中的计算结果代入④式,可以求出 λ；

(3) 将 λ 的值代入 $\begin{cases} x = u(\lambda), \\ y = v(\lambda), \\ z = w(\lambda), \end{cases}$ 得到 x, y, z 的值.

总体思路:先分析前 3 个方程,再分析最后 1 个方程,简称为"3+1".

5. 解方程组的一般步骤(n 次)

$$\begin{cases} L_x = 0, \\ L_y = 0, \\ L_z = 0, \\ L_\lambda = 0 \end{cases} \Rightarrow \begin{cases} f_x + \lambda\varphi_x = 0, & ① \\ f_y + \lambda\varphi_y = 0, & ② \\ f_z + \lambda\varphi_z = 0, & ③ \\ \varphi(x, y, z) = 0. & ④ \end{cases}$$

(1) 假设 λ 已知,①、②、③式构成一个关于 x, y, z 的三元 n 次方程组,

$$\begin{cases} f_x + \lambda\varphi_x = 0, & ⑤ \\ f_y + \lambda\varphi_y = 0, & ⑥ \\ f_z + \lambda\varphi_z = 0. & ⑦ \end{cases}$$

(2) 一般来说,(1)中的 3 个方程形式相同,所以, $x = y = z$.

(3) 由④式很容易得到 x, y, z 的值.

例 7 - 13 求函数 $u = x^2 + 2y^2 + 3z^2$ 在附加条件 $x + y + z = 1$ 下的最小值.

分析 最值问题的口诀:"最极边";条件极值的口诀:"竹条辅导鸡蛋".

解 (1) 主函数: $u = x^2 + 2y^2 + 3z^2$,条件函数: $x + y + z - 1 = 0$.

(2) 辅助函数: $L = (x^2 + 2y^2 + 3z^2) + \lambda(x + y + z - 1)$.

(3) 令 $L' = 0$,得

$$\begin{cases} L_x = 0, \\ L_y = 0, \\ L_z = 0, \\ L_\lambda = 0 \end{cases} \Rightarrow \begin{cases} 2x + \lambda = 0, & ① \\ 4y + \lambda = 0, & ② \\ 6z + \lambda = 0, & ③ \\ x + y + z - 1 = 0. & ④ \end{cases}$$

(4) 由①式得 $\qquad\qquad\qquad x = -\dfrac{\lambda}{2}.$ $\qquad\qquad ⑤$

由②式得 $\qquad\qquad\qquad y = -\dfrac{\lambda}{4}.$ $\qquad\qquad ⑥$

由③式得 $\qquad\qquad\qquad z = -\dfrac{\lambda}{6}.$ $\qquad\qquad ⑦$

将⑤、⑥、⑦式代入④式,得 $-\dfrac{\lambda}{2} - \dfrac{\lambda}{4} - \dfrac{\lambda}{6} = 1$,解得 $\lambda = -\dfrac{12}{11}$,代入⑤、⑥、⑦式,得

$$\begin{cases} x = \dfrac{6}{11}, \\[2mm] y = \dfrac{3}{11}, \\[2mm] z = \dfrac{2}{11}. \end{cases}$$

(5) $u\left(\dfrac{6}{11}, \dfrac{3}{11}, \dfrac{2}{11}\right) = \dfrac{6}{11}$ 为最小值.

例 7-14 （2018 年）将长为 2 m 的铁丝分为 3 段,依次围成圆、正方形与正三角形,3 个图形的面积之和是否存在最小值? 若存在,求出最小值.

解 (1) 设圆的半径为 x、正方形的边长为 y、正三角形的边长为 z.

主函数：$S = \pi x^2 + y^2 + \dfrac{1}{2} \cdot z \cdot \dfrac{\sqrt{3}}{2} z = \pi x^2 + y^2 + \dfrac{\sqrt{3}}{4} z^2$;

条件函数：$C = 2\pi x + 4y + 3z = 2.$

(2) 辅助函数：$L = \left(\pi x^2 + y^2 + \dfrac{\sqrt{3}}{4} z^2\right) + \lambda(2\pi x + 4y + 3z - 2).$

(3) 令 $L' = 0$,得

$$\begin{cases} L_x = 0, \\ L_y = 0, \\ L_z = 0, \\ L_\lambda = 0 \end{cases} \Rightarrow \begin{cases} 2\pi x + 2\pi \lambda = 0, & \text{①} \\ 2y + 4\lambda = 0, & \text{②} \\ \dfrac{\sqrt{3}}{2} z + 3\lambda = 0, & \text{③} \\ 2\pi x + 4y + 3z - 2 = 0. & \text{④} \end{cases}$$

(4) 由①式得 $\qquad\qquad\qquad x = -\lambda.$ ⑤

由②式得 $\qquad\qquad\qquad y = -2\lambda.$ ⑥

由③式得 $\qquad\qquad\qquad z = -2\sqrt{3}\lambda.$ ⑦

将⑤、⑥、⑦式代入④式,得

$$2\pi(-\lambda) + 4(-2\lambda) + 3(-2\sqrt{3}\lambda) - 2 = 0, \ (-\lambda)(2\pi + 8 + 6\sqrt{3}) = 2,$$

解得 $\qquad\qquad\qquad \lambda = -\dfrac{2}{2\pi + 8 + 6\sqrt{3}} = -\dfrac{1}{\pi + 4 + 3\sqrt{3}}.$

将 λ 代入⑤、⑥、⑦式,得

$$\begin{cases} x = \dfrac{1}{\pi + 4 + 3\sqrt{3}}, \\[3mm] y = \dfrac{2}{\pi + 4 + 3\sqrt{3}}, \\[3mm] z = \dfrac{2\sqrt{3}}{\pi + 4 + 3\sqrt{3}}. \end{cases}$$

(5) 本题为实际问题,故最小值一定存在. 最小值为

$$S = \pi x^2 + y^2 + \frac{\sqrt{3}}{4}z^2 = \pi x^2 + (2x)^2 + \frac{\sqrt{3}}{4}(2\sqrt{3}x)^2$$

$$= (\pi + 4 + 3\sqrt{3})x^2 = (\pi + 4 + 3\sqrt{3}) \cdot \frac{1}{(\pi + 4 + 3\sqrt{3})^2} = \frac{1}{\pi + 4 + 3\sqrt{3}}.$$

例 7-15 (2010 年)求函数 $u = xy + 2yz$ 在约束条件 $x^2 + y^2 + z^2 = 10$ 下的最大值和最小值.

解 (1) 主函数:$u = xy + 2yz$,条件函数:$x^2 + y^2 + z^2 = 10$.

(2) 辅助函数:$L = (xy + 2yz) + \lambda(x^2 + y^2 + z^2 - 10)$.

(3) 令 $L' = 0$,得

$$\begin{cases} L_x = 0, \\ L_y = 0, \\ L_z = 0, \\ L_\lambda = 0 \end{cases} \Rightarrow \begin{cases} y + 2\lambda x = 0, & ① \\ x + 2z + 2\lambda y = 0, & ② \\ 2y + 2\lambda z = 0, & ③ \\ x^2 + y^2 + z^2 - 10 = 0. & ④ \end{cases}$$

(4) 由①式得

$$y = -2\lambda x. \qquad ⑤$$

将⑤式代入②式,得

$$(1 - 4\lambda^2)x + 2z = 0. \qquad ⑥$$

将⑤式代入③式,得 $\lambda(-2x + z) = 0$,所以,$\lambda = 0$ 或 $z = 2x$.

(i) 若 $\lambda = 0$,将 $\lambda = 0$ 代入 ①、②、③ 式得:$y = 0$, $x = -2z$.

将 $y = 0$, $x = -2z$ 代入 ④ 式,得:$(-2z)^2 + 0 + z^2 = 10$,所以,$z^2 = 2$,即 $z = \pm\sqrt{2}$. 可得

$$P_1 : \begin{cases} x = -2\sqrt{2}, \\ y = 0, \\ z = \sqrt{2}. \end{cases} \quad \text{或} \quad P_2 : \begin{cases} x = 2\sqrt{2}, \\ y = 0, \\ z = -\sqrt{2}. \end{cases}$$

(ii) 若 $z = 2x$,将 $z = 2x$ 代入 ⑥ 式,得:$(1 - 4\lambda^2)x + 4x = 0$, $x(5 - 4\lambda^2) = 0$,所以,$x = 0$ 或 $5 - 4\lambda^2 = 0$.

若 $x = 0$,则 $y = 0$, $z = 0$,与 ④ 式矛盾(舍去);若 $5 - 4\lambda^2 = 0$,$\lambda = \pm\frac{\sqrt{5}}{2}$.

当 $\lambda = \frac{\sqrt{5}}{2}$ 时,将 $\lambda = \frac{\sqrt{5}}{2}$ 代入 ① 式,得 $y = -\sqrt{5}x$.

将 $y = -\sqrt{5}x$, $z = 2x$ 代入 ④ 式,得 $x^2 + (-\sqrt{5}x)^2 + (2x)^2 - 10 = 0$,所以,$x = \pm1$. 可得

$$P_3 : \begin{cases} x = 1, \\ y = -\sqrt{5}, \\ z = 2 \end{cases} \quad \text{或} \quad P_4 : \begin{cases} x = -1, \\ y = \sqrt{5}, \\ z = -2. \end{cases}$$

当 $\lambda = -\dfrac{\sqrt{5}}{2}$ 时,同理,可得

$$P_5:\begin{cases} x=1,\\ y=\sqrt{5},\\ z=2. \end{cases} \text{或} \quad P_6:\begin{cases} x=-1,\\ y=-\sqrt{5},\\ z=-2. \end{cases}$$

(5) $u(p_1)=u(p_2)=0$, $u(p_3)=u(p_4)=-5\sqrt{5}$, $u(p_5)=u(p_6)=5\sqrt{5}$,故 $u_{\max}=5\sqrt{5}$,$u_{\min}=-5\sqrt{5}$.

例 7 - 16　求表面积为 a^2 而体积为最大的长方体的体积(其中,$a>0$).

解　(1) 设长方体的长、宽、高分别为 x,y,z(均大于 0).

主函数:$V=xyz$,条件函数:$S=2xy+2xz+2yz=a^2$.

(2) 辅助函数:$L=xyz+\lambda(2xy+2xz+2yz-a^2)$.

(3) 令 $L'=0$,得

$$\begin{cases} L_x=0,\\ L_y=0,\\ L_z=0,\\ L_\lambda=0 \end{cases} \Rightarrow \begin{cases} yz+2\lambda(y+z)=0, & ①\\ xz+2\lambda(x+z)=0, & ②\\ xy+2\lambda(x+y)=0, & ③\\ 2xy+2xz+2yz-a^2=0. & ④ \end{cases}$$

(4) 由于①、②、③式的形式完全相同,则 $x=y=z$.

代入④式,得 $2x^2+2x^2+2x^2-a^2=0$,$6x^2=a^2$,$x^2=\dfrac{a^2}{6}$,有 $x=\dfrac{a}{\sqrt{6}}=\dfrac{\sqrt{6}}{6}a$.

所以,$x=y=z=\dfrac{\sqrt{6}}{6}a$.

(5) 本题为实际问题,故最大值一定存在,且最大值为

$$V=xyz=\left(\dfrac{\sqrt{6}}{6}a\right)^3=\dfrac{\sqrt{6}}{36}a^3.$$

例 7 - 17　(2013 年)求曲线 $x^3-xy+y^3=1(x\geqslant 0$,$y\geqslant 0)$ 上的点到坐标原点的最长距离和最短距离.

分析　最值问题的口诀:"最极边";条件极值的口诀:"竹条辅导鸡蛋".

曲线的草图如图 7 - 6 所示.

解　(1) 设曲线上的点为 (x,y).

主函数:$d=\sqrt{x^2+y^2}$,条件函数:$x^3-xy+y^3=1$.

(2) 辅助函数:$L=(x^2+y^2)+\lambda(x^3-xy+y^3-1)$.

(3) 令 $L'=0$,得

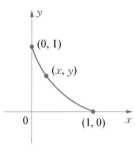

图 7 - 6　例 7 - 17 图

$$\begin{cases} L_x = 0, \\ L_y = 0, \Rightarrow \\ L_\lambda = 0 \end{cases} \begin{cases} 2x + 3\lambda x^2 - \lambda y = 0, & \text{①} \\ 2y + 3\lambda y^2 - \lambda x = 0, & \text{②} \\ x^3 - xy + y^3 - 1 = 0. & \text{③} \end{cases}$$

（4）①、②式的形式完全相同，则 $x = y$.

将 $x = y$ 代入③式，得：$x^3 - x^2 + x^3 - 1 = 0$, $2x^3 - x^2 - 1 = 0$，有 $x = 1$.

所以，$x = y = 1$, $d(1, 1) = \sqrt{1+1} = \sqrt{2}$.

（5）当 $x = 0$ 时，$y = 1$, $d(0, 1) = 1$；当 $y = 0$ 时，$x = 1$, $d(1, 0) = 1$.

（6）$d_{\max} = \sqrt{2}$, $d_{\min} = 1$.

注 辅助函数：$L = (x^2 + y^2) + \lambda(x^3 - xy + y^3 - 1)$ 与 $L = \sqrt{x^2 + y^2} + \lambda(x^3 - xy + y^3 - 1)$ 的极值点相同，所以，可以去掉根号以方便求导.

课堂练习

【练习 7-8】 设 $f(x, y)$ 与 $\varphi(x, y)$ 均为可微函数，且 $\varphi_y'(x, y) \neq 0$，已知 (x_0, y_0) 是 $f(x, y)$ 在约束条件 $\varphi(x, y) = 0$ 下的一个极值点，下列选项正确的是（　　）.

A. 若 $f_x'(x_0, y_0) = 0$，则 $f_y'(x_0, y_0) = 0$

B. 若 $f_x'(x_0, y_0) = 0$，则 $f_y'(x_0, y_0) \neq 0$

C. 若 $f_x'(x_0, y_0) \neq 0$，则 $f_y'(x_0, y_0) = 0$

D. 若 $f_x'(x_0, y_0) \neq 0$，则 $f_y'(x_0, y_0) \neq 0$

【练习 7-9】 求函数 $u = xyz$ 在附加条件

$$\frac{1}{x} + \frac{1}{y} + \frac{1}{z} = \frac{1}{a} \quad (x > 0, y > 0, z > 0, a > 0)$$

下的极小值.

【练习 7-10】 在椭圆 $x^2 + 4y^2 = 4$ 上求一点，使其到直线 $2x + 3y - 6 = 0$ 的距离最短.

§7.5 本章超纲内容汇总

1. 涉及 2 个条件函数的条件极值

由条件 $\varphi_1(x, y, z) = 0$, $\varphi_2(x, y, z) = 0$，求函数 $u = f(x, y, z)$ 的极值.

令 $F(x, y, z) = f(x, y, z) + \lambda_1 \varphi_1(x, y, z) + \lambda_2 \varphi_2(x, y, z) + \cdots$.

例如，（2008 年）求函数 $u = x^2 + y^2 + z^2$ 在约束条件 $z = x^2 + y^2$ 和 $x + y + z = 4$ 下的最大值与最小值.

2. 证明题

本章不考证明题.

第 8 章　二重积分的计算

§ 8.1　顺风车(普通函数 1)

知识梳理

1. 基本概念

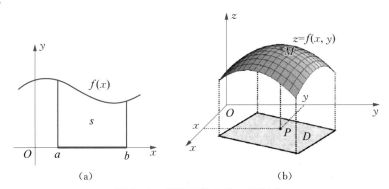

(a)　　　　　　　　(b)

图 8-1　普通函数 1 的二重积分

二重积分　已知函数 $z = f(x, y)$,以 xOy 平面上的 D 区域为底、以 $z = f(x, y)$ 为顶的柱状体的体积,叫做二重积分,用 $\iint\limits_D f(x, y)\mathrm{d}\sigma$ 表示,可以记作 I.

积分域　其中,D 叫做积分区域,简称积分域.

表 8-1　普通函数 1 的一重积分与二重积分

	一重积分(定积分)	二重积分		一重积分(定积分)	二重积分
表达式	$\int_a^b f(x)\mathrm{d}x$	$\iint\limits_D f(x, y)\mathrm{d}\sigma$	积分域	线段	平面
谐音	1 层(面包)	2 层(面包)	积分域类型	1 维图形	2 维图形
研究对象	面积	体积	被积函数	一元函数	二元函数

2. 基本公式

表 8 - 2 普通函数 1 一重积分与二重积分的基本公式

	一重积分（定积分）	二重积分
加法公式	$\int_a^b \left[f(x) \pm g(x) \right] \mathrm{d}x$ $= \int_a^b f(x)\mathrm{d}x \pm \int_a^b g(x)\mathrm{d}x$	$\iint\limits_D \left[f(x,y) \pm g(x,y) \right] \mathrm{d}\sigma$ $= \iint\limits_D f(x,y)\mathrm{d}\sigma \pm \iint\limits_D g(x,y)\mathrm{d}\sigma$
乘法公式（数乘）	$\int_a^b k f(x)\mathrm{d}x = k \int_a^b f(x)\mathrm{d}x$ （k 为常数）	$\iint\limits_D k f(x,y)\mathrm{d}\sigma = k \iint\limits_D f(x,y)\mathrm{d}\sigma$ （k 为常数）
拼接公式	$\int_a^b f(x)\mathrm{d}x = \int_a^c f(x)\mathrm{d}x + \int_c^b f(x)\mathrm{d}x$	$\iint\limits_D f(x,y)\mathrm{d}\sigma = \sum\limits_{i=1}^m \iint\limits_{D_i} f(x,y)\mathrm{d}\sigma$ （其中，D_i 为 D 的构成子域，且任两个子域没有重叠部分）
降级公式	$\int_a^b \mathrm{d}x = b - a$ （其中，$b-a$ 表示线段 ab 的长度）	$\iint\limits_D \mathrm{d}\sigma = A$ （其中，A 表示平面区域 D 的面积）
比较定理	若 $f(x) \leqslant g(x)$，则 $\int_a^b f(x)\mathrm{d}x \leqslant \int_a^b g(x)\mathrm{d}x$	若 $f(x,y) \leqslant g(x,y)$，则 $\iint\limits_D f(x,y)\mathrm{d}\sigma \leqslant \iint\limits_D g(x,y)\mathrm{d}\sigma$

3. 二重积分的主要题型

表 8 - 3 普通函数 1 一重积分与二重积分的主要题型

	一重积分（定积分）	二重积分
主要题型	① 普通函数的定积分 ② 特殊函数的定积分 ③ 变限积分	① 普通函数的二重积分 ② 特殊函数的二重积分 ③ 3 种"211"形式之间的转变
简称	"肯定普特变"	"二重普特变"

4. 普通函数二重积分的解题思路

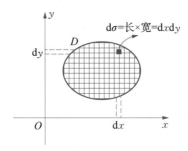

图 8 - 2 普通函数 1 二重积分的解

表 8 - 4 普通函数 1 二重积分的解题思路

基本思路	"二重积分＝一重积分＋一重积分",简称"211 变换"	
小方格的面积	$d\sigma = dxdy$	$d\sigma = dydx$
积分形式	$\iint\limits_{D} f(x,y)d\sigma = \iint\limits_{D} f(x,y)dxdy$ $= \int_{?}^{?} \big[\int_{?}^{?} f(x,y)dx\big]dy$ $= \int_{?}^{?} dy\int_{?}^{?} f(x,y)dx$	$\iint\limits_{D} f(x,y)d\sigma = \iint\limits_{D} f(x,y)dydx$ $= \int_{?}^{?} \big[\int_{?}^{?} f(x,y)dy\big]dx$ $= \int_{?}^{?} dx\int_{?}^{?} f(x,y)dy$
① 号积分	$\int_{?}^{?} dy$	$\int_{?}^{?} dx$

5. 积分上下限的确定

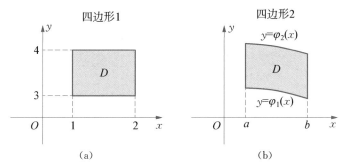

图 8 - 3 普通函数 1 积分上下限的确定

（1）四边形 1：$\int_{1}^{2} dx \int_{3}^{4} f(x,y)dy$.

表 8 - 5 普通函数 1 积分限的书写原则

	书写原则		书写原则		书写原则
积分限	从"小→大"写	x 的积分限	从"左→右"写	y 的积分限	从"低→高"写

四边形 2：$\int_{a}^{b} dx \int_{\varphi_1(x)}^{\varphi_2(x)} f(x,y)dy$.

（2）三角形 $\xrightarrow[\text{轴方向拉开}]{\text{重合点沿坐标}}$ 四边形：$\int_{1}^{2} dx \int_{3}^{\varphi(x)} f(x,y)dy$.

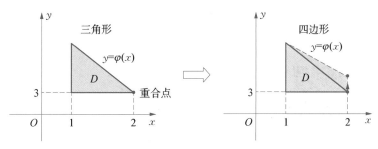

图 8 - 4 三角形向四边形的变换

（3）二边形 $\xrightarrow[\text{轴方向拉开}]{\text{重合点沿坐标}}$ 四边形：$\int_a^b \mathrm{d}x \int_{\varphi_1(x)}^{\varphi_2(x)} f(x, y) \mathrm{d}y$.

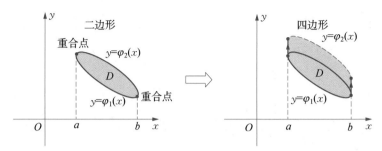

图 8-5　二边形向四边形的变换

6. 积分顺序

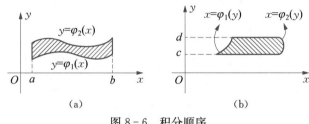

图 8-6　积分顺序

一般来说,要确保①号积分的积分限为常数.

（1）当图形中出现竖线时,x 的积分限为常数,此时应选择 x 作为①号积分变量,如图 8-6(a)所示,有

$$\iint\limits_{D} f(x, y) \mathrm{d}x \mathrm{d}y = \int_a^b \mathrm{d}x \int_{\varphi_1(x)}^{\varphi_2(x)} f(x, y) \mathrm{d}y.$$

（2）当图形中出现横线时,y 的积分限为常数,此时应选择 y 作为①号积分变量,如图 8-6(b)所示,有

$$\iint\limits_{D} f(x, y) \mathrm{d}x \mathrm{d}y = \int_c^d \mathrm{d}y \int_{\varphi_1(y)}^{\varphi_2(y)} f(x, y) \mathrm{d}x.$$

7. 计算二重积分("211 变换")的一般步骤

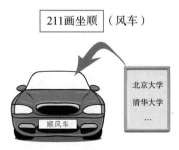

视频 8-1　"211画坐顺"1　　　　图 8-7　"211画坐顺"1

(1) 画出区域 D 的草图;

(2) 选择坐标系;

(3) 选择积分顺序;

(4) 确定 2 个积分的上下限.

口诀:"211 画坐顺"1.

8. 选择积分顺序的"原则"

(1) 第一原则:被积函数,好积分;

(2) 如果两种积分顺序都好积分,再考虑第二原则:区域 D 尽量不分割.

视频 8-2 "顺风车,好积分,不分割"　　　图 8-8 "顺风车,好积分,不分割"

简称:"顺风车,好积分,不分割".

例 8-1 (2018 年)求 $\iint\limits_{D} x^2 \mathrm{d}x\mathrm{d}y$,其中,$D$ 由 $y=\sqrt{3(1-x^2)}$ 与 $y=\sqrt{3}x$ 及 y 轴围成.

分析 口诀:"211 画坐顺";"顺风车,好积分,不分割".

解 (1) 画 D 的草图,如图 8-9 所示.

求交点的横坐标:

$$\begin{cases} y=\sqrt{3(1-x^2)}, \\ y=\sqrt{3}x \end{cases} \Rightarrow 1-x^2=x^2,\ x=\frac{\sqrt{2}}{2}.$$

(2) 坐标:直角坐标系.

(3) 积分顺序:$\int \mathrm{d}x \int \mathrm{d}y$.

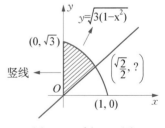

图 8-9 例 8-1 图

(4) 原式 $=I=\int_0^{\frac{\sqrt{2}}{2}} \mathrm{d}x \int_{\sqrt{3}x}^{\sqrt{3(1-x^2)}} x^2 \mathrm{d}y = \int_0^{\frac{\sqrt{2}}{2}} x^2 \mathrm{d}x \int_{\sqrt{3}x}^{\sqrt{3(1-x^2)}} \mathrm{d}y$

$$=\int_0^{\frac{\sqrt{2}}{2}} x^2 \left[\sqrt{3(1-x^2)} - \sqrt{3}x\right] \mathrm{d}x = \int_0^{\frac{\sqrt{2}}{2}} x^2 \sqrt{3(1-x^2)} - \int_0^{\frac{\sqrt{2}}{2}} \sqrt{3}x^3 \mathrm{d}x = I_1 - I_2.$$

$$I_1 \xlongequal{x=\sin t} \sqrt{3} \int_0^{\frac{\pi}{4}} \sin^2 t \cos^2 t\, \mathrm{d}t = \sqrt{3} \int_0^{\frac{\pi}{4}} (\sin t \cos t)^2 \mathrm{d}t = \sqrt{3} \int_0^{\frac{\pi}{4}} \left(\frac{1}{2}\sin 2t\right)^2 \mathrm{d}t$$

$$=\sqrt{3} \int_0^{\frac{\pi}{4}} \frac{1}{4} \sin^2 2t\, \mathrm{d}t = \sqrt{3} \int_0^{\frac{\pi}{4}} \frac{1}{4} \cdot \frac{1-\cos 4t}{2} \mathrm{d}t = \frac{\sqrt{3}}{8}\left(t - \frac{1}{4}\sin 4t\right)\Big|_0^{\frac{\pi}{4}}$$

$$= \frac{\sqrt{3}}{8}\left(\frac{\pi}{4} - \frac{1}{4}\sin\pi\right) = \frac{\sqrt{3}}{32}\pi,$$

$$I_2 = \sqrt{3} \cdot \frac{x^4}{4}\Big|_0^{\frac{\sqrt{2}}{2}} = \frac{\sqrt{3}}{16},$$

所以,

$$I = I_1 - I_2 = \frac{\sqrt{3}}{32}\pi - \frac{\sqrt{3}}{16}.$$

注意　画复杂函数图像草图的要点:找出与 x 轴、y 轴的交点,然后在两点之间画一条曲线即可.

例 8-2　(2017 年)计算积分 $\displaystyle\iint_D \frac{y^3}{(1+x^2+y^4)^2}\mathrm{d}x\,\mathrm{d}y$,其中,$D$ 是第一象限中以曲线 $y = \sqrt{x}$ 与 x 轴为边界的无界区域.

分析　口诀:"211 画坐顺";"顺风车,好积分,不分割".

解　(1) 画 D 的草图,如图 8-10 所示.

(2) 坐标系:直角坐标系.

(3) 积分顺序:$\displaystyle\int\mathrm{d}x\int\mathrm{d}y$.

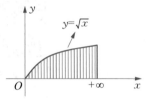

图 8-10　例 8-2 图

(4) 原式 $= I = \displaystyle\int_0^{+\infty}\mathrm{d}x\int_0^{\sqrt{x}}\frac{y^3}{(1+x^2+y^4)^2}\mathrm{d}y$

$$= \frac{1}{4}\int_0^{+\infty}\mathrm{d}x\int_0^{\sqrt{x}}\frac{1}{(1+x^2+y^4)^2}\mathrm{d}(y^4+1+x^2)$$

$$= \frac{1}{4}\int_0^{+\infty}\left(-\frac{1}{1+x^2+y^4}\right)\Big|_0^{\sqrt{x}}\mathrm{d}x = \frac{1}{4}\int_0^{+\infty}\left(-\frac{1}{1+2x^2} + \frac{1}{1+x^2}\right)\mathrm{d}x$$

$$= \frac{1}{4}\int_0^{+\infty}\frac{1}{1+x^2}\mathrm{d}x - \frac{1}{4}\int_0^{+\infty}\frac{1}{1+2x^2}\mathrm{d}x = I_1 - I_2.$$

$$I_1 = \frac{1}{4}\cdot\arctan x\,\Big|_0^{+\infty} = \frac{1}{4}\left(\frac{\pi}{2} - 0\right) = \frac{\pi}{8},$$

$$I_2 = \frac{1}{4}\cdot\frac{1}{2}\int_0^{+\infty}\frac{1}{\frac{1}{2}+x^2}\mathrm{d}x = \frac{1}{8}\cdot\sqrt{2}\cdot\arctan\sqrt{2}x\,\Big|_0^{+\infty} = \frac{\sqrt{2}}{8}\left(\frac{\pi}{2} - 0\right) = \frac{\sqrt{2}}{16}\pi,$$

所以,

$$I = I_1 - I_2 = \frac{\pi}{8} - \frac{\sqrt{2}}{16}\pi.$$

注意　① 如果遇到不熟悉的函数图像,可以用与它类似的函数图像代替. 例如,$y = \sqrt{x}$ 的图像可以用 $y = x$ 去代替,因为是草图,所以不会影响计算结果.

② 积分公式：$\int \dfrac{1}{a^2+x^2}\mathrm{d}x = \dfrac{1}{a}\arctan\dfrac{x}{a}+C.$

例 8-3 （2013 年）设平面区域 D 是由直线 $x=3y$，$y=3x$ 及 $x+y=8$ 所围成，求 $\iint\limits_D x^2\mathrm{d}x\mathrm{d}y.$

分析 口诀："211 画坐顺"；"顺风车，好积分，不分割".

解 （1）画 D 的草图，如图 8-11 所示.

（2）坐标：直角坐标系.

（3）顺序：$\int\mathrm{d}x\int\mathrm{d}y.$

（4）原式 $=I=\iint\limits_{D_1}+\iint\limits_{D_2}=\displaystyle\int_0^2\mathrm{d}x\int_{\frac{1}{3}x}^{3x}x^2\mathrm{d}y+\int_2^6\mathrm{d}x\int_{\frac{1}{3}x}^{8-x}x^2\mathrm{d}y$

$\quad=I_1+I_2.$

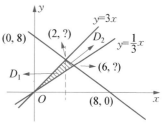

图 8-11 例 8-3 图

$I_1=\displaystyle\int_0^2 x^2\mathrm{d}x\int_{\frac{1}{3}x}^{3x}\mathrm{d}y=\int_0^2 x^2\left(3x-\frac{1}{3}x\right)\mathrm{d}x=\int_0^2 x^2\cdot\frac{8}{3}x\,\mathrm{d}x=\frac{8}{3}\cdot\frac{x^4}{4}\Big|_0^2=\frac{8}{3}\cdot\frac{16}{4}=\frac{32}{3}.$

$I_2=\displaystyle\int_2^6 x^2\mathrm{d}x\int_{\frac{1}{3}x}^{8-x}\mathrm{d}y=\int_2^6 x^2\left(8-x-\frac{1}{3}x\right)\mathrm{d}x=\int_2^6 x^2\left(8-\frac{4}{3}x\right)\mathrm{d}x=\int_2^6\left(8x^2-\frac{4}{3}x^3\right)\mathrm{d}x$

$\quad=\left(8\cdot\dfrac{x^3}{3}-\dfrac{4}{3}\cdot\dfrac{x^4}{4}\right)\Big|_2^6=x^3\left(\dfrac{8}{3}-\dfrac{x}{3}\right)\Big|_2^6=\left[6^3\left(\dfrac{8}{3}-\dfrac{6}{3}\right)-2^3\left(\dfrac{8}{3}-\dfrac{2}{3}\right)\right]$

$\quad=\left(6\times6\times6\times\dfrac{2}{3}-8\times2\right)=144-16=128.$

所以，

$$I=I_1+I_2=\frac{32}{3}+128=138\frac{2}{3}.$$

例 8-4 （2012 年）设区域 D 由曲线 $y=\sin x$，$x=\pm\dfrac{\pi}{2}$，$y=1$ 围成，则

$$\iint\limits_D(xy^5-1)\mathrm{d}x\mathrm{d}y=(\qquad).$$

A. π B. 2   C. -2 D. $-\pi$

解 口诀："211 画坐顺"；"顺风车，好积分，不分割".

（1）画 D 的草图，如图 8-12 所示.

（2）坐标系：直角坐标系.

（3）顺序：$\int\mathrm{d}x\int\mathrm{d}y.$

（4）原式 $=I=\displaystyle\int_{-\frac{\pi}{2}}^{\frac{\pi}{2}}\mathrm{d}x\int_{\sin x}^{1}(xy^5-1)\mathrm{d}y$

$\quad=\displaystyle\int_{-\frac{\pi}{2}}^{\frac{\pi}{2}}\mathrm{d}x\cdot\left(x\cdot\dfrac{y^6}{6}-y\right)\Big|_{y=\sin x}^{y=1}$

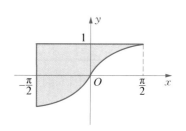

图 8-12 例 8-4 图

$$=\int_{-\frac{\pi}{2}}^{\frac{\pi}{2}}\left[\left(\frac{x}{6}-1\right)-\left(x\cdot\frac{\sin^6 x}{6}-\sin x\right)\right]\mathrm{d}x$$

$$=(-1)\cdot\left(\frac{\pi}{2}+\frac{\pi}{2}\right)=-\pi.$$

故 D 选项正确.

例 8-5　(2012 年)计算二重积分 $\iint\limits_{D}\mathrm{e}^{x}xy\,\mathrm{d}x\,\mathrm{d}y$,其中,D 是以曲线 $y=\sqrt{x}$, $y=\dfrac{1}{\sqrt{x}}$ 及 y 轴为边界的无界区域.

分析　口诀:"211 画坐顺";"顺风车,好积分,不分割".

解　(1)画 D 的草图,如图 8-13 所示.

(2)坐标系:直角坐标系.

(3)顺序: $\int\mathrm{d}x\int\mathrm{d}y$.

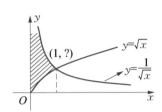

图 8-13　例 8-5 图

(4)原式 $=I=\int_{0}^{1}\mathrm{d}x\int_{\sqrt{x}}^{\frac{1}{\sqrt{x}}}\mathrm{e}^{x}xy\,\mathrm{d}y=\int_{0}^{1}x\mathrm{e}^{x}\mathrm{d}x\int_{\sqrt{x}}^{\frac{1}{\sqrt{x}}}y\,\mathrm{d}y$

$$=\int_{0}^{1}x\mathrm{e}^{x}\mathrm{d}x\cdot\frac{y^2}{2}\Big|_{\sqrt{x}}^{\frac{1}{\sqrt{x}}}=\int_{0}^{1}x\mathrm{e}^{x}\frac{\frac{1}{x}-x}{2}\mathrm{d}x$$

$$=\int_{0}^{1}\mathrm{e}^{x}\frac{1-x^2}{2}\mathrm{d}x=\frac{1}{2}\int_{0}^{1}\mathrm{e}^{x}(1-x^2)\mathrm{d}x=\frac{1}{2}\int_{0}^{1}(1-x^2)\mathrm{d}\mathrm{e}^{x}$$

$$=\frac{1}{2}\left[(1-x^2)\cdot\mathrm{e}^{x}\mid_{0}^{1}+2\int_{0}^{1}x\mathrm{e}^{x}\mathrm{d}x\right]=\frac{1}{2}\left[-\mathrm{e}^{0}+2\int_{0}^{1}x\mathrm{d}\mathrm{e}^{x}\right]$$

$$=-\frac{1}{2}+\left(x\mathrm{e}^{x}\mid_{0}^{1}-\int_{0}^{1}\mathrm{e}^{x}\mathrm{d}x\right)=-\frac{1}{2}+(\mathrm{e}^{1}-\mathrm{e}^{x}\mid_{0}^{1})$$

$$=-\frac{1}{2}+[\mathrm{e}-(\mathrm{e}-1)]=-\frac{1}{2}+\mathrm{e}-\mathrm{e}+1=\frac{1}{2}.$$

课堂练习

【练习 8-1】　计算二重积分 $\iint\limits_{D}\mathrm{e}^{x^2}\mathrm{d}x\,\mathrm{d}y$,其中,D 是第一象限中由直线 $y=x$ 和曲线 $y=x^3$ 围成的封闭区域.

【练习 8-2】　计算二重积分 $\iint\limits_{D}x\mathrm{e}^{-y^2}\mathrm{d}x\,\mathrm{d}y$,其中,D 是曲线 $y=4x^2$ 和 $y=9x^2$ 在第一象限所围成的区域.

【练习 8-3】　求二重积分 $\iint\limits_{D}y[1+x\mathrm{e}^{\frac{1}{2}(x^2+y^2)}]\mathrm{d}x\,\mathrm{d}y$ 的值,其中,D 是由直线 $y=x$, $y=-1$ 及 $x=1$ 围成的平面区域.

【练习 8-4】　计算二重积分 $\iint\limits_{D}\sqrt{y^2-xy}\,\mathrm{d}x\,\mathrm{d}y$,其中,D 是由直线 $y=x$, $y=1$, $x=0$ 所围成的平面区域.

§8.2　大师陨落(普通函数 2)

知识梳理

1. 二重积分的主要题型

表 8-6　普通函数 2 的一重积分与二重积分

	一重积分(定积分)	二重积分
主要题型	① 普通函数的定积分 ② 特殊函数的定积分 ③ 变限积分	① 普通函数的二重积分 ② 特殊函数的二重积分 ③ 3 种"211"形式之间的转变
口诀	"肯定普特变"	"二重普特变"

2. 极坐标二重积分的解题思路

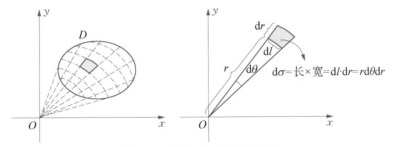

图 8-14　极坐标二重积分的解

表 8-7　极坐标二重积分的解题思路

基本思路	"二重积分＝一重积分＋一重积分",口诀"211 变换"
小扇面的面积	$d\sigma = r d\theta dr$
积分形式	$\iint\limits_{D} f(x, y) d\sigma = \iint\limits_{D} f(r\cos\theta, r\sin\theta) r d\theta dr = \int_{?}^{?} \int_{?}^{?} [f(r\cos\theta, r\sin\theta) r dr] d\theta$ $= \int_{?}^{?} [\int_{?}^{?} f(r\cos\theta, r\sin\theta) r dr] d\theta = \int_{?}^{?} d\theta \int_{?}^{?} f(r\cos\theta, r\sin\theta) r dr$
① 号积分	$\int_{?}^{?} d\theta$

3. 积分上下限的确定

(1)标准扇面(3 点式)：$I = \int_{\alpha}^{\beta} d\theta \int_{r_1(\theta)}^{r_2(\theta)} f(r\cos\theta, r\sin\theta) r dr$.

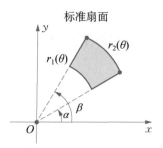

图 8-15　普通函数 2 积分上下限的确定

表 8-8　普通函数 2 积分限的书写原则

积分限	书写原则		书写原则		书写原则
	从"小→大"写	θ 的积分限	/	r 的积分限	从"里→外"写

（2）奇怪扇面 1（2 点式）$\xrightarrow[OM\ 拉开]{标准扇面}$ 标准扇面（3 点式）：

$$I = \int_{\alpha}^{\beta} \mathrm{d}\theta \int_{0}^{r(\theta)} f(r\cos\theta, r\sin\theta) r\,\mathrm{d}r.$$

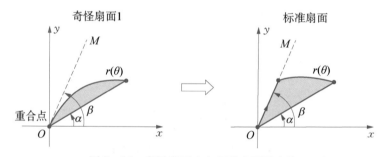

图 8-16　奇怪扇面 1 向标准扇面的变换

（3）奇怪扇面 2（1 点式）$\xrightarrow[OM\ 拉开]{重合点沿射线}$ 标准扇面（3 点式）：

$$I = \int_{\alpha}^{\beta} \mathrm{d}\theta \int_{0}^{r(\theta)} f(r\cos\theta, r\sin\theta) r\,\mathrm{d}r.$$

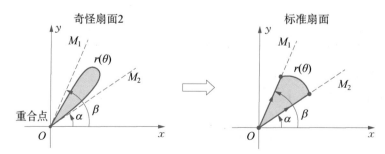

图 8-17　奇怪扇面 2 向标准扇面的变换

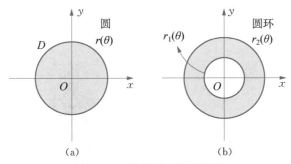

图 8-18 圆和圆环的积分限

（4）圆：$I = \int_0^{2\pi} d\theta \int_0^{r(\theta)} f(r\cos\theta, r\sin\theta) r dr.$

（5）圆环：$I = \int_0^{2\pi} d\theta \int_{r_1(\theta)}^{r_2(\theta)} f(r\cos\theta, r\sin\theta) r dr.$

4. 积分顺序

$$I = \int_\alpha^\beta d\theta \int_{r_1(\theta)}^{r_2(\theta)} f(r\cos\theta, r\sin\theta) r dr.$$

5. 计算二重积分（"211 变换"）的一般步骤(回顾)

视频 8-3 "211 画坐顺"2

图 8-19 "211 画坐顺"2

（1）画出区域 D 的草图；

（2）选择坐标系；

（3）选择积分顺序；

（4）确定两个积分的上下限.

口诀："211 画坐顺"2.

6. 选择坐标系的原则

（1）如果在组成区域 D 的边界的各个边中，所有曲边都是圆弧，所有直边都在射线 OM 上，那么，一般选择极坐标系.

（2）如果在组成区域 D 的边界的各个边中，除圆弧和射线 OM 上的线段外，还包含其他形状的边，那么，一般选择直角坐标系.

口诀："圆极他直".

圆寂他直

（极）

视频 8-4 "圆极他直"　　　　　　图 8-20 "圆极他直"

7. 极坐标系与直角坐标系之间的转换（复习）

（1）极坐标系与直角坐标系之间的转换

表 8-9　极坐标系与直角坐标系之间的转换

直角坐标→极坐标	极坐标→直角坐标
$\begin{cases} x = r\cos\theta \\ y = r\sin\theta \end{cases}$	$\begin{cases} r^2 = x^2 + y^2 \\ \tan\theta = \dfrac{y}{x}\,(x \neq 0) \end{cases}$

（2）圆的极坐标方程.

表 8-10　圆的极坐标方程

直角坐标系	极坐标系	图形
圆心为 $(0, 0)$ 半径为 3 $x^2 + y^2 = 9$	$r = 3$	
圆心为 $(3, 0)$ 半径为 3 $(x-3)^2 + y^2 = 9$	$r = 6\cos\theta$	
圆心为 $(0, 3)$ 半径为 3 $x^2 + (y-3)^2 = 9$	$r = 6\sin\theta$	

（3）直线的极坐标方程

表 8‐11 直线的极坐标方程

直角坐标系	极坐标系	图形
$x = 2$	$r = 2\sec\theta$	
$y = 2$	$r = 2\csc\theta$	

例 8‐6 （2011 年）设平面区域 D 由直线 $y = x$、圆 $x^2 + y^2 = 2y$ 及 y 轴所围成，则二重积分 $\iint\limits_{D} xy\,\mathrm{d}\sigma = $ _____ .

解 口诀："211 画坐顺"；"圆极他直"．

（1）画 D 的草图，如图 8‐21 所示．

$x^2 + y^2 = 2y$，所以，$x^2 + (y-1)^2 = 1$，圆心为 $(0,1)$．

（2）坐标：极坐标．

（3）积分顺序：$\int \mathrm{d}\theta \int r\,\mathrm{d}r$．

（4）原式 $= I = \displaystyle\int_{\frac{\pi}{4}}^{\frac{\pi}{2}} \mathrm{d}\theta \int_0^{2\sin\theta} r\cos\theta \cdot r\sin\theta\, r\,\mathrm{d}r$

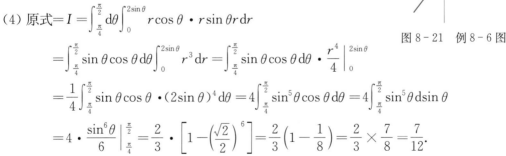

图 8‐21 例 8‐6 图

$\displaystyle = \int_{\frac{\pi}{4}}^{\frac{\pi}{2}} \sin\theta\cos\theta\,\mathrm{d}\theta \int_0^{2\sin\theta} r^3\,\mathrm{d}r = \int_{\frac{\pi}{4}}^{\frac{\pi}{2}} \sin\theta\cos\theta\,\mathrm{d}\theta \cdot \left. \frac{r^4}{4} \right|_0^{2\sin\theta}$

$\displaystyle = \frac{1}{4}\int_{\frac{\pi}{4}}^{\frac{\pi}{2}} \sin\theta\cos\theta \cdot (2\sin\theta)^4\,\mathrm{d}\theta = 4\int_{\frac{\pi}{4}}^{\frac{\pi}{2}} \sin^5\theta\cos\theta\,\mathrm{d}\theta = 4\int_{\frac{\pi}{4}}^{\frac{\pi}{2}} \sin^5\theta\,\mathrm{d}\sin\theta$

$\displaystyle = 4 \cdot \left. \frac{\sin^6\theta}{6}\right|_{\frac{\pi}{4}}^{\frac{\pi}{2}} = \frac{2}{3} \cdot \left[1 - \left(\frac{\sqrt{2}}{2}\right)^6\right] = \frac{2}{3}\left(1 - \frac{1}{8}\right) = \frac{2}{3}\times\frac{7}{8} = \frac{7}{12}$．

例 8‐7 （2009 年）求二重积分 $\iint\limits_{D}(x-y)\,\mathrm{d}x\,\mathrm{d}y$，其中，$D = \{(x,y)\,|\,(x-1)^2+(y-1)^2 \leqslant 2, y \geqslant x\}$．

分析 口诀："211 画坐顺"；"圆极他直"．

解 （1）画 D 的草图，如图 8‐22 所示．

（2）坐标系：极坐标．

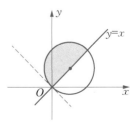

图 8‐22 例 8‐7 图

（3）积分顺序：$\int \mathrm{d}\theta \int r\,\mathrm{d}r.$

（4）确定积分上限：因为$(x-1)^2+(y-1)^2=2$，$(x^2-2x+1)+(y^2-2y+1)=2$，
$x^2-2x+y^2-2y=0$，所以，$r^2\cos^2\theta-2r\cos\theta+r^2\sin^2\theta-2r\sin\theta=0$，
$r\cos^2\theta-2\cos\theta+r\sin^2\theta-2\sin\theta=0$，$r-2\cos\theta-2\sin\theta=0$，

$$r=2(\sin\theta+\cos\theta).$$

$$\begin{aligned}
\text{原式} &=\int_{\frac{\pi}{4}}^{\frac{3}{4}\pi}\mathrm{d}\theta\int_0^{2(\sin\theta+\cos\theta)}(r\cos\theta-r\sin\theta)r\,\mathrm{d}r=\int_{\frac{\pi}{4}}^{\frac{3}{4}\pi}\mathrm{d}\theta\int_0^{2(\sin\theta+\cos\theta)}r^2(\cos\theta-\sin\theta)\mathrm{d}r \\
&=\int_{\frac{\pi}{4}}^{\frac{3}{4}\pi}(\cos\theta-\sin\theta)\mathrm{d}\theta\,\frac{r^3}{3}\Big|_0^{2(\sin\theta+\cos\theta)}=\frac{1}{3}\int_{\frac{\pi}{4}}^{\frac{3}{4}\pi}(\cos\theta-\sin\theta)\cdot[2(\sin\theta+\cos\theta)]^3\mathrm{d}\theta \\
&=\frac{8}{3}\int_{\frac{\pi}{4}}^{\frac{3}{4}\pi}(\cos\theta-\sin\theta)(\sin\theta+\cos\theta)^3\mathrm{d}\theta=\frac{8}{3}\int_{\frac{\pi}{4}}^{\frac{3}{4}\pi}(\sin\theta+\cos\theta)^3\mathrm{d}(\sin\theta+\cos\theta) \\
&=\frac{8}{3}\frac{(\sin\theta+\cos\theta)^4}{4}\Big|_{\frac{\pi}{4}}^{\frac{3}{4}\pi}=\frac{2}{3}\left[\left(\frac{\sqrt{2}}{2}-\frac{\sqrt{2}}{2}\right)^4-\left(\frac{\sqrt{2}}{2}+\frac{\sqrt{2}}{2}\right)^4\right]=\frac{2}{3}(0-4)=-\frac{8}{3}.
\end{aligned}$$

例 8-8　（2014 年）设平面区域 $D=\{(x,y)\mid 1\leqslant x^2+y^2\leqslant 4,\ x\geqslant 0,\ y\geqslant 0\}$，
计算

$$\iint_D \frac{x\sin(\pi\sqrt{x^2+y^2})}{x+y}\mathrm{d}x\,\mathrm{d}y.$$

分析　口诀："211 画坐顺"；"圆极他直"．

解　（1）画 D 的草图，如图 8-23 所示．

（2）坐标系：极坐标．

（3）积分顺序：$\int \mathrm{d}\theta \int r\,\mathrm{d}r.$

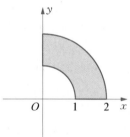

图 8-23　例 8-8 图

$$\begin{aligned}
\text{（4）原式} &=\int_0^{\frac{\pi}{2}}\mathrm{d}\theta\int_1^2\frac{r\cos\theta\sin(\pi r)}{r\cos\theta+r\sin\theta}r\,\mathrm{d}r \\
&=\int_0^{\frac{\pi}{2}}\frac{\cos\theta}{\cos\theta+\sin\theta}\mathrm{d}\theta\int_1^2 r\sin(\pi r)\mathrm{d}r \\
&=-\frac{1}{\pi}\int_0^{\frac{\pi}{2}}\frac{\cos\theta}{\cos\theta+\sin\theta}\mathrm{d}\theta\cdot\int_1^2 r\,\mathrm{d}\cos(\pi r) \\
&=-\frac{1}{\pi}\int_0^{\frac{\pi}{2}}\frac{\cos\theta}{\cos\theta+\sin\theta}\mathrm{d}\theta\cdot\left[r\cos(\pi r)\,\Big|_1^2-\int_1^2\cos(\pi r)\mathrm{d}r\right] \\
&=-\frac{1}{\pi}\int_0^{\frac{\pi}{2}}\frac{\cos\theta}{\cos\theta+\sin\theta}\mathrm{d}\theta\cdot(2+1)=-\frac{3}{\pi}\int_0^{\frac{\pi}{2}}\frac{\cos\theta}{\cos\theta+\sin\theta}\mathrm{d}\theta \\
&=-\frac{3}{\pi}\cdot I_1.
\end{aligned}$$

$$I_1=\int_0^{\frac{\pi}{2}}\frac{\cos\theta}{\cos\theta+\sin\theta}\mathrm{d}\theta\xxrightarrow{\;\text{令}\,\theta=\frac{\pi}{2}-t\;}\int_{\frac{\pi}{2}}^0\frac{\sin t}{\sin t+\cos t}\mathrm{d}\left(\frac{\pi}{2}-t\right)=\int_0^{\frac{\pi}{2}}\frac{\sin t}{\sin t+\cos t}\mathrm{d}t$$

$$= \int_0^{\frac{\pi}{2}} \frac{\sin \theta}{\sin \theta + \cos \theta} \mathrm{d}\theta.$$

而

$$2I_1 = \int_0^{\frac{\pi}{2}} \frac{\cos \theta}{\cos \theta + \sin \theta} \mathrm{d}\theta + \int_0^{\frac{\pi}{2}} \frac{\sin \theta}{\sin \theta + \cos \theta} \mathrm{d}\theta = \int_0^{\frac{\pi}{2}} \mathrm{d}\theta = \frac{\pi}{2},$$

故 $I_1 = \dfrac{\pi}{4}$，原式 $= -\dfrac{3}{\pi} \cdot I_1 = -\dfrac{3}{\pi} \cdot \dfrac{\pi}{4} = -\dfrac{3}{4}$.

例 8 - 9　(2013 年)设 D_k 是圆域 $D = \{(x, y) \mid x^2 + y^2 \leqslant 1\}$ 位于第 k 象限的部分，记作 $I_k = \iint\limits_{D_k} (y - x) \mathrm{d}x \mathrm{d}y (k = 1, 2, 3, 4)$，则(　　).

A. $I_1 > 0$ 　　　　　　 B. $I_2 > 0$ 　　　　　　 C. $I_3 > 0$ 　　　　　　 D. $I_4 > 0$

解　口诀:"211 画坐顺".

(1) 画 D 的草图，如图 8 - 24 所示.

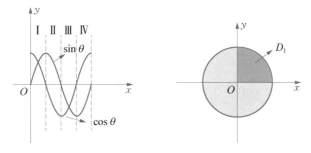

图 8 - 24　例 8 - 9 图

(2) 坐标系:极坐标.

(3) 积分顺序:$\int \mathrm{d}\theta \int r \mathrm{d}r$.

(4) 以 I_1 为例.

$$I_1 = \iint\limits_{D_1} (y - x) \mathrm{d}x \mathrm{d}y = \int_0^{\frac{\pi}{2}} \mathrm{d}\theta \int_0^1 (r \sin \theta - r \cos \theta) r \mathrm{d}r$$

$$= \int_0^{\frac{\pi}{2}} (\sin \theta - \cos \theta) \mathrm{d}\theta \int_0^1 r^2 \mathrm{d}r$$

$$= \int_0^{\frac{\pi}{2}} (\sin \theta - \cos \theta) \mathrm{d}\theta \cdot \frac{r^3}{3} \Big|_0^1 = \frac{1}{3} \int_0^{\frac{\pi}{2}} (\sin \theta - \cos \theta) \mathrm{d}\theta.$$

因为在 $\theta \in \left(0, \dfrac{\pi}{2}\right)$ 时，$\sin \theta > \cos \theta$ 不成立，即 $\sin \theta - \cos \theta > 0$ 不成立，则 $I_1 > 0$ 不成立.

(5) 因为在 $\theta \in \left(\dfrac{\pi}{2}, \pi\right)$ 时，$\sin \theta > \cos \theta$ 成立，故 $I_2 > 0$ 成立.

总结　此类选择题可以先计算 I_1，其余选项可以利用 I_1 的计算结果来选择，在本质上是一道计算题.

例 8 - 10 (2016 年)已知平面区域 $D = \left\{ (r, \theta) \mid 2 \leqslant r \leqslant 2(1+\cos\theta), -\dfrac{\pi}{2} \leqslant \theta \leqslant \dfrac{\pi}{2} \right\}$,

计算二重积分 $\displaystyle\iint_D x\,\mathrm{d}x\,\mathrm{d}y$.

解 原式 $= \displaystyle\int_{-\frac{\pi}{2}}^{\frac{\pi}{2}} \mathrm{d}\theta \int_2^{2(1+\cos\theta)} r\cos\theta \cdot r\,\mathrm{d}r = \int_{-\frac{\pi}{2}}^{\frac{\pi}{2}} \cos\theta\,\mathrm{d}\theta \int_2^{2(1+\cos\theta)} r^2\,\mathrm{d}r$

$= \displaystyle\int_{-\frac{\pi}{2}}^{\frac{\pi}{2}} \cos\theta\,\mathrm{d}\theta \cdot \frac{r^3}{3} \Big|_2^{2(1+\cos\theta)} = \int_{-\frac{\pi}{2}}^{\frac{\pi}{2}} \cos\theta \cdot \frac{8(1+\cos\theta)^3 - 8}{3}\,\mathrm{d}\theta$

$= \dfrac{8}{3} \displaystyle\int_{-\frac{\pi}{2}}^{\frac{\pi}{2}} \cos\theta\left[(1+\cos\theta)^3 - 1\right]\mathrm{d}\theta = \frac{8}{3} \int_{-\frac{\pi}{2}}^{\frac{\pi}{2}} \cos\theta\left[1 + 3\cos\theta + 3\cos^2\theta + \cos^3\theta - 1\right]\mathrm{d}\theta$

$= \dfrac{8}{3} \displaystyle\int_{-\frac{\pi}{2}}^{\frac{\pi}{2}} (3\cos^2\theta + 3\cos^3\theta + \cos^4\theta)\,\mathrm{d}\theta = \frac{16}{3} \int_0^{\frac{\pi}{2}} (3\cos^2\theta + 3\cos^3\theta + \cos^4\theta)\,\mathrm{d}\theta$

$= 16\displaystyle\int_0^{\frac{\pi}{2}} \cos^2\theta\,\mathrm{d}\theta + 16\int_0^{\frac{\pi}{2}} \cos^3\theta\,\mathrm{d}\theta + \frac{16}{3}\int_0^{\frac{\pi}{2}} \cos^4\theta\,\mathrm{d}\theta$

$= 16 \times \dfrac{1}{2} I_0 + 16 \times \dfrac{2}{3} I_1 + \dfrac{16}{3} \times \dfrac{3}{4} \times \dfrac{1}{2} I_0$

$= 8I_0 + \dfrac{32}{3} I_1 + 2I_0 = 10I_0 + \dfrac{32}{3} I_1 = 10 \times \dfrac{\pi}{2} + \dfrac{32}{3} \times 1 = 5\pi + \dfrac{32}{3}$.

注 "211 画坐顺"的这 3 步是为了确定积分限所做的准备工作. 由于本题积分限已经给出,直接计算即可.

例 8 - 11 (2012 年)计算二重积分 $\displaystyle\iint_D xy\,\mathrm{d}\sigma$,其中,区域 D 为曲线 $r = 1 + \cos\theta$

$(0 \leqslant \theta \leqslant \pi)$ 与极轴围成.

分析 由题意得:$0 \leqslant r \leqslant 1 + \cos\theta$.

解 原式 $= \displaystyle\int_0^{\pi} \mathrm{d}\theta \int_0^{1+\cos\theta} r\cos\theta\, r\sin\theta \cdot r\,\mathrm{d}r = \int_0^{\pi} \sin\theta\cos\theta\,\mathrm{d}\theta \int_0^{1+\cos\theta} r^3\,\mathrm{d}r$

$= \displaystyle\int_0^{\pi} \sin\theta\cos\theta \cdot \frac{r^4}{4} \Big|_0^{1+\cos\theta} \cdot \mathrm{d}\theta = \frac{1}{4} \int_0^{\pi} \sin\theta\cos\theta \cdot (1+\cos\theta)^4\,\mathrm{d}\theta$

$= -\dfrac{1}{4} \displaystyle\int_0^{\pi} \cos\theta(1+\cos\theta)^4\,\mathrm{d}\cos\theta \xlongequal{\text{令}\cos\theta = t} -\frac{1}{4} \int_1^{-1} t(1+t)^4\,\mathrm{d}t$

$= \dfrac{1}{4} \displaystyle\int_{-1}^1 t(t^2 + 2t + 1)^2\,\mathrm{d}t = \frac{1}{4} \int_{-1}^1 t(t^4 + 4t^2 + 1 + 4t^3 + 2t^2 + 4t)\,\mathrm{d}t$

$= \dfrac{1}{4} \displaystyle\int_{-1}^1 t(t^4 + 4t^3 + 6t^2 + 4t + 1)\,\mathrm{d}t = \frac{1}{4} \int_{-1}^1 (t^5 + 4t^4 + 6t^3 + 4t^2 + t)\,\mathrm{d}t$

$= \dfrac{1}{4} \times 2\displaystyle\int_0^1 (4t^4 + 4t^2)\,\mathrm{d}t = 2\int_0^1 (t^4 + t^2)\,\mathrm{d}t = 2 \times \left(\frac{t^5}{5} + \frac{t^3}{3} \right) \Big|_0^1$

$= 2 \times \left(\dfrac{1}{5} + \dfrac{1}{3} \right) = 2 \times \dfrac{8}{15} = \dfrac{16}{15}$.

注意 $(a + b + c)^2 = a^2 + b^2 + c^2 + 2ab + 2ac + 2bc$.

课堂练习

【练习 8-5】　设函数 $f(u)$ 连续, 区域 $D=\{(x,y)\mid x^2+y^2\leqslant 2y\}$, 则 $\iint\limits_{D}f(xy)\mathrm{d}x\mathrm{d}y$ 等于 (　　).

A. $\int_{-1}^{1}\mathrm{d}x\int_{-\sqrt{1-x^2}}^{\sqrt{1-x^2}}f(xy)\mathrm{d}y$　　　　　　B. $2\int_{0}^{2}\mathrm{d}y\int_{0}^{\sqrt{2y-y^2}}f(xy)\mathrm{d}x$.

C. $\int_{0}^{\pi}\mathrm{d}\theta\int_{0}^{2\sin\theta}f(r^2\sin\theta\cos\theta)\mathrm{d}r$　　　　D. $\int_{0}^{\pi}\mathrm{d}\theta\int_{0}^{2\sin\theta}f(r^2\sin\theta\cos\theta)r\mathrm{d}r$

【练习 8-6】　设区域 D 为 $x^2+y^2\leqslant R^2$, 则 $\iint\limits_{D}\left(\dfrac{x^2}{a^2}+\dfrac{y^2}{b^2}\right)\mathrm{d}x\mathrm{d}y=\underline{\hspace{2cm}}$.

【练习 8-7】　求二重积分 $\iint\limits_{D}\dfrac{1-x^2-y^2}{1+x^2+y^2}\mathrm{d}x\mathrm{d}y$, 其中, D 是 $x^2+y^2=1$, $x=0$ 和 $y=0$ 所围成的区域在第一象限部分.

【练习 8-8】　设 $D=\{(x,y)\mid x^2+y^2\leqslant x\}$, 求 $\iint\limits_{D}\sqrt{x}\,\mathrm{d}x\mathrm{d}y$.

【练习 8-9】　计算二重积分 $\iint\limits_{D}\dfrac{\sqrt{x^2+y^2}}{\sqrt{4a^2-x^2-y^2}}\mathrm{d}\sigma$, 其中, D 是由曲线 $y=-a+\sqrt{a^2-x^2}\,(a>0)$ 和直线 $y=-x$ 围成的区域.

【练习 8-10】　计算二重积分 $I=\iint\limits_{D}\mathrm{e}^{-(x^2+y^2-\pi)}\sin(x^2+y^2)\mathrm{d}x\mathrm{d}y$, 其中, 积分区域 $D=\{(x,y)\mid x^2+y^2\leqslant\pi\}$.

【练习 8-11】　计算积分 $\iint\limits_{D}\sqrt{x^2+y^2}\,\mathrm{d}x\mathrm{d}y$, 其中, $D=\{(x,y)\mid 0\leqslant y\leqslant x,\ x^2+y^2\leqslant 2x\}$.

【练习 8-12】　(2020 年) 设平面区域 D 由直线 $x=1$, $x=2$, $y=x$ 与 x 轴所围, 计算 $\iint\limits_{D}\dfrac{\sqrt{x^2+y^2}}{x}\mathrm{d}x\mathrm{d}y$.

§8.3　激光打飘带 (特殊函数)

知识梳理

1. 二重积分的主要题型

表 8-12　特殊函数的一重积分与二重积分

	一重积分 (定积分)	二重积分
主要题型	① 普通函数的定积分 ② 特殊函数的定积分 ③ 变限积分	① 普通函数的二重积分 ② 特殊函数的二重积分 ③ 3 种 "211" 形式之间的转变
简称	"肯定普特变"	"二重普特变"

2. 特殊函数的二重积分

表 8-13　特殊函数一重积分与二重积分的主要题型

	一重积分（定积分）	二重积分
主要题型	① 奇函数和偶函数 ② 周期函数 ③ 半圆函数 ④ $\sin x$ 和 $\cos x$ 的 n 次方	奇函数和偶函数
简称	"特奇周半死"	"特奇"

3. 常用公式

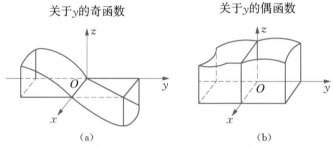

图 8-25　特殊函数的二重积分

（1）如果积分域 D 关于 x 轴对称，$f(x, y)$ 为 y 的奇偶函数，则二重积分

$$\iint\limits_{D} f(x, y)\mathrm{d}\sigma = \begin{cases} 0, & f \text{ 关于 } y \text{ 为奇函数，即 } f(x, -y) = -f(x, y), \\ 2\iint\limits_{D_1} f(x, y)\mathrm{d}\sigma, & f \text{ 关于 } y \text{ 为偶函数，即 } f(x, -y) = f(x, y). \end{cases}$$

可以选取两个对称点，求这两个对称点所对应的函数值（"激光打飘带"）之和，以此探测积分结果，这种记忆公式的方法叫做两点探测法.

表 8-14　积分域关于 x 轴对称的特殊函数的二重积分

理解方法	口诀
两点探测法	"激光打飘带"

（2）如果积分域 D 关于 y 轴对称，$f(x, y)$ 为 x 的奇偶函数，则二重积分

$$\iint\limits_{D} f(x, y)\mathrm{d}\sigma = \begin{cases} 0, & f \text{ 关于 } x \text{ 为奇函数，即 } f(-x, y) = -f(x, y), \\ 2\iint\limits_{D_1} f(x, y)\mathrm{d}\sigma, & f \text{ 关于 } x \text{ 为偶函数，即 } f(-x, y) = f(x, y). \end{cases}$$

理解方法	口诀
两点探测法	"激光打飘带"

4. 总结

(1) 当 D 区域是轴对称图形,且对称轴为坐标轴时,应优先考虑以上公式;

(2) "特殊区域＋特殊函数",简称"双特".

例 8－12　(2017 年)已知平面区域 $D=\{(x,y)\mid x^2+y^2\leqslant 2y\}$,计算二重积分

$$\iint\limits_{D}(x+1)^2\,\mathrm{d}\sigma.$$

分析　题型口诀:"二重普特变";解题步骤口诀:"211 画坐顺","圆极他直".

解　(1) 画 D 的草图,如图 8－26 所示.

(2) 坐标系:极坐标.

(3) 积分顺序:$\int \mathrm{d}\theta\int r\,\mathrm{d}r$.

(4) $I=\iint\limits_{D}(x+1)^2\mathrm{d}\sigma=\iint\limits_{D}(x^2+2x+1)\mathrm{d}\sigma$

$=\iint\limits_{D}x^2\mathrm{d}\sigma+\iint\limits_{D}2x\,\mathrm{d}\sigma+\iint\limits_{D}\mathrm{d}\sigma$

$=2\iint\limits_{D_1}x^2\mathrm{d}\sigma+0+2\iint\limits_{D_1}\mathrm{d}\sigma=2I_1+2I_2.$

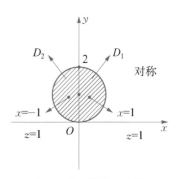

图 8－26　例 8－12 图

$I_1=\iint\limits_{D_1}x^2\mathrm{d}\sigma=\int_0^{\frac{\pi}{2}}\mathrm{d}\theta\int_0^{2\sin\theta}r^2\cos^2\theta r\,\mathrm{d}r=\int_0^{\frac{\pi}{2}}\cos^2\theta\cdot\frac{r^4}{4}\Big|_{r=0}^{r=2\sin\theta}\cdot\mathrm{d}\theta=\int_0^{\frac{\pi}{2}}\cos^2\theta\cdot\frac{16\sin^4\theta}{4}\mathrm{d}\theta$

$=4\int_0^{\frac{\pi}{2}}(1-\sin^2\theta)\sin^4\theta\,\mathrm{d}\theta=4\int_0^{\frac{\pi}{2}}(\sin^4\theta-\sin^6\theta)\mathrm{d}\theta=4\left(\frac{3}{4}\times\frac{1}{2}\times\frac{\pi}{2}-\frac{5}{6}\times\frac{3}{4}\times\frac{1}{2}\times\frac{\pi}{2}\right)=\frac{\pi}{8}.$

$$I_2=\iint\limits_{D_1}\mathrm{d}\sigma=S_{D_1}=\frac{1}{2}\pi\cdot1^2=\frac{\pi}{2}.$$

所以,

$$I=2I_1+2I_2=2\times\frac{\pi}{8}+2\times\frac{\pi}{2}=\frac{\pi}{4}+\pi=\frac{5}{4}\pi.$$

注意　当积分域关于 x 轴或 y 轴对称时,使用"两点探测法"来判断函数的奇偶性.

例 8－13　(2016 年)设 D 是由直线 $y=1$,$y=x$,$y=-x$ 围成的有界区域,计算二重积分 $\iint\limits_{D}\dfrac{x^2-xy-y^2}{x^2+y^2}\mathrm{d}x\,\mathrm{d}y$.

分析　题型口诀:"二重普特变";解题步骤口诀:"211 画坐顺".

解 （1）画 D 的草图，如图 $8-27$ 所示.

（2）坐标系：直角坐标系.

（3）积分顺序：$\int \mathrm{d}y \int \mathrm{d}x$.

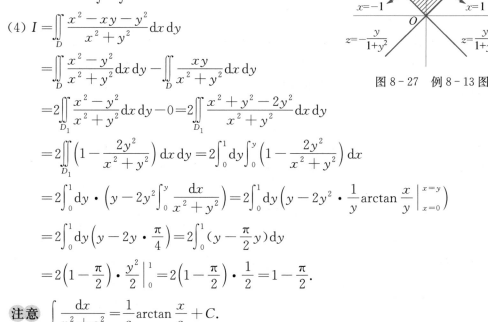

$$(4)\ I = \iint\limits_{D} \frac{x^2 - xy - y^2}{x^2 + y^2}\mathrm{d}x\,\mathrm{d}y$$

$$= \iint\limits_{D} \frac{x^2 - y^2}{x^2 + y^2}\mathrm{d}x\,\mathrm{d}y - \iint\limits_{D} \frac{xy}{x^2 + y^2}\mathrm{d}x\,\mathrm{d}y$$

$$= 2\iint\limits_{D_1} \frac{x^2 - y^2}{x^2 + y^2}\mathrm{d}x\,\mathrm{d}y - 0 = 2\iint\limits_{D_1} \frac{x^2 + y^2 - 2y^2}{x^2 + y^2}\mathrm{d}x\,\mathrm{d}y$$

$$= 2\iint\limits_{D_1} \left(1 - \frac{2y^2}{x^2 + y^2}\right)\mathrm{d}x\,\mathrm{d}y = 2\int_0^1 \mathrm{d}y \int_0^y \left(1 - \frac{2y^2}{x^2 + y^2}\right)\mathrm{d}x$$

$$= 2\int_0^1 \mathrm{d}y \cdot \left(y - 2y^2 \int_0^y \frac{\mathrm{d}x}{x^2 + y^2}\right) = 2\int_0^1 \mathrm{d}y \left(y - 2y^2 \cdot \frac{1}{y}\arctan\frac{x}{y}\Big|_{x=0}^{x=y}\right)$$

$$= 2\int_0^1 \mathrm{d}y \left(y - 2y \cdot \frac{\pi}{4}\right) = 2\int_0^1 \left(y - \frac{\pi}{2}y\right)\mathrm{d}y$$

$$= 2\left(1 - \frac{\pi}{2}\right) \cdot \frac{y^2}{2}\Big|_0^1 = 2\left(1 - \frac{\pi}{2}\right) \cdot \frac{1}{2} = 1 - \frac{\pi}{2}.$$

图 $8-27$　例 $8-13$ 图

注意 $\int \frac{\mathrm{d}x}{x^2 + a^2} = \frac{1}{a}\arctan\frac{x}{a} + C.$

例 8-14　（2016 年）设 $D = \{(x, y) \mid |x| \leqslant y \leqslant 1, -1 \leqslant x \leqslant 1\}$，则 $\iint\limits_{D} x^2 \mathrm{e}^{-y^2}\mathrm{d}x\,\mathrm{d}y = $

_____.

解　口诀："211 画坐顺".

（1）画 D 的草图，如图 $8-28$ 所示

（2）坐标系：直角坐标系.

（3）积分顺序：$\int \mathrm{d}y \int \mathrm{d}x$.

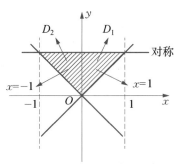

$$(4)\ I = 2\iint\limits_{D_1} = 2\int_0^1 \mathrm{d}y \int_0^y x^2 \mathrm{e}^{-y^2}\mathrm{d}x = 2\int_0^1 \mathrm{d}y \cdot \mathrm{e}^{-y^2} \frac{x^3}{3}\Big|_{x=0}^{x=y}$$

$$= \frac{2}{3}\int_0^1 \mathrm{e}^{-y^2}(y^3 - 0)\mathrm{d}y = \frac{2}{3}\int_0^1 y^2 \cdot y \cdot \mathrm{e}^{-y^2}\mathrm{d}y$$

$$= \frac{1}{3}\int_0^1 y^2 \cdot \mathrm{e}^{-y^2}\mathrm{d}y^2 \xrightarrow{\text{令}\,y^2 = t} \frac{1}{3}\int_0^1 t\,\mathrm{e}^{-t}\mathrm{d}t$$

$$= -\frac{1}{3}\int_0^1 t\,\mathrm{d}\mathrm{e}^{-t} = -\frac{1}{3}\left(t\,\mathrm{e}^{-t}\Big|_0^1 - \int_0^1 \mathrm{e}^{-t}\mathrm{d}t\right) = -\frac{1}{3}\left(\mathrm{e}^{-1} + \mathrm{e}^{-t}\Big|_0^1\right)$$

$$= -\frac{1}{3}(\mathrm{e}^{-1} + \mathrm{e}^{-1} - 1) = -\frac{1}{3}(2\mathrm{e}^{-1} - 1).$$

图 $8-28$　例 $8-14$ 图

例 8-15　（2015 年）计算二重积分 $\iint\limits_{D} x(x+y)\mathrm{d}x\,\mathrm{d}y$，其中，$D = \{(x, y) \mid x^2 + y^2 \leqslant 2,$

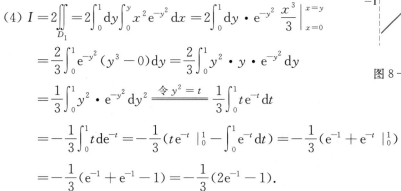

$y \geqslant x^2 \}.$

分析　题型口诀:"二重普特变";解题步骤口诀:"211 画坐顺".

解　(1) 画 D 的草图,如图 8 - 29 所示.

求交点坐标: $\begin{cases} x^2 + y^2 = 2, \\ y = x^2, \end{cases}$ 解得 $x^2 + x^2 = 2$, 有

$x = \pm 1.$

(2) 坐标系:直角坐标系.

(3) 积分顺序: $\int \mathrm{d}x \int \mathrm{d}y.$

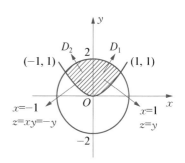

图 8 - 29　例 8 - 15 图

(4) $I = \iint\limits_{D} x(x+y)\mathrm{d}x\,\mathrm{d}y = \iint\limits_{D} x^2 \,\mathrm{d}x\,\mathrm{d}y + \iint\limits_{D} xy\,\mathrm{d}x\,\mathrm{d}y = 2\iint\limits_{D_1} x^2 \,\mathrm{d}x\,\mathrm{d}y + 0$

$\qquad = 2\int_0^1 \mathrm{d}x \int_{x^2}^{\sqrt{2-x^2}} x^2 \,\mathrm{d}y = 2\int_0^1 x^2(\sqrt{2-x^2} - x^2)\mathrm{d}x$

$\qquad = 2\left(\int_0^1 x^2 \sqrt{2-x^2}\,\mathrm{d}x - \int_0^1 x^4 \,\mathrm{d}x\right) = 2(I_1 - I_2).$

$I_1 = \int_0^1 x^2 \sqrt{2-x^2}\,\mathrm{d}x \xrightarrow[\mathrm{d}x = \sqrt{2}\cos t\,\mathrm{d}t]{\text{令 } x = \sqrt{2}\sin t} \int_0^{\frac{\pi}{4}} 2\sin^2 t \cdot \sqrt{2} \cdot \cos t \cdot \sqrt{2}\cos t\,\mathrm{d}t$

$\quad = \int_0^{\frac{\pi}{4}} 4\sin^2 t \cos^2 t\,\mathrm{d}t = \int_0^{\frac{\pi}{4}} (2\sin t \cos t)^2 \,\mathrm{d}t = \int_0^{\frac{\pi}{4}} \sin^2 2t\,\mathrm{d}t = \frac{1}{2}\int_0^{\frac{\pi}{4}} \sin^2 2t\,\mathrm{d}2t$

$\quad \xrightarrow{\text{令 } u = 2t} \frac{1}{2}\int_0^{\frac{\pi}{2}} \sin^2 u\,\mathrm{d}u = \frac{1}{2} \cdot \frac{1}{2} \cdot \frac{\pi}{2} = \frac{\pi}{8}.$

$$I_2 = \int_0^1 x^4 \,\mathrm{d}x = \frac{x^5}{5}\Big|_0^1 = \frac{1}{5}.$$

所以,

$$I = 2(I_1 - I_2) = 2\left(\frac{\pi}{8} - \frac{1}{5}\right) = \frac{\pi}{4} - \frac{2}{5}.$$

例 8 - 16　(2018 年) $\int_{-1}^0 \mathrm{d}x \int_{-x}^{2-x^2} (1-xy)\mathrm{d}y + \int_0^1 \mathrm{d}x \int_x^{2-x^2} (1-xy)\mathrm{d}y = (\qquad).$

A. $\dfrac{5}{3}$　　　　　　　　　　　　B. $\dfrac{5}{6}$

C. $\dfrac{7}{3}$　　　　　　　　　　　　D. $\dfrac{7}{6}$

解　口诀:"二重普特变";解题步骤口诀:"211 画坐顺".

(1) 画 D 的草图,如图 8 - 30 所示.

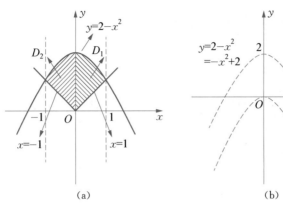

图 8-30 例 8-16 图

(2) 坐标系：直角坐标系.

(3) 积分顺序：$\int \mathrm{d}x \int \mathrm{d}y$.

(4) $I = \iint\limits_{D_2} \mathrm{d}\sigma + \iint\limits_{D_1} \mathrm{d}\sigma = \iint\limits_{D} \mathrm{d}\sigma = \iint\limits_{D} \mathrm{d}\sigma - \iint\limits_{D} xy\,\mathrm{d}\sigma = 2\iint\limits_{D_1} \mathrm{d}\sigma - 0$

$\qquad = 2\int_0^1 \mathrm{d}x \int_x^{2-x^2} \mathrm{d}y = 2\int_0^1 (2 - x^2 - x)\,\mathrm{d}x = 2\left(2x - \dfrac{x^3}{3} - \dfrac{x^2}{2}\right) \Big|_0^1$

$\qquad = 2 \times \left(2 - \dfrac{1}{3} - \dfrac{1}{2}\right) = \dfrac{7}{3}$.

故 C 选项正确.

注意 类似 $y = -x^2 + 2$ 这种函数经常会在考试中出现，需要熟练掌握.

例 8-17 （2015 年）设 $D = \{(x, y) \mid x^2 + y^2 \leqslant 2x, \ x^2 + y^2 \leqslant 2y\}$，函数 $f(x, y)$ 在 D 上连续，则 $\iint\limits_{D} f(x, y)\,\mathrm{d}x\,\mathrm{d}y = ($　　$)$.

A. $\displaystyle\int_0^{\frac{\pi}{4}} \mathrm{d}\theta \int_0^{2\cos\theta} f(r\cos\theta, r\sin\theta)r\,\mathrm{d}r + \int_{\frac{\pi}{4}}^{\frac{\pi}{2}} \mathrm{d}\theta \int_0^{2\sin\theta} f(r\cos\theta, r\sin\theta)r\,\mathrm{d}r$

B. $\displaystyle\int_0^{\frac{\pi}{4}} \mathrm{d}\theta \int_0^{2\sin\theta} f(r\cos\theta, r\sin\theta)r\,\mathrm{d}r + \int_{\frac{\pi}{4}}^{\frac{\pi}{2}} \mathrm{d}\theta \int_0^{2\cos\theta} f(r\cos\theta, r\sin\theta)r\,\mathrm{d}r$

C. $\displaystyle 2\int_0^1 \mathrm{d}x \int_{1-\sqrt{1-x^2}}^{x} f(x, y)\,\mathrm{d}y$

D. $\displaystyle 2\int_0^1 \mathrm{d}x \int_x^{\sqrt{2x-x^2}} f(x, y)\,\mathrm{d}y$

解 画 D 的草图，如图 8-31 所示.

由 $x^2 + y^2 = 2x$，$x^2 + y^2 = 2y$ 可知，$(x-1)^2 + y^2 = 1$.

（1）观察 C 和 D 选项前面都有 2，说明是偶函数或者积分区域为对称图形，但其并不是偶函数，且对称轴既不是 x 轴也不是 y 轴，所以可排除 C 和 D 选项.

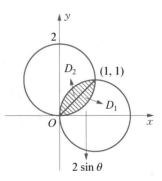

图 8-31 例 8-17 图

（2）D_1 有两个点，极坐标中标准图形为扇形，应有 3 个点，所以，其中一个点为两个点的重合，把 O 点拉开，形成一个扇形，其曲线表达式即为上圆的表达式，即 $2\sin\theta$，所以答案选 B.

注意　这类选择题不要求计算最终结果，没有必要写出所有的步骤，在画好图之后稍加分析即可得出结果.

例 8-18　（2009 年）如图 8-32 所示，正方形 $\{(x,y) \mid |x| \leqslant 1, |y| \leqslant 1\}$ 被其对角线划分为 4 个区域，$D_k(k=1,2,3,4)$，$I_k = \iint\limits_{D_k} y\cos x \, \mathrm{d}x\mathrm{d}y$，则 $\max\limits_{1 \leqslant k \leqslant 4}\{I_k\} = ($　　$)$.

A. I_1　　　　　　B. I_2　　　　　　C. I_3　　　　　　D. I_4

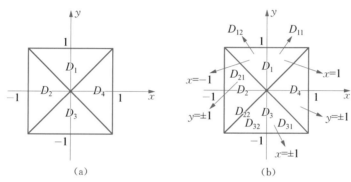

图 8-32　例 8-18 图

解　$I_1 = \iint\limits_{D_1} y\cos x \, \mathrm{d}x\mathrm{d}y = 2\iint\limits_{D_{11}} y\cos x \, \mathrm{d}x\mathrm{d}y,$

$I_2 = \iint\limits_{D_2} y\cos x \, \mathrm{d}x\mathrm{d}y = 0,$

$I_3 = \iint\limits_{D_3} y\cos x \, \mathrm{d}x\mathrm{d}y = 2\iint\limits_{D_{31}} y\cos x \, \mathrm{d}x\mathrm{d}y,$

$I_4 = \iint\limits_{D_4} y\cos x \, \mathrm{d}x\mathrm{d}y = 0.$

在 D_{11} 区域内，因为 $y > 0$，$\cos x > 0$，故 $y\cos x > 0$，所以，$I_1 > 0$.

在 D_{31} 区域内，因为 $y < 0$，$\cos x > 0$，故 $y\cos x < 0$，所以，$I_3 < 0$.

故答案为 A 选项.

例 8-19　（2019 年）已知平面区域 $D = \{(x,y) \mid |x| \leqslant y, (x^2+y^2)^3 \leqslant y^4\}$，求

$\iint\limits_{D} \dfrac{x+y}{\sqrt{x^2+y^2}} \mathrm{d}x\mathrm{d}y.$

分析　题型口诀："二重普特变"；解题步骤口诀："211 画坐顺".

解　（1）画 D 的草图，如图 8-33 所示.

采用描点法（特殊点），画 $(x^2+y^2)^3 = y^4$ 的图像.

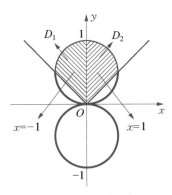

① 令 $x=0$，则 $y^6=y^4$，$y^4(y^2-1)=0$，解得 $y=0$ 或 $y=\pm1$.

② 令 $y=0$，$x^6=0$，$x=0$.

③ $x=\pm x_i$，y 不变，关于 y 轴对称；$y=\pm y_i$，x 不变，关于 x 轴对称.

④ 没有不存在的点.

(2) 坐标系：极坐标.

(3) 积分顺序：$\int \mathrm{d}\theta \int r\,\mathrm{d}r$.

(4) 确定积分上限. 因为 $(x^2+y^2)^3=y^4$，所以，$(r^2)^3=(r\sin\theta)^4$，即 $r^6=r^4\sin^4\theta$，$r^2=\sin^4\theta$，$r=\sin^2\theta$.

图 8-33　例 8-19 图

$$
原式=I=\iint_D \frac{x+y}{\sqrt{x^2+y^2}}\,\mathrm{d}x\,\mathrm{d}y=\iint_D \frac{x}{\sqrt{x^2+y^2}}\,\mathrm{d}x\,\mathrm{d}y+\iint_D \frac{y}{\sqrt{x^2+y^2}}\,\mathrm{d}x\,\mathrm{d}y
$$

$$
=0+2\iint_{D_1} \frac{y}{\sqrt{x^2+y^2}}\,\mathrm{d}x\,\mathrm{d}y=2\int_{\frac{\pi}{4}}^{\frac{\pi}{2}}\mathrm{d}\theta\int_0^{\sin^2\theta}\frac{r\sin\theta}{r}r\,\mathrm{d}r
$$

$$
=2\int_{\frac{\pi}{4}}^{\frac{\pi}{2}}\sin\theta\,\mathrm{d}\theta\cdot\frac{r^2}{2}\Big|_{r=0}^{r=\sin^2\theta}=\int_{\frac{\pi}{4}}^{\frac{\pi}{2}}\sin\theta\cdot\sin^4\theta\,\mathrm{d}\theta=-\int_{\frac{\pi}{4}}^{\frac{\pi}{2}}\sin^4\theta\,\mathrm{d}\cos\theta
$$

$$
=-\int_{\frac{\pi}{4}}^{\frac{\pi}{2}}(1-\cos^2\theta)^2\,\mathrm{d}\cos\theta\xrightarrow{\text{令}\cos\theta=t}-\int_{\frac{\sqrt{2}}{2}}^{0}(1-t^2)^2\,\mathrm{d}t
$$

$$
=\int_0^{\frac{\sqrt{2}}{2}}(1-2t^2+t^4)\,\mathrm{d}t=\left(t-2\cdot\frac{t^3}{3}+\frac{t^5}{5}\right)\Big|_0^{\frac{\sqrt{2}}{2}}
$$

$$
=\frac{\sqrt{2}}{2}-\frac{2}{3}\cdot\frac{1}{2}\cdot\frac{\sqrt{2}}{2}+\frac{1}{5}\cdot\frac{1}{4}\cdot\frac{\sqrt{2}}{2}=\frac{\sqrt{2}}{2}\left(1-\frac{1}{3}+\frac{1}{20}\right)
$$

$$
=\frac{\sqrt{2}}{2}\cdot\frac{60-20+3}{60}=\frac{\sqrt{3}}{2}\cdot\frac{43}{60}=\frac{43}{120}\sqrt{2}.
$$

注意 当使用直角坐标系解题遇到极大困难时，可以尝试使用极坐标求解.

例 8-20 若函数 $f(x)=\dfrac{1}{1+x^2}+\sqrt{1-x^2}\displaystyle\int_0^1 f(x)\,\mathrm{d}x$，则 $\displaystyle\int_0^1 f(x)\,\mathrm{d}x=$ _____.

解 令 $\displaystyle\int_0^1 f(x)\,\mathrm{d}x=A$，则 $f(x)=\dfrac{1}{1+x^2}+A\sqrt{1-x^2}$.

方程两边同时积分，得

$$
A=\int_0^1 f(x)\,\mathrm{d}x=\int_0^1 \frac{\mathrm{d}x}{1+x^2}+A\int_0^1\sqrt{1-x^2}\,\mathrm{d}x=\arctan x\Big|_0^1+A\cdot\frac{1}{4}\pi\times 1^2=\frac{\pi}{4}+\frac{1}{4}\pi A.
$$

解得 $A=\dfrac{\pi}{4}+\dfrac{1}{4}\pi A$，$A\left(1-\dfrac{\pi}{4}\right)=\dfrac{\pi}{4}$，$A=\dfrac{\dfrac{\pi}{4}}{1-\dfrac{\pi}{4}}=\dfrac{\pi}{4-\pi}$.

注意 解题思路：设积分为常数，会得到一个方程，求解方程即可.

例 8-21 设 $f(x, y)$ 连续,且 $f(x, y) = xy + \iint\limits_{D} f(u, v) \mathrm{d}u \mathrm{d}v$,其中,$D$ 是由 $y = 0$,$y = x^2$,$x = 1$ 所围成的区域,则 $f(x, y)$ 等于( ).

A. xy

B. $2xy$

C. $xy + \dfrac{1}{8}$

D. $xy + 1$

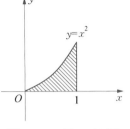

图 8-34 例 8-21 图

解 画 D 区域的草图,如图 8-34 所示.

令 $\iint\limits_{D} f(u, v) \mathrm{d}u \mathrm{d}v = A$,则 $f(x, y) = xy + A$.

$$A = \iint\limits_{D} f(u, v) \mathrm{d}u \mathrm{d}v = \iint\limits_{D} f(x, y) \mathrm{d}x \mathrm{d}y = \iint\limits_{D} xy \mathrm{d}x \mathrm{d}y + \iint\limits_{D} A \mathrm{d}x \mathrm{d}y$$

$$= \int_0^1 \mathrm{d}x \int_0^{x^2} xy \mathrm{d}y + A \int_0^1 \mathrm{d}x \int_0^{x^2} \mathrm{d}y = \int_0^1 \left(x \cdot \frac{1}{2} y^2 \Big|_0^{x^2} \right) \mathrm{d}x + A \int_0^1 x^2 \mathrm{d}x$$

$$= \frac{1}{2} \int_0^1 x^5 \mathrm{d}x + A \frac{x^3}{3} \Big|_0^1 = \frac{1}{2} \cdot \frac{x^6}{6} \Big|_0^1 + \frac{1}{3} A = \frac{1}{12} + \frac{1}{3} A.$$

解得 $A = \dfrac{1}{12} + \dfrac{1}{3} A$,$A = \dfrac{1}{12} \times \dfrac{3}{2} = \dfrac{1}{8}$,所以,$f(x, y) = xy + \dfrac{1}{8}$.

注意 解题思路:不管是定积分还是二重积分,计算结果均为常数,所以,可以设积分为常数,会得到一个方程,求解方程即可.

课堂练习

【练习 8-13】 设 D 是 xOy 平面上以 $(1, 1)$,$(-1, 1)$ 和 $(-1, -1)$ 为顶点的三角区域,D_1 是 D 在第一象限的部分,则 $\iint\limits_{D} (xy + \cos x \sin y) \mathrm{d}x \mathrm{d}y$ 等于( ).

A. $2 \iint\limits_{D_1} \cos x \sin y \mathrm{d}x \mathrm{d}y$

B. $2 \iint\limits_{D_1} xy \mathrm{d}x \mathrm{d}y$

C. $4 \iint\limits_{D_1} (xy + \cos x \sin y) \mathrm{d}x \mathrm{d}y$

D. 0

【练习 8-14】 设 $D = \{(x, y) \mid x^2 + y^2 \leqslant 1\}$,则 $\iint\limits_{D} (x^2 - y) \mathrm{d}x \mathrm{d}y = $ _____ .

【练习 8-15】 设区域 D 由 $x^2 + y^2 \leqslant y$ 和 $x \geqslant 0$ 所确定,$f(x, y)$ 为 D 上的连续函数,且 $f(x, y) = \sqrt{1 - x^2 - y^2} - \dfrac{8}{\pi} \iint\limits_{D} f(u, v) \mathrm{d}u \mathrm{d}v$,求 $f(x, y)$.

【练习 8-16】 (2020 年)已知 $D = \{(x, y) \mid x^2 + y^2 \leqslant 1, y \geqslant 0\}$,$f(x, y) = y\sqrt{1 - x^2} + x \iint\limits_{D} f(x, y) \mathrm{d}x \mathrm{d}y$,求 $\iint\limits_{D} x f(x, y) \mathrm{d}x \mathrm{d}y$.

【练习 8-17】 设区域 $D = \{(x, y) \mid x^2 + y^2 \leqslant 1, x \geqslant 0\}$,计算二重积分

$$\iint\limits_{D} \frac{1 + xy}{1 + x^2 + y^2} \mathrm{d}x \mathrm{d}y.$$

§8.4 以图为桥(三形式互换)

知识梳理

二重积分 已知函数 $z = f(x, y)$,以 xOy 平面上的 D 区域为底、以 $z = f(x, y)$ 为顶的柱状体的体积,叫做二重积分,用 $\iint\limits_D f(x, y) \mathrm{d}\sigma$ 表示,可以记作 I.

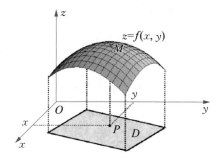

图 8-35 "以图为桥"

轮换对称性 设积分域为 D_{xy},D_{yx} 为将 D_{xy} 的变量 x 和 y 互换后所在的区域,则

$$\iint\limits_{D_{xy}} f(x, y) \mathrm{d}x\,\mathrm{d}y = \iint\limits_{D_{yx}} f(y, x) \mathrm{d}y\,\mathrm{d}x.$$

使用条件 当 D 区域是轴对称图形,且对称轴为 $y = x$ 时,有 $D_{xy} = D_{yx}$,此时应优先考虑以上公式.

1. 二重积分的主要题型

表 8-16 "三形式互换"的一重积分与二重积分

	一重积分(定积分)	二重积分
主要题型	① 普通函数的定积分 ② 特殊函数的定积分 ③ 变限积分	① 普通函数的二重积分 ② 特殊函数的二重积分 ③ "211"的三形式互换(转变)
简称	"肯定普特变"	"二重普特变"

2. 普通函数二重积分的解题思路

表 8-17 普通函数二重积分的解题思路

基本思路	"二重积分 = 一重积分 + 一重积分",简称"211 变换"		
编号	①号形式	②号形式	③号形式
$\mathrm{d}\sigma$ 的计算方式	$\mathrm{d}\sigma = \mathrm{d}y\,\mathrm{d}x$	$\mathrm{d}\sigma = \mathrm{d}x\,\mathrm{d}y$	$\mathrm{d}\sigma = r\,\mathrm{d}\theta\,\mathrm{d}r$
积分形式	$\iint\limits_D f(x, y)\mathrm{d}\sigma =$ $\int_?^? \mathrm{d}x \int_?^? \cdots \mathrm{d}y$	$\iint\limits_D f(x, y)\mathrm{d}\sigma =$ $\int_?^? \mathrm{d}y \int_?^? \cdots \mathrm{d}x$	$\iint\limits_D f(x, y)\mathrm{d}\sigma =$ $\int_?^? \mathrm{d}\theta \int_?^? \cdots \mathrm{d}r$
汇总	$\iint\limits_D f(x, y)\mathrm{d}\sigma = \int_?^? \mathrm{d}x \int_?^? \cdots \mathrm{d}y = \int_?^? \mathrm{d}y \int_?^? \cdots \mathrm{d}x = \int_?^? \mathrm{d}\theta \int_?^? \cdots \mathrm{d}r$		

3. 三形式互换的方法——以图为桥

①号形式⇒画出 D 区域的草图⇒③号形式.

例 8-22　(2014 年)设平面区域 $D=\{(x,y)\mid 1\leqslant x^2+y^2\leqslant 4,\ x\geqslant 0,\ y\geqslant 0\}$，计算 $\iint\limits_D \dfrac{x\sin(\pi\sqrt{x^2+y^2})}{x+y}\mathrm{d}x\,\mathrm{d}y$.

分析　题型口诀："二重普特变";解题步骤口诀："211 画坐顺".

解　(1) 画 D 的草图,如图 8-36 所示.

(2) 坐标系:极坐标.

(3) 积分顺序: $\displaystyle\int \mathrm{d}\theta \int r\,\mathrm{d}r$.

(4) $I = \displaystyle\iint\limits_D \dfrac{x\sin(\pi\sqrt{x^2+y^2})}{x+y}\mathrm{d}x\,\mathrm{d}y$

$\quad\quad = \displaystyle\iint\limits_D \dfrac{y\sin(\pi\sqrt{x^2+y^2})}{x+y}\mathrm{d}x\,\mathrm{d}y$.

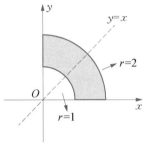

图 8-36　例 8-22 图

所以,

$$I = \frac{1}{2}\iint\limits_D \left(\frac{x\sin(\pi\sqrt{x^2+y^2})}{x+y} + \frac{y\sin(\pi\sqrt{x^2+y^2})}{x+y} \right)\mathrm{d}x\,\mathrm{d}y = \frac{1}{2}\iint\limits_D \sin(\pi\sqrt{x^2+y^2})\,\mathrm{d}x\,\mathrm{d}y$$

$$= \frac{1}{2}\int_0^{\frac{\pi}{2}}\mathrm{d}\theta\int_1^2 \sin(\pi r)\cdot r\,\mathrm{d}r = \frac{1}{2}\cdot\left(-\frac{1}{\pi}\right)\int_0^{\frac{\pi}{2}}\mathrm{d}\theta\int_1^2 r\,\mathrm{d}\cos(\pi r)$$

$$= -\frac{1}{2\pi}\int_0^{\frac{\pi}{2}}\mathrm{d}\theta\left[r\cos(\pi r)\mid_1^2 - \int_1^2 \cos\pi r\,\mathrm{d}r \right]$$

$$= -\frac{1}{2\pi}\int_0^{\frac{\pi}{2}}\mathrm{d}\theta\cdot\left[(2\cos 2\pi - \cos\pi) - \frac{1}{\pi}\sin(\pi r)\mid_1^2 \right]$$

$$= -\frac{1}{2\pi}\int_0^{\frac{\pi}{2}}\mathrm{d}\theta\cdot\left[(2+1) - \frac{1}{\pi}(0-0) \right] = -\frac{3}{2\pi}\int_0^{\frac{\pi}{2}}\mathrm{d}\theta = -\frac{3}{2\pi}\cdot\frac{\pi}{2} = -\frac{3}{4}.$$

例 8-23　(2017 年) $\displaystyle\int_0^1 \mathrm{d}y \int_y^1 \frac{\tan x}{x}\mathrm{d}x = \underline{\quad\quad\quad}$.

解　运用三形式互换的方法"以图为桥"求解;本题为②号形式.画出草图,如图 8-37 所示.

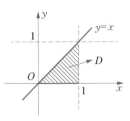

图 8-37　例 8-23 图

$$I = \int_0^1 \mathrm{d}x \int_0^x \frac{\tan x}{x}\mathrm{d}y = \int_0^1 \frac{\tan x}{x}\cdot x\,\mathrm{d}x = \int_0^1 \tan x\,\mathrm{d}x = \ln|\sec x|\,\mid_0^1$$

$$= \ln|\sec 1| - \ln|\sec 0| = \ln\left|\frac{1}{\cos 1}\right| - \ln\left|\frac{1}{\cos 0}\right|$$

$$= -\ln|\cos 1| + \ln|\cos 0| = -\ln(\cos 1) + \ln 1 = -\ln(\cos 1).$$

总结 当题目中出现 3 种形式其中的一种时,需换成别的形式,做起来才会更加简便.

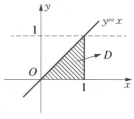

例 8-24 (2014 年)二次积分 $\int_0^1 dy \int_y^1 \left(\dfrac{e^{x^2}}{x} - e^{y^2} \right) dx =$ _____.

图 8-38 例 8-24 图

解 运用三形式互换的方法"以图为桥"求解;本题为②号形式. 画出草图,如图 8-38 所示.

$$I = \int_0^1 dy \int_y^1 \frac{e^{x^2}}{x} dx - \int_0^1 dy \int_y^1 e^{y^2} dx = \int_0^1 dx \int_0^x \frac{e^{x^2}}{x} dy - \int_0^1 e^{y^2}(1-y) dy$$

$$= \int_0^1 \frac{e^{x^2}}{x} \cdot x \cdot dx - \int_0^1 e^{y^2}(1-y) dy = \int_0^1 e^{x^2} dx - \int_0^1 e^{x^2}(1-x) dx$$

$$= \int_0^1 [e^{x^2} - e^{x^2}(1-x)] dx = \int_0^1 e^{x^2} \cdot x \, dx = \frac{1}{2} \int_0^1 e^{x^2} \cdot dx^2 \xrightarrow{\text{令 } x^2 = u} \frac{1}{2} \int_0^1 e^u du$$

$$= \frac{1}{2} e^u \Big|_0^1 = \frac{1}{2}(e-1).$$

例 8-25 (2014 年)设 $f(x, y)$ 是连续函数,则 $\int_0^1 dy \int_{-\sqrt{1-y^2}}^{1-y} f(x, y) dx = ($).

A. $\int_0^1 dx \int_0^{x-1} f(x, y) dy + \int_{-1}^0 dx \int_0^{\sqrt{1-x^2}} f(x, y) dy$

B. $\int_0^1 dx \int_0^{1-x} f(x, y) dy + \int_{-1}^0 dx \int_{-\sqrt{1-x^2}}^0 f(x, y) dy$

C. $\int_0^{\frac{\pi}{2}} d\theta \int_0^{\frac{1}{\cos\theta+\sin\theta}} f(r\cos\theta, r\sin\theta) dr + \int_{\frac{\pi}{2}}^{\pi} d\theta \int_0^1 f(r\cos\theta, r\sin\theta) dr$

D. $\int_0^{\frac{\pi}{2}} d\theta \int_0^{\frac{1}{\cos\theta+\sin\theta}} f(r\cos\theta, r\sin\theta) r dr + \int_{\frac{\pi}{2}}^{\pi} d\theta \int_0^1 f(r\cos\theta, r\sin\theta) r dr$

解 题干为②号形式,A 和 B 为①号形式,C 和 D 为③号形式,所以,此题为形式转换问题;运用三形式互换方法"以图为桥"求解. 画出草图,如图 8-39 所示.

(1) 转化为①号形式时.

由 $x^2 + y^2 = 1$ 得:$y = \sqrt{1-x^2}$,故排除 B 选项.

由 $x + y = 1$ 得:$y = 1-x$,故排除 A 选项.

(2) 转化为③号形式时.

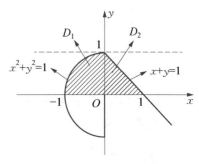

图 8-39 例 8-25 图

极坐标标准写法为 $\int r dr$,故排除 C 选项.

所以,答案为 D 选项.

例 8-26 (2012 年)设函数 $f(t)$ 连续,则二次积分 $\int_0^{\frac{\pi}{2}} d\theta \int_{2\cos\theta}^2 f(r^2) r dr = ($).

A. $\int_0^2 dx \int_{\sqrt{2x-x^2}}^{\sqrt{4-x^2}} \sqrt{x^2+y^2} f(x^2+y^2) dy$　　　B. $\int_0^2 dx \int_{\sqrt{2x-x^2}}^{\sqrt{4-x^2}} f(x^2+y^2) dy$

C. $\int_0^2 dy \int_{1+\sqrt{1-y^2}}^{\sqrt{4-y^2}} \sqrt{x^2+y^2} f(x^2+y^2) dx$　　D. $\int_0^2 dy \int_{1+\sqrt{1-y^2}}^{\sqrt{4-y^2}} f(x^2+y^2) dx$

解 题干为③号形式,A 和 B 为①号形式,C 和 D 为②号形式,所以,此题为形式转换问题;运用三形式互换方法"以图为桥"求解.画出草图,如图 8-40 所示.

图形中有竖线,应先写 dx,故排除 C 和 D 选项.

因为 $\int d\theta \cdot r dr = \int d\sigma = \int dx dy$,故排除 A 选项.

另外,由 $x^2+y^2=4$ 得:$y=\sqrt{4-x^2}$.

由 $r=2\cos\theta$ 得:$r^2=2r\cos\theta$,即 $x^2+y^2=2x$,有 $y=\sqrt{2x-x^2}$.

所以,答案为 B 选项.

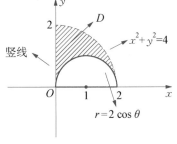

图 8-40　例 8-26 图

例 8-27 （2009 年）设函数 $f(x,y)$ 连续,则 $\int_1^2 dx \int_x^2 f(x,y) dy + \int_1^2 dy \int_y^{4-y} f(x,y) dx = (\quad)$.

A. $\int_1^2 dx \int_1^{4-x} f(x,y) dy$　　　　　B. $\int_1^2 dx \int_x^{4-x} f(x,y) dy$

C. $\int_1^2 dy \int_1^{4-y} f(x,y) dx$　　　　　D. $\int_1^2 dy \int_y^2 f(x,y) dx$

解 题目中为"①+②"形式,A 和 B 为①号形式,C 和 D 为②号形式,所以,此题为形式转换问题;运用三形式互换方法"以图为桥"求解.画出草图,如图 8-41 所示.

阴影部分的面积为两条横线、一条竖线,以横线为主,可以先写 dy,故排除 A 和 B 选项.

又由 $x+y=4$ 得:$x=4-y$,故答案为 C 选项.

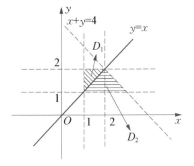

图 8-41　例 8-27 图

总结 （1）被积函数相同时,若 D_1 和 D_2 连在一起,则有可能将区域 D 合并.

（2）注意区域 D 的边界是有横线还是有竖线,若都有则比较二者谁更多,横线多先写 dy,竖线多先写 dx.

例 8-28 （2015 年）设 D 是第一象限由曲线 $2xy=1$,$4xy=1$ 与直线 $y=x$,$y=\sqrt{3}x$ 围成的平面区域,函数 $f(x,y)$ 在 D 上连续,则 $\iint\limits_D f(x,y) dx dy = (\quad)$.

A. $\int_{\frac{\pi}{4}}^{\frac{\pi}{3}} d\theta \int_{\frac{1}{2\sin 2\theta}}^{\frac{1}{\sin 2\theta}} f(r\cos\theta, r\sin\theta) r dr$

B. $\int_{\frac{\pi}{4}}^{\frac{\pi}{3}} d\theta \int_{\frac{1}{\sqrt{2\sin 2\theta}}}^{\frac{1}{\sqrt{\sin 2\theta}}} f(r\cos\theta, r\sin\theta) r dr$

C. $\int_{\frac{\pi}{4}}^{\frac{\pi}{3}} \mathrm{d}\theta \int_{\frac{1}{2\sin 2\theta}}^{\frac{1}{\sin 2\theta}} f(r\cos\theta,\ r\sin\theta)\mathrm{d}r$

D. $\int_{\frac{\pi}{4}}^{\frac{\pi}{3}} \mathrm{d}\theta \int_{\frac{1}{\sqrt{2\sin 2\theta}}}^{\frac{1}{\sqrt{\sin 2\theta}}} f(r\cos\theta,\ r\sin\theta)\mathrm{d}r$

解　选项都为③号形式，所以，此题为形式转换问题；运用三形式互换方法"以图为桥"求解.画出草图，如图 8-42 所示.

极坐标的形式为 $\int r\mathrm{d}r$，故排除 C 和 D 选项.

又因为 $r\cos\theta \cdot r\sin\theta = \dfrac{1}{4}$，$2r^2\sin\theta\cos\theta = \dfrac{1}{4}\times 2$，$r^2\sin 2\theta = \dfrac{1}{2}$，$r^2 = \dfrac{1}{2\sin 2\theta}$，所以，$r = \dfrac{1}{\sqrt{2\sin 2\theta}}$，故答案为 B 选项.

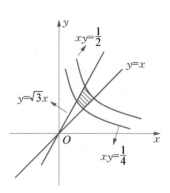

图 8-42　例 8-28 图

例 8-29　(2010 年)计算二重积分

$$I = \iint\limits_{D} r^2 \sin\theta \sqrt{1 - r^2\cos 2\theta}\ \mathrm{d}r\mathrm{d}\theta,$$

其中，$D = \left\{(r,\ \theta)\ \middle|\ 0 \leqslant r \leqslant \sec\theta,\ 0 \leqslant \theta \leqslant \dfrac{\pi}{4}\right\}$.

分析　③号形式积分遇到困难，所以，考虑转变成①号形式或者②号形式.

在直角坐标系中，画 D 的草图，如图 8-43 所示.

因为 $r = \sec\theta = \dfrac{1}{\cos\theta}$，所以，$r \cdot \cos\theta = 1$，$r = \sec\theta$ 对应的直线为 $x = 1$.

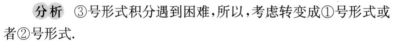

图 8-43　例 8-29 图

解　$I = \int_0^{\frac{\pi}{4}} \mathrm{d}\theta \int_0^{\sec\theta} r\sin\theta \sqrt{1 - r^2\cos 2\theta} \cdot r\mathrm{d}r$

$= \int_0^1 \mathrm{d}x \int_0^x y\sqrt{1 - r^2(\cos^2\theta - \sin^2\theta)}\ \mathrm{d}y$

$= \int_0^1 \mathrm{d}x \int_0^x y\sqrt{1 - (x^2 - y^2)}\ \mathrm{d}y = \dfrac{1}{2}\int_0^1 \mathrm{d}x \int_0^x \sqrt{1 - x^2 + y^2}\ \mathrm{d}(y^2 + 1 - x^2)$

$= \dfrac{1}{2}\int_0^1 \dfrac{(1 - x^2 + y^2)^{\frac{1}{2}+1}}{\frac{3}{2}}\Bigg|_{y=0}^{y=x} \cdot \mathrm{d}x = \dfrac{1}{2} \cdot \dfrac{2}{3}\int_0^1 \left[1 - (1 - x^2)^{\frac{3}{2}}\right]\mathrm{d}x$

$= \dfrac{1}{3}\int_0^1 \mathrm{d}x - \dfrac{1}{3}\int_0^1 (1 - x^2)^{\frac{3}{2}}\ \mathrm{d}x = I_1 - I_2.$

$I_1 = \dfrac{1}{3}\times 1 = \dfrac{1}{3}.$

$I_2 \xrightarrow[\mathrm{d}x = \cos\theta\,\mathrm{d}\theta]{\text{令}\ x = \sin\theta} \dfrac{1}{3}\int_0^{\frac{\pi}{2}} \cos^3\theta \cdot \cos\theta\,\mathrm{d}\theta = \dfrac{1}{3}\int_0^{\frac{\pi}{2}} \cos^4\theta\,\mathrm{d}\theta = \dfrac{1}{3} \cdot \dfrac{3}{4} \cdot \dfrac{1}{2} \cdot \dfrac{\pi}{2} = \dfrac{\pi}{16}.$

所以，

$$I = I_1 - I_2 = \frac{1}{3} - \frac{\pi}{16}.$$

注意　$\mathrm{d}\theta \cdot r\mathrm{d}r = \mathrm{d}\sigma = \mathrm{d}x\mathrm{d}y$；当某种形式积分遇到困难时，要转换成其他形式.

例 8 - 30　（2011 年）已知函数 $f(x,y)$ 具有二阶连续偏导数，且 $f(1,y)=0$，$f(x,1)=0$，$\iint\limits_{D}f(x,y)\mathrm{d}x\mathrm{d}y=a$，其中，$D=\{(x,y)\mid 0\leqslant x\leqslant 1,0\leqslant y\leqslant 1\}$，计算二重积分 $I=\iint\limits_{D}xyf''_{xy}(x,y)\mathrm{d}x\mathrm{d}y$.

分析　题型口诀："二重普特变"；解题步骤口诀："211 画坐顺".

解　（1）画 D 的草图，如图 8 - 44 所示.

（2）坐标系：直角坐标系.

（3）积分顺序：$\int\mathrm{d}x\int\mathrm{d}y$.

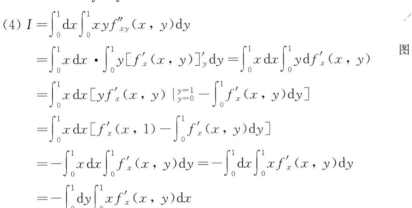

图 8 - 44　例 8 - 30 图

$$
\begin{aligned}
(4)\ I &= \int_0^1 \mathrm{d}x \int_0^1 xyf''_{xy}(x,y)\mathrm{d}y \\
&= \int_0^1 x\mathrm{d}x \cdot \int_0^1 y\left[f'_x(x,y)\right]'_y\mathrm{d}y = \int_0^1 x\mathrm{d}x\int_0^1 y\mathrm{d}f'_x(x,y) \\
&= \int_0^1 x\mathrm{d}x\left[yf'_x(x,y)\Big|_{y=0}^{y=1} - \int_0^1 f'_x(x,y)\mathrm{d}y\right] \\
&= \int_0^1 x\mathrm{d}x\left[f'_x(x,1) - \int_0^1 f'_x(x,y)\mathrm{d}y\right] \\
&= -\int_0^1 x\mathrm{d}x\int_0^1 f'_x(x,y)\mathrm{d}y = -\int_0^1 \mathrm{d}x\int_0^1 xf'_x(x,y)\mathrm{d}y \\
&= -\int_0^1 \mathrm{d}y\int_0^1 xf'_x(x,y)\mathrm{d}x \\
&= -\int_0^1 \mathrm{d}y\int_0^1 x\mathrm{d}f(x,y) = -\int_0^1 \mathrm{d}y\left[xf(x,y)\Big|_{x=0}^{x=1} - \int_0^1 f(x,y)\mathrm{d}x\right] \\
&= -\int_0^1 \mathrm{d}y\left[f(1,y) - \int_0^1 f(x,y)\mathrm{d}x\right] = \int_0^1 \mathrm{d}y\int_0^1 f(x,y)\mathrm{d}x \\
&= \iint\limits_{D}f(x,y)\mathrm{d}x\mathrm{d}y = a.
\end{aligned}
$$

注意　在计算过程中遇到困难，也可以考虑更换其他的形式去计算.

课堂练习

【练习 8 - 18】　设函数 $f(x,y)$ 连续，则二次积分 $\int_{\frac{\pi}{2}}^{\pi}\mathrm{d}x\int_{\sin x}^{1}f(x,y)\mathrm{d}y$ 等于（　　）.

A. $\int_0^1\mathrm{d}y\int_{\pi+\arcsin y}^{\pi}f(x,y)\mathrm{d}x$　　　　　　　　B. $\int_0^1\mathrm{d}y\int_{\pi-\arcsin y}^{\pi}f(x,y)\mathrm{d}x$

C. $\int_0^1\mathrm{d}y\int_{\frac{\pi}{2}}^{\pi+\arcsin y}f(x,y)\mathrm{d}x$　　　　　　　　D. $\int_0^1\mathrm{d}y\int_{\frac{\pi}{2}}^{\pi-\arcsin y}f(x,y)\mathrm{d}x$

【练习 8 - 19】　设 $f(x,y)$ 为连续函数，则 $\int_0^{\frac{\pi}{4}}\mathrm{d}\theta\int_0^1 f(r\cos\theta,r\sin\theta)r\mathrm{d}r$ 等于（　　）.

A. $\int_{0}^{\frac{\sqrt{2}}{2}}\mathrm{d}x\int_{x}^{\sqrt{1-x^2}}f(x,y)\mathrm{d}y$ B. $\int_{0}^{\frac{\sqrt{2}}{2}}\mathrm{d}x\int_{0}^{\sqrt{1-x^2}}f(x,y)\mathrm{d}y$

C. $\int_{0}^{\frac{\sqrt{2}}{2}}\mathrm{d}y\int_{y}^{\sqrt{1-y^2}}f(x,y)\mathrm{d}x$ D. $\int_{0}^{\frac{\sqrt{2}}{2}}\mathrm{d}y\int_{0}^{\sqrt{1-y^2}}f(x,y)\mathrm{d}x$

【练习 8-20】 累次积分 $\int_{0}^{\frac{\pi}{2}}\mathrm{d}\theta\int_{0}^{\cos\theta}f(r\cos\theta,r\sin\theta)r\mathrm{d}r$ 可以写成(   ).

A. $\int_{0}^{1}\mathrm{d}y\int_{0}^{\sqrt{y-y^2}}f(x,y)\mathrm{d}x$ B. $\int_{0}^{1}\mathrm{d}y\int_{0}^{\sqrt{1-y^2}}f(x,y)\mathrm{d}x$

C. $\int_{0}^{1}\mathrm{d}x\int_{0}^{1}f(x,y)\mathrm{d}y$ D. $\int_{0}^{1}\mathrm{d}x\int_{0}^{\sqrt{x-x^2}}f(x,y)\mathrm{d}y$

【练习 8-21】 设区域 $D=\{(x,y)\mid x^2+y^2\leqslant 4,x\geqslant 0,y\geqslant 0\}$，$f(x)$ 为 D 上的正值连续函数，a,b 为常数，则 $\iint\limits_{D}\dfrac{a\sqrt{f(x)}+b\sqrt{f(y)}}{\sqrt{f(x)}+\sqrt{f(y)}}\mathrm{d}\sigma=($).

A. $ab\pi$ B. $\dfrac{ab}{2}\pi$ C. $(a+b)\pi$ D. $\dfrac{a+b}{2}\pi$

【练习 8-22】 设 $f(x)$ 为连续函数，$F(t)=\int_{1}^{t}\mathrm{d}y\int_{y}^{t}f(x)\mathrm{d}x$，则 $F'(2)$ 等于(   ).

A. $2f(2)$ B. $f(2)$ C. $-f(2)$ D. 0

【练习 8-23】 (2020 年)求 $\int_{0}^{1}\mathrm{d}y\int_{\sqrt{y}}^{1}\sqrt{x^3+1}\,\mathrm{d}x=$ _____ .

【练习 8-24】 交换积分次序：$\int_{0}^{1}\mathrm{d}y\int_{\sqrt{y}}^{\sqrt{2-y^2}}f(x,y)\mathrm{d}x=$ _____ .

【练习 8-25】 交换积分次序：$\int_{0}^{\frac{1}{4}}\mathrm{d}y\int_{y}^{\sqrt{y}}f(x,y)\mathrm{d}x+\int_{\frac{1}{4}}^{\frac{1}{2}}\mathrm{d}y\int_{y}^{\frac{1}{2}}f(x,y)\mathrm{d}x=$ _____ .

【练习 8-26】 积分 $\int_{0}^{2}\mathrm{d}x\int_{x}^{2}\mathrm{e}^{-y^2}\mathrm{d}y$ 的值等于 _____ .

【练习 8-27】 交换二次积分的积分次序：$\int_{-1}^{0}\mathrm{d}y\int_{2}^{1-y}f(x,y)\mathrm{d}x=$ _____ .

【练习 8-28】 求二重积分 $\int_{0}^{\frac{\pi}{6}}\mathrm{d}y\int_{y}^{\frac{\pi}{6}}\dfrac{\cos x}{x}\mathrm{d}x$.

【练习 8-29】 计算二次积分 $\int_{1}^{2}\mathrm{d}x\int_{\sqrt{x}}^{x}\sin\dfrac{\pi x}{2y}\mathrm{d}y+\int_{2}^{4}\mathrm{d}x\int_{\sqrt{x}}^{2}\sin\dfrac{\pi x}{2y}\mathrm{d}y$.

【练习 8-30】 计算 $\int_{\frac{1}{4}}^{\frac{1}{2}}\mathrm{d}y\int_{\frac{1}{2}}^{\sqrt{y}}\mathrm{e}^{\frac{y}{x}}\mathrm{d}x+\int_{\frac{1}{2}}^{1}\mathrm{d}y\int_{y}^{\sqrt{y}}\mathrm{e}^{\frac{y}{x}}\mathrm{d}x$.

§8.5   本章超纲内容汇总

1. 极坐标

对 r 的积分，写在前面的.

例如,(1994 年)计算二重积分 $\iint\limits_{D}(x+y)\mathrm{d}x\mathrm{d}y$,其中,$D=\{(x,y)\mid x^2+y^2\leqslant x+y+1\}$.

解 $\iint\limits_{D}(x+y)\mathrm{d}x\mathrm{d}y=\int_0^{\sqrt{\frac{3}{2}}}r\mathrm{d}r\int_0^{2\pi}(1+r\cos\theta+r\sin\theta)\mathrm{d}\theta=\cdots\cdots.$(略)

2. 轮换对称性

只考积分区域关于 $y=x$ 对称的情况,不考积分区域关于 $y=x$ 不对称的情况.

例如,(1995 年)设函数 $f(x)$ 在区间 $[0,1]$ 上连续,并设 $\int_0^1 f(x)\mathrm{d}x=A$,

$\int_0^1\mathrm{d}x\int_x^1 f(x)f(y)\mathrm{d}y.$

解 $\int_0^1\mathrm{d}x\int_x^1 f(x)f(y)\mathrm{d}y=\int_0^1\mathrm{d}y\int_0^y f(x)f(y)\mathrm{d}x\xlongequal{\text{轮换对称性}}\int_0^1\mathrm{d}x\int_0^x f(x)f(y)\mathrm{d}y=$
$\cdots\cdots.$(略)

3. 被积函数

(1) 分段函数.

例如,(2003 年)设 $a>0$,$f(x)=g(x)=\begin{cases}a,&\text{若 }0\leqslant x\leqslant 1,\\0,&\text{其他},\end{cases}$ 而 D 表示全平面,则

$I=\iint\limits_{D}f(x)g(y-x)\mathrm{d}x\mathrm{d}y=\underline{\qquad}.$

(2) max 函数.

例如,(2002 年)计算二重积分 $\iint\limits_{D}\mathrm{e}^{\max\{x^2,y^2\}}\mathrm{d}x\mathrm{d}y$,其中,$D=\{(x,y)\mid 0\leqslant x\leqslant 1,$ $0\leqslant y\leqslant 1\}$.

(3) 取整函数.

例如,(2005 年)设 $D=\{(x,y)\mid x^2+y^2\leqslant\sqrt{2},x\geqslant 0,y\geqslant 0\}$,$[1+x^2+y^2]$ 表示不超过 $1+x^2+y^2$ 的最大整数,计算二重积分 $\iint\limits_{D}xy[1+x^2+y^2]\mathrm{d}x\mathrm{d}y$.

4. 二重积分和极限的综合题

例如,设 $f(x,y)$ 是定义在 $0\leqslant x\leqslant 1$,$0\leqslant y\leqslant 1$ 上的连续函数,$f(0,0)=-1$,求极

限 $\lim\limits_{x\to 0^+}\dfrac{\displaystyle\int_0^{x^2}\mathrm{d}t\int_x^{\sqrt{t}}f(t,u)\mathrm{d}u}{\sin x^3}.$

5. 证明题

本章不考证明题.

第9章 微分中值定理

§9.1 "女装为零"(罗尔定理1)

知识梳理

1. 微分中值定理

中介零,罗(骡)拉西

视频 9-1 "中介零罗拉西"

图 9-1 "中介零罗拉西"

(1) 介值定理;

(2) 零值定理;

(3) 罗尔定理;

(4) 拉格朗日中值定理;

(5) 柯西中值定理.

口诀:"中介零罗拉西".

2. 最值定理

设函数 $f(x)$ 在 $[a,b]$ 上连续,则在 $[a,b]$ 上 $f(x)$ 至少取得最大值与最小值各 1 次,即 $\exists \xi, \eta$ 使得

$$\begin{cases} M = f(\xi) = \max\limits_{a \leqslant x \leqslant b}\{f(x)\}, \xi \in [a,b], \\ m = f(\eta) = \min\limits_{a \leqslant x \leqslant b}\{f(x)\}, \eta \in [a,b]. \end{cases}$$

3. 介值定理

若函数 $f(x)$ 在 $[a,b]$ 上连续,μ 是介于 $f(a)$ 与 $f(b)$(或最大值 M 与最小值 m)之间的任一实数,则在 $[a,b]$ 上至少 $\exists$ 一个 ξ,使得 $f(\xi) = \mu (a \leqslant \xi \leqslant b)$.

4. 零值定理

设函数 $f(x)$ 在 $[a, b]$ 上连续,且 $f(a)f(b) < 0$,则至少 $\exists \xi \in (a, b)$,使得 $f(\xi) = 0$.

5. 罗尔定理

若函数 $f(x)$ 满足以下条件:①在闭区间 $[a, b]$ 上连续;②在 (a, b) 内可导;③$f(a) = f(b)$,则在 (a, b) 内 $\exists$ 一个 ξ,使得 $f'(\xi) = 0$.

女罗（骡）

视频 9-2　"女罗"　　　　　　图 9-2　"女罗"

6. 重要结论

(1) $f'(\xi) = 0$,$f''(\xi) = 0$,均称为"女装为零";

(2) 当证明题的提问部分为"女装为零"时,应优先考虑罗尔定理,简称"女罗".

7. 积分中值定理

设 $f(x)$ 在 $[a, b]$ 上连续,则在 (a, b) 上至少 $\exists$ 一个 ξ,使得

$$\int_a^b f(x)\mathrm{d}x = f(\xi)(b-a).$$

例 9-1　（2019 年）已知函数 $f(x)$ 在 $[0, 1]$ 上具有二阶导数,且 $f(0) = 0$,$f(1) = 1$,$\int_0^1 f(x)\mathrm{d}x = 1$. 证明:存在 $\xi \in (0, 1)$,使得 $f'(\xi) = 0$.

分析　出现 $f'(\xi) = 0$,题型为"女装为零";解题方法为"女罗".

要使用罗尔定理,关键是得到 $f(a) = f(b)$.

证明　由积分中值定理可知,$\exists \alpha \in (0, 1)$,使得 $\int_0^1 f(x)\mathrm{d}x = f(\alpha) \cdot (1-0) = f(\alpha)$.

因为 $\int_0^1 f(x)\mathrm{d}x = 1$,所以,$f(\alpha) = 1$. 又因为 $f(1) = 1$,所以,$f(1) = f(\alpha)$.

由罗尔定理可知,$\exists \xi \in (\alpha, 1) \subset (0, 1)$,使得 $f'(\xi) = 0$.

例 9-2　设 $f(x)$ 在闭区间 $[a, b]$ 上连续,在开区间 (a, b) 内可导,且 $\dfrac{1}{b-a} \int_a^b f(x)\mathrm{d}x = f(b)$.

证明:在 (a, b) 内至少存在一点 ξ,使得 $f'(\xi) = 0$.

证明　由积分中值定理可知,$\exists \alpha \in (a, b)$,使得 $\int_a^b f(x)\mathrm{d}x = f(\alpha) \cdot (b-a)$.

又因为 $\dfrac{1}{b-a} \int_a^b f(x)\mathrm{d}x = f(b)$,所以,$\dfrac{1}{b-a} \cdot f(\alpha) \cdot (b-a) = f(b)$,$f(\alpha) = f(b)$.

由罗尔定理可知，$\exists \xi \in (a, b) \subset (a, b)$，使得 $f'(\xi) = 0$.

例 9-3 （2003 年）设函数 $f(x)$ 在 $[0,3]$ 上连续，在 $(0,3)$ 内可导，且 $f(0) + f(1) + f(2) = 3$，$f(3) = 1$. 证明：必存在 $\xi \in (0, 3)$，使得 $f'(\xi) = 0$.

证明 因为 $f(0) + f(1) + f(2) = 3$，它们的平均值为 $\dfrac{f(0) + f(1) + f(2)}{3} = 1$.

假设在 $[0, 2]$ 上 $f(x)$ 的最小值为 m，最大值为 M，则

$$m \leqslant \frac{f(0) + f(1) + f(2)}{3} \leqslant M,$$

可得 $m \leqslant 1 \leqslant M$. 由介值定理可知，$\exists \alpha \in [0, 2]$，使得 $f(\alpha) = 1$. 又因为 $f(3) = 1$，所以，$f(\alpha) = f(3)$.

由罗尔定理可知，$\exists \xi \in (\alpha, 3) \subset (0, 3)$，使得 $f'(\xi) = 0$.

注意 当题目中出现"求和"时，一定要想到求"平均值".

例 9-4 （2010 年）设函数 $f(x)$ 在 $[0,3]$ 上连续，在 $(0,3)$ 内存在二阶导数，且 $2f(0) = \displaystyle\int_0^2 f(x)\mathrm{d}x = f(2) + f(3)$. 证明：

(1) 存在 $\eta \in (0, 2)$，使得 $f(\eta) = f(0)$；
(2) 存在 $\xi \in (0, 3)$，使得 $f''(\xi) = 0$.

分析 (2)问出现 $f''(\xi) = 0$，题型为"女装为零"；解题方法为"女罗".
$f''(\xi) = [f'(\xi)]' = 0$，关键是得到 $f'(a) = f'(b)$.

证明 (1) 由积分中值定理可知，$\exists \eta \in (0, 2)$，使得

$$\int_0^2 f(x)\mathrm{d}x = f(\eta) \cdot (2 - 0) = 2f(\eta).$$

又因为 $2f(0) = \displaystyle\int_0^2 f(x)\mathrm{d}x$，所以，$2f(0) = 2f(\eta)$，即 $f(\eta) = f(0)$.

(2) 因为 $f(2) + f(3) = 2f(0)$，故它们的平均值为 $\dfrac{f(2) + f(3)}{2} = f(0)$.

假设 $[2, 3]$ 上 $f(x)$ 的最小值为 m，最大值为 M，则

$$m \leqslant \frac{f(2) + f(3)}{2} \leqslant M,$$

可得 $m \leqslant f(0) \leqslant M$. 由介值定理可知，$\exists \gamma \in [2, 3]$，使得 $f(\gamma) = f(0)$.

$f(0) = f(\eta) = f(\gamma)$，$\eta \in (0, 2)$，$\gamma \in [2, 3]$. 画出函数草图，如图 9-3 所示.

因为 $f(0) = f(\eta)$. 由罗尔定理可知，$\exists \alpha \in (0, \eta)$，使得 $f'(\alpha) = 0$；

因为 $f(\eta) = f(\gamma)$. 由罗尔定理可知，$\exists \beta (\eta, \gamma)$，使得 $f'(\beta) = 0$.

所以，$f'(\alpha) = f'(\beta)$. 由罗尔定理可知，$\exists \xi \in (\alpha, \beta) \subset (0, 3)$，

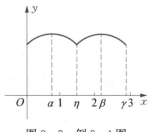

图 9-3 例 9-4 图

使得 $f''(\xi)=0$.

例 9-5　(2007 年)设函数 $f(x)$，$g(x)$ 在 $[a,b]$ 上连续，在 (a,b) 内二阶可导，且存在相等的最大值，又 $f(a)=g(a)$，$f(b)=g(b)$. 证明：

(1) 存在 $\eta\in(a,b)$，使得 $f(\eta)=g(\eta)$；

(2) 存在 $\xi\in(a,b)$，使得 $f''(\xi)=g''(\xi)$.

证明　(1) 假设 $f(x)$，$g(x)$ 在 $[a,b]$ 上的最大值为 M，且 $f(\alpha)=M$，$g(\beta)=M$，如图 9-4(a) 所示.

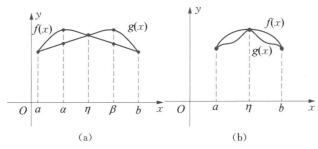

图 9-4　例 9-5 图

① 若 $\alpha=\beta$，令 $\eta=\alpha=\beta$，则 $f(\eta)=g(\eta)=M$，如图 9-4(b) 所示.

② 若 $\alpha\neq\beta$，令 $F(x)=f(x)-g(x)$. 因为

$$F(\alpha)=f(\alpha)-g(\alpha)=M-g(\alpha)=g(\beta)-g(\alpha)>0,$$
$$F(\beta)=f(\beta)-g(\beta)=f(\beta)-M=f(\beta)-f(\alpha)<0,$$

可得 $F(\alpha)\cdot F(\beta)<0$.

由零值定理可知，$\exists\,\eta\in(\alpha,\beta)\subset(a,b)$，使得 $F(\eta)=0$，即 $f(\eta)-g(\eta)=0$，$f(\eta)=g(\eta)$.

(2) 令 $F(x)=f(x)-g(x)$.

因为 $f(a)=g(a)$，$f(b)=g(b)$，所以，$F(a)=f(a)-g(a)=0$，$F(b)=f(b)-g(b)=0$.

因为 $f(\eta)=g(\eta)$，所以 $F(\eta)=f(\eta)-g(\eta)=0$，即 $F(a)=F(\eta)=F(b)$.

因为 $F(a)=F(\eta)$. 由罗尔定理可知，$\exists\,\xi_1\in(a,\eta)$，使得 $F'(\xi_1)=0$，

因为 $F(\eta)=F(b)$. 由罗尔定理可知，$\exists\,\xi_2\in(\eta,b)$，使得 $F'(\xi_2)=0$.

所以，$F'(\xi_1)=F'(\xi_2)$. 由罗尔定理可知，$\exists\,\xi\in(\xi_1,\xi_2)\subset(a,b)$，使得 $F''(\xi)=0$，即 $f''(\xi)=g''(\xi)$.

注意　当 $F(x)$ 有 3 个点等高时，有 $F''(\xi)=0$.

课堂练习

【练习 9-1】　设函数 $f(x)$ 在区间 $[0,1]$ 上连续，在 $(0,1)$ 内可导，且 $f(0)=f(1)=0$，$f\left(\dfrac{1}{2}\right)=1$. 证明：存在 $\eta\in\left(\dfrac{1}{2},1\right)$，使得 $f(\eta)=\eta$.

【练习 9-2】 设函数 $f(x)$ 在 $[0,1]$ 上连续，$(0,1)$ 内可导，且 $3\int_{\frac{2}{3}}^{1} f(x)\mathrm{d}x = f(0)$. 证明：在 $(0,1)$ 内存在一点 c，使得 $f'(c) = 0$.

【练习 9-3】 函数 $f(x)$ 和 $g(x)$ 在 $[a,b]$ 上存在二阶导数，并且 $g''(x) \neq 0$，$g(a) = g(b) = 0$. 证明：在开区间 (a,b) 内 $g(x) \neq 0$.

§9.2 "非女装为零"（罗尔定理 2）

知识梳理

1. 基本概念

女装为零 形如 $f'(\xi) = 0$，$f''(\xi) = 0$ 的题型为"女装为零".

非女装为零 有些题型虽然也是关于 ξ 的等式，但不是"女装为零"这一类型，称这种题型为"非女装为零".

解题方法 当证明题的提问部分为"非女装为零"时，应优先考虑罗尔定理，简称"非罗".

非罗（骡）

视频 9-3 "非罗"

图 9-5 "非罗"

2. "非女装为零"的解题步骤

非麻×积 C

(插)(鸡翅)

视频 9-4 "非麻×积 C"

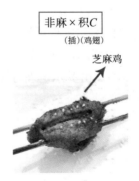

芝麻鸡

图 9-6 "非麻×积 C"

(1) 将结论中的 ξ 改写为 x；

（2）对等式两边进行积分；

（3）移项，使等式一端为常数 C，划掉常数 C，剩下的部分即为辅助函数 $F(x)$；

（4）对 $F(x)$ 使用罗尔定理，得证.

口诀："非麻×积 C".

3. 重要结论

（1）$f(x)$ 和 $f'(x)$ 的奇偶性是相反的；

（2）如果 $f(x)$ 是奇函数，那么，$f'(x)$ 一定是偶函数；

（3）如果 $f(x)$ 是偶函数，那么，$f'(x)$ 一定是奇函数.

4. "组合函数"的求导公式

（1）$(u+v)'=u'+v'$；　　（2）$(u-v)'=u'-v'$；　（3）$(uv)'=u'v+v'u$；

（4）$\left(\dfrac{u}{v}\right)'=\dfrac{u'v-v'u}{v^2}$；　　（5）$[f(\varphi(x))]'=f'(\varphi(x))\varphi'(x)$.

5. 逆运算

表 9－1　求导公式及其逆运算

求导公式	逆运算	求导公式	逆运算
$(uv)'=u'v+v'u$	$u'v+v'u=(uv)'$	$(\ln y)'=\dfrac{y'}{y}$	$\dfrac{y'}{y}=(\ln y)'$

注：u，v，y 均为 x 的函数

例 9－6　（2013 年）设奇函数 $f(x)$ 在 $[-1,1]$ 上具有 2 阶导数，且 $f(1)=1$. 证明：

（1）存在 $\xi\in(0,1)$，使得 $f'(\xi)=1$；

（2）存在 $\eta\in(-1,1)$，使得 $f''(\eta)+f'(\eta)=1$.

分析　（1）题型为"非女装为零"；解题方法为"非罗"；解题步骤为"非麻×积 C".

$f'(x)=1$，$\displaystyle\int f'(x)\mathrm{d}x=\int\mathrm{d}x$，$f(x)=x+C$，$f(x)-x=C$，故 $F(x)=f(x)-x$.

证明　令 $F(x)=f(x)-x$，$F(0)=f(0)-0=f(0)$.

因为 $f(x)$ 为奇函数，所以，$f(0)=0$，$F(0)=0$.

$F(1)=f(1)-1=1-1=0$，$F(-1)=f(-1)-(-1)=-f(1)+1=-1+1=0$.

因为 $F(0)=F(1)$. 由罗尔定理可知，$\exists\xi\in(0,1)$，使得 $F'(\xi)=0$，所以，$f'(\xi)-1=0$，即 $f'(\xi)=1$.

分析　（2）$f''(x)+f'(x)=1$，$\displaystyle\int f''(x)\mathrm{d}x+\int f'(x)\mathrm{d}x=\int\mathrm{d}x$，$f'(x)+f(x)=x+C$，$f'(x)+f(x)-x=C$，则 $G(x)=f'(x)+f(x)-x$.

证明　令 $G(x)=f'(x)+f(x)-x$.

$G(-1)=f'(-1)+f(-1)-(-1)=f'(-1)-f(1)+1=f'(-1)-1+1=f'(-1)$，

$$G(1)=f'(1)+f(1)-1=f'(1)+1-1=f'(1).$$

因为 $f(x)$ 为奇函数，$f'(x)$ 为偶函数，所以，$f'(-1)=f'(1)$.

所以，$G(-1)=G(1)$. 由罗尔定理可知，$\exists\, \eta\in(-1,1)$，使得 $G'(\eta)=0$，所以，$f''(\eta)+f'(\eta)-1=0$，即 $f''(\eta)+f'(\eta)=1$.

注意 考试时可以把分析过程写在草稿纸上、证明过程写在答题纸上.

例 9-7 （2009 年）证明拉格朗日中值定理：若函数 $f(x)$ 在 $[a,b]$ 上连续，在 (a,b) 内可导，则存在 $\xi\in(a,b)$，使得 $f(b)-f(a)=f'(\xi)(b-a)$.

分析 题型为"非女装为零"；解题方法为"非罗"；解题步骤为"非麻×积 C".

$$f(b)-f(a)=f'(x)(b-a),\quad \int[f(b)-f(a)]\mathrm{d}x=\int f'(x)(b-a)\mathrm{d}x.$$

$$[f(b)-f(a)]x=(b-a)f(x)+C,\quad [f(b)-f(a)]x-(b-a)f(x)=C.$$

所以，$F(x)=[f(b)-f(a)]x-(b-a)f(x)$.

证明 令 $F(x)=[f(b)-f(a)]x-(b-a)f(x)$.

$$\begin{aligned}F(a)&=a[f(b)-f(a)]-(b-a)f(a)=af(b)-af(a)-(b-a)f(a)\\&=af(b)-f(a)(a+b-a)=af(b)-bf(a),\end{aligned}$$

$$\begin{aligned}F(b)&=b[f(b)-f(a)]-(b-a)\cdot f(b)=bf(b)-bf(a)-(b-a)f(b)\\&=f(b)(b-b+a)-bf(a)=af(b)-bf(a).\end{aligned}$$

所以，$F(a)=F(b)$. 由罗尔定理可知，$\exists\, \xi\in(a,b)$，使得 $F'(\xi)=0$，所以，$[f(b)-f(a)]-(b-a)f'(\xi)=0$，即 $f(b)-f(a)=f'(\xi)\cdot(b-a)$.

例 9-8 设 $f(x)$ 在区间 $[0,1]$ 上可微，且满足条件 $f(1)=2\displaystyle\int_0^{\frac{1}{2}}xf(x)\mathrm{d}x$. 证明：存在 $\xi\in(0,1)$，使得 $f(\xi)+\xi f'(\xi)=0$.

分析 题型为"非女装为零"；解题方法为"非罗"；解题步骤为"非麻×积 C"；
出现定积分，一定会用到积分中值定理；$u'v+v'u=(uv)'$.
$f(x)+xf'(x)=0$，则 $x'f(x)+xf'(x)=0$，所以，$[xf(x)]'=0$.
$\displaystyle\int[x\cdot f(x)]'\mathrm{d}x=C$，$x\cdot f(x)=C$，所以，$F(x)=x\cdot f(x)$.

证明 由积分中值定理可知：

$$\int_0^{\frac{1}{2}}xf(x)\mathrm{d}x=\eta f(\eta)\cdot\left(\frac{1}{2}-0\right)=\frac{1}{2}\eta f(\eta),\quad \eta\in\left(0,\frac{1}{2}\right),$$

$$f(1)=2\int_0^{\frac{1}{2}}xf(x)\mathrm{d}x=\eta f(\eta).$$

令 $F(x)=xf(x)$，$F(0)=0$，$F(1)=f(1)$，$F(\eta)=\eta f(\eta)=f(1)$.
$F(1)=F(\eta)$. 由罗尔定理可知，$\exists\, \xi\in(\eta,1)\subset(0,1)$，使得 $F'(\xi)=0$，即

$$[f(x)+xf'(x)]\,|_{x=\xi}=f(\xi)+\xi f'(\xi)=0,$$

得证.

例 9-9 设 $f(x)$ 在 $\left[0,\dfrac{1}{2}\right]$ 上二阶可导，且 $f(0)=f'(0)$，$f\left(\dfrac{1}{2}\right)=0$. 证明：存在一

点 $\xi \in \left(0, \dfrac{1}{2}\right)$，使得 $f''(\xi) = \dfrac{3f'(\xi)}{1-2\xi}$.

分析 题型为"非女装为零"；解题方法为"非罗"；解题步骤为"非麻×积C"；

$$u'v + v'u = (uv)'.$$

$f''(x) = \dfrac{3f'(x)}{1-2x}$，$(1-2x)f''(x) = 3f'(x)$，$(1-2x)f''(x) - 3f'(x) = 0$，$(1-2x)f''(x) - 2f'(x) - f'(x) = 0$，$\left[(1-2x) \cdot f'(x)\right]' - f'(x) = 0$.

两边积分，得 $(1-2x)f'(x) - f(x) = C$，则 $F(x) = (1-2x)f'(x) - f(x)$.

证明 令 $F(x) = (1-2x)f'(x) - f(x)$.

$$F(0) = f'(0) - f(0) = 0, \quad F\left(\dfrac{1}{2}\right) = 0 - f\left(\dfrac{1}{2}\right) = 0 - 0 = 0.$$

$F(0) = F\left(\dfrac{1}{2}\right)$. 由罗尔定理可知，$\exists \xi \in \left(0, \dfrac{1}{2}\right)$，使得 $F'(\xi) = 0$.

因为 $F'(x) = -2f'(x) + f''(x) \cdot (1-2x) - f'(x) = -3f'(x) + f''(x)(1-2x)$，所以，$F'(\xi) = -3f'(\xi) + f''(\xi)(1-2\xi) = 0$，$f''(\xi)(1-2\xi) = 3f'(\xi)$，$f''(\xi) = \dfrac{3f'(\xi)}{1-2\xi}$.

例 9 - 10 设 $f(x)$ 在 $[a, b]$ 上连续，在 (a, b) 内可导，$f(a) = 0$，$a > 0$. 证明：存在一点 $\xi \in (a, b)$，使得 $f(\xi) = \dfrac{b-\xi}{a}f'(\xi)$.

分析 题型为"非女装为零"；解题方法为"非罗"；解题步骤为"非麻×积C"；$\dfrac{y'}{y} = (\ln y)'$.

$$f(x) = \dfrac{b-x}{a}f'(x), \quad \dfrac{f'(x)}{f(x)} = \dfrac{a}{b-x}, \quad \left[\ln f(x)\right]' = \dfrac{a}{b-x}.$$

两边积分，得

$$\ln f(x) = \int \dfrac{a}{b-x}dx = -a \int \dfrac{1}{b-x}d(b-x) = -a\ln(b-x) + C,$$

$\ln f(x) + a\ln(b-x) = C$，$\ln\left[f(x) \cdot (b-x)^a\right] = C$，$f(x) \cdot (b-x)^a = e^c = C_1$，则

$$F(x) = f(x) \cdot (b-x)^a.$$

证明 令 $F(x) = f(x)(b-x)^a$.

$$F(a) = f(a) \cdot (b-a)^a = 0 \cdot (b-a)^a = 0, \quad F(b) = f(b)(b-b)^a = 0.$$

所以，$F(a) = F(b)$. 由罗尔定理可知，$\exists \xi \in (a, b)$，使得 $F'(\xi) = 0$. 因为

$$F'(x) = f'(x)(b-x)^a - a(b-x)^{a-1}f(x),$$
$$F'(\xi) = f'(\xi)(b-\xi)^a - a(b-\xi)^{a-1}f(\xi) = 0.$$

两边除以 $(b-\xi)^{a-1}$，得 $f'(\xi)(b-\xi) - af(\xi) = 0$，所以，$f'(\xi)(b-\xi) = af(\xi)$，即

$$f(\xi) = \frac{(b-\xi)}{a} f'(\xi).$$

例 9-11 (2001 年)设 $f(x)$ 在区间 $[0,1]$ 上连续,在 $(0,1)$ 内可导,且满足 $f(1) = k \int_0^{\frac{1}{k}} x\, \mathrm{e}^{1-x} f(x)\,\mathrm{d}x$ $(k>1)$. 证明:存在 $\xi \in (0,1)$,使得 $f'(\xi) = (1-\xi^{-1})f(\xi)$.

分析 题型为"非女装为零";解题方法为"非罗";解题步骤为"非麻×积 C";出现定积分,一定会用到积分中值定理;$\dfrac{y'}{y} = (\ln y)'$.

$$f'(x) = (1-x^{-1})f(x), \quad \frac{f'(x)}{f(x)} = 1-x^{-1}, \quad [\ln f(x)]' = 1-x^{-1}.$$

两边积分,得 $\ln f(x) = \int\left(1-\dfrac{1}{x}\right)\mathrm{d}x = x - \ln x + C$,$\ln f(x) + \ln x - x = C$,
$\ln f(x) + \ln x - \ln \mathrm{e}^x = C$,$\ln\left[\dfrac{x f(x)}{\mathrm{e}^x}\right] = C$,$\ln[x\, \mathrm{e}^{-x} f(x)] = C$,$x\, \mathrm{e}^{-x} f(x) = \mathrm{e}^c = C_1$,则
$F(x) = x\, \mathrm{e}^{-x} f(x)$.

证明 由积分中值定理可知:

$$\int_0^{\frac{1}{k}} x\, \mathrm{e}^{1-x} f(x)\,\mathrm{d}x = \eta \cdot \mathrm{e}^{1-\eta} f(\eta) \cdot \left(\frac{1}{k} - 0\right) = \frac{1}{k}\eta \cdot \mathrm{e}^{1-\eta} f(\eta), \quad \eta \in \left(0, \frac{1}{k}\right).$$

$$f(1) = k\int_0^{\frac{1}{k}} x\, \mathrm{e}^{1-x} f(x)\,\mathrm{d}x = \eta \cdot \mathrm{e}^{1-\eta} f(\eta).$$

令 $F(x) = x\, \mathrm{e}^{-x} f(x)$.

$F(0) = 0$, $F(1) = \mathrm{e}^{-1} f(1)$, $F(\eta) = \eta \cdot \mathrm{e}^{-\eta} f(\eta) = \eta \cdot \mathrm{e}^{1-\eta} f(\eta) \cdot \mathrm{e}^{-1} = f(1) \cdot \mathrm{e}^{-1}$.

所以,$F(1) = F(\eta)$. 由罗尔定理可知,$\exists \xi \in (\eta, 1) \subset (0,1)$,使得 $F'(\xi) = 0$.

因为 $\quad F'(x) = [x\, \mathrm{e}^{-x} f(x)]' = (x \cdot \mathrm{e}^{-x})' f(x) + f'(x) \cdot x\, \mathrm{e}^{-x} = (\mathrm{e}^{-x} - \mathrm{e}^{-x} \cdot x) f(x)$
$\qquad + f'(x) \cdot x \cdot \mathrm{e}^{-x} = \mathrm{e}^{-x}(1-x)f(x) + f'(x) \cdot x \cdot \mathrm{e}^{-x}$.

所以,$F'(\xi) = \mathrm{e}^{-\xi}(1-\xi)f(\xi) + f'(\xi) \cdot \xi \mathrm{e}^{-\xi} = 0$,$f'(\xi) \cdot \xi \mathrm{e}^{-\xi} = \mathrm{e}^{-\xi}(\xi - 1)f(\xi)$,

$$f'(\xi) = \frac{\xi - 1}{\xi} f(\xi) = (1-\xi^{-1})f(\xi).$$

课堂练习

【练习 9-4】 设 $f(x)$ 在区间 $[a,b]$ 上连续,在区间 (a,b) 内可导. 证明:在 (a,b) 内至少存在一点 ξ,使得 $\dfrac{bf(b) - af(a)}{b-a} = f(\xi) + \xi f'(\xi)$.

【练习 9-5】 设 $f(x)$ 在区间 $[0,1]$ 上连续,在 $(0,1)$ 内可导,$f(1) = 0$. 证明:在 $(0,1)$ 内至少存在一点 ξ,使得 $2f(\xi) + \xi f'(\xi) = 0$.

【练习 9-6】 函数 $f(x)$ 和 $g(x)$ 在 $[a,b]$ 上存在二阶导数,并且 $g''(x) \neq 0$,$f(a) = f(b) = g(a) = g(b) = 0$. 证明:在开区间 (a,b) 内至少存在一点 ξ,使得 $\dfrac{f(\xi)}{g(\xi)} = \dfrac{f''(\xi)}{g''(\xi)}$.

§9.3 两军交战(拉格朗日中值定理、柯西中值定理)

📚 知识梳理

1. 拉格朗日中值定理

设函数 $f(x)$ 满足条件:①在 $[a,b]$ 上连续;②在 (a,b) 内可导,则在 (a,b) 内 $\exists$ 一个 ξ,使得

$$f'(\xi) = k_{AB} = \frac{\Delta y}{\Delta x} = \frac{f(b)-f(a)}{b-a}.$$

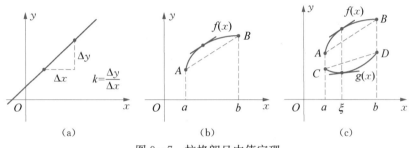

图 9-7　拉格朗日中值定理

2. 柯西中值定理

设函数 $f(x)$,$g(x)$ 满足条件:①在 $[a,b]$ 上连续;②在 (a,b) 内可导,且 $f'(x)$,$g'(x)$ 均存在,$g'(x) \neq 0$,则在 (a,b) 内 $\exists$ 一个 ξ,使得

$$\frac{f'(\xi)}{g'(\xi)} = \frac{k_{AB}}{k_{CD}} = \frac{\dfrac{\Delta y_1}{\Delta x_1}}{\dfrac{\Delta y_2}{\Delta x_2}} = \frac{\dfrac{\Delta y_1}{\Delta x}}{\dfrac{\Delta y_2}{\Delta x}} = \frac{\Delta y_1}{\Delta y_2} = \frac{f(b)-f(a)}{g(b)-g(a)}.$$

小结　当出现一个含 ξ 的式子除以另一个含 ξ 的式子时,要想到"柯西中值定理".

3. 微分中值定理的主要题型

中女非两
(靓)

视频 9-5　"中女非两"　　　　图 9-8　"中女非两"

(1)"女装为零";

(2)"非女装为零";

(3)"两军交战".

简称:"中女非两".

4."两军交战"

两拉拉,两拉西

视频 9-6 "两拉拉,两拉西"　　　　图 9-9 "两拉拉,两拉西"

"两军交战"　　关于微分中值定理的证明题,当等式中出现两个希腊字母时,这种题型叫做"两军交战".

解题方法

(1)使用 2 次拉格朗日中值定理,简称:"两拉拉";

(2)使用 1 次拉格朗日中值定理和 1 次柯西中值定理,简称:"两拉西".

5."两拉拉"的解题步骤

两麻×积 C

(插)(鸡翅)

顶级芝麻鸡

视频 9-7 "两麻×积 C"　　　　图 9-10 "两麻×积 C"

(1)将含有 ξ 的项移到等式的左边,含有 η 的项移到等式的右边;

(2)对等式左边的主体部分用 1 次"麻×积 C",得到辅助函数 $F(x)$;

(3)对等式右边的主体部分用 1 次"麻×积 C",得到辅助函数 $G(x)$;

(4)对 $F(x)$ 和 $G(x)$ 各使用 1 次拉格朗日中值定理,得证.

口诀:"两麻×积 C".

注意　"两拉拉"的方法只对主体部分进行积分,简称:"两主".

6. "两拉西"的解题步骤

(1) 将含有 ξ 的项移到等式的左边,含有 η 的项移到等式的右边;

(2) 假设对等式的左边使用拉格朗日中值定理,对等式的右边使用柯西中值定理;

(3) 对等式左边的主体部分用 1 次"麻×积 C",得到辅助函数 $F(x)$;

(4) 对等式右边的主体部分,分子用 1 次"麻×积 C",得到辅助函数 $G(x)$;分母用 1 次"麻×积 C",得到辅助函数 $H(x)$;

(5) 对 $F(x)$ 使用拉格朗日中值定理,对 $G(x)$ 和 $H(x)$ 使用柯西中值定理,得证.

口诀:"两麻×积 C".

注意　"两拉西"的方法只对主体部分进行积分,简称:"两主".

7. 逆运算

表 9 - 2　求导公式及其逆运算

求导公式	逆运算	求导公式	逆运算
$(uv)' = u'v + v'u$	$u'v + v'u = (uv)'$	$(e^x y)' = e^x(y + y')$	$e^x(y + y') = (e^x y)'$

注:u,v,y 均为 x 的函数

例 9 - 12　证明柯西中值定理:若函数 $f(x)$,$g(x)$ 在$[a,b]$上连续,在(a,b)内可导,且 $f'(x)$,$g'(x)$ 均存在,$g'(x) \neq 0$,则存在 $\xi \in (a,b)$,使得

$$\frac{f'(\xi)}{g'(\xi)} = \frac{f(b) - f(a)}{g(b) - g(a)}.$$

分析　题型为"非女装为零";解题方法为"非罗";解题步骤为"非麻×积 C".

$$\frac{f'(x)}{g'(x)} = \frac{f(b) - f(a)}{g(b) - g(a)}, \quad [g(b) - g(a)]f'(x) = [f(b) - f(a)]g'(x).$$

两边积分,得 $[g(b) - g(a)]\displaystyle\int f'(x)\mathrm{d}x = [f(b) - f(a)]\displaystyle\int g'(x)\mathrm{d}x$,所以,$[g(b) - g(a)]f(x) = [f(b) - f(a)]g(x) + C$,$[g(b) - g(a)]f(x) - [f(b) - f(a)]g(x) = C$,则

$$F(x) = [g(b) - g(a)]f(x) - [f(b) - f(a)]g(x).$$

证明　令 $F(x) = [g(b) - g(a)]f(x) - [f(b) - f(a)]g(x)$.

因为 $F(a) = [g(b) - g(a)]f(a) - [f(b) - f(a)]g(a)$

$\qquad = g(b)f(a) - g(a)f(a) - f(b)g(a) + f(a)g(a) = f(a)g(b) - f(b)g(a)$,

又因为 $F(b) = [g(b) - g(a)]f(b) - [f(b) - f(a)]g(b)$

$\qquad = g(b)f(b) - g(a)f(b) - f(b)g(b) + f(a)g(b) = f(a)g(b) - f(b)g(a)$,

所以，$F(a)=F(b)$．由罗尔定理可知，$\exists \xi \in (a, b)$，使得 $F'(\xi)=0$．

因为 $F'(x)=[g(b)-g(a)]f'(x)-[f(b)-f(a)]g'(x)$，则 $F'(\xi)=[g(b)-g(a)]f'(\xi)-[f(b)-f(a)]g'(\xi)=0$，即 $[g(b)-g(a)]f'(\xi)=[f(b)-f(a)]g'(\xi)$，所以，

$$\frac{f'(\xi)}{g'(\xi)}=\frac{f(b)-f(a)}{g(b)-g(a)}.$$

例 9 - 13 （2010 年）设函数 $f(x)$ 在闭区间 $[0, 1]$ 上连续，在开区间 $(0, 1)$ 内可导，且 $f(0)=0$，$f(1)=\dfrac{1}{3}$．证明：存在 $\xi \in \left(0, \dfrac{1}{2}\right)$，$\eta \in \left(\dfrac{1}{2}, 1\right)$，使得 $f'(\xi)+f'(\eta)=\xi^2+\eta^2$．

分析 因为出现两个字母，所以，题型为"两军交战"；解题方法为"两拉拉，两拉西"（"两拉拉"经常考，要优先考虑）；解题步骤为"两麻×积 C"；

$$f'(\xi)-\xi^2=-[f'(\eta)-\eta^2].$$

等号左边变为 $f'(x)-x^2$，积分得 $f(x)-\dfrac{x^3}{3}+C$，有 $F(x)=f(x)-\dfrac{x^3}{3}$．

注意 等号右边主体部分与左边一致，经处理后能得到相同的辅助函数．

证明 （1）令 $F(x)=f(x)-\dfrac{x^3}{3}$．由拉格朗日中值定理可知，$\exists \xi \in \left(0, \dfrac{1}{2}\right)$，使得

$$F'(\xi)=\frac{F\left(\dfrac{1}{2}\right)-F(0)}{\dfrac{1}{2}-0}.$$

因为 $F'(x)=f'(x)-x^2$，$F'(\xi)=f'(\xi)-\xi^2$．又因为 $F\left(\dfrac{1}{2}\right)=f\left(\dfrac{1}{2}\right)-\dfrac{1}{24}$，$F(0)=f(0)-0=0$，则

$$f'(\xi)-\xi^2=\frac{f\left(\dfrac{1}{2}\right)-\dfrac{1}{24}}{\dfrac{1}{2}}.$$

（2）由拉格朗日中值定理可知，$\exists \eta \in \left(\dfrac{1}{2}, 1\right)$，使得

$$F'(\eta)=\frac{F(1)-F\left(\dfrac{1}{2}\right)}{1-\dfrac{1}{2}}.$$

因为 $F'(\eta)=f'(\eta)-\eta^2$，又因为 $F(1)=f(1)-\dfrac{1}{3}=0$，则

$$f'(\eta)-\eta^2=\frac{-f\left(\dfrac{1}{2}\right)+\dfrac{1}{24}}{\dfrac{1}{2}}=-[f'(\xi)-\xi^2]=-f'(\xi)+\xi^2.$$

(3) 所以，$f'(\xi) + f'(\eta) = \xi^2 + \eta^2$.

注意　同一函数在两个不同区间分别用 1 次拉格朗日中值定理，一共 2 次，简称"两拉拉".

例 9 - 14　(2005 年)已知函数 $f(x)$ 在 $[0, 1]$ 上连续，在 $(0, 1)$ 内可导，且 $f(0) = 0$，$f(1) = 1$. 证明：

(1) 存在 $\xi \in (0, 1)$，使得 $f(\xi) = 1 - \xi$；

(2) 存在两个不同的点 η_1，$\eta_2 \in (0, 1)$，使得 $f'(\eta_1)f'(\eta_2) = 1$.

分析　(1) $f(\xi) = 1 - \xi$ 中没有出现 $f'(\xi)$，应该考虑使用介值定理或零值定理.

由零值定理有 $f(\xi) = 0$；通过变形得到 $f(\xi) + \xi - 1 = 0$，则 $F(x) = f(x) + x - 1$.

证明　令 $F(x) = f(x) + x - 1$.

$$F(0) = f(0) + 0 - 1 = -1, \quad F(1) = f(1) + 1 - 1 = 1.$$

因为 $F(0) \cdot F(1) = -1 < 0$，由零值定理可知，$\exists \xi \in (0, 1)$，使得 $F(\xi) = 0$，即

$$f(\xi) = 1 - \xi.$$

分析　(2)题型为"两军交战"；解题方法为"两拉拉，两拉西"；解题步骤为"两麻×积 C".

$f'(\eta_1) = \dfrac{1}{f'(\eta_2)}$，等号左右两边主体部分积分后均为 $f(x) + C$，所以，不用构建辅助函数，$f(x)$ 在 $(0, \xi)$ 和 $(\xi, 1)$ 分别使用拉格朗日中值定理即可，如图 9 - 11 所示.

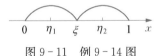

图 9 - 11　例 9 - 14 图

证明　由拉格朗日中值定理可知，$\exists \eta_1 \in (0, \xi) \subset (0, 1)$，使得

$$f'(\eta_1) = \frac{f(\xi) - f(0)}{\xi - 0} = \frac{1 - \xi}{\xi}.$$

由拉格朗日中值定理可知，$\exists \eta_2 \in (\xi, 1) \subset (0, 1)$，使得

$$f'(\eta_2) = \frac{f(1) - f(\xi)}{1 - \xi} = \frac{1 - (1 - \xi)}{1 - \xi} = \frac{\xi}{1 - \xi}.$$

所以，

$$f'(\eta_1)f'(\eta_2) = \frac{1 - \xi}{\xi} \cdot \frac{\xi}{1 - \xi} = 1.$$

例 9 - 15　设 $f(x)$ 在 $[a, b]$ 上连续，在 (a, b) 内可导，且 $f(a) = f(b) = 1$. 证明：存在 ξ，$\eta \in (a, b)$，使得 $e^{\eta - \xi}[f(\eta) + f'(\eta)] = 1$.

分析　题型为"两军交战"；解题方法为"两拉拉，两拉西"；解题步骤为"两麻×积 C"；

$$e^\eta[f(\eta) + f'(\eta)] = e^\xi.$$

等号左边变为 $e^x[f(x) + f'(x)]$，即 $[e^x f(x)]'$，积分得 $e^x f(x) + C$，故 $F(x) = $

$e^x f(x)$；等号右边变为 e^x，积分得 $e^x + C$，故 $G(x) = e^x$.

证明 （1）令 $F(x) = e^x f(x)$. 由拉格朗日中值定理可知，$\exists\, \eta \in (a, b)$，使得

$$F'(\eta) = \frac{F(b) - F(a)}{b - a}.$$

因为 $F'(x) = e^x [f(x) + f'(x)]$，所以，$F'(\eta) = e^\eta [f(\eta) + f'(\eta)]$.
又因为 $F(b) = e^b f(b) = e^b$，$F(a) = e^a f(a) = e^a$，所以，

$$e^\eta [f(\eta) + f'(\eta)] = \frac{e^b - e^a}{b - a}.$$

（2）令 $G(x) = e^x$. 由拉格朗日中值定理可知，$\exists\, \xi \in (a, b)$，使得

$$G'(\xi) = \frac{G(b) - G(a)}{b - a},$$

因此，$e^\xi = \dfrac{e^b - e^a}{b - a}$. 所以，

$$e^\eta [f(\eta) + f'(\eta)] = e^\xi, \quad e^{\eta - \xi}[f(\eta) + f'(\eta)] = 1.$$

注意 两个函数在同一区间，分别用 1 次拉格朗日中值定理，一共 2 次，简称"两拉拉".

例 9 - 16 设函数 $f(x)$ 在 $[a, b]$ 上连续，在 (a, b) 内可导，且 $f'(x) \neq 0$. 证明：存在 $\xi, \eta \in (a, b)$，使得

$$\frac{f'(\xi)}{f'(\eta)} = \frac{e^b - e^a}{b - a} \cdot e^{-\eta}.$$

分析 题型为"两军交战"；解题方法为"两拉拉，两拉西"；解题步骤为"两麻×积 C"；

$$f'(\xi) = \frac{e^b - e^a}{b - a} \cdot \frac{f'(\eta)}{e^\eta}.$$

等号左边变为 $f'(x)$，积分得 $f(x) + C$，不需要构建辅助函数. 由 $\dfrac{f'(\eta)}{e^\eta}$ 可想到柯西中值定理.

证明 由拉格朗日中值定理可知，$\exists\, \xi \in (a, b)$，使得 $f'(\xi) = \dfrac{f(b) - f(a)}{b - a}$.

由柯西中值定理可知，$\exists\, \eta \in (a, b)$，使得 $\dfrac{f'(\eta)}{e^\eta} = \dfrac{f(b) - f(a)}{e^b - e^a}$.

所以，

$$\frac{e^b - e^a}{b - a} \cdot \frac{f'(\eta)}{e^\eta} = \frac{e^b - e^a}{b - a} \cdot \frac{f(b) - f(a)}{e^b - e^a} = \frac{f(b) - f(a)}{b - a} = f'(\xi),$$

所以，$\dfrac{f'(\xi)}{f'(\eta)} = \dfrac{e^b - e^a}{b - a} \cdot e^{-\eta}$.

例 9-17　设函数 $f(x)$ 在 $[a,b]$ 上连续,在 (a,b) 内可导.证明:存在 $\xi,\eta \in (a,b)$,使得

$$f'(\xi) = \frac{f'(\eta)}{2\eta}(a+b).$$

分析　题型为"两军交战";解题方法为"两拉拉,两拉西";解题步骤为"两麻×积 C".

等号左边对应的函数为 $f(x)$;由 $\dfrac{f'(\eta)}{2\eta}$ 想到柯西中值定理.

证明　由拉格朗日中值定理可知,$\exists \xi \in (a,b)$,使得 $f'(\xi) = \dfrac{f(b)-f(a)}{b-a}$.

由柯西中值定理可知,$\exists \eta \in (a,b)$,使得 $\dfrac{f'(\eta)}{2\eta} = \dfrac{f(b)-f(a)}{b^2-a^2}$.

所以,

$$\frac{f'(\eta)}{2\eta} \cdot (a+b) = \frac{f(b)-f(a)}{b^2-a^2}(a+b) = \frac{f(b)-f(a)}{(b+a)(b-a)} \cdot (a+b)$$

$$= \frac{f(b)-f(a)}{b-a} = f'(\xi).$$

课堂练习

【练习 9-7】　设 $0 < a < b$,函数 $f(x)$ 在 $[a,b]$ 上连续,在 (a,b) 内可导.证明:存在一点 $\xi \in (a,b)$,使得

$$f(b) - f(a) = \xi f'(\xi) \ln \frac{b}{a}.$$

【练习 9-8】　(2020 年)设函数 $f(x) = \displaystyle\int_1^x \mathrm{e}^{t^2}\,\mathrm{d}t$.证明:

(1) 存在 $\xi \in (1,2)$,使得 $f(\xi) = (2-\xi)\mathrm{e}^{\xi^2}$;

(2) 存在 $\eta \in (1,2)$,使得 $f(2) = \ln 2 \cdot \eta \mathrm{e}^{\eta^2}$.

§9.4　本章超纲内容汇总

1. 辅助函数

(1) 在辅助函数中,需要额外拼凑一个指数函数 (e^x).

例如,(1999 年)设函数 $f(x)$ 在区间 $[0,1]$ 上连续,在 $(0,1)$ 内可导,且 $f(0) = f(1) = 0$,$f\left(\dfrac{1}{2}\right) = 1$.证明:对任意实数 λ,必存在 $\xi \in (0,\eta)$,使得

$$f'(\xi) - \lambda[f(\xi) - \xi] = 1.$$

证明 设 $F(x) = \mathrm{e}^{-\lambda x}[f(x) - x]$. 以下略.

(2) 在辅助函数中,出现了变限积分.

例如,(2000 年)设函数 $f(x)$ 在 $[0, \pi]$ 上连续,且 $\int_0^\pi f(x) \cos x \, \mathrm{d}x = 0$. 证明:在 $(0, \pi)$ 内至少存在两个不同的点 ξ_1,ξ_2,使得 $f(\xi_1) = f(\xi_2) = 0$.

证明 设 $F(x) = \int_0^x f(t) \mathrm{d}t$. 以下略.

2. 与 $\theta(x)$ 有关的问题

例如,(2001 年)设 $y = f(x)$ 在 $(-1, 1)$ 内具有二阶连续导数,且 $f''(x) \neq 0$. 证明:

(1) 对于 $(-1, 1)$ 内的任一 $x \neq 0$,存在唯一的 $\theta(x) \in (0, 1)$,使得 $f(x) = f(0) + x f'[\theta(x) x]$ 成立;

(2) $\lim\limits_{x \to 0} \theta(x) = \dfrac{1}{2}$.

证明 略.

3. 与"定积分"有关的证明题

结论中出现了"定积分"(非变限积分)、与微分中值定理有关的证明题.

例如,(2001 年)设 $f(x)$ 在区间 $[-a, a]$ $(a > 0)$ 上具有二阶连续导数,且 $f(0) = 0$. 证明:在 $[-a, a]$ 上至少存在一点 η,使 $a^3 f''(\eta) = 3 \int_{-a}^a f(x) \mathrm{d}x$.

证明 略.

第 10 章　微分方程

§ 10.1　**看手相 1(一阶方程)**

知识梳理

1. 微分方程主要题型

  (1) 一阶方程；

  (2) 二阶方程；

  (3) 高阶方程.

一线可欺

（骑）

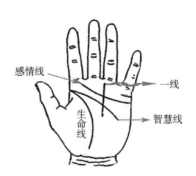

视频 10 - 1　"一线可欺"

图 10 - 1　"一线可欺"

2. 一阶方程主要题型

  (1) 一阶线性方程；

  (2) 可分离变量方程；

  (3) 骑式方程.

  简称："一线可欺".

3. 解题方法汇总

表 10-1 一阶方程解题方法

方程类型	基本形式	解法及解的表达式
① 可分离变量方程	$g(y)\mathrm{d}y = f(x)\mathrm{d}x$	两边积分:$\int g(y)\mathrm{d}y = \int f(x)\mathrm{d}x + C$
	$y' = f(x)g(y)$	$\dfrac{g(y)}{\dfrac{1}{f(x)}} = \dfrac{\mathrm{d}y}{\mathrm{d}x},\ \int \dfrac{\mathrm{d}y}{g(y)} = \int f(x)\mathrm{d}x + C$
② 骑式方程	$y' = f\left(\dfrac{y}{x}\right)$	换元法:令 $u = \dfrac{y}{x}$,则 $y = ux$,$y' = u'x + u$ $\Rightarrow u'x + u = f(u) \Rightarrow \dfrac{\mathrm{d}u}{f(u)-u} = \dfrac{\mathrm{d}x}{x}$ $\Rightarrow \int \dfrac{\mathrm{d}u}{f(u)-u} = \ln x + C$
③ 一阶线性方程	齐次:$y' + p(x)y = 0$	公式法:令 $w = \mathrm{e}^{-\int p(x)\mathrm{d}x}$(口诀:"我们家,鹅负鸡平") 通解:$y = wC$(口诀:"一齐 wC")
	非齐次:$y' + p(x)y = q(x)$	通解:$y = w\left(\int \dfrac{q}{w}\mathrm{d}x + C\right)$ (口诀:"我们的球 wC")

视频 10-2 "我们家,鹅负鸡平"　视频 10-3 "一齐 wC"　视频 10-4 "我们的球 wC"

表 10-2 3 个公式的记忆方法

	1	2	3
公式	$w = \mathrm{e}^{-\int p(x)\mathrm{d}x}$	$y = wC$	$y = w\left(\int \dfrac{q}{w}\mathrm{d}x + C\right)$
记忆方法	我们家,鹅负鸡平 $(w)\quad(\mathrm{e}-\int p)$ 图 10-2 "我们家,鹅负鸡平"	一起 wC (齐) 图 10-3 "一齐 wC"	我们的球 wC $(w)\quad(q)$ 图 10-4 "我们的球 wC"

结论 1:一阶线性方程的重要标志是只有 1 个 y.

结论 2:对于可分离变量方程和骑式方程,y' 都要写到等号的左边,其他部分都要写到等号的右边.

例 10-1　(2019 年)微分方程 $2yy' - y^2 - 2 = 0$ 满足条件 $y(0) = 1$ 的特解 $y = $ _____.

　　解　口诀:"一线可欺".

　　由 $2yy' = y^2 + 2$ 可得:$y' = \dfrac{y^2 + 2}{2y} = \dfrac{\mathrm{d}y}{\mathrm{d}x}$.

$$\int \frac{2y}{y^2 + 2} \mathrm{d}y = \int \mathrm{d}x + C, \int \frac{\mathrm{d}y^2}{y^2 + 2} = x + C, \ln(y^2 + 2) = x + C,$$

$$y^2 + 2 = \mathrm{e}^{x+C} = \mathrm{e}^x \cdot \mathrm{e}^C = C_1 \mathrm{e}^x, y^2 = C_1 \mathrm{e}^x - 2, y = \pm\sqrt{C_1 \mathrm{e}^x - 2}.$$

　　因为过 $(0, 1)$,则 $y = \sqrt{C_1 \mathrm{e}^x - 2}$.

　　将 $(0, 1)$ 代入上式,得 $1 = C_1 - 2$,即 $C_1 = 3$.所以,$y = \sqrt{3\mathrm{e}^x - 2}$.

　　总结　分析思路:①确定在总框架中的位置;②确定题型;③确定方法.

例 10-2　(2014 年)微分方程 $xy' + y(\ln x - \ln y) = 0$ 满足条件 $y(1) = \mathrm{e}^3$ 的解为 $y = $ _____.

　　解　口诀:"一线可欺".

　　(1) 由 $xy' = y(\ln y - \ln x)$ 可得:$y' = \dfrac{y(\ln y - \ln x)}{x} = \dfrac{y}{x}\ln\dfrac{y}{x}$.

　　(2) 令 $u = \dfrac{y}{x}$,所以,$y = ux$,$y' = u'x + u$.

$$u'x + u = u\ln u, u' = \frac{u\ln u - u}{x} = \frac{\mathrm{d}u}{\mathrm{d}x}.$$

$$\int \frac{\mathrm{d}u}{u(\ln u - 1)} = \int \frac{\mathrm{d}x}{x} + C, \int \frac{\mathrm{d}(\ln u)}{\ln u - 1} = \ln x + C.$$

$\ln(\ln u - 1) = \ln x + C = \ln \mathrm{e}^C x = \ln C_1 x$,$\ln u - 1 = C_1 x$,即 $\ln\dfrac{y}{x} - 1 = C_1 x$.

　　(3) 因为 $y(1) = \mathrm{e}^3$,$\ln \mathrm{e}^3 - 1 = C_1$,$3 - 1 = C_1$,即 $C_1 = 2$.

　　所以,$\ln\dfrac{y}{x} - 1 = 2x$,$\ln\dfrac{y}{x} = 2x + 1$,$\dfrac{y}{x} = \mathrm{e}^{2x+1}$,$y = x\mathrm{e}^{2x+1}$.

　　总结　①骑式方程最后一定要变成可分离来做;②C 一般能根据条件解出;③莫忘定义域.

例 10-3　(2011 年)微分方程 $y' + y = \mathrm{e}^{-x}\cos x$ 满足条件 $y(0) = 0$ 的解为 $y = $ _____.

　　解　口诀:"一线可欺".

$$p(x) = 1, q(x) = \mathrm{e}^{-x}\cos x, w = \mathrm{e}^{-\int p\mathrm{d}x} = \mathrm{e}^{-x}.$$

$$y = w\left(\int \frac{q}{w}\mathrm{d}x + C\right) = \mathrm{e}^{-x}\left(\int \frac{\mathrm{e}^{-x}\cos x}{\mathrm{e}^{-x}}\mathrm{d}x + C\right) = \mathrm{e}^{-x}(\sin x + C).$$

因为 $y(0)=0$，$C=0$．所以，$y=\mathrm{e}^{-x}\sin x$．

例 10-4 若连续函数 $f(x)$ 满足关系式 $f(x)=\int_0^{2x}f\left(\dfrac{t}{2}\right)\mathrm{d}t+\ln 2$，则 $f(x)$ 等于（ ）．

A. $\mathrm{e}^x\ln 2$ B. $\mathrm{e}^{2x}\ln 2$ C. $\mathrm{e}^x+\ln 2$ D. $\mathrm{e}^{2x}+\ln 2$

解 口诀："变下面一撇".

对关系式两边求导，得 $f'(x)=2f(x)$，即 $y'=2y$．

$(\ln y)'=\dfrac{y'}{y}=2$．两边积分，得 $\ln y=2x+C$，所以，$y=\mathrm{e}^{2x+C}=C_1\mathrm{e}^{2x}$．

因为 $f(0)=\int_0^0 f\left(\dfrac{t}{2}\right)\mathrm{d}t+\ln 2=\ln 2$，所以，$\ln 2=C_1\mathrm{e}^0=C_1$，则 $y=\mathrm{e}^{2x}\ln 2$．

例 10-5 （2014 年）已知函数 $y=y(x)$ 满足微分方程 $x^2+y^2y'=1-y'$，且 $y(2)=0$，求 $y(x)$ 的极大值与极小值．

分析 口诀："一线可欺"；极值：$y'=0$，$y''\neq 0$；隐函数："隐点两".

解 $y^2y'+y'=1-x^2$，$y'(y^2+1)=1-x^2$，$y'=\dfrac{1-x^2}{y^2+1}=\dfrac{\mathrm{d}y}{\mathrm{d}x}$．

$\int(y^2+1)\mathrm{d}y=\int(1-x^2)\mathrm{d}x+C$，$\dfrac{y^3}{3}+y=x-\dfrac{x^3}{3}+C$．

因为 $y(2)=0$，所以，$0=2-\dfrac{8}{3}+C$，$C=\dfrac{8}{3}-2=\dfrac{2}{3}$，则

$$\frac{y^3}{3}+y=x-\frac{x^3}{3}+\frac{2}{3}. \tag{①}$$

对①式两边求导，得

$$y^2y'+y'=1-x^2 \tag{②}$$

对②式两边求导，得 $2yy'\cdot y'+y''\cdot y^2+y''=-2x$，

$$2y\cdot(y')^2+y''(y^2+1)=-2x \tag{③}$$

令 $y'=0$，代入②式，得 $0=1-x^2$，所以，$x^2=1$，$x=\pm 1$．将 $x=\pm 1$ 代入①式，得

$$\begin{cases}x=1,\\ y=1\end{cases} \text{或} \begin{cases}x=-1,\\ y=0.\end{cases}$$

将点 $(1,1)$ 代入③式，得 $2y''=-2$，$y''=-1<0$．所以，$y(1)=1$ 为极大值．

将点 $(-1,0)$ 代入③式，得 $y''=2>0$．所以，$y(-1)=0$ 为极小值．

注意 微分方程可以和很多知识点进行综合，如一元微分的应用和一重积分的应用．

例 10-6 （2017 年）设 $y(x)$ 是区间 $\left(0,\dfrac{3}{2}\right)$ 内的可导

函数，且 $y(1)=0$，点 P 是曲线 $l:y=y(x)$ 上任意一点，l 在点 P 处的切线与 y 轴相交于点 $(0,Y_p)$，法线与 x 轴相交于点 $(X_p,0)$．若 $X_p=Y_p$，求 l 上点的坐标 (x,y) 满足的方程．

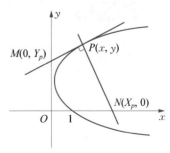

分析 口诀："一线可欺".

解 （1）假设函数的草图如图 10-5 所示．

图 10-5 例 10-6 图

切线的斜率为 $k = y' = \dfrac{y - Y_p}{x - 0}$，$Y_p = y - xy'$。

法线的斜率为 $-\dfrac{1}{k} = -\dfrac{1}{y'} = \dfrac{y - 0}{x - X_p}$，$X_p = x + yy'$。

因为 $X_p = Y_p$，$y - xy' = x + yy'$。

(2) $yy' + xy' = y - x$，$y'(y + x) = y - x$，$y' = \dfrac{y - x}{y + x} = \dfrac{\dfrac{y}{x} - 1}{\dfrac{y}{x} + 1}$。

令 $u = \dfrac{y}{x}$，所以，$y = ux$，$y' = u'x + u$，则

$$u'x + u = \frac{u - 1}{u + 1}, \quad u'x = \frac{u - 1}{u + 1} - u = \frac{-(1 + u^2)}{u + 1}, \quad u' = -\frac{1 + u^2}{u + 1} \cdot \frac{1}{x} = \frac{du}{dx}.$$

$$\int \frac{u + 1}{1 + u^2} du = -\int \frac{dx}{x} + C, \quad \int \frac{\frac{1}{2}(1 + u^2)' + 1}{1 + u^2} du = -\ln x + C, \quad \int \frac{\frac{1}{2}(1 + u^2)'}{1 + u^2} du + \int \frac{du}{1 + u^2} = -\ln x + C,$$

$$\frac{1}{2}\ln(1 + u^2) + \arctan u = -\ln x + C, \qquad\qquad ①$$

因为 $y(1) = 0$。所以，将 $x = 1$，$y = 0$，$u = \dfrac{y}{x} = 0$ 代入 ① 式，得 $C = 0$。于是，

$$\frac{1}{2}\ln\left[1 + \left(\frac{y}{x}\right)^2\right] + \arctan \frac{y}{x} = -\ln x, \quad \frac{1}{2}\ln\left[\left(1 + \frac{y^2}{x^2}\right) \cdot x^2\right] + \arctan \frac{y}{x} = 0.$$

所求曲线方程为 $\dfrac{1}{2}\ln(x^2 + y^2) + \arctan \dfrac{y}{x} = 0$。

课堂练习

【练习 10 - 1】　微分方程 $xy' + y = 0$ 满足条件 $y(1) = 1$ 的解是 $y = $ _____。

【练习 10 - 2】　微分方程 $y' = \dfrac{y(1 - x)}{x}$ 的通解是 _____。

【练习 10 - 3】　微分方程 $(y + x^3)dx - 2x\,dy = 0$ 满足 $y\big|_{x=1} = \dfrac{6}{5}$ 的特解为 _____。

【练习 10 - 4】　微分方程 $xy' + 2y = x\ln x$ 满足 $y(1) = -\dfrac{1}{9}$ 的解为 _____。

【练习 10 - 5】　微分方程 $(y + x^2 e^{-x})dx - x\,dy = 0$ 的通解是 $y = $ _____。

【练习 10 - 6】　过点 $\left(\dfrac{1}{2}, 0\right)$ 且满足关系式 $y'\arcsin x + \dfrac{y}{\sqrt{1 - x^2}} = 1$ 的曲线方程

为 _____。

【练习 10 - 7】　求微分方程 $(3x^2 + 2xy - y^2)dx + (x^2 - 2xy)dy = 0$ 的通解。

【练习 10 - 8】　求微分方程 $x^2 y' + xy = y^2$ 满足初始条件 $y(1) = 1$ 的特解。

【练习 10 - 9】　已知连续函数 $f(x)$ 满足条件 $f(x) = \displaystyle\int_0^{3x} f\left(\frac{t}{3}\right)dt + e^{2x}$，求 $f(x)$。

【练习 10-10】 (2019 年)设 $y = y(x)$ 是微分方程 $y' - xy = \dfrac{1}{2\sqrt{x}} e^{\frac{x^2}{2}}$ 满足条件 $y(1)$
$= \sqrt{e}$ 的特解.

(1) 求 $y(x)$.

(2) 设平面区域 $D = \{(x, y) \mid 1 \leqslant x \leqslant 2, 0 \leqslant y \leqslant y(x)\}$,求 D 绕 x 轴旋转一周所得旋转体的体积.

§ 10.2　　**看手相 2(二阶方程)**

◆ 知识梳理

1. 二阶方程主要题型

视频 10-5 "二线缺男缺女"

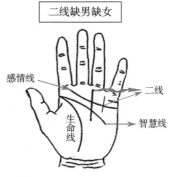

图 10-6 "二线缺男缺女"

(1) 常系数线性方程;

(2) "缺男方程"(数三不要求);

(3) "缺女方程"(数三不要求).

简称:"二线缺男缺女".

2. "缺男缺女方程"

表 10-3　"缺男缺女方程"解题方法

方程类型	基本形式	解法及解的表达式
"缺男方程"	$y'' = f(x, y')$	换元法:令 $y' = p$,则 $y'' = p'$,原方程 $\Rightarrow p' = f(x, p)$,设其解为 $p = \varphi(x, C_1)$,即 $y' = \varphi(x, C_1)$,则原方程的通解为 $y = \displaystyle\int \varphi(x, C_1)\mathrm{d}x + C_2$
"缺女方程"	$y'' = f(y, y')$	换元法:令 $y' = p$,则 $y'' = p'p$,其中,$p = p(y)$,原方程 $\Rightarrow p'p = f(y, p)$,解得 $p = \varphi(y, C_1)$,即 $y' = \varphi(y, C_1)$,由此一阶方程再求出 y 的表达式
		注:$y'' = \dfrac{\mathrm{d}y'}{\mathrm{d}x} = \dfrac{\mathrm{d}p}{\mathrm{d}x} = \dfrac{\mathrm{d}p}{\mathrm{d}y} \cdot \dfrac{\mathrm{d}y}{\mathrm{d}x} = p'p$

3. 二阶常系数线性方程

表 10 – 4 二阶常系数线性方程解题方法

方程类型	通解的形式及其解法
二阶常系数线性齐次方程 $y'' + py' + qy = 0$, ① 其中,p,q 均为常数	特征方程:$\lambda^2 + p\lambda + q = 0$ 当 λ_1,λ_2 为相异的特征根时,方程①的通解为 $$y(x) = C_1 e^{\lambda_1 x} + C_2 e^{\lambda_2 x}$$ 当 $\lambda_1 = \lambda_2$ 时,通解为 $$y(x) = (C_1 + C_2 x)e^{\lambda_1 x}$$ 当 $\lambda = \alpha \pm i\beta$(复根)时,通解为 $$y(x) = e^{\alpha x}(C_1 \cos \beta x + C_2 \sin \beta x)$$
二阶常系数线性非齐次方程 $y'' + py' + qy = f(x)$, ② 其中,p,q 均为常数	通解的求解过程:求对应齐次方程的通解 $Y(x)$;求出方程②的特解 $y^*(x)$;方程②的通解为 $y = Y(x) + y^*(x)$

可以想象 $\begin{cases} e^{i\theta} = \cos \theta, \\ e^{-i\theta} = \sin \theta, \end{cases}$ 虽然这一对公式不正确,不符合欧拉公式,但是能够方便我们记忆.

单根 当特征根 $\lambda_1 \neq \lambda_2$ 时,特征方程的根称为单根.

重根 当特征根 $\lambda_1 = \lambda_2$ 时,特征方程的根称为重根.

注意 当特征根是复根($\lambda = \alpha \pm i\beta$)时,特征方程的根一定是单根.

①号函数 幂函数或者多项式叫做①号函数.

②号函数 指数函数叫做②号函数.

③号函数 三角函数叫做③号函数.

表 10 – 5 二阶常系数线性非齐次方程的求解

方程 $y'' + py' + qy = f(x)$	函数 $f(x)$ 的类型	特征根	特解 y^* 的形式
$f(x) = p_n(x)$,其中,p_n 为 x 的 n 次多项式	①号	0 不是特征根	$y^*(x) = R_n(x)$,$R_n(x)$ 为 n 次多项式
		0 是特征方程的单根	$y^*(x) = x R_n(x)$
		0 是特征方程的重根	$y^*(x) = x^2 R_n(x)$
$f(x) = A e^{\alpha x}$,其中,A 为常数	②号	α 不是特征根	$y^*(x) = B e^{\alpha x}$,B 为常数
		α 是特征方程的单根	$y^*(x) = B x e^{\alpha x}$,$B$ 为常数
		α 是特征方程的重根	$y^*(x) = B x^2 e^{\alpha x}$,$B$ 为常数

续 表

方程 $y'' + py' + qy = f(x)$	函数 $f(x)$ 的类型	特征根	特解 y^* 的形式
$f(x) = p_n(x)\mathrm{e}^{\alpha x}$，其中，$p_n$ 为 x 的 n 次多项式	①×②	α 不是特征根	$y^*(x) = R_n(x)\mathrm{e}^{\alpha x}$，$R_n(x)$ 为 n 次多项式
		α 是特征方程的单根	$y^*(x) = xR_n(x)\mathrm{e}^{\alpha x}$
		α 是特征方程的重根	$y^*(x) = x^2 R_n(x)\mathrm{e}^{\alpha x}$
$f(x) = A\sin\omega x$ 或 $A\cos\omega x$，其中，A 和 ω 均为常数	③ 号	$\mathrm{i}\omega$ 不是特征根	$y^* = M\cos\omega x + N\sin\omega x$，$M$，$N$ 为常数
		$\mathrm{i}\omega$ 是特征方程的单根	$y^* = x(M\cos\omega x + N\sin\omega x)$，$M$，$N$ 为常数
$f(x) = A\mathrm{e}^{\alpha x}\cdot\sin\beta x$ 或 $A\mathrm{e}^{\alpha x}\cos\beta x$，其中，$A$，$\alpha$ 和 β 均为常数	②×③	$\alpha + \mathrm{i}\beta$ 不是特征根	$y^* = \mathrm{e}^{\alpha x}(M\cos\beta x + N\sin\beta x)$，$M$，$N$ 为常数
		$\alpha + \mathrm{i}\beta$ 是特征方程的单根	$y^* = x\mathrm{e}^{\alpha x}(M\cos\beta x + N\sin\beta x)$，$M$，$N$ 为常数

规律：

(1) 虽然表 10 - 5 中的函数类型比较多，一共有 5 种，但是，其核心类型只有 1 种：$f(x) = A\mathrm{e}^{\alpha x}$，其他 4 种函数类型都是从这种类型演变过来的.

(2) 特解的函数类型与 $f(x)$ 基本相同.

(3) 特解的函数类型与 $f(x)$ 完全相同，但系数不同. 简称："特解，同类不同系".

(4) 当 α 被"感染"时，特解前面就多了一个 x；当 α 被"感染"2 次时，特解前面就多了 2 个 x（即 x^2）.

特解，同类不同戏

（姐）　　　（系）

女一号　　　群众演员

视频 10 - 6 "特解，同类不同戏"　　　图 10 - 7 "特解，同类不同戏"

10.2.1 缺男缺女（数三不要求）

例 10 - 7　求微分方程 $y''[x + (y')^2] = y'$ 满足初始条件 $y(1) = y'(1) = 1$ 的特解.（此题数三不要求）

分析　口诀："一线可欺"；"二线缺男缺女"；"缺男方程"：换元法.

解　(1) 令 $y'=p$，则 $y''=p'$. 原方程转化为 $p'(x+p^2)=p$，所以，$p'=\dfrac{p}{x+p^2}=\dfrac{\mathrm{d}p}{\mathrm{d}x}$，

$\dfrac{\mathrm{d}x}{\mathrm{d}p}=\dfrac{x+p^2}{p}$. 可得 $x'=\dfrac{1}{p}x+p$，$x'-\dfrac{1}{p}x=p$.

$$w=\mathrm{e}^{-\int -\frac{1}{p}\mathrm{d}p}=\mathrm{e}^{\ln p}=p,\quad x=w\left(\int \dfrac{q}{w}\mathrm{d}p+C\right)=p\left(\int \dfrac{p}{p}\mathrm{d}p+C\right)=p(p+C).$$

(2) 对于 $x=y'(y'+C)$，

因为 $y'(1)=1$，所以，$1=1+C$，$C=0$. 故 $x=(y')^2$，$y'=\pm\sqrt{x}$.

因为 $y'(1)=1$，所以，$y'=\sqrt{x}$，$y=\int \sqrt{x}\,\mathrm{d}x+C'=\dfrac{x^{\frac{1}{2}+1}}{\frac{3}{2}}+C'=\dfrac{2}{3}x^{\frac{3}{2}}+C'$.

因为 $y(1)=1$，所以，$\dfrac{2}{3}+C'=1$，$C'=\dfrac{1}{3}$. 故 $y=\dfrac{2}{3}x^{\frac{3}{2}}+\dfrac{1}{3}$.

例 10 - 8　求微分方程 $yy''-(y')^2=0$ 的通解.（此题数三不要求）

分析　口诀:"一线可欺";"二线缺男缺女";"缺女方程":换元法.

解　令 $y'=p$，则 $y''=p'p$，其中，$p=p(y)$. 原方程转化为 $ypp'-p^2=0$，所以，$p'=\dfrac{p^2}{yp}$

$=\dfrac{p}{y}=\dfrac{\mathrm{d}p}{\mathrm{d}y}$，$\int \dfrac{\mathrm{d}p}{p}=\int \dfrac{\mathrm{d}y}{y}+C$. 可得 $\ln p=\ln y+C=\ln y+\ln \mathrm{e}^C=\ln y\mathrm{e}^C$，$p=y\mathrm{e}^C=C_1 y$.

$y'=\dfrac{C_1 y}{1}=\dfrac{\mathrm{d}y}{\mathrm{d}x}$，$\int \dfrac{\mathrm{d}y}{C_1 y}=\int \mathrm{d}x+C_2$，$\dfrac{1}{C_1}\ln y=x+C_2$，$\ln y=C_1 x+C_1 C_2$，$y=\mathrm{e}^{C_1 x+C_1 C_2}=$

$C_3 \mathrm{e}^{C_1 x}$.

10.2.2　二阶线性微分方程

例 10 - 9　(2015 年)设函数 $y=y(x)$ 是微分方程 $y''+y'-2y=0$ 的解，且在 $x=0$ 处 $y(x)$ 取得极值 3，则 $y(x)=$ _____.

解　口诀:"二线缺男缺女";线性方程:公式法.

特征方程为 $\lambda^2+\lambda-2=0$，所以，$(\lambda+2)(\lambda-1)=0$，$\lambda_1=-2$，$\lambda_2=1$. 故通解为 $y=C_1 \mathrm{e}^{-2x}+C_2 \mathrm{e}^x$.

$$y(0)=3\Rightarrow C_1+C_2=3. \tag{①}$$

$$y'=-2C_1 \mathrm{e}^{-2x}+C_2 \mathrm{e}^x,\quad y'(0)=0\Rightarrow -2C_1+C_2=0. \tag{②}$$

由 ①－② 可得 $3C_1=3$，所以，$C_1=1$，$C_2=2$. 故 $y=\mathrm{e}^{-2x}+2\mathrm{e}^x$.

例 10 - 10　(2012 年)若函数 $f(x)$ 满足方程 $f''(x)+f'(x)-2f(x)=0$ 及 $f''(x)+f(x)=2\mathrm{e}^x$，则 $f(x)=$ _____.

解

$$f''(x)+f'(x)-2f(x)=0, \tag{①}$$

$$f''(x) + f(x) = 2e^x. \qquad ②$$

求解①式，特征方程为 $\lambda^2 + \lambda - 2 = 0$，所以，$(\lambda + 2)(\lambda - 1) = 0$，$\lambda_1 = -2$，$\lambda_2 = 1$. 故通解为 $f(x) = C_1 e^{-2x} + C_2 e^x$.

代入②式，得 $(4C_1 e^{-2x} + C_2 e^x) + (C_1 e^{-2x} + C_2 e^x) = 2e^x$，$5C_1 e^{-2x} + 2C_2 e^x = 2e^x$，解得 $2C_2 = 2$，所以，$C_2 = 1$；$5C_1 = 0$，$C_1 = 0$. 故 $f(x) = e^x$.

总结 函数同时满足两个方程时，可先求一个较为简单的方程，然后代入第二个方程.

例 10 - 11 （2009 年）函数 $y(x)$ 满足 $y'' + y + x = 0$，求 $y(x)$ 的表达式.

分析 口诀："二线缺男缺女"；线性方程：公式法.

解 $y = Y(x) + y^*$.

（1）求 $Y(x)$，$y'' + y = -x$.

齐次方程为 $y'' + y = 0$，特征方程为 $\lambda^2 + 1 = 0$，所以，$\lambda = \pm i$，故 $Y(x) = C_1 \cos x + C_2 \sin x$.

（2）求 y^*. 因为 $f(x) = -x$，得 $y^* = ax + b$ 代入原方程，得 $0 + ax + b + x = 0$，$(a+1)x + b = 0$，

$$\begin{cases} a + 1 = 0, \\ b = 0, \end{cases} \Rightarrow \begin{cases} a = -1, \\ b = 0, \end{cases}$$

所以，$y^* = -x$. 故 $y(x) = Y(x) + y^* = C_1 \cos x + C_2 \sin x - x$.

注意 草稿纸上可写出：$Y(x) = C_1 e^{\lambda_1 x} + C_2 e^{\lambda_2 x} = C_1 e^{ix} + C_2 e^{-ix} = C_1 \cos x + C_2 \sin x$；推导过程仅限于帮助大家记忆公式，千万不要写到答题纸上.

例 10 - 12 求微分方程 $y'' - 2y' - e^{2x} = 0$ 满足条件 $y(0) = 1$，$y'(0) = 1$ 的解.

分析 口诀："二线缺男缺女"；线性方程：公式法.

解 （1）求 $Y(x)$. $y'' - 2y' = e^{2x}$.

齐次方程为 $y'' - 2y' = 0$，特征方程为 $\lambda^2 - 2\lambda = 0$，所以，$\lambda(\lambda - 2) = 0$，解得 $\lambda_1 = 0$，$\lambda_2 = 2$. 故

$$Y(x) = C_1 e^{0 \cdot x} + C_2 e^{2x} = C_1 + C_2 e^{2x}.$$

（2）求 y^*. 由于 $f(x) = e^{2x}$，$y^* = Bx e^{2x}$，

$$(y^*)' = B(e^{2x} + 2x e^{2x}) = B e^{2x}(1 + 2x) \qquad ①$$

$$(y^*)'' = B[2e^{2x}(1 + 2x) + 2e^{2x}] = 2B e^{2x}(2 + 2x) = 4B e^{2x}(1 + x) \qquad ②$$

将①、②式代入原方程，得 $4B e^{2x}(1 + x) - 2B e^{2x}(1 + 2x) - e^{2x} = 0$，所以，

$$4B(1 + x) - 2B(1 + 2x) - 1 = 0, \quad 4B + 4Bx - 2B - 4Bx - 1 = 0, \quad 2B - 1 = 0, \quad B = \frac{1}{2}.$$

故

$$y^* = \frac{1}{2} x e^{2x}.$$

(3) $y = Y(x) + y^* = C_1 + C_2 e^{2x} + \dfrac{1}{2} x e^{2x}$，$y' = 2C_2 e^{2x} + \dfrac{1}{2} e^{2x}(1 + 2x)$. 因为 $y(0) = 1$，$y'(0) = 1$，

$$\begin{cases} C_1 + C_2 = 1, \\ 2C_2 + \dfrac{1}{2} = 1, \end{cases}$$

解得 $C_1 = \dfrac{3}{4}$，$C_2 = \dfrac{1}{4}$. 所以，$y = \dfrac{3}{4} + \dfrac{1}{4} e^{2x} + \dfrac{1}{2} x e^{2x}$.

例 10 – 13　微分方程 $y'' + y = \sin x$ 的特解形式可设为 _____.

解　齐次方程为 $y'' + y = 0$，特征方程为 $\lambda^2 + 1 = 0$，$\lambda^2 = -1$，有 $\lambda = \pm i$.

因为 $f(x) = \sin x$，所以，$y^* = x(A\cos x + B\sin x)$.

注意　草稿纸上可写出：$f(x) = \sin x$ 可以改写成 $f(x) = \cos x = e^{ix}$；由于 $\alpha = i$，被"感染"了 1 次，$y^* = x(M\cos x + N\sin x)$；推导过程仅限于帮助大家记忆公式，千万不要写到答题纸上.

例 10 – 14　微分方程 $y'' + 2y' + y = x e^x$ 的特解形式可设为 _____.

解　齐次方程为 $y'' + 2y' + y = 0$，特征方程为 $\lambda^2 + 2\lambda + 1 = 0$，$(\lambda + 1)^2 = 0$，$\lambda_1 = \lambda_2 = -1$.

因为 $f(x) = x e^x$，所以，$y^* = (ax + b) e^x$.

注意　$f(x) = x e^x$，由 e^x 得 $\alpha = 1$，没有被"感染"，根据"特解，同类不同戏"，写出 y^* 即可.

例 10 – 15　微分方程 $y'' - y = e^x \cos 2x$ 的特解形式可设为 _____.

解　齐次方程为 $y'' - y = 0$，特征方程为 $\lambda^2 - 1 = 0$，$\lambda^2 = 1$，$\lambda = \pm 1$.

因为 $f(x) = e^x \cos 2x$，所以，$y^* = e^x(A\cos 2x + B\sin 2x)$.

注意　草稿纸上可写出：$f(x) = e^x \cos 2x = e^x e^{i \cdot 2x} = e^{(1+2i)x}$；由于 $\alpha = 1 + 2i$，没有被"感染"，根据"特解，同类不同戏"，$y^* = e^x(M\cos 2x + N\sin 2x)$；推导过程仅限于帮助大家记忆公式，千万不要写到答题纸上.

10.2.3　综合

例 10 – 16　（2014 年）设函数 $f(u)$ 具有二阶连续导数，$z = f(e^x \cos y)$ 满足

$$\frac{\partial^2 z}{\partial x^2} + \frac{\partial^2 z}{\partial y^2} = (4z + e^x \cos y) e^{2x},$$ 若 $f(0) = 0$，$f'(0) = 0$，求 $f(u)$ 的表达式.

分析　口诀："富油公路".

解　(1) ① 令 $e^x \cos y = u$，则 $z = f(u)$.

② 公路图：

$$z - u \begin{array}{c} \diagup x \\ \diagdown y \end{array}, \quad f' - u \begin{array}{c} \diagup x \\ \diagdown y \end{array}.$$

③ $z_x = z_u \cdot u_x = f_u \cdot \cos y \cdot \mathrm{e}^x$,

$z_y = z_u \cdot u_y = f_u \cdot (-\sin y) \cdot \mathrm{e}^x$,

$z_{xx} = (z_x)_x = \cos y \cdot \mathrm{e}^x [f_u + (f_u)_x] = \cos y \cdot \mathrm{e}^x [f_u + f_{uu} \cos y \cdot \mathrm{e}^x]$,

$z_{yy} = (z_y)_y = \mathrm{e}^x [(f_u)_y(-\sin y) + (-\cos y)f_u] = -\mathrm{e}^x [f_{uu} \cdot \mathrm{e}^x(-\sin y) \cdot \sin y + \cos y f_u]$.

④ 因为 $z_{xx} + z_{yy} = (4z + \mathrm{e}^x \cos y)\mathrm{e}^{2x}$,所以,

$$\cos y \cdot \mathrm{e}^x f_u + \cos^2 y \mathrm{e}^{2x} f_{uu} + \mathrm{e}^{2x} \sin^2 y f_{uu} - \mathrm{e}^x \cos y f_u$$
$$= \mathrm{e}^{2x} f_{uu}(\cos^2 y + \sin^2 y)$$
$$= \mathrm{e}^{2x} f_{uu} = (4z + \mathrm{e}^x \cos y)\mathrm{e}^{2x}.$$

于是,$f''(u) = 4f(u) + u$.

(2) 微分方程为 $y'' = 4y + x$,$y'' - 4y = x$.

特征方程为 $\lambda^2 - 4 = 0$,$\lambda = \pm 2$. 故 $Y(x) = C_1 \mathrm{e}^{2x} + C_2 \mathrm{e}^{-2x}$.

令 $y^* = ax + b$,代入原方程得 $-4(ax + b) = x$,$-4ax - 4b = x$,解得

$$-4a = 1 \Rightarrow a = -\frac{1}{4}; \quad -4b = 0 \Rightarrow b = 0.$$

于是,$y^* = -\frac{1}{4}x$.

$$y = Y(x) + y^* = C_1 \mathrm{e}^{2x} + C_2 \mathrm{e}^{-2x} - \frac{1}{4}x, \quad f(u) = C_1 \mathrm{e}^{2u} + C_2 \mathrm{e}^{-2u} - \frac{1}{4}u.$$

$$f(0) = 0 \Rightarrow C_1 + C_2 = 0, \quad f'(0) = 0 \Rightarrow 2C_1 - 2C_2 - \frac{1}{4} = 0,$$

于是,$C_1 = \frac{1}{16}$,$C_2 = -\frac{1}{16}$. 故 $f(u) = \frac{1}{16}\mathrm{e}^{2u} - \frac{1}{16}\mathrm{e}^{-2u} - \frac{1}{4}u$.

注意 遇到求函数表达式 $f(x)$ 的题目,一定要想到微分方程.

例 10 - 17 (2011 年)设函数 $y(x)$ 具有二阶导数,且曲线 $l: y = y(x)$ 与直线 $y = x$ 相切于原点,记 α 为曲线 l 在点 (x, y) 处切线的倾角,若 $\dfrac{\mathrm{d}\alpha}{\mathrm{d}x} = \dfrac{\mathrm{d}y}{\mathrm{d}x}$,求 $y(x)$ 的表达式.(此题数三不要求)

分析 口诀:"二线缺男缺女";"缺男方程":换元法.

解 (1) $y' = \tan \alpha$,$\alpha = \arctan y'$,$\dfrac{\mathrm{d}\alpha}{\mathrm{d}x} = \dfrac{1}{1 + y'^2} \cdot y'' = \dfrac{\mathrm{d}y}{\mathrm{d}x} = y'$. 故

$$y'' = y'(1 + y'^2) = y' + y'^3.$$

(2) 令 $y' = p$,则 $p' = p + p^3 = \dfrac{\mathrm{d}p}{\mathrm{d}x}$.

$$\int \frac{\mathrm{d}p}{p + p^3} = \int \mathrm{d}x + C, \quad \int \frac{\mathrm{d}p}{p(1 + p^2)} = x + C, \quad \int \left(\frac{1}{p} - \frac{p}{1 + p^2}\right)\mathrm{d}p = x + C.$$

$\ln p - \dfrac{1}{2}\ln(1+p^2) = x + C$, $2\ln p - \ln(1+p^2) = 2x + 2C$, $\ln \dfrac{p^2}{1+p^2} = 2x + 2C$.

于是，$\dfrac{p^2}{1+p^2} = e^{2x+2C}$, $\dfrac{1+p^2}{p^2} = 1 + \dfrac{1}{p^2} = e^{-2x-2C} = e^{-2C} \cdot e^{-2x} = C_1 e^{-2x}$, $p^2 = \dfrac{1}{C_1 e^{-2x} - 1}$.

由于 $y'(0) = 1$，则 $x = 0$，$y' = 1 = p$，代入 $p^2 = \dfrac{1}{C_1 e^{-2x} - 1}$，解得 $C_1 = 2$. 故

$$p = \dfrac{1}{\sqrt{2e^{-2x} - 1}}, \quad y' = \dfrac{1}{\sqrt{2e^{-2x} - 1}}.$$

（3）$y = \displaystyle\int \dfrac{\mathrm{d}x}{\sqrt{2e^{-2x} - 1}} \xlongequal[x = -\ln\frac{\sec\theta}{\sqrt{2}}]{\text{令}\sqrt{2}e^{-x} = \sec\theta} \displaystyle\int \dfrac{-\dfrac{\sqrt{2}}{\sec\theta} \cdot \dfrac{1}{\sqrt{2}}\sec\theta\tan\theta\,\mathrm{d}\theta}{\tan\theta} = -\theta + C_2 =$

$-\arccos\dfrac{e^x}{\sqrt{2}} + C_2$.

由于 $y(0) = 0$，$C_2 = \dfrac{\pi}{4}$，故 $y = -\arccos\dfrac{e^x}{\sqrt{2}} + \dfrac{\pi}{4}$.

注意　答案 $y = -\left(\dfrac{\pi}{2} - \arcsin\dfrac{e^x}{\sqrt{2}}\right) + \dfrac{\pi}{4} = \arcsin\dfrac{e^x}{\sqrt{2}} - \dfrac{\pi}{4}$ 也是正确的.

课堂练习

【练习 10 - 11】　微分方程 $xy'' + 3y' = 0$ 的通解为 _____.（此题数三不要求）

【练习 10 - 12】　微分方程 $yy'' + (y')^2 = 0$ 满足初始条件 $y\,|_{x=0} = 1$，$y'\,|_{x=0} = \dfrac{1}{2}$ 的特

解是 _____.（此题数三不要求）

【练习 10 - 13】　(2017 年)微分方程 $y'' + 2y' + 3y = 0$ 的通解为 $y =$ _____.

【练习 10 - 14】　(2013 年)微分方程 $y'' - y' + \dfrac{1}{4}y = 0$ 的通解为 $y =$ _____.

【练习 10 - 15】　微分方程 $y'' + y = -2x$ 的通解为 $y =$ _____.

【练习 10 - 16】　微分方程 $y'' - 4y = e^{2x}$ 的通解为 _____.

【练习 10 - 17】　二阶常系数非齐次微分方程 $y'' - 4y' + 3y = 2e^{2x}$ 的通解为 _____.

【练习 10 - 18】　微分方程 $y'' - y = \cos x$ 的特解形式可设为 _____.

【练习 10 - 19】　微分方程 $y'' - 3y' + 2y = xe^x$ 的特解形式可设为 _____.

【练习 10 - 20】　微分方程 $y'' - 2y' + 5y = e^x \sin 2x$ 的特解形式可设为 _____.

【练习 10 - 21】　求微分方程 $y'' + y' = x^2$ 的通解.

【练习 10 - 22】　(2009 年)求微分方程 $xy'' - y' + 2 = 0$ 的通解.（此题数三不要求）

【练习 10 - 23】　(2016 年)设函数 $f(x)$ 连续，且满足 $\displaystyle\int_0^x f(x-t)\,\mathrm{d}t = \int_0^x (x-t)f(t)\,\mathrm{d}t$

$+ e^{-x} - 1$，求 $f(x)$.

【练习 10 - 24】 (2012 年)已知函数 $f(x)$ 满足方程

$$f''(x) + f'(x) - 2f(x) = 0 \text{ 及 } f''(x) + f(x) = 2e^x.$$

(1) 求 $f(x)$ 的表达式;

(2) 求曲线 $y = f(x^2) \int_0^x f(-t^2) dt$ 的拐点.

【练习 10 - 25】 (2016 年)设函数 $y(x)$ 满足方程 $y'' + 2y' + ky = 0$,其中,$0 < k < 1$.

(1) 证明:反常积分 $\int_0^{+\infty} y(x) dx$ 收敛;

(2) 若 $y(0) = 1$, $y'(0) = 1$,求 $\int_0^{+\infty} y(x) dx$ 的值.

【练习 10 - 26】 (2010 年)设函数 $y = f(x)$ 由参数方程

$$\begin{cases} x = 2t + t^2, \\ y = \varphi(t) \end{cases} (t > -1)$$

所确定,其中,$\varphi(t)$ 具有 2 阶导数,且 $\varphi(1) = \dfrac{5}{2}$, $\varphi'(1) = 6$,已知 $\dfrac{d^2 y}{dx^2} = \dfrac{3}{4(1+t)}$,求函数 $\varphi(t)$.(此题数三不要求)

【练习 10 - 27】 (2020 年)设函数 $f(x)$ 可导,且 $f'(x) > 0$,曲线 $y = f(x)(x > 0)$ 经过坐标原点,其上任意一点 M 处的切线与 x 轴交于 T,又 MP 垂直 x 轴于点 P,已知曲线 $y = f(x)$、直线 MP 以及 x 轴所围图形的面积与三角形 MPT 面积之比恒为 3 : 2,求满足上述条件的曲线方程.(此题数三不要求)

§10.3 看手相3(高阶方程及综合)

知识梳理

1. 三阶方程主要题型

视频 10 - 7 "三线皇帝"

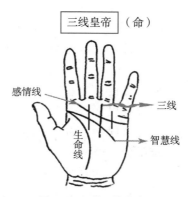

图 10 - 8 "三线皇帝"

（1）常系数线性方程；

（2）皇帝方程.

简称：“三线皇帝”.

2. "皇帝方程"

表 10 - 6　"皇帝方程"解题方法

方程类型	基本形式	解法
"皇帝方程"	$y''' = f(x)$	3 次积分

3. 三阶常系数线性方程

表 10 - 7　三阶常系数线性方程解题方法

方程类型	通解的形式及其解法
三阶常系数线性齐次方程 $y''' + p_1 y'' + p_2 y' + p_3 y = 0$，其中，$p_1$，$p_2$，$p_3$ 均为常数	特征方程：$\lambda^3 + p_1 \lambda^2 + p_2 \lambda + p_3 = 0$ 当 λ_1，λ_2，λ_3 均为实根且相异时，通解为 $$y(x) = C_1 e^{\lambda_1 x} + C_2 e^{\lambda_2 x} + C_3 e^{\lambda_3 x}$$ 当 λ_1，λ_2，λ_3 均为实根且 $\lambda_1 = \lambda_2 = \lambda_3$ 时，通解为 $$y(x) = (C_1 + C_2 x + C_3 x^2) e^{\lambda_1 x}$$ 当 λ_1，λ_2，λ_3 均为实根且 $\lambda_1 = \lambda_2 \neq \lambda_3$ 时，通解为 $$y(x) = (C_1 + C_2 x) e^{\lambda_1 x} + C_3 e^{\lambda_3 x}$$ 当 λ_1 为实根、$\lambda_{2,3} = \alpha \pm i\beta$（复根）时，通解为 $$y(x) = C_1 e^{\lambda_1 x} + e^{ax}(C_2 \cos \beta x + C_3 \sin \beta x)$$

4. 线性微分方程的相关定理

以二阶线性方程为例，但是，各结论均可推广到 n 阶方程.

二阶线性方程的一般形式为

$$y'' + p(x)y' + q(x)y = f(x), \qquad ①$$

其对应的齐次方程为

$$y'' + p(x)y' + q(x)y = 0. \qquad ②$$

定理 1　若 $y_1(x)$，$y_2(x)$ 为齐次方程 $y'' + p(x)y' + q(x)y = 0$ 两个线性无关的解（即 $\dfrac{y_1(x)}{y_2(x)} \neq k$），则 $y'' + p(x)y' + q(x)y = 0$ 的通解为 $y(x) = C_1 y_1(x) + C_2 y_2(x)$，其中，$C_1$，$C_2$ 为任意常数.

定理 2　设 $y^*(x)$ 为非齐次方程 $y'' + p(x)y' + q(x)y = f(x)$ 的一个特解，$y'' + p(x)y' + q(x)y = 0$ 的通解为 $y(x) = C_1 y_1(x) + C_2 y_2(x)$，则 $y'' + p(x)y' + q(x)y = f(x)$ 的通解为 $y(x) = C_1 y_1(x) + C_2 y_2(x) + y^*(x)$，其中，$C_1$，$C_2$ 为任意常数.

定理 3 设 $y_1(x),y_2(x)$ 为非齐次方程 $y''+p(x)y'+q(x)y=f(x)$ 两个相异的特解,则其差 $y_1(x)-y_2(x)$ 为其对应的齐次方程 $y''+p(x)y'+q(x)y=0$ 的解.

定理 4 设 $y_1(x),y_2(x)$ 分别是方程

$$y''+p(x)y'+q(x)y=f_1(x),\ y''+p(x)y'+q(x)y=f_2(x)$$

的两个特解,则 $y_1(x)+y_2(x)$ 为方程 $y''+p(x)y'+q(x)y=f_1(x)+f_2(x)$ 的解.

10.3.1 三阶线性微分方程

例 10 - 18 (2010 年)三阶常系数线性齐次微分方程 $y'''-2y''+y'-2y=0$ 的通解 $y=$ _____.

解 特征方程为 $\lambda^3-2\lambda^2+\lambda-2=0$, $\lambda^2(\lambda-2)+\lambda-2=0$, $(\lambda-2)(\lambda^2+1)=0$,解得 $\lambda=2$ 或 $\lambda=\pm i$,故

$$y=C_1e^{2x}+C_2\cos x+C_3\sin x.$$

10.3.2 解的性质与结构

例 10 - 19 (2013 年)已知 $y_1=e^{3x}-xe^{2x}$, $y_2=e^x-xe^{2x}$, $y_3=-xe^{2x}$ 是某二阶常系数非齐次线性微分方程的 3 个解,则该方程的通解 $y=$ _____.

解 $y=Y(x)+y^*$.

根据题意, $y_1-y_3=e^{3x}$, $y_2-y_3=e^x$,故 $Y(x)=C_1e^x+C_2e^{3x}$.

$y^*=y_3=-xe^{2x}$,则 $y=C_1e^x+C_2e^{3x}-xe^{2x}$.

例 10 - 20 (2011 年)微分方程 $y''-\lambda^2y=e^{\lambda x}+e^{-\lambda x}(\lambda>0)$ 的特解形式为( ).

A. $a(e^{\lambda x}+e^{-\lambda x})$ B. $ax(e^{\lambda x}+e^{-\lambda x})$

C. $x(ae^{\lambda x}+be^{-\lambda x})$ D. $x^2(ae^{\lambda x}+be^{-\lambda x})$

解 $y''-\lambda^2y=e^{\lambda x}$,特征方程为 $r^2-\lambda^2=0$, $r=\pm\lambda$, $y^*=xae^{\lambda x}$.

$y''-\lambda^2y=e^{-\lambda x}$, $r=\pm\lambda$, $y^*=xbe^{-\lambda x}$.

原方程的特解为 $axe^{\lambda x}+bxe^{-\lambda x}=x(ae^{\lambda x}+be^{-\lambda x})$.

10.3.3 已知解反求方程

例 10 - 21 (2016 年)以 $y=x^2-e^x$ 和 $y=x^2$ 为特解的一阶非齐次线性微分方程为

_____.

解 思路:待定系数法.

假设方程为 $y'+p(x)y=q(x)$. 因为 $x^2-(x^2-e^x)=e^x$ 是对应的齐次方程 $y'+p(x)y=0$ 的解, $e^x+p(x)e^x=0$, $e^x[1+p(x)]=0$, $1+p(x)=0$, $p(x)=-1$.

所以,原方程为 $y'-y=q(x)$. 将 $y=x^2$ 代入原方程,得 $2x-x^2=q(x)$,即原方程为 $y'-y=2x-x^2$.

例 10-22 （2015 年）设 $y = \dfrac{1}{2}e^{2x} + \left(x - \dfrac{1}{3}\right)e^x$ 是二阶常系数非齐次线性微分方程 $y'' + ay' + by = ce^x$ 的一个特解,则（　　）.

A. $a = -3, b = 2, c = -1$
B. $a = 3, b = 2, c = -1$
C. $a = -3, b = 2, c = 1$
D. $a = 3, b = 2, c = 1$

解　（1）当 $y^* = xe^x$ 时,$Y(x) = \dfrac{1}{2}e^{2x} - \dfrac{1}{3}e^x$,$\lambda_1 = 2$,$\lambda_2 = 1$.

特征方程为 $(\lambda - 2)(\lambda - 1) = 0$,$\lambda^2 - 3\lambda + 2 = 0$,$a = -3$,$b = 2$.

微分方程为 $y'' - 3y' + 2y = Ce^x$.

将 $y^* = xe^x$ 代入上式,得 $e^x(x + 1 + 1) - 3e^x(x + 1) + 2xe^x = Ce^x$,$x + 2 - 3x - 3 + 2x = C$,即 $C = -1$.

（2）当 $y^* = -\dfrac{1}{3}e^x$ 时,$y(x) = \dfrac{1}{2}e^{2x} + xe^x$（舍）,故选 A 选项.

10.3.4　变量代换

例 10-23　（2016 年）已知 $y_1(x) = e^x$,$y_2(x) = u(x)e^x$ 是二阶微分方程 $(2x - 1)y'' - (2x + 1)y' + 2y = 0$ 的两个解,若 $u(-1) = e$,$u(0) = -1$,求 $u(x)$,并写出该微分方程的通解.（此题数三不要求）

分析　口诀:"一线可欺";线性方程:公式法;口诀:"二线缺男缺女";"缺男方程":换元法.

解　（1）
$$(2x - 1)y_2'' - (2x + 1)y_2' + 2y_2 = 0,$$
$$(2x - 1)(ue^x)'' - (2x + 1)(ue^x)' + 2(ue^x) = 0,$$
$$(2x - 1)e^x(u + 2u' + u'') - (2x + 1)e^x(u + u') + 2ue^x = 0,$$
$$(2x - 1)u'' + u'[2(2x - 1) - (2x + 1)] + u[(2x - 1) - (2x + 1) + 2] = 0,$$
$$(2x - 1)u'' + (2x - 3)u' = 0.$$

（2）令 $u' = p$,$u'' = p'$,则 $(2x - 1)p' + (2x - 3)p = 0$,$p' + \dfrac{2x - 3}{2x - 1}p = 0$.

$$w = e^{-\int \frac{2x - 3}{2x - 1}dx} = e^{-\int \frac{(2x - 1) - 2}{2x - 1}dx} = e^{-\int \left(1 - \frac{2}{2x - 1}\right)dx} = e^{-[x - \ln(2x - 1)]}$$
$$= e^{-x + \ln(2x - 1)} = e^{-x} \cdot e^{\ln(2x - 1)} = (2x - 1)e^{-x}.$$

$p = wC = C(2x - 1)e^{-x}$,$u' = C(2x - 1)e^{-x}$,则

$$u = \int C(2x - 1)e^{-x}dx + C_1 = -C\int(2x - 1)de^{-x} + C_1 = -C\left[(2x - 1)e^{-x} - 2\int e^{-x}dx\right] + C_1$$
$$= -C(2x + 1)e^{-x} + C_1.$$

由于 $u(-1) = e$,$u(0) = -1$,故

$$\begin{cases} Ce + C_1 = e, & ① \\ -C + C_1 = -1. & ② \end{cases}$$

由 ①－② 式可得 $C(e+1)=e+1$，$C=1$，$C_1=0$，故 $u(x)=-(2x+1)e^{-x}$．

（3）该微分方程的通解为

$$y=y_2(x)=u(x)e^x=[-C_2(2x+1)e^{-x}+C_1]e^x=C_1e^x-C_2(2x+1).$$

注意 $(ue^x)'=e^x(u+u')$，

$$(ue^x)''=[e^x(u+u')]'=e^x[(u+u')+(u+u')']$$
$$=e^x(u+u'+u'+u'')=e^x(u+2u'+u'').$$

10.3.5 其他

例 10－24 （2012 年）微分方程 $y\,dx+(x-3y^2)\,dy=0$ 满足条件 $y\mid_{x=1}=1$ 的解为 $y=\underline{\hspace{2cm}}$．

解 口诀："一线可欺"．

$$y'=\frac{dy}{dx}=\frac{-y}{x-3y^2}，x'=\frac{dx}{dy}=\frac{x-3y^2}{-y}=-\frac{1}{y}x+3y，x'+\frac{1}{y}x=3y.$$

$$w=e^{-\int p(y)dy}=e^{-\int \frac{1}{y}dy}=e^{-\ln y}=(e^{\ln y})^{-1}=y^{-1}，$$

$$x=w\left(\int\frac{q}{w}dy+C\right)=\frac{1}{y}\left(\int 3y^2\,dy+C\right)=\frac{1}{y}(y^3+C).$$

将 $x=1$，$y=1$ 代入上式，得：$1=1+C$，$C=0$，故 $x=\dfrac{1}{y}\cdot y^3=y^2$，$y=\pm\sqrt{x}$．又由于 $y(1)=1$，故 $y=\sqrt{x}$．

总结 若 x 只出现 1 次，可以将 x 视为一个关于 y 的函数，求出 x 的表达式．

例 10－25 （2009 年）已知 $2yy'-xy'=2y$，请写出 y 与 x 之间的关系式．

分析 口诀："一线可欺"，"我们的球 wC"．

解 $y'(2y-x)=2y$，$y'=\dfrac{2y}{2y-x}=\dfrac{dy}{dx}$，$x'=\dfrac{dx}{dy}=\dfrac{2y-x}{2y}=1-\dfrac{1}{2y}x$，

$x'+\dfrac{1}{2y}x=1$，则

$$w=e^{-\int\frac{dy}{2y}}=e^{-\frac{1}{2}\ln y}=(e^{\ln y})^{-\frac{1}{2}}=y^{-\frac{1}{2}}.$$

通解

$$x=w\left(\int\frac{q}{w}dy+C\right)=y^{-\frac{1}{2}}\left(\int y^{\frac{1}{2}}dy+C\right)=y^{-\frac{1}{2}}\left(\frac{y^{\frac{1}{2}+1}}{\frac{3}{2}}+C\right)=y^{-\frac{1}{2}}\left(\frac{2}{3}y^{\frac{3}{2}}+C\right)=\frac{2}{3}y+Cy^{-\frac{1}{2}}.$$

例 10－26 （2010 年）设 y_1，y_2 是一阶线性非齐次微分方程 $y'+p(x)y=q(x)$ 的两个特解，若常数 λ，μ 使 $\lambda y_1+\mu y_2$ 是该方程的解，$\lambda y_1-\mu y_2$ 是该方程对应的齐次方程的解，

则（　　）.

    A. $\lambda=\dfrac{1}{2}$，$\mu=\dfrac{1}{2}$ B. $\lambda=-\dfrac{1}{2}$，$\mu=-\dfrac{1}{2}$

    C. $\lambda=\dfrac{2}{3}$，$\mu=\dfrac{1}{3}$ D. $\lambda=\dfrac{2}{3}$，$\mu=\dfrac{2}{3}$

解　（1）由于 λy_1+uy_2 是 $y'+p(x)y=q(x)$ 的解，则 $(\lambda y_1+uy_2)'+p(x)(\lambda y_1+uy_2)=q(x)$，$\lambda y_1'+uy_2'+p(x)\lambda y_1+p(x)uy_2=q(x)$，$\lambda[y_1'+p(x)y_1]+u[y_2'+p(x)y_2]=q(x)$，$\lambda q(x)+uq(x)=q(x)\cdot(\lambda+u)=q(x)$，$\lambda+u=1$.

（2）由于 λy_1-uy_2 是 $y'+p(x)y=0$ 的解，则 $(\lambda y_1-uy_2)'+p(x)(\lambda y_1-uy_2)=0$，$\lambda y_1'-uy_2'+p(x)\cdot\lambda y_1-p(x)uy_2=0$，$\lambda[y_1'+p(x)y_1]-u[y_2'+p(x)y_2]=0$，$\lambda q(x)-uq(x)=(\lambda-u)q(x)=0$，$\lambda-u=0$.

由 $\begin{cases}\lambda+u=1,\\ \lambda-u=0\end{cases}$ 解得 $\lambda=u=\dfrac{1}{2}$，故选 A 选项.

总结　如果某式是方程的解，常用的办法就是直接代入.

课堂练习

【练习 10 - 28】　已知 $y=\dfrac{x}{\ln x}$ 是微分方程 $y'=\dfrac{y}{x}+\varphi\left(\dfrac{x}{y}\right)$ 的解，则 $\varphi\left(\dfrac{x}{y}\right)$ 的表达式为（　　）.

    A. $-\dfrac{y^2}{x^2}$ B. $\dfrac{y^2}{x^2}$ C. $-\dfrac{x^2}{y^2}$ D. $\dfrac{x^2}{y^2}$

【练习 10 - 29】　微分方程 $y''-y=\mathrm{e}^x+1$ 的一个特解应具有形式（式中的 a,b 为常数）（　　）.

    A. $a\mathrm{e}^x+b$ B. $ax\mathrm{e}^x+b$ C. $a\mathrm{e}^x+bx$ D. $ax\mathrm{e}^x+bx$

【练习 10 - 30】　微分方程 $y''+y=x^2+1+\sin x$ 的特解形式可设为（　　）.

    A. $y^*=ax^2+bx+c+x(A\sin x+B\cos x)$

    B. $y^*=x(ax^2+bx+c+A\sin x+B\cos x)$

    C. $y^*=ax^2+bx+c+A\sin x$

    D. $y^*=ax^2+bx+c+A\cos x$

【练习 10 - 31】　（2017 年）微分方程 $y''-4y'+8y=\mathrm{e}^{2x}(1+\cos 2x)$ 的特解可设为 $y^*=$（　　）.

    A. $A\mathrm{e}^{2x}+\mathrm{e}^{2x}(B\cos 2x+C\sin 2x)$

    B. $Ax\mathrm{e}^{2x}+\mathrm{e}^{2x}(B\cos 2x+C\sin 2x)$

    C. $A\mathrm{e}^{2x}+x\mathrm{e}^{2x}(B\cos 2x+C\sin 2x)$

    D. $Ax\mathrm{e}^{2x}+x\mathrm{e}^{2x}(B\cos 2x+C\sin 2x)$

【练习 10 - 32】　（2019 年）已知微分方程 $y''+ay'+by=c\mathrm{e}^x$ 的通解为 $y=(C_1+C_2x)\mathrm{e}^{-x}+\mathrm{e}^x$，则 a,b,c 依次（　　）.

    A. 1，0，1   B. 1，0，2   C. 2，1，3   D. 2，1，4

【练习 10 - 33】　（2016 年）若 $y=(1+x^2)^2-\sqrt{1+x^2}$，$y=(1+x^2)^2+\sqrt{1+x^2}$ 是微

分方程 $y'+p(x)y=q(x)$ 的两个解,则 $q(x)=($ $)$.

    A. $3x(1+x^2)$ B. $-3x(1+x^2)$ C. $\dfrac{x}{1+x^2}$ D. $-\dfrac{x}{1+x^2}$

【练习 10-34】 函数 $y=C_1\mathrm{e}^x+C_2\mathrm{e}^{-2x}+x\mathrm{e}^x$ 满足的一个微分方程是(   ).

    A. $y''-y'-2y=3x\mathrm{e}^x$ B. $y''-y'-2y=3\mathrm{e}^x$

    C. $y''+y'-2y=3x\mathrm{e}^x$ D. $y''+y'-2y=3\mathrm{e}^x$

【练习 10-35】 在下列微分方程中,以 $y=C_1\mathrm{e}^x+C_2\cos 2x+C_3\sin 2x$ (C_1,C_2,C_3 为任意常数)为通解的是(   ).

    A. $y'''+y''-4y'-4y=0$ B. $y'''+y''+4y'+4y=0$

    C. $y'''-y''-4y'+4y=0$ D. $y'''-y''+4y'-4y=0$

【练习 10-36】 已知 $y_1=x\mathrm{e}^x+\mathrm{e}^{2x}$,$y_2=x\mathrm{e}^x+\mathrm{e}^{-x}$,$y_3=x\mathrm{e}^x+\mathrm{e}^{2x}-\mathrm{e}^{-x}$ 是某二阶非齐次线性微分方程的 3 个解,则该方程的通解 $y=$_____.

【练习 10-37】 (2009 年)若二阶常系数线性齐次微分方程 $y''+ay'+by=0$ 的通解为 $y=(C_1+C_2x)\mathrm{e}^x$,则非齐次方程 $y''+ay'+by=x$ 满足条件 $y(0)=2$,$y'(0)=0$ 的解为 $y=$_____.

【练习 10-38】 设 $y=\mathrm{e}^x(C_1\sin x+C_2\cos x)$($C_1$,$C_2$ 为任意常数)为某二阶常系数齐次线性微分方程的通解,则该方程为_____.

【练习 10-39】 (2018 年)已知连续函数 $f(x)$ 满足 $\displaystyle\int_0^x f(t)\mathrm{d}t+\int_0^x tf(x-t)\mathrm{d}t=ax^2$,求 $f(x)$.

【练习 10-40】 求微分方程 $y'''+6y''+10y'=0$ 的通解.

【练习 10-41】 设 $y=\mathrm{e}^x$ 是微分方程 $xy'+p(x)y=x$ 的一个解,求此微分方程满足条件 $y\mid_{x=\ln 2}=0$ 的特解.

【练习 10-42】 利用代换 $y=\dfrac{u}{\cos x}$ 将方程 $y''\cos x-2y'\sin x+3y\cos x=\mathrm{e}^x$ 化简,并求出原方程的通解.

【练习 10-43】 (2015 年)设函数 $f(x)$ 在定义域 I 上的导数大于零,若对任意的 $x_0\in I$,曲线 $y=f(x)$ 在点 $(x_0,f(x_0))$ 处的切线与直线 $x=x_0$ 及 x 轴所围成区域的面积恒为 4,且 $f(0)=2$,求 $f(x)$ 的表达式.

【练习 10-44】 (2009 年)设非负函数 $y=y(x)(x\geqslant 0)$ 满足微分方程 $xy''-y'+2=0$,当曲线 $y=y(x)$ 过原点时,其与直线 $x=1$ 及 $y=0$ 围成平面区域 D 的面积为 2,求 D 绕 y 轴旋转所得旋转体的体积.

【练习 10-45】 (2011 年)设函数 $f(x)$ 在区间 $[0,1]$ 具有连续导数,$f(0)=1$,且满足 $\displaystyle\iint\limits_{D_t}f'(x+y)\mathrm{d}x\,\mathrm{d}y=\iint\limits_{D_t}f(t)\mathrm{d}x\,\mathrm{d}y$,$D_t=\{(x,y)\mid 0\leqslant y\leqslant t-x,0\leqslant x\leqslant t\}(0<t\leqslant 1)$,求 $f(x)$ 的表达式.

【练习 10-46】 (2019 年)设函数 $y(x)$ 是微分方程 $y'+xy=\mathrm{e}^{-\frac{x^2}{2}}$ 满足条件 $y(0)=0$ 的特解,

(1) 求 $y(x)$;

（2）求曲线 $y = y(x)$ 的凹凸区间及拐点．

§10.4　本章超纲内容汇总

1. 变量代换

变量代换的表达式会在题目中直接给出，不需要自己构造．

例如，求微分方程 $y' = \dfrac{1}{x+y}$ 的通解．

解　令 $x + y = u$．以下略．

2. 求解含参数的二阶非齐次方程

例如，(1990 年)求微分方程 $y'' + 4y' + 4y = e^{ax}$ 的通解，其中，a 为实数．

再如，(1994 年)求微分方程 $y'' + a^2 y = \sin x$ 的通解，其中，常数 $a > 0$．

3. 求"复杂"的二阶非齐次方程的通解

（1）当 $f(x) = p_n(x) e^{ax}$ 时，其中，p_n 为 x 的 n 次多项式，$n \geqslant 1$，此类方程只考特解的形式，而不考通解．

例如，(1987 年)求微分方程 $y'' + 2y' + y = x e^x$ 的通解．

（2）当 $f(x)$ 中出现三角函数时，只考特解的形式，而不考通解．

例如，(1991 年)求微分方程 $y'' + y = x + \cos x$ 的通解．

第 11 章　极限的计算

知识梳理

1. 核心概念

无穷大　通俗地说,无穷大的数叫做无穷大,用"∞"表示.

无穷小　通俗地说,无穷小的数叫做无穷小,用"$\to 0$"表示,有时也简写为"0".

2. 关于无穷大与无穷小的四则运算(除法)

$$\frac{0}{5}=0,\ \frac{1}{\infty}=0,\ \frac{0}{\infty}=0,$$

$$\frac{1}{0}=\infty,\ \frac{\infty}{3}=\infty,\ \frac{\infty}{0}=\infty,$$

$$\frac{0}{0}=\text{不确定},\ \frac{\infty}{\infty}=\text{不确定}$$

不确定　不确定有 3 种情况:∞,0,某个具体的值.

未定式　"$\dfrac{0}{0}$"和"$\dfrac{\infty}{\infty}$"叫做未定式.

3. 8 种常见的无穷小

表 11-1　8 种常见的无穷小

当 $x\to 0$ 时, $\sin x\to 0$	当 $x\to 0$ 时, $\arcsin x\to 0$	当 $x\to 0$ 时, $\tan x\to 0$	当 $x\to 0$ 时, $\arctan x\to 0$
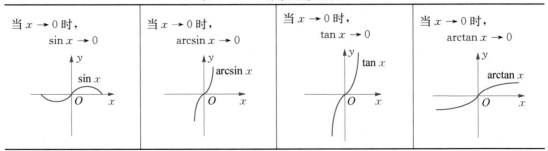			

续　表

当 $x \to 0$ 时， $\ln(1+x) \to 0$ 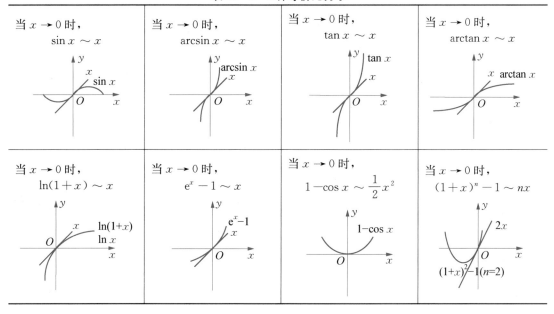	当 $x \to 0$ 时， $e^x - 1 \to 0$	当 $x \to 0$ 时， $1 - \cos x \to 0$	当 $x \to 0$ 时， $(1+x)^n - 1 \to 0$

4. 等价无穷小

设 $\lim \alpha(x) = 0$，$\lim \beta(x) = 0$，若 $\lim \dfrac{\alpha(x)}{\beta(x)} = 1$，则 $\alpha(x)$ 与 $\beta(x)$ 是等价无穷小，记为 $\alpha(x) \sim \beta(x)$.

表 11 - 2　8 种等价无穷小

当 $x \to 0$ 时， $\sin x \sim x$	当 $x \to 0$ 时， $\arcsin x \sim x$	当 $x \to 0$ 时， $\tan x \sim x$	当 $x \to 0$ 时， $\arctan x \sim x$
当 $x \to 0$ 时， $\ln(1+x) \sim x$	当 $x \to 0$ 时， $e^x - 1 \sim x$	当 $x \to 0$ 时， $1 - \cos x \sim \dfrac{1}{2}x^2$	当 $x \to 0$ 时， $(1+x)^n - 1 \sim nx$

5. 等价无穷小的解释与拓展

表 11 - 3　等价无穷小的解释与拓展

举例	$\ln(1+x) \sim x$	
解释	一个无穷小 $+1$，然后取对数，约等于这个无穷小	
拓展	$\ln(1+\sin x) \sim \sin x$ $\ln[1+(e^x-1)] \sim e^x-1$	$\ln(1+\arctan x) \sim \arctan x$ $[1+(1-\cos x)]^n - 1 \sim 1-\cos x$
	......	

6. 重要公式

$$\lim_{x \to 0} \frac{\sin x}{x} = 1, \quad \lim_{x \to 0} \frac{\tan x}{x} = 1.$$

7. 洛必达法则

(1) 法则 I $\left(\text{“}\frac{0}{0}\text{”型} \right)$. 设函数 $f(x)$，$g(x)$ 满足：① $\lim\limits_{\substack{x \to x_0 \\ (x \to \infty)}} f(x) = 0$，$\lim\limits_{\substack{x \to x_0 \\ (x \to \infty)}} g(x) = 0$；

② $f(x)$，$g(x)$ 在 x_0 的邻域内可导（x_0 处可除外），且 $g'(x) \neq 0$；③ $\lim\limits_{\substack{x \to x_0 \\ (x \to \infty)}} \dfrac{f(x)}{g(x)}$ 存在（或为

∞），则 $\lim\limits_{\substack{x \to x_0 \\ (x \to \infty)}} \dfrac{f(x)}{g(x)} = \lim\limits_{\substack{x \to x_0 \\ (x \to \infty)}} \dfrac{f'(x)}{g'(x)}$.

(2) 法则 II $\left(\text{“}\frac{\infty}{\infty}\text{”型} \right)$. 设函数 $f(x)$，$g(x)$ 满足：① $\lim\limits_{\substack{x \to x_0 \\ (x \to \infty)}} f(x) = \infty$，$\lim\limits_{\substack{x \to x_0 \\ (x \to \infty)}} g(x) = \infty$；

② $f(x)$，$g(x)$ 在 x_0 的邻域内可导（x_0 处可除外），且 $g'(x) \neq 0$；③ $\lim\limits_{\substack{x \to x_0 \\ (x \to \infty)}} \dfrac{f(x)}{g(x)}$ 存在（或为

∞），则 $\lim\limits_{\substack{x \to x_0 \\ (x \to \infty)}} \dfrac{f(x)}{g(x)} = \lim\limits_{\substack{x \to x_0 \\ (x \to \infty)}} \dfrac{f'(x)}{g'(x)}$.

注意 在法则 II $\left(\text{“}\frac{\infty}{\infty}\text{”型} \right)$ 中，函数 $f(x)$，$g(x)$ 满足的条件②，③与法则 I

$\left(\text{“}\frac{0}{0}\text{”型} \right)$ 相同.

8. 极限的计算主要题型

(1) 函数的极限；

(2) 数列的极限.

简称："极限函列".

视频 11-1 "极限函列"

极限寒烈

(函)(列)

寒　　烈

图 11-1 "极限函列"

9. "$\frac{0}{0}$型"和"$\frac{\infty}{\infty}$型"函数极限的解题方法

(1) 用等价无穷小进行代换，简称"等价代换"；

(2) 洛必达法则.

口诀："函等洛".

函等洛

(韩)

视频 11-2 "函等洛"　　　　图 11-2 "函等洛"

解释1："等价代换"是首选方案，即①号方案。

解释2："洛必达法则"是备用方案，即②号方案。

解释3：只有在①号方案无法使用时，才启动②号方案。

解释4：一般来说，"等价代换"只适用于乘除运算，不适用于加减运算。
原因：在加减运算中，误差太大，容易出错。

解释5：遇到加减运算时，可以考虑通过因式分解，将加减运算转化为乘法运算，为"等价代换"创造条件。

图 11 - 3　$\dfrac{0}{0}$ 型和 $\dfrac{\infty}{\infty}$ 型函数极限的解题方法

10. 极限的四则运算

在同一变化趋势下，设 $\lim f(x) = A$，$\lim g(x) = B$，则

(1) $\lim[f(x) \pm g(x)] = \lim f(x) \pm \lim g(x) = A \pm B$；

(2) $\lim f(x)g(x) = \lim f(x) \cdot \lim g(x) = AB$；

(3) $\lim \dfrac{f(x)}{g(x)} = \dfrac{\lim f(x)}{\lim g(x)} = \dfrac{A}{B}(B \neq 0)$.

11.1.1　求函数的极限（"函等洛"）

例 11 - 1　（2011 年）求极限 $\lim\limits_{x \to 0} \dfrac{\sqrt{1 + 2\sin x} - x - 1}{x \ln(1 + x)}$.

分析　题型口诀："极限函列"；解题方法口诀："函等洛".

解　原式 $= \lim\limits_{x \to 0} \dfrac{\sqrt{1 + 2\sin x} - x - 1}{x^2} = \lim\limits_{x \to 0} \dfrac{\dfrac{2\cos x}{2\sqrt{1 + 2\sin x}} - 1}{2x}$

$= \lim\limits_{x \to 0} \dfrac{\dfrac{-\sin x \sqrt{1 + 2\sin x} - \dfrac{\cos x}{\sqrt{1 + 2\sin x}} \cdot \cos x}{1 + 2\sin x}}{2}$

$= \lim\limits_{x \to 0} \dfrac{\dfrac{0 - 1}{1 + 0}}{2} = \lim\limits_{x \to 0} \dfrac{-1}{2} = -\dfrac{1}{2}$.

例 11 - 2　（2015 年）$\lim\limits_{x \to 0} \dfrac{\ln \cos x}{x^2} = $ _____.

解　口诀："函等洛"；优先使用"等价代换".

$$原式 = \lim_{x \to 0} \frac{\ln(\cos x + 1 - 1)}{x^2} = \lim_{x \to 0} \frac{\cos x - 1}{x^2} = \lim_{x \to 0} \frac{-\frac{1}{2}x^2}{x^2} = -\frac{1}{2}.$$

总结　$\ln(1+x) \sim x$，$1 - \cos x \sim \frac{1}{2}x^2$.

例 11 - 3　(2009 年) $\lim\limits_{x \to 0} \dfrac{e - e^{\cos x}}{\sqrt[3]{1+x^2} - 1} = $ ＿＿＿＿＿.

解　口诀:"函等洛";优先使用"等价代换".

$$原式 = \lim_{x \to 0} \frac{e(1 - e^{\cos x - 1})}{\frac{1}{3}x^2} = \lim_{x \to 0} \frac{e(1 - \cos x)}{\frac{1}{3}x^2} = \lim_{x \to 0} \frac{e \cdot \frac{1}{2}x^2}{\frac{1}{3}x^2} = \frac{3}{2}e.$$

总结　函数的极限这类题目需熟记公式:见到指数函数 e^x，就要马上想到 $e^x - 1 \sim x$；见到幂函数 x^n，就要马上想到 $(1+x)^n - 1 \sim nx$.

例 11 - 4　(2012 年)求极限 $\lim\limits_{x \to 0} \dfrac{e^{x^2} - e^{2 - 2\cos x}}{x^4}$.

分析　当 $x \to 0$ 时，$e^x - 1 \sim x$.

解　$原式 = \lim\limits_{x \to 0} \dfrac{e^{2 - 2\cos x}(e^{x^2 - 2 + 2\cos x} - 1)}{x^4} = \lim\limits_{x \to 0} \dfrac{e^0(x^2 - 2 + 2\cos x)}{x^4} = \lim\limits_{x \to 0} \dfrac{x^2 - 2 + 2\cos x}{x^4}$

$= \lim\limits_{x \to 0} \dfrac{2x - 2\sin x}{4x^3} = \lim\limits_{x \to 0} \dfrac{2 - 2\cos x}{12x^2} = \lim\limits_{x \to 0} \dfrac{1 - \cos x}{6x^2} = \lim\limits_{x \to 0} \dfrac{\frac{1}{2}x^2}{6x^2} = \dfrac{1}{12}.$

11.1.2　已知等价无穷小求参数

例 11 - 5　(2011 年)已知当 $x \to 0$ 时,函数 $f(x) = 3\sin x - \sin 3x$ 与 cx^k 是等价无穷小,则(　　).

A. $k = 1$，$c = 4$　　　　　　　　　　B. $k = 1$，$c = -4$

C. $k = 3$，$c = 4$　　　　　　　　　　D. $k = 3$，$c = -4$

解　根据等价无穷小定义,可得:

$$L = \lim_{x \to 0} \frac{3\sin x - \sin 3x}{cx^k} = 1,$$

$$L = \lim_{x \to 0} \frac{3\cos x - 3\cos 3x}{ckx^{k-1}} = \lim_{x \to 0} \frac{-3\sin x + 3 \cdot 3\sin 3x}{ck(k-1)x^{k-2}} = \lim_{x \to 0} \frac{-3\cos x + 9 \times 3\cos 3x}{ck(k-1)(k-2) \cdot x^{k-3}}$$

$$= \lim_{x \to 0} \frac{24}{ck(k-1)(k-2) \cdot x^{k-3}} = 1.$$

若 $k - 3 > 0$，$L = \dfrac{24}{0} = \infty \neq 1$；

若 $k-3<0$，$L=\dfrac{24}{\infty}=0\neq 1$；

若 $k-3=0$，$k=3$.

所以，$L=\lim\limits_{x\to 0}\dfrac{24}{ck(k-1)(k-2)}=\lim\limits_{x\to 0}\dfrac{24}{c\cdot 3\cdot 2\cdot 1}=\dfrac{4}{c}=1$，解得 $c=4$.

总结　(1)若计算结果为常数，化简结果中分子为常数，分母含有未知数 x^n，则要使 n 为 0；(2)当 $x\to 0$ 时，$\sin x$ 始终是未定式，需连续使用洛必达法则变为 $\cos x$，使其有具体的数值以便计算.

例 11-6　(2015 年)设函数 $f(x)=x+a\ln(1+x)+bx\sin x$，$g(x)=kx^3$，若 $f(x)$ 与 $g(x)$ 在 $x\to 0$ 是等价无穷小，求 a，b，k 的值.

分析　口诀："函等洛".

解　因为 $f(x)$ 与 $g(x)$ 在 $x\to 0$ 时是等价无穷小，所以，

$$L=\lim\limits_{x\to 0}\dfrac{f(x)}{g(x)}=\lim\limits_{x\to 0}\dfrac{x+a\ln(1+x)+bx\sin x}{kx^3}=1,\quad L=\lim\limits_{x\to 0}\dfrac{1+\dfrac{a}{1+x}+b\sin x+bx\cos x}{3kx^2}.$$

因为 $L=1$，所以，$1+\dfrac{a}{1+0}+0+0=0$，$1+a=0$，即 $a=-1$，则

$$L=\lim\limits_{x\to 0}\dfrac{-\dfrac{-1}{(1+x)^2}+2b\cos x-bx\sin x}{6kx}.$$

因为 $L=1$，所以，$\dfrac{1}{(1+0)^2}+2b+0=0$，$1+2b=0$，即 $b=-\dfrac{1}{2}$，则

$$L=\lim\limits_{x\to 0}\dfrac{-\dfrac{2}{(1+x)^3}+\sin x+\dfrac{1}{2}\sin x+\dfrac{1}{2}x\cos x}{6k}=\lim\limits_{x\to 0}\dfrac{-2}{6k}=-\dfrac{1}{3k}=1,$$

可得 $3k=-1$，即 $k=-\dfrac{1}{3}$. 故 a，b，k 的值分别为 $a=-1$，$b=-\dfrac{1}{2}$，$k=-\dfrac{1}{3}$.

例 11-7　(2013 年)当 $x\to 0$ 时，$1-\cos x\cos 2x\cos 3x$ 与 ax^n 是等价无穷小，求常数 a，n.

分析　口诀："函等洛".

解　因为 $f(x)=1-\cos x\cos 2x\cos 3x$ 与 ax^n 是等价无穷小，所以，

$$L=\lim\limits_{x\to 0}\dfrac{f(x)}{ax^n}=\lim\limits_{x\to 0}\dfrac{1-\cos x\cos 2x\cos 3x}{ax^n}=1,$$

$$L=\lim\limits_{x\to 0}\dfrac{\sin x\cos 2x\cos 3x+2\cos x\sin 2x\cos 3x+3\cos x\cos 2x\sin 3x}{anx^{n-1}}$$

$$=\lim\limits_{x\to 0}\dfrac{f''(x)}{a\cdot n\cdot (n-1)x^{n-2}}=\lim\limits_{x\to 0}\dfrac{f''(0)}{an(n-1)x^{n-2}}=\lim\limits_{x\to 0}\dfrac{1+4+9}{an(n-1)x^{n-2}}=1.$$

可得 $n-2=0$，$n=2$，则 $L=\lim\limits_{x\to 0}\dfrac{14}{a\cdot 2\cdot 1}=\dfrac{7}{a}=1$，求得 $a=7$.

注意 $(uvw)'=u'vw+uv'w+uvw'$.

11.1.3 已知一个极限求另一个极限

例 11-8 （2020 年）已知极限 $\lim\limits_{x\to a}\dfrac{f(x)-a}{x-a}=b$，则 $\lim\limits_{x\to a}\dfrac{\sin f(x)-\sin a}{x-a}=($).

A. $b\sin a$ B. $b\cos a$

C. $b\sin f(a)$ D. $b\cos f(a)$

解 口诀："函等洛".

当 $x\to a$ 时，分母 $x-a\to 0$，由于极限存在，因此是 "$\dfrac{0}{0}$ 型"，那么，分子的极限也趋于 0.

因为 $\lim\limits_{x\to a}\dfrac{f(x)-a}{x-a}=b$，所以，

$$\begin{cases}\lim\limits_{x\to a}f(x)-a=0\Rightarrow f(a)=a,\\[2mm]\lim\limits_{x\to a}\dfrac{f(x)-a}{x-a}=\lim\limits_{x\to a}f'(x)=f'(a)=b.\end{cases}$$

$$\lim\limits_{x\to a}\dfrac{\sin f(x)-\sin a}{x-a}=\lim\limits_{x\to a}f'(x)\cos f(x)=f'(a)\cos f(a)=b\cos a.$$

注意 极限存在的两种情况为 "$\dfrac{0}{0}$ 型" 或 "$\dfrac{\infty}{\infty}$ 型".

课堂练习

【练习 11-1】 当 $x\to 0$ 时，$f(x)=x-\sin ax$ 与 $g(x)=x^2\ln(1-bx)$ 是等价无穷小，则 ( ).

A. $a=1$，$b=-\dfrac{1}{6}$ B. $a=1$，$b=\dfrac{1}{6}$

C. $a=-1$，$b=-\dfrac{1}{6}$ D. $a=-1$，$b=\dfrac{1}{6}$

【练习 11-2】 若 $\lim\limits_{x\to 0}\dfrac{\sin 6x+xf(x)}{x^3}=0$，则 $\lim\limits_{x\to 0}\dfrac{6+f(x)}{x^2}$ 为( ).

A. 0   B. 6

C. 36   D. ∞

【练习 11-3】 $\lim\limits_{x\to 0}\dfrac{x\ln(1+x)}{1-\cos x}=$ _____.

【练习 11-4】 $\lim\limits_{x\to 0}\dfrac{1-\sqrt{1-x^2}}{e^x-\cos x}=$ _____.

【练习 11-5】 $\lim\limits_{x\to\infty}x\left\{\sin\left[\ln\left(1+\dfrac{3}{x}\right)\right]-\sin\left[\ln\left(1+\dfrac{1}{x}\right)\right]\right\}=$ _____.

【练习 11-6】 $\lim\limits_{x \to 0} \dfrac{\arctan x - \sin x}{x^3} = $ _____.

【练习 11-7】 (2016 年) $\lim\limits_{x \to 0} \dfrac{\displaystyle\int_0^x t \ln(1 + t \sin t) \mathrm{d}t}{1 - \cos x^2} = $ _____.

【练习 11-8】 (2020 年) 极限 $\lim\limits_{x \to 0} \left(\dfrac{1}{\mathrm{e}^x - 1} - \dfrac{1}{\ln(1 + x)} \right) = $ _____.

【练习 11-9】 若 $x \to 0$ 时,$(1 - ax^2)^{\frac{1}{4}} - 1$ 与 $x \sin x$ 是等价无穷小,则 $a = $ _____.

【练习 11-10】 求极限 $\lim\limits_{x \to 0} \dfrac{x - \sin x}{x^2(\mathrm{e}^x - 1)}$.

【练习 11-11】 求极限 $\lim\limits_{x \to 0} \dfrac{[\sin x - \sin(\sin x)] \sin x}{x^4}$.

【练习 11-12】 设函数 $f(x)$ 连续,且 $f(0) \neq 0$,求极限 $\lim\limits_{x \to 0} \dfrac{\displaystyle\int_0^x (x - t) f(t) \mathrm{d}t}{x \displaystyle\int_0^x f(x - t) \mathrm{d}t}$.

§11.2 青年韩信(函数的极限 2)

知识梳理

1. 无穷小的比较

设 $\lim \alpha(x) = 0$, $\lim \beta(x) = 0$.

(1) 若 $\lim \dfrac{\alpha(x)}{\beta(x)} = 0$,则 $\alpha(x)$ 是比 $\beta(x)$ 高阶的无穷小,记为 $\alpha(x) = o(\beta(x))$;

(2) 若 $\lim \dfrac{\alpha(x)}{\beta(x)} = \infty$,则 $\alpha(x)$ 是比 $\beta(x)$ 低阶的无穷小;

(3) 若 $\lim \dfrac{\alpha(x)}{\beta(x)} = c \, (c \neq 0)$,则 $\alpha(x)$ 与 $\beta(x)$ 是同阶无穷小;

(4) 若 $\lim \dfrac{\alpha(x)}{\beta(x)} = 1$,则 $\alpha(x)$ 与 $\beta(x)$ 是等价无穷小,记为 $\alpha(x) \sim \beta(x)$;

(5) 若 $\lim \dfrac{\alpha(x)}{\beta^k(x)} = c \, (c \neq 0)$, $k > 0$,则 $\alpha(x)$ 是 $\beta(x) k$ 阶无穷小.

2. 幂函数无穷小的比较

若 $\alpha(x) = x^m$, $\beta(x) = x^n \, (m > 0, n > 0)$,在 $x \to 0$ 时,

(1) 若 $m > n$,则 $\alpha(x)$ 是比 $\beta(x)$ 高阶的无穷小;

(2) 若 $m < n$,则 $\alpha(x)$ 是比 $\beta(x)$ 低阶的无穷小;

(3) 若 $m = n$,则 $\alpha(x)$ 与 $\beta(x)$ 是等价无穷小.

重要结论:2 个幂函数,次数高的高阶,次数低的低阶,次数相等的等价.

3. 常用极限

$$\lim_{x\to\infty}\arctan x=\frac{\pi}{2}, \qquad \lim_{x\to-\infty}\arctan x=-\frac{\pi}{2}$$

$$\lim_{x\to+\infty}\operatorname{arccot} x=0, \qquad \lim_{x\to-\infty}\operatorname{arccot} x=\pi$$

$$\lim_{x\to-\infty}\mathrm{e}^x=0, \qquad \lim_{x\to+\infty}\mathrm{e}^x=+\infty$$

$$\lim_{x\to0^+}\ln x=-\infty, \qquad \lim_{x\to+\infty}\ln x=+\infty$$

4. 重要公式

（1）皮球公式.

$$\lim_{x\to\infty}\frac{P(x)}{Q(x)}=\lim_{x\to\infty}\frac{a_nx^n+a_{n-1}x^{n-1}+\cdots+a_1x+a_0}{b_mx^m+b_{m-1}x^{m-1}+\cdots+b_1x+b_0}=\lim_{x\to\infty}\frac{a_nx^n}{b_mx^m};$$

$$\lim_{x\to0}\frac{P(x)}{Q(x)}=\lim_{x\to0}\frac{a_nx^n+a_{n-1}x^{n-1}+\cdots a_ix^i}{b_mx^m+b_{m-1}x^{m-1}+\cdots a_jx^j}=\lim_{x\to0}\frac{a_ix^i}{a_jx^j}.$$

（2）长跑公式.

当 $x\to+\infty$ 时，以下各函数趋于 $+\infty$ 的速度：

$$\underbrace{\ln x,\ x^n(n>0),\ a^x(a>1),\ x^x}_{\text{速度由慢到快}}\to+\infty.$$

求函数的极限，最重要的公式有两个：皮球公式和长跑公式. 简称："函皮跑".

（韩）

视频 11-3 "函皮跑"

图 11-4 "函皮跑"

5. 其他未定式的解法

表 11-4　其他未定式的解法

类型	解题方法
$0\cdot\infty$	$\Rightarrow$ "$\frac{0}{0}$ 型" 或 "$\frac{\infty}{\infty}$ 型"
$\infty-\infty$	①通分 $\Rightarrow$ "$\frac{0}{0}$ 型" 或 "$\frac{\infty}{\infty}$ 型"；②令 $x=\frac{1}{t}$
$0^0,\ \infty^0,\ 1^\infty$	令 $f(x)^{g(x)}=\mathrm{e}^{g(x)\ln f(x)}\Rightarrow$ "$0\cdot\infty$ 型" $\Rightarrow$ "$\frac{0}{0}$ 型" 或 "$\frac{\infty}{\infty}$ 型"

6. 函数极限的解题步骤

图 11-5　"函 08 等洛"

视频 11-4　"函 08 等洛"

（1）将极限转化为"$\dfrac{0}{0}$ 型"或"$\dfrac{\infty}{\infty}$ 型"；

（2）用等价无穷小进行代换，简称"等价代换"；

（3）或者使用"洛必达法则"求解．

口诀："函 08 等洛"．

7. 函数极限的主要口诀汇总

口诀："函 08 等洛"，"函皮跑"．

11.2.1　无穷小的比较

例 11-9　（2013 年）设 $\cos x - 1 = x \sin \alpha(x)$，$\left| \alpha(x) \right| < \dfrac{\pi}{2}$，当 $x \to 0$ 时，$\alpha(x)$（　　）．

A. 比 x 高阶的无穷小　　　　　　　　　　B. 比 x 低阶的无穷小

C. 与 x 同阶但不等价无穷小　　　　　　　D. 与 x 等价无穷小

解　$\lim\limits_{x \to 0} \dfrac{\alpha(x)}{x} = \lim\limits_{x \to 0} \dfrac{\sin \alpha(x)}{x} = \lim\limits_{x \to 0} \dfrac{\dfrac{\cos x - 1}{x}}{x} = \lim\limits_{x \to 0} \dfrac{\cos x - 1}{x^2} = \lim\limits_{x \to 0} \dfrac{\cos x - 1}{x^2}$

$$= \lim\limits_{x \to 0} \dfrac{-\dfrac{1}{2} x^2}{x^2} = -\dfrac{1}{2}.$$

正确选项为 C 选项．

例 11-10　（2016 年）设 $a_1 = x(\cos\sqrt{x} - 1)$，$a_2 = \sqrt{x}\ln(1 + \sqrt[3]{x})$，$a_3 = \sqrt[3]{x+1} - 1$．当 $x \to 0^+$ 时，以上 3 个无穷小量按照从低阶到高阶的排序是（　　）．

A. a_1, a_2, a_3　　　　　B. a_2, a_3, a_1　　　　　C. a_2, a_1, a_3　　　　　D. a_3, a_2, a_1

解　$a_1 \sim x\left[-\dfrac{1}{2}(\sqrt{x})^2\right] = -\dfrac{1}{2}x^2$，$a_2 \sim \sqrt{x} \cdot \sqrt[3]{x} = x^{\frac{1}{2}} \cdot x^{\frac{1}{3}} = x^{\frac{5}{6}}$，

$a_3 \sim (x+1)^{\frac{1}{3}} - 1 = \dfrac{1}{3}x.$

由于 $2>1>\dfrac{5}{6}$，故 $a_1>a_3>a_2$，正确选项为 B 选项.

总结 比较幂函数的高阶、低阶，只需要看幂函数的次数即可：次数高的就是高阶，次数低的为低阶.

11.2.2 重要公式（"函皮跑"）

例 11-11 （2013 年）当 $x\to0$ 时，用 $o(x)$ 表示比 x 高阶的无穷小，则下列式子中错误的是（　　）.

A. $x\cdot o(x^2)=o(x^3)$ 　　　　　　　　B. $o(x)\cdot o(x^2)=o(x^3)$

C. $o(x^2)+o(x^2)=o(x^2)$ 　　　　　　D. $o(x)+o(x^2)=o(x^2)$

解 这类题目可用举例法求解.

对于 A 选项，假设 $o(x^2)$ 为 x^3，则 $x\cdot x^3=x^4$，x^4 比 x^3 高阶，A 选项正确.

对于 B 选项，假设 $o(x)$ 为 x^2，$o(x^2)$ 为 x^3，则 $x^2\cdot x^3=x^5$，B 选项正确.

同理，对于 C 选项，$x^3+x^3=2x^3$，C 选项正确.

对于 D 选项，根据"皮球公式"，当 $x\to0$ 时，可用数字试探. 假设 x 为 0.1，则 $x^2+x^3\approx x^2$，x^2 与 x^2 为同阶无穷小，D 选项错误.

例 11-12 求极限 $\lim\limits_{x\to-\infty}\dfrac{\sqrt{4x^2+x-1}+x+1}{\sqrt{x^2+\sin x}}$.

解 原式 $=\lim\limits_{x\to-\infty}=\dfrac{\sqrt{4x^2}+x+1}{\sqrt{x^2}}=\lim\limits_{x\to-\infty}\dfrac{|\,2x\,|+x+1}{|\,x\,|}=\lim\limits_{x\to-\infty}\dfrac{-2x+x+1}{-x}=1.$

注意 当分式不是标准的多项式除以多项式，但分子、分母主体部分均为多项式，也可以使用"皮球公式".

例 11-13 （2014 年）设函数 $f(x)=\arctan x$，若 $f(x)=xf'(\xi)$，则 $\lim\limits_{x\to0}\dfrac{\xi^2}{x^2}=$（　　）.

A. 1 　　　　　　B. $\dfrac{2}{3}$ 　　　　　　C. $\dfrac{1}{2}$ 　　　　　　D. $\dfrac{1}{3}$

解 由于 $f'(x)=\dfrac{1}{1+x^2}$，有 $f'(\xi)=\dfrac{1}{1+\xi^2}$.

又因为 $f'(\xi)=\dfrac{f(x)}{x}$，所以，$\dfrac{1}{1+\xi^2}=\dfrac{f(x)}{x}$，$1+\xi^2=\dfrac{x}{f(x)}$，$\xi^2=\dfrac{x}{f(x)}-1=\dfrac{x-f(x)}{f(x)}$，故

$$\lim_{x\to0}\frac{\xi^2}{x^2}=\lim_{x\to0}\frac{\dfrac{x-f(x)}{f(x)}}{x^2}=\lim_{x\to0}\frac{x-f(x)}{x^2f(x)}=\lim_{x\to0}\frac{x-\arctan x}{x^2\arctan x}=\lim_{x\to0}\frac{x-\arctan x}{x^3}$$

$$=\lim_{x\to0}\frac{1-\dfrac{1}{1+x^2}}{3x^2}=\lim_{x\to0}\frac{x^2}{3x^2(1+x^2)}=\lim_{x\to0}\frac{x^2}{3x^2+3x^4}=\lim_{x\to0}\frac{x^2}{3x^2}=\frac{1}{3}.$$

11.2.3　求函数的极限("函 08 等洛")

例 11－14　（2018 年）$\lim\limits_{x\to+\infty} x^2\big[\arctan(x+1)-\arctan x\big]=$ _____．

解　口诀："函等洛"，"函皮跑"．

$$L=\lim_{x\to+\infty}\frac{\arctan(x+1)-\arctan x}{\dfrac{1}{x^2}}=\lim_{x\to+\infty}\frac{\dfrac{1}{1+(x+1)^2}-\dfrac{1}{1+x^2}}{-2x^{-3}}$$

$$=\lim_{x\to+\infty}\frac{(1+x^2)-[1+(x+1)^2]}{[1+(x+1)^2]\cdot(1+x^2)}\cdot\left(-\frac{1}{2}x^3\right)=\lim_{x\to+\infty}\frac{2x+1}{[1+(x+1)^2]\cdot(1+x^2)}\cdot\frac{1}{2}x^3$$

$$=\frac{1}{2}\lim_{x\to+\infty}\frac{2x^4+x^3}{[1+(x+1)^2]\cdot(1+x^2)}=\frac{1}{2}\lim_{x\to+\infty}\frac{2x^4}{x^4}=1.$$

总结　求函数极限时，遇到"$\infty\cdot 0$ 型"，要转化成"$\dfrac{0}{0}$ 型"或"$\dfrac{\infty}{\infty}$ 型"．

例 11－15　（2012 年）已知函数 $f(x)=\dfrac{1+x}{\sin x}-\dfrac{1}{x}$，记 $a=\lim\limits_{x\to 0}f(x)$，

（1）求 a 的值；

（2）若 $x\to 0$ 时，$f(x)-a$ 与 x^k 是同阶无穷小，求常数 k 的值．

分析　口诀："函 08 等洛"；"函皮跑"．

解　（1）$a=\lim\limits_{x\to 0}f(x)=\lim\limits_{x\to 0}\left(\dfrac{1+x}{\sin x}-\dfrac{1}{x}\right)=\lim\limits_{x\to 0}\dfrac{x(1+x)-\sin x}{x\sin x}=\lim\limits_{x\to 0}\dfrac{x+x^2-\sin x}{x^2}$

$$=\lim_{x\to 0}\frac{1+2x-\cos x}{2x}=\lim_{x\to 0}\frac{2+\sin x}{2}=1.$$

（2）$\lim\limits_{x\to 0}\dfrac{f(x)-1}{x^k}=\lim\limits_{x\to 0}\dfrac{\dfrac{1+x}{\sin x}-\dfrac{1}{x}-1}{x^k}=\lim\limits_{x\to 0}\dfrac{\dfrac{x(1+x)-\sin x-x\sin x}{x\sin x}}{x^k}$

$$=\lim_{x\to 0}\frac{x+x^2-\sin x-x\sin x}{x^{k+1}\sin x}=\lim_{x\to 0}\frac{x+x^2-\sin x-x\sin x}{x^{k+2}}$$

$$=\lim_{x\to 0}\frac{1+2x-\cos x-(\sin x+x\cos x)}{(k+2)x^{k+1}}$$

$$=\lim_{x\to 0}\frac{2+\sin x-(\cos x+\cos x-x\sin x)}{(k+2)(k+1)x^k}$$

$$=\lim_{x\to 0}\frac{\cos x-[-2\sin x-(\sin x+x\cos x)]}{(k+2)(k+1)kx^{k-1}}$$

$$=\lim_{x\to 0}\frac{1}{(k+2)(k+1)kx^{k-1}}=c(c\neq 0).$$

由于 $k-1=0$，即 $k=1$．

例 11－16　（2014 年）求极限 $\lim\limits_{x\to\infty}\dfrac{\displaystyle\int_1^x\big[t^2(\mathrm{e}^{\frac{1}{t}}-1)-t\big]\mathrm{d}t}{x^2\ln\left(1+\dfrac{1}{x}\right)}$．

分析 口诀:"函08等洛","函皮跑".

解 原式 $=\lim\limits_{x\to\infty}\dfrac{\int_1^x\left[t^2(e^{\frac{1}{t}}-1)-t\right]}{x}dt=\lim\limits_{x\to\infty}\left[x^2(e^{\frac{1}{x}}-1)-x\right]\xlongequal{\text{令 }x=1/t}$

$\lim\limits_{t\to 0}\left[\dfrac{1}{t^2}(e^t-1)-\dfrac{1}{t}\right]=\lim\limits_{t\to 0}\dfrac{e^t-1-t}{t^2}=\lim\limits_{t\to 0}\dfrac{e^t-1}{2t}=\lim\limits_{t\to 0}\dfrac{e^t}{2}=\dfrac{e^0}{2}=\dfrac{1}{2}.$

注意 "∞·0—∞型"和"∞—∞型"类似,可以按照"∞—∞型"的解题思路去尝试.

例 11-17 (2013 年) $\lim\limits_{x\to 0}\left(2-\dfrac{\ln(1+x)}{x}\right)^{\frac{1}{x}}=$ _____.

解 口诀:"函08等洛";"函皮跑"; $\ln(1+x)\sim x$.

原式 $=\lim\limits_{x\to 0}e^{\frac{1}{x}\ln\left[2-\frac{\ln(1+x)}{x}\right]}=\lim\limits_{x\to 0}e^{\frac{1}{x}\left[1-\frac{\ln(1+x)}{x}\right]}=\lim\limits_{x\to 0}e^{\frac{1}{x}\cdot\frac{x-\ln(1+x)}{x}}=\lim\limits_{x\to 0}e^{\frac{x-\ln(1+x)}{x^2}}$

$=\lim\limits_{x\to 0}e^{\frac{1-\frac{1}{1+x}}{2x}}=\lim\limits_{x\to 0}e^{\frac{x}{2x(1+x)}}=e^{\frac{1}{2}}.$

注意 根据 $\ln(1+x)\sim x$,

$$\ln\left[2-\dfrac{\ln(1+x)}{x}\right]=\ln\left[1+1-\dfrac{\ln(1+x)}{x}\right]\sim 1-\dfrac{\ln(1+x)}{x}.$$

例 11-18 (2019 年) $\lim\limits_{x\to 0}(x+2^x)^{\frac{2}{x}}=$ _____.

解 原式 $=\lim\limits_{x\to 0}e^{\frac{2}{x}\ln(x+2^x)}=\lim\limits_{x\to 0}e^{\frac{2(x+2^x-1)}{x}}=\lim\limits_{x\to 0}e^{2(1+2^x\ln 2)}=e^{2(1+\ln 2)}=e^2\cdot e^{2\ln 2}=e^2(e^{\ln 2})^2=4e^2.$

注意 根据 $\ln(1+x)\sim x$,$\ln(x+2^x)=\ln(x+2^x+1-1)\sim x+2^x-1.$

例 11-19 (2010 年)求极限 $\lim\limits_{x\to+\infty}(x^{\frac{1}{x}}-1)^{\frac{1}{\ln x}}.$

分析 口诀:"函08等洛";"函皮跑".

解 原式 $=\lim\limits_{x\to+\infty}e^{\frac{1}{\ln x}\ln(x^{\frac{1}{x}}-1)}=\lim\limits_{x\to+\infty}e^{\frac{1}{\ln x}\ln(e^{\frac{1}{x}\ln x}-1)}=\lim\limits_{x\to+\infty}e^{\frac{\ln\left(\frac{1}{x}\ln x\right)}{\ln x}}=\lim\limits_{x\to+\infty}e^{\frac{\frac{x}{\ln x}\left(\frac{\ln x}{x}\right)'}{\frac{1}{x}}},$

其中, $\left(\dfrac{\ln x}{x}\right)'=\dfrac{\frac{1}{x}\cdot x-\ln x}{x^2}=\dfrac{1-\ln x}{x^2}$,故原式 $=\lim\limits_{x\to+\infty}e^{\frac{x^2}{\ln x}\cdot\frac{1-\ln x}{x^2}}=\lim\limits_{x\to+\infty}e^{\frac{-\ln x}{\ln x}}=e^{-1}.$

注意 根据"长跑公式",当 $x\to+\infty$ 时, $\ln x$ 比 x 跑得慢,所以, $\dfrac{\ln x}{x}=0$;当 $x\to 0$ 时,

$e^x-1\sim x$,所以, $e^{\frac{\ln x}{x}}-1\sim\dfrac{\ln x}{x}.$

课堂练习

【练习 11-13】 当 $x\to 0$ 时, $x-\sin x$ 是 x^2 的( ).

A. 低阶无穷小   B. 高阶无穷小

C. 等价无穷小   D. 同阶但非等价无穷小

【练习 11 - 14】　当 $x \to 0$ 时，$\mathrm{e}^x - (ax^2 + bx + 1)$ 是比 x^2 高阶的无穷小，则（　　）.

A. $a = \dfrac{1}{2}$，$b = 1$

B. $a = 1$，$b = 1$

C. $a = -\dfrac{1}{2}$，$b = -1$

D. $a = -1$，$b = 1$

【练习 11 - 15】　（2014 年）当 $x \to 0^+$ 时，若 $\ln^a(1 + 2x)$，$(1 - \cos x)^{\frac{1}{a}}$ 均是比 x 高阶的无穷小，则 a 的取值范围是（　　）.

A. $(2, +\infty)$　　　B. $(1, 2)$　　　C. $\left(\dfrac{1}{2}, 1\right)$　　　D. $\left(0, \dfrac{1}{2}\right)$

【练习 11 - 16】　当 $x \to 0^+$ 时，与 $\sqrt{x}$ 等价的无穷小量是（　　）.

A. $1 - \mathrm{e}^{\sqrt{x}}$

B. $\ln \dfrac{1 + x}{1 - \sqrt{x}}$

C. $\sqrt{1 + \sqrt{x}} - 1$

D. $1 - \cos\sqrt{x}$

【练习 11 - 17】　把 $x \to 0$ 时的无穷小量 $\alpha = \displaystyle\int_0^x \cos t^2 \mathrm{d}t$，$\beta = \displaystyle\int_0^{x^2} \tan\sqrt{t}\, \mathrm{d}t$，$\gamma = \displaystyle\int_0^{\sqrt{x}} \sin t^3 \mathrm{d}t$ 排列起来，使排在后面的是前一个的高阶无穷小量，则正确的排列次序是（　　）.

A. α，β，γ　　　B. α，γ，β　　　C. β，α，γ　　　D. β，γ，α

【练习 11 - 18】　（2020 年）当 $x \to 0^+$ 时，下列无穷小的阶数最高的是（　　）.

A. $\displaystyle\int_0^x (\mathrm{e}^{t^2} - 1)\mathrm{d}t$

B. $\displaystyle\int_0^x \ln(1 + \sqrt{t^3})\mathrm{d}t$

C. $\displaystyle\int_0^{\sin x} \sin t^2 \mathrm{d}t$

D. $\displaystyle\int_0^{1 - \cos x} \sqrt{\sin^3 t}\, \mathrm{d}t$

【练习 11 - 19】　（2014 年）设 $p(x) = a + bx + cx^2 + dx^3$，当 $x \to 0$ 时，若 $p(x) - \tan x$ 是比 x^3 高阶的无穷小，则错误的是（　　）.

A. $a = 0$　　　B. $b = 1$　　　C. $c = 0$　　　D. $d = \dfrac{1}{6}$

【练习 11 - 20】　（2010 年）若 $\displaystyle\lim_{x \to 0}\left[\dfrac{1}{x} - \left(\dfrac{1}{x} - a\right)\mathrm{e}^x\right] = 1$，则 a 等于（　　）.

A. 0　　　B. 1　　　C. 2　　　D. 3

【练习 11 - 21】　（2018 年）若 $\displaystyle\lim_{x \to 0}(\mathrm{e}^x + ax^2 + bx)^{\frac{1}{x^2}} = 1$，则（　　）.

A. $a = \dfrac{1}{2}$，$b = -1$

B. $a = -\dfrac{1}{2}$，$b = -1$

C. $a = \dfrac{1}{2}$，$b = 1$

D. $a = -\dfrac{1}{2}$，$b = 1$

【练习 11 - 22】　设 $\displaystyle\lim_{x \to 0}\dfrac{\ln(1 + x) - (ax + bx^2)}{x^2} = 2$，则（　　）.

A. $a = 1$，$b = -\dfrac{5}{2}$

B. $a = 0$，$b = -2$

C. $a = 0$，$b = -\dfrac{5}{2}$

D. $a = 1$，$b = -2$

【练习 11-23】 $\lim\limits_{x \to 0} \dfrac{\arctan x - x}{\ln(1 + 2x^3)} = $ _____.

【练习 11-24】 $\lim\limits_{x \to \infty} \dfrac{3x^2 + 5}{5x + 3} \sin \dfrac{2}{x} = $ _____.

【练习 11-25】 $\lim\limits_{x \to \infty} x \sin \dfrac{2x}{x^2 + 1} = $ _____.

【练习 11-26】 (2011 年) $\lim\limits_{x \to 0} \left(\dfrac{1 + 2^x}{2} \right)^{\frac{1}{x}} = $ _____.

【练习 11-27】 (2016 年) 求极限 $\lim\limits_{x \to 0} (\cos 2x + 2x \sin x)^{\frac{1}{x^4}}$.

【练习 11-28】 计算 $\lim\limits_{x \to 0} \dfrac{3 \sin x + x^2 \cos \dfrac{1}{x}}{(1 + \cos x) \ln(1 + x)}$.

【练习 11-29】 计算 $\lim\limits_{n \to \infty} \left[\tan\left(\dfrac{\pi}{4} + \dfrac{2}{n} \right) \right]^n$.

【练习 11-30】 (2018 年) 已知实数 a, b 满足 $\lim\limits_{x \to \infty} \left[(ax + b) \mathrm{e}^{\frac{1}{x}} - x \right] = 2$, 求 a, b.

§11.3 列宁的邀请(数列的极限 1)

知识梳理

1. 极限的简单解释

(1) 函数的极限.

$$\lim\limits_{x \to 0} f(x) = A; 简单解释: 当 x = 0 时, f(x) = A;$$

$$\lim\limits_{x \to \infty} f(x) = A; 简单解释: 当 x = \infty 时, f(x) = A.$$

(2) 数列的极限

$$\lim\limits_{n \to \infty} a_n = a; 简单解释: 当 n = \infty 时, a_n = a.$$

收敛 如果常数 a 存在, 则称数列 a_n 收敛.

发散 如果常数 a 不存在, 则称数列 a_n 发散.

2. 数列的典型图像

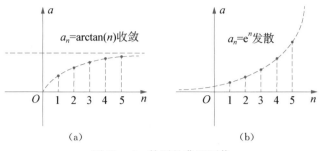

图 11-6 数列的典型图像

3. 子序列

子序列　从数列 a_n 中抽取一部分项组成新的数列,叫做"子数列",或者"子序列".

常见的子序列　常见的子序列包括奇数序列 a_{2n+1} 和偶数序列 a_{2n}.

子序列定理　若数列 a_n 的极限存在,则其子序列的极限一定存在,且就等于数列 a_n 的极限.

4. "数列极限"的解题方法

视频 11-5 "列定递函夹"1

图 11-7 "列定递函夹"1

(1)定积分 $\int_0^1$ 的极限解释;

(2)递推式两边求极限;

(3)函数法:将 n 写成 x,转化为函数的极限;

(4)夹逼定理.

口诀:"列定递函夹"1.

5. 高中数列(复习)

(1)等差数列.其中,a_1 为首项,a_n 为通项,d 为公差,S_n 为前 n 项和.

$$a_n = a_1 + (n-1)d,\ S_n = \frac{a_1 + a_n}{2}n = na + \frac{n(n-1)}{2}d.$$

(2) 等比数列. 其中, a_1 为首项, a_n 为通项, q 为公比, S_n 为前 n 项和.

$$a_n = a_1 q^{n-1}, \quad S_n = \frac{a_1(1-q^n)}{1-q}.$$

11.3.1 定义与性质

例 11 - 20 (2017 年)设数列 $\{x_n\}$ 收敛, 则(   ).

A. 当 $\lim\limits_{n\to\infty} \sin x_n = 0$ 时, $\lim\limits_{n\to\infty} x_n = 0$

B. 当 $\lim\limits_{n\to\infty}(x_n + \sqrt{|x_n|}) = 0$ 时, $\lim\limits_{n\to\infty} x_n = 0$

C. 当 $\lim\limits_{n\to\infty}(x_n + x_n^2) = 0$ 时, $\lim\limits_{n\to\infty} x_n = 0$

D. 当 $\lim\limits_{n\to\infty}(x_n + \sin x_n) = 0$ 时, $\lim\limits_{n\to\infty} x_n = 0$

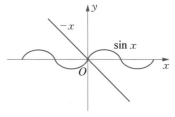

图 11 - 8 例 11 - 20 图

解 (1) 当 $n\to\infty$ 时, 由 $\sin x_n = 0$ 可以得到 $x_n = 0$, π, 2π, $\cdots$, A 选项错误.

(2) 当 $n\to\infty$ 时, $x_n + \sqrt{|x_n|} = 0$. 解方程 $x^2 + x = 0$, $x(x+1) = 0$, 可得 $x = 0$ 或 $x = -1$, B 选项错误.

(3) 当 $n\to\infty$ 时, $x_n + x_n^2 = 0$, 解方程得 $x = 0$ 或 $x = -1$, C 选项错误.

(4) 当 $n\to\infty$ 时, $x_n + \sin x_n = 0$, 解方程 $x + \sin x = 0$, 不方便直接解, 可以画出其图像, 如图 11 - 8 所示. 由图 11 - 8 可知, 当 $\sin x = -x$ 时, $x = 0$, D 选项正确.

例 11 - 21 (2014 年)设 $\lim\limits_{n\to\infty} a_n = a$, 且 $a \neq 0$, 则当 n 充

分大时有(   ).

A. $|a_n| > \dfrac{|a|}{2}$

B. $|a_n| < \dfrac{|a|}{2}$

C. $a_n > a - \dfrac{1}{n}$

D. $a_n < a + \dfrac{1}{n}$

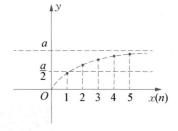

图 11 - 9 例 11 - 21 图

解 a 充分大, 可以想到典型图像如图 11 - 9 所示.

分析图像可得: A 选项正确, C 和 D 选项是不一定的.

总结 尽量用图像分析题目, 这样做方便且准确.

例 11 - 22 (2015 年)设 $\{x_n\}$ 是数列, 下列命题中不正确的是(   ).

A. 若 $\lim\limits_{n\to\infty} x_n = a$, 则 $\lim\limits_{n\to\infty} x_{2n} = \lim\limits_{n\to\infty} x_{2n+1} = a$ B. 若 $\lim\limits_{n\to\infty} x_{2n} = \lim\limits_{n\to\infty} x_{2n+1} = a$, 则 $\lim\limits_{n\to\infty} x_n = a$

C. 若 $\lim\limits_{n\to\infty} x_n = a$, 则 $\lim\limits_{n\to\infty} x_{3n} = \lim\limits_{n\to\infty} x_{3n+1} = a$ D. 若 $\lim\limits_{n\to\infty} x_{3n} = \lim\limits_{n\to\infty} x_{3n+1} = a$, 则 $\lim\limits_{n\to\infty} x_n = a$

解 对于 A 选项, x_{2n} 和 x_{2n+1} 是 x_n 的子序列, 有 $\lim\limits_{n\to\infty} x_{2n} = \lim\limits_{n\to\infty} x_{2n+1} = a$.

对于 B 选项, 书上没有该定理, 先待定.

对于 C 选项, x_{3n} 和 x_{3n+1} 是 x_n 的子序列, 有 $\lim\limits_{n\to\infty} x_{3n} = \lim\limits_{n\to\infty} x_{3n+1} = a$.

对于 D 选项,$x_{3n}+x_{3n+1}+x_{3n+2}$ 的集合为 x_n,但 $\lim\limits_{n\to\infty} x_{3n+2}$ 未知,不能得出 $\lim\limits_{n\to\infty} x_n = a$.

综上所述,答案为 D 选项.

总结　在做选择题时,遇到不会的选项一定要打个问号. 如果有 4 个选项会判断其中的 3 个,也能做对这道选择题.

11.3.2　数列极限的求解方法

例 11-23　(2019 年) $\lim\limits_{n\to\infty}\left(\dfrac{1}{1\cdot 2}+\dfrac{1}{2\cdot 3}+\cdots+\dfrac{1}{n(n+1)}\right)^n=$ _____.

解　口诀:"列定递函夹".

$$S=\left(1-\frac{1}{2}\right)+\left(\frac{1}{2}-\frac{1}{3}\right)+\cdots+\left(\frac{1}{n}-\frac{1}{n+1}\right)=1-\frac{1}{n+1}=\frac{n}{n+1},$$

所以,$L=\lim\limits_{n\to\infty}\left(\dfrac{n}{n+1}\right)^n$,$L'=\lim\limits_{x\to\infty}\left(\dfrac{x}{x+1}\right)^x=\lim\limits_{x\to\infty}e^{x\ln\frac{x}{x+1}}$,其中,

$$\lim\limits_{x\to\infty}x\ln\frac{x}{x+1}=\lim\limits_{x\to\infty}\frac{\ln\dfrac{x}{x+1}}{\dfrac{1}{x}}=\lim\limits_{x\to\infty}\frac{\dfrac{x+1}{x}\cdot\dfrac{(x+1)-x}{(x+1)^2}}{-\dfrac{1}{x^2}}=\lim\limits_{x\to\infty}-\frac{x^2}{x(x+1)}=-1.$$

可得 $L'=e^{-1}$,$L=L'=e^{-1}$.

总结　当数列的表达式可以确定时,使用函数法求解.

例 11-24　(2009 年) $\lim\limits_{n\to\infty}\displaystyle\int_0^1 e^{-x}\sin nx\,\mathrm{d}x=$ _____.

解　方法:两次"吸交结合".

$$\int e^{-x}\sin nx\,\mathrm{d}x=-\int\sin nx\,\mathrm{d}e^{-x}=-\left(\sin nx\cdot e^{-x}-n\int e^{-x}\cos nx\,\mathrm{d}x\right)$$

$$=-\sin nx\,e^{-x}-n\int\cos nx\,\mathrm{d}e^{-x}$$

$$=-\sin nx\cdot e^{-x}-n\left(\cos nx\cdot e^{-x}+n\int e^{-x}\sin nx\,\mathrm{d}x\right)$$

$$=-\sin nx\cdot e^{-x}-n\cos nx\cdot e^{-x}-n^2\int e^{-x}\sin nx\,\mathrm{d}x,$$

可得 $(1+n^2)\displaystyle\int e^{-x}\sin nx\,\mathrm{d}x=-e^{-x}(\sin nx+n\cos nx)$,$\displaystyle\int e^{-x}\sin nx\,\mathrm{d}x=$ $-\dfrac{\sin nx+n\cos nx}{1+n^2}\cdot e^{-x}+C$,则

$$L=\lim\limits_{n\to\infty}\left(-\frac{\sin nx+n\cos nx}{1+n^2}\cdot e^{-x}\right)\Big|_{x=0}^{x=1}=\lim\limits_{n\to\infty}\left(-\frac{\sin n+n\cos n}{1+n^2}\cdot e^{-1}+\frac{n}{1+n^2}\right)$$

$$=\lim\limits_{n\to\infty}\left(-\frac{\sin n+n\cos n}{1+n^2}\cdot e^{-1}\right)+\lim\limits_{n\to\infty}\frac{n}{1+n^2}=\lim\limits_{n\to\infty}\left(-\frac{\cos n}{n}\cdot e^{-1}\right)+0=0+0=0.$$

例 11 - 25 (2019 年)设 n 是正整数,记 S_n 为曲线 $y = e^{-x} \sin x \, (0 \leqslant x \leqslant n\pi)$ 与 x 轴所围图形的面积,求 S_n 和 $\lim\limits_{n \to \infty} S_n$.

分析 考察一重积分的应用,口诀:"面旋";求面积的 3 种题型有面条形、麻花形、千层饼,麻花形为

$$S = \int_a^b |f(x)| \, dx.$$

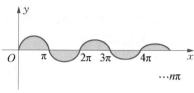

图 11 - 10 例 11 - 25 图

解 (1)画出函数草图,如图 11 - 10 所示.

(2) $S_n = \int_0^{n\pi} |e^{-x} \sin x| \, dx = \int_0^{\pi} |e^{-x} \sin x| \, dx + \int_{\pi}^{2\pi} |e^{-x} \sin x| \, dx$

$\qquad + \int_{2\pi}^{3\pi} |e^{-x} \sin x| \, dx + \cdots + \int_{(n-1)\pi}^{n\pi} |e^{-x} \sin x| \, dx$

$\qquad = \int_0^{\pi} e^{-x} \sin x \, dx - \int_{\pi}^{2\pi} e^{-x} \sin x \, dx + \int_{2\pi}^{3\pi} e^{-x} \sin x \, dx + \cdots + (-1)^{n-1} \int_{(n-1)\pi}^{n\pi} e^{-x} \sin x \, dx,$

其中,

$\int e^{-x} \sin x \, dx = -\int e^{-x} d\cos x = -\left(e^{-x} \cos x + \int \cos x \cdot e^{-x} \, dx \right)$

$\qquad = -e^{-x} \cdot \cos x - \int e^{-x} d\sin x = -e^{-x} \cos x - \left(e^{-x} \sin x + \int \sin x \, e^{-x} \, dx \right)$

$\qquad = -e^{-x} (\sin x + \cos x) - \int e^{-x} \sin x \, dx,$

可得 $2 \int e^{-x} \sin x \, dx = -e^{-x} (\sin x + \cos x),$ $\int e^{-x} \sin x \, dx = -\dfrac{e^{-x}}{2} (\sin x + \cos x) + C.$

(3) $S_n = \left[\dfrac{e^{-\pi}}{2} - \left(-\dfrac{e^0}{2} \right) \right] - \left[\left(-\dfrac{e^{-2\pi}}{2} \right) - \dfrac{e^{-\pi}}{2} \right] + \left[\dfrac{e^{-3\pi}}{2} - \left(-\dfrac{e^{-2\pi}}{2} \right) \right] + \cdots +$

$\qquad (-1)^{n-1} \int_{(n-1)\pi}^{n\pi} e^{-x} \sin x \, dx$

$\qquad = \left(\dfrac{e^{-\pi}}{2} + \dfrac{1}{2} \right) + \left(\dfrac{e^{-2\pi}}{2} + \dfrac{e^{-\pi}}{2} \right) + \left(\dfrac{e^{-3\pi}}{2} + \dfrac{e^{-2\pi}}{2} \right) + \cdots + \left(\dfrac{e^{-n\pi}}{2} + \dfrac{e^{-(n-1)\pi}}{2} \right)$

$\qquad = \dfrac{1}{2} + e^{-\pi} + e^{-2\pi} + e^{-3\pi} + \cdots + e^{-(n-1)\pi} + \dfrac{e^{-n\pi}}{2}$

$\qquad = \dfrac{1 + e^{-n\pi}}{2} + \dfrac{e^{-\pi} [1 - e^{-(n-1)\pi}]}{1 - e^{-\pi}} = \dfrac{1 + e^{-n\pi}}{2} + \dfrac{e^{-\pi} - e^{-n\pi}}{1 - e^{-\pi}},$

(4) 故 $\lim\limits_{n \to \infty} S_n = \lim\limits_{n \to \infty} \dfrac{1 + e^{-n\pi}}{2} + \lim\limits_{n \to \infty} \dfrac{e^{-\pi} - e^{-n\pi}}{1 - e^{-\pi}} = \dfrac{1}{2} + \dfrac{e^{-\pi}}{1 - e^{-\pi}}.$

注意 当被积函数含有绝对值时,可以分段积分,去掉绝对值.

例 11 - 26 (2014 年)设函数 $f(x) = \dfrac{x}{1 + x}$,$x \in [0, 1]$,定义函数列

$$f_1(x) = f(x), \quad f_2(x) = f(f_1(x)), \quad \cdots, \quad f_n(x) = f(f_{n-1}(x)), \quad \cdots,$$

记 S_n 是由曲线 $y = f_n(x)$、直线 $x = 1$ 及 x 轴所围成平面图形的面积,求极限 $\lim\limits_{n \to \infty} n S_n.$

解　(1) $f_1(x) = \dfrac{x}{1+x}$,

$$f_2(x) = \frac{f_1(x)}{1+f_1(x)} = \frac{\dfrac{x}{1+x}}{1+\dfrac{x}{1+x}} = \frac{x}{1+x+x} = \frac{x}{1+2x},$$

$$f_3(x) = \frac{f_2(x)}{1+f_2(x)} = \frac{\dfrac{x}{1+2x}}{1+\dfrac{x}{1+2x}} = \frac{x}{1+2x+x} = \frac{x}{1+3x},$$

……

$$f_n(x) = \frac{x}{1+nx}.$$

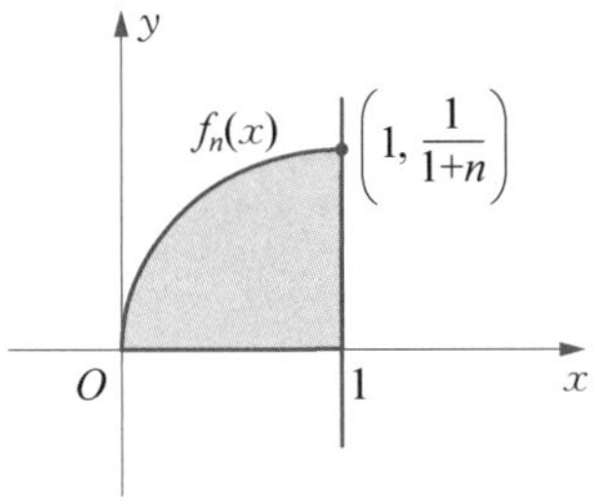

图 11-11　例 11-26 图

(2) 画出函数草图,如图 11-11 所示.

$$S_n = \int_0^1 f_n(x)\,\mathrm{d}x = \int_0^1 \frac{x}{1+nx}\,\mathrm{d}x = \int_0^1 \frac{(1+nx)\cdot\dfrac{1}{n} - \dfrac{1}{n}}{1+nx}\,\mathrm{d}x = \int_0^1 \left[\frac{1}{n} - \frac{1}{n(1+nx)}\right]\mathrm{d}x$$

$$= \int_0^1 \frac{1}{n}\,\mathrm{d}x - \int_0^1 \frac{1}{n(1+nx)}\,\mathrm{d}x = \frac{1}{n} - \frac{1}{n}\cdot\frac{1}{n}\ln(1+nx)\,\Big|_0^1 = \frac{1}{n} - \frac{1}{n^2}\ln(1+n).$$

(3) $\displaystyle\lim_{n\to\infty}\left[1 - \frac{1}{n}\ln(1+n)\right] = 1 - \lim_{n\to\infty}\frac{\ln(1+n)}{n} = 1 - 0 = 1.$

注意　本题的关键点,一是根据递推关系式,使用数学归纳法求出通项式(高中知识);二是要熟练掌握真假分式积分.

课堂练习

【练习 11-31】　设数列的通项为

$$x_n = \begin{cases} \dfrac{n^2+\sqrt{n}}{n}, & n \text{ 为奇数}, \\[3mm] \dfrac{1}{n}, & n \text{ 为偶数}, \end{cases}$$

则当 $n \to \infty$ 时,x_n 是(　　).

　　A. 无穷大量　　　　B. 无穷小量　　　　C. 有界变量　　　　D. 无界变量

【练习 11-32】　$\displaystyle\lim_{n\to\infty}\left(\frac{n+1}{n}\right)^{(-1)^n} = $ _____.

【练习 11-33】　设 $a_n = \dfrac{3}{2}\displaystyle\int_0^{\frac{n}{n+1}} x^{n-1}\sqrt{1+x^n}\,\mathrm{d}x$,则极限 $\displaystyle\lim_{n\to\infty} na_n$ 等于(　　).

　　A. $(1+\mathrm{e})^{\frac{3}{2}} + 1$　　　　B. $(1+\mathrm{e}^{-1})^{\frac{3}{2}} - 1$　　　　C. $(1+\mathrm{e}^{-1})^{\frac{3}{2}} + 1$　　　　D. $(1+\mathrm{e})^{\frac{3}{2}} - 1$

【练习 11-34】　$\displaystyle\lim_{n\to\infty}\left(\frac{n-2}{n+1}\right)^n = $ _____.

【练习 11-35】 设常数 $a \neq \dfrac{1}{2}$，则 $\lim\limits_{n \to \infty} \ln\left[\dfrac{n-2na+1}{n(1-2a)}\right]^n = \underline{\qquad}$.

【练习 11-36】 （2020 年）已知 a, b 为常数，$\left(1+\dfrac{1}{n}\right)^n - \mathrm{e}$ 和 $\dfrac{b}{n^a}$ 在 $n \to \infty$ 时等价无穷小，求 a, b.

§11.4 弟弟的存单（数列的极限 2）

📖 知识梳理

1. 数列极限的解题方法

列定递函（参）加

（夹）

视频 11-6 "列定递函夹" 2

图 11-12 "列定递函夹" 2

（1）定积分 $\int_0^1$ 的极限解释；

（2）递推式两边求极限；

（3）函数法：将 n 写成 x，转化为函数的极限；

（4）夹逼定理.

口诀："列定递函夹" 2.

2. 根据递推式求极限的解题步骤

（1）证明数列的极限存在（存在性证明）；

（2）令数列的极限为 a，对递推式的两边求极限；

（3）解方程，得解.

口诀："递存两".

3. "存在性"定理

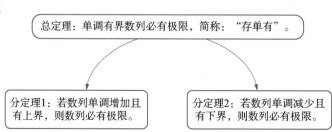

图 11-13 "存在性"定理

弟存两，存单有

（递）

视频 11-7 "弟存两,存单有"

图 11-14 "弟存两,存单有"

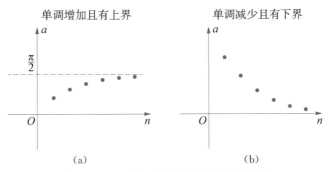

单调增加且有上界

单调减少且有下界

（a）　　　　　　　　（b）

图 11-15 "存在性"定理的两个分定理

证明数列单调性的常用方法:比较 x_n 和 x_{n+1} 的大小,具体细分如下:

(1) 比较法:

$$x_{n+1} - x_n \begin{cases} > 0 \Rightarrow 单增, \\ < 0 \Rightarrow 单减; \end{cases}$$

(2) 比值法:若数列 $\{x_n\}$ 恒为正,

$$\frac{x_{n+1}}{x_n} \begin{cases} > 1 \Rightarrow 单增, \\ < 1 \Rightarrow 单减. \end{cases}$$

例 11-27　(2018 年)设数列 $\{x_n\}$ 满足: $x_1 > 0$, $x_n e^{x_{n+1}} = e^{x_n} - 1(n = 1, 2, \cdots)$,证明 $\{x_n\}$ 收敛,并求 $\lim\limits_{n \to \infty} x_n$.

分析　口诀:"列定递函夹";"弟存两,存单有";当 $y' = 0$, $y'' \neq 0$ 时,取极值.

解　(1) 两边求极限.令 $\lim\limits_{n \to \infty} x_n = a$,对 $x_n e^{x_{n+1}} = e^{x_n} - 1$ 两边求极限,得 $a e^a = e^a - 1$,有 $a = 0$, $\lim\limits_{n \to \infty} x_n = 0$.

(2) 存在性证明. ① 证明数列有界. $x_1 > 0$,假设 $n = k$ 时, $x_k > 0$, $x_{k+1} = \ln \dfrac{e^{x_k} - 1}{x_k}$.

由于 $e^x - 1 > x$(当 $x > 0$ 时), $e^{x_k} - 1 > x_k$, $x_{k+1} = \ln \dfrac{e^{x_k} - 1}{x_k} > \ln 1 = 0$.由数学归纳

法可知，$x_n > 0$，即数列 $\{x_n\}$ 有下界.

② 证明数列单调性.

$$x_{n+1} - x_n = \ln \frac{e^{x_n} - 1}{x_n} - x_n = \ln \frac{e^{x_n} - 1}{x_n} - \ln e^{x_n} = \ln \frac{e^{x_n} - 1}{x_n e^{x_n}}.$$

令 $f(x) = x e^x - (e^x - 1)$，$f'(x) = e^x(x+1) - e^x = x e^x$. 令 $f'(x) = 0$，得 $x = 0$，$f(0) = 0$. 因为 $f''(x) = e^x(x+1)$，$f''(0) = 1 > 0$，所以 $f(0) = 0$ 为极小值点，也即最小值点.

$f(x) = x e^x - (e^x - 1) > 0 (x > 0)$，$e^x - 1 < x e^x$，$e^{x_n} - 1 < x_n e^{x_n}$，$x_{n+1} - x_n = \ln \frac{e^{x_n} - 1}{x_n e^{x_n}}$

$< \ln 1 = 0$，即 $x_{n+1} < x_n$，数列 $\{x_n\}$ 单调减少.

③ 所以，数列 $\{x_n\}$ 的极限存在，即 $\{x_n\}$ 收敛.

例 11 - 28 （2013 年）设函数 $f(x) = \ln x + \dfrac{1}{x}$，

(1) 求 $f(x)$ 的最小值；

(2) 设数列 $\{x_n\}$ 满足 $\ln x_n + \dfrac{1}{x_{n+1}} < 1$，证明极限 $\lim\limits_{n \to \infty} x_n$ 存在，并求此极限.

分析 （1）口诀："最极边"；$y' = 0$，$y'' \neq 0$.

(2) 口诀："列定递函夹"；"弟存两，存单有".

解 （1）$f'(x) = \dfrac{1}{x} - \dfrac{1}{x^2} = \dfrac{x - 1}{x^2}$，$f''(x) = -\dfrac{1}{x^2} + \dfrac{2}{x^3}$.

令 $f'(x) = 0$，得 $x = 1$，$f(1) = 1$. $f''(1) = -1 + 2 = 1 > 0$，$f(1) = 1$ 为极小值点，也是最小值点，$f_{\min} = 1$.

画出函数草图，如图 11 - 16 所示.

(2) ① 存在性证明.

(i) 证明数列的单调性. $f(x) \geqslant 1$，$\ln x + \dfrac{1}{x} \geqslant 1$，$\ln x_n + \dfrac{1}{x_n}$

$\geqslant 1$. 又因为 $\ln x_n + \dfrac{1}{x_{n+1}} < 1$，$\dfrac{1}{x_n} > \dfrac{1}{x_{n+1}}$，$x_n < x_{n+1}$，即 $\{x_n\}$ 单调增加.

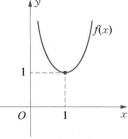

图 11 - 16 例 11 - 28 图

(ii) 证明数列有上界. $x_n > 0$，$x_{n+1} > 0$，$\dfrac{1}{x_{n+1}} > 0$，$\ln x_n < 1$，$x_n < e$，故 $\{x_n\}$ 有上界.

(iii) 所以，极限 $\lim\limits_{n \to \infty} x_n$ 存在.

② 两边求极限. 令 $\lim\limits_{n \to \infty} x_n = a$.

由于 $\ln x_n + \dfrac{1}{x_{n+1}} < 1$，$\ln a + \dfrac{1}{a} \leqslant 1$.

由于 $\ln x_n + \dfrac{1}{x_n} \geqslant 1$，$\ln a + \dfrac{1}{a} \geqslant 1$，$\ln a + \dfrac{1}{a} = 1$，$a = 1$. 故 $\lim\limits_{n \to \infty} x_n = 1$.

注意 当递推式为不等式时，与等式的解题思路相同.

课堂练习

【练习 11-37】 设 $x_1 = 10$，$x_{n+1} = \sqrt{6 + x_n}$（$n = 1, 2, \cdots$）. 证明:数列 $\{x_n\}$ 的极限存在,并求此极限.

【练习 11-38】 设数列 $\{x_n\}$ 满足 $0 < x_1 < \pi$，$x_{n+1} = \sin x_n$（$n = 1, 2, \cdots$）.

（1）证明: $\lim\limits_{n \to \infty} x_n$ 存在,并求该极限;

（2）计算 $\lim\limits_{n \to \infty} \left(\dfrac{x_{n+1}}{x_n} \right)^{\frac{1}{x_n^2}}$.

§11.5 夹缝求生(数列的极限 3)

知识梳理

1. 数列极限的解题方法

$$\boxed{\text{列定递函（参）加}}$$

（夹）

视频 11-8 "列定递函夹"3

图 11-17 "列定递函夹"3

（1）定积分 $\displaystyle\int_0^1$ 的极限解释;

（2）递推式两边求极限;

（3）函数法:将 n 写成 x,转化为函数的极限;

（4）夹逼定理.

口诀:"列定递函夹"3.

2. 夹逼定理

如果函数 $\varphi(x)$，$f(x)$，$\psi(x)$ 满足下列条件:

① 在 x_0 的邻域内,恒有 $\varphi(x) \leqslant f(x) \leqslant \psi(x)$;

② $\lim\limits_{x \to x_0} \varphi(x) = a$，$\lim\limits_{x \to x_0} \psi(x) = a$,那么, $\lim\limits_{x \to x_0} f(x) = a$.

如果数列 $\{x_n\}$，$\{y_n\}$，$\{z_n\}$ 满足下列条件:

① 从某一项起,有 $y_n \leqslant x_n \leqslant z_n$;

② $\lim\limits_{n\to\infty} y_n = a$，$\lim\limits_{n\to\infty} z_n = a$，那么，$\lim\limits_{n\to\infty} x_n = a$.

3. 长跑公式

(1) 当 $x \to +\infty$ 时，以下各函数趋于 $+\infty$ 的速度

$$\frac{\ln x,\ x^{\alpha}(\alpha>0),\ a^x(a>1),\ x^x}{\text{速度由慢到快}} \to +\infty.$$

(2) 当 $n \to +\infty$ 时，以下各数列趋于 $+\infty$ 的速度

$$\frac{\ln n,\ n^{\alpha}(\alpha>0),\ a^n(a>1),\ n!,\ n^n}{\text{速度由慢到快}} \to +\infty$$

4. 常用极限

(1) $\lim\limits_{n\to\infty} \sqrt[n]{\alpha}\ (\alpha>0)=1$；　　　　　　(2) $\lim\limits_{n\to\infty} \sqrt[n]{n}=1$.

例 11-29　求极限 $\lim\limits_{n\to\infty} \sqrt[n]{1+2^n+3^n}$.

分析　口诀："列定递函夹".

解　$3=\sqrt[n]{3^n} \leqslant \sqrt[n]{1+2^n+3^n} \leqslant \sqrt[n]{3\cdot 3^n}$.

由于 $\lim\limits_{n\to\infty} \sqrt[n]{3\cdot 3^n} = \lim\limits_{n\to\infty} 3\sqrt[n]{3}=3$，由夹逼定理可知，$\lim\limits_{n\to\infty} \sqrt[n]{1+2^n+3^n}=3$.

例 11-30　(2010 年)(1) 比较 $\int_0^1 |\ln t| [\ln(1+t)]^n \mathrm{d}t$ 与 $\int_0^1 t^n |\ln t|\, \mathrm{d}t\,(n=1,2,\cdots)$ 的大小，并说明理由.

(2) 记 $u_n = \int_0^1 |\ln t| [\ln(1+t)]^n \mathrm{d}t\,(n=1,2,\cdots)$，求极限 $\lim\limits_{x\to\infty} u_n$.

分析　口诀："列定递函夹".

解　(1) 令 $f(x)=\ln(1+x)-x$，则

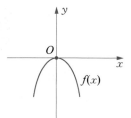

$$f'(x)=\frac{1}{1+x}-1,\ f''(x)=-\frac{1}{(1+x)^2}.$$

令 $f'(x)=0$，得 $x=0$，$f(0)=0$.

$f''(0)=-1<0$，$f(0)=0$ 为极大值点，也是最大值点.

画出函数草图，如图 11-18 所示.

图 11-18　例 11-30 图

$f(x)\leqslant 0$，$\ln(1+x)-x\leqslant 0$，$\ln(1+x)\leqslant x$，则 $\ln(1+t)\leqslant t$，$|\ln t| [\ln(1+t)]^n \leqslant t^n |\ln t|$.上式仅当 $t=0$ 时取等号，故

$$\int_0^1 |\ln t| [\ln(1+t)]^n \mathrm{d}t < \int_0^1 t^n |\ln t|\, \mathrm{d}t.$$

(2) $\int_0^1 t^n |\ln t|\, \mathrm{d}t = -\int_0^1 t^n \ln t\, \mathrm{d}t = -\frac{1}{n+1}\int_0^1 \ln t\, \mathrm{d}t^{n+1} = -\frac{1}{n+1}\left(\ln t\cdot t^{n+1}\ \Big|_0^1 - \int_0^1 t^n \mathrm{d}t\right)$

$$= -\frac{1}{n+1}\left(\ln t\cdot t^{n+1}\ \Big|_0^1 - \frac{1}{n+1}\right).$$

其中，

$$\lim_{t \to 0} \ln t \cdot t^{n+1} = \lim_{t \to 0} \frac{\ln t}{t^{-(n+1)}} = \lim_{t \to 0} \frac{\frac{1}{t}}{-(n+1)t^{-(n+2)}} = \lim_{t \to 0} \frac{1}{-(n+1) \cdot t^{-(n+1)}} = 0,$$

所以，$\int_0^1 t^n \mid \ln t \mid \mathrm{d}t = -\frac{1}{n+1}\left(0 - \frac{1}{n+1}\right) = \frac{1}{(n+1)^2}$，$0 < u_n < \frac{1}{(n+1)^2}$.

由于 $\lim\limits_{n \to \infty} \frac{1}{(n+1)^2} = 0$，由夹逼定理可知，$\lim\limits_{n \to \infty} u_n = 0$.

例 11 - 31　(2019 年)设 $a_n = \int_0^1 x^n \sqrt{1 - x^2}\, \mathrm{d}x\ (n = 0,\ 1,\ 2,\ \cdots)$.

(1) 证明：数列 $\{a_n\}$ 单调减少，且 $a_n = \frac{n-1}{n+2} a_{n-2}\ (n = 2,\ 3,\ \cdots)$；

(2) 求 $\lim\limits_{n \to \infty} \frac{a_n}{a_{n-1}}$.

分析　口诀："列定递函夹".

证明　(1) ① $a_{n+1} - a_n = \int_0^1 x^{n+1} \sqrt{1 - x^2}\, \mathrm{d}x - \int_0^1 x^n \sqrt{1 - x^2}\, \mathrm{d}x$

$$= \int_0^1 \sqrt{1 - x^2} \cdot x^n (x - 1)\, \mathrm{d}x < 0,$$

$a_{n+1} < a_n$，故 $\{a_n\}$ 单调减少.

(2) $a_n = \int_0^1 x^n \sqrt{1 - x^2}\, \mathrm{d}x \xrightarrow[\mathrm{d}x = \cos t\, \mathrm{d}t]{\text{令}\, x = \sin t} \int_0^{\frac{\pi}{2}} \sin^n t \cos^2 t\, \mathrm{d}t = \int_0^{\frac{\pi}{2}} \sin^n t (1 - \sin^2 t)\, \mathrm{d}t$

$$= \int_0^{\frac{\pi}{2}} \sin^n t\, \mathrm{d}t - \int_0^{\frac{\pi}{2}} \sin^{n+2} t\, \mathrm{d}t = I_n - I_{n+2} = I_n - \frac{n+1}{n+2} I_n = \left(1 - \frac{n+1}{n+2}\right) I_n = \frac{1}{n+2} I_n.$$

$a_{n-2} = \frac{1}{n} I_{n-2}$，$\dfrac{a_n}{a_{n-2}} = \dfrac{\frac{1}{n+2} I_n}{\frac{1}{n} I_{n-2}} = \dfrac{n}{n+2} \cdot \dfrac{I_n}{I_{n-2}} = \dfrac{n}{n+2} \cdot \dfrac{n-1}{n} = \dfrac{n-1}{n+2}$，$a_n = \dfrac{n-1}{n+2} a_{n-2}$.

(2) 由于 $\{a_n\}$ 单调减少，$a_{n-2} > a_{n-1} > a_n$，$\dfrac{n-1}{n+2} = \dfrac{a_n}{a_{n-2}} < \dfrac{a_n}{a_{n-1}} < \dfrac{a_n}{a_n} = 1$.

又由于 $\lim\limits_{n \to \infty} \dfrac{n-1}{n+2} = 1$，由夹逼定理可知，$\lim\limits_{n \to \infty} \dfrac{a_n}{a_{n-1}} = 1$.

注意　$I_n = \dfrac{n-1}{n} I_{n-2}$.

课堂练习

【练习 11 - 39】　$\lim\limits_{n \to \infty} \left(\dfrac{1}{n^2 + n + 1} + \dfrac{2}{n^2 + n + 2} + \cdots + \dfrac{n}{n^2 + n + n} \right) = \underline{\qquad}$.

【练习 11 - 40】　求极限 $\lim\limits_{n \to \infty} \sqrt{1 + \dfrac{1}{n}}$.

【练习 11 - 41】　求极限 $\lim\limits_{n \to \infty} n \left(\dfrac{1}{n^2 + \pi} + \dfrac{1}{n^2 + 2\pi} + \cdots + \dfrac{1}{n^2 + n\pi} \right)$.

【练习 11 - 42】　求极限 $\lim\limits_{x \to 0} \sqrt[n]{1+x}$.

§11.6　本章超纲内容汇总

1. 求解"函数"的极限

只能用泰勒公式求解、不能用洛必达法则求解的题目,一般不会考.

泰勒公式 $\begin{cases} \text{优点:在某些时候步骤简单} \\ \text{缺点} \begin{cases} \text{适用范围:窄} \\ \text{公式:难记} \end{cases} \end{cases}$　　　洛必达法则 $\begin{cases} \text{优点} \begin{cases} \text{适用范围:广} \\ \text{公式:好记} \end{cases} \\ \text{缺点:有些时候要多写几步} \end{cases}$

图 11 - 19　泰勒公式与洛必达法则的比较

第 12 章　极限的应用

§12.1　惊险的瞬间(解释中断)

知识梳理

1. 极限的应用主要题型

极限解释

#@&……%*&……! @%￥

你看没看?
你为什么要看?

视频 12-1　"极限解释"1　　　　　图 12-1　"极限解释"1

(1) 解释函数的中断;

(2) 解释函数的微分;

(3) 解释函数的积分.

简称:"极限解释".

2. 基本概念

连续	如果某个函数的图像是连续的,就称这种状态为连续.

连续　如果某个函数的图像是连续的,就称这种状态为连续.

中断　如果某个函数的图像在某一处中断了,就称这种状态为中断.

中断点　中断处的点叫做中断点,也叫做间断点.

定理　组合函数在其定义域内均连续,在其无定义的位置会出现中断点(间断点).

3. 中断点(间断点)的类型

(1) 可去间断点(可补间断点);

211

断可跳无震
（振）

视频 12-2 "断可跳无振"

图 12-2 "断可跳无振"

（2）跳跃间断点；

（3）无穷间断点；

（4）振荡间断点.

简称："断可跳无振".

其中，前两个称为第一类间断点，后两个称为第二类间断点.

可去间断点　在连续的函数图像上"挖掉"一点，这一点叫做可去间断点，也叫做可补间断点.

跳跃间断点　函数图像在某一点处出现了跳跃，这样的点叫做跳跃间断点.

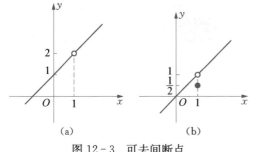

图 12-3　可去间断点

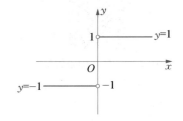

图 12-4　跳跃间断点

无穷间断点　函数图像中某一点的函数值为∞，这样的点叫做无穷间断点.

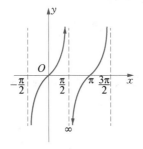

图 12-5　无穷间断点

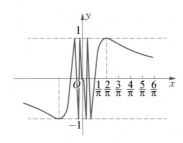

图 12-6　振荡间断点

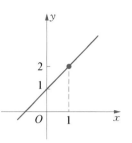

振荡间断点　函数 $y=\sin\dfrac{1}{x}$ 在点 $x=0$ 处没有定义,当 $x\to 0$ 时,函数值在 -1 和 $+1$ 之间大幅振荡,所以,点 $x=0$ 称为函数 $y=\sin\dfrac{1}{x}$ 的振荡间断点.

4. 用极限解释连续点

如图 $12-7$ 所示,$\displaystyle\lim_{x\to 1^{-}}f(x)=\lim_{x\to 1^{+}}f(x)=f(1)$.

左极限:"左边绳子的端点值";右极限:"右边绳子的端点值".

结论:函数 $f(x)$ 在 $x=x_0$ 处连续 $\Leftrightarrow f_-(x_0)=f_+(x_0)=f(x_0)$.

图 $12-7$　用极限解释连续点

5. 用极限解释间断点

(1) 可去间断点(可补间断点).

如图 $12-3$ 所示,$\displaystyle\lim_{x\to 1^{-}}f(x)=\lim_{x\to 1^{+}}f(x)\neq f(1)$.

结论:函数 $f(x)$ 在 $x=x_0$ 处为可去间断点 $\Leftrightarrow f_-(x_0)=f_+(x_0)\neq f(x_0)$.

(2) 跳跃间断点.

如图 $12-4$ 所示,$\displaystyle\lim_{x\to 0^{-}}f(x)\neq\lim_{x\to 0^{+}}f(x)$.

结论:函数 $f(x)$ 在 $x=x_0$ 处为跳跃间断点 $\Leftrightarrow f_-(x_0)\neq f_+(x_0)$.

(3) 无穷间断点.

如图 $12-5$ 所示,$\displaystyle\lim_{x\to\frac{\pi}{2}}f(x)=\infty$.

结论:函数 $f(x)$ 在 $x=x_0$ 处为无穷间断点 $\Leftrightarrow f_-(x_0)$ 和 $f_+(x_0)$ 中至少有一个为 ∞.

表 $12-1$

	第一类间断点	第二类间断点
极限的特点	$f_-(x_0)$ 和 $f_+(x_0)$ 均存在	$f_-(x_0)$ 和 $f_+(x_0)$ 至少有一个不存在
所含小类	可去间断点、跳跃间断点	无穷间断点、振荡间断点

6. 间断点出现的位置

(1) 组合函数的无意义点;

断无分

无分

视频 $12-3$　"断无分"　　　　图 $12-8$　"断无分"

（2）分段函数的分界点.

简称："断无分".

12.1.1　已知连续求参数

例 12 - 1　（2017 年）若函数 $f(x)=\begin{cases}\dfrac{1-\cos\sqrt{x}}{ax}, & x>0,\\ b, & x\leqslant 0\end{cases}$ 在 $x=0$ 处连续,则(　　).

A. $ab=\dfrac{1}{2}$ 　　　　B. $ab=-\dfrac{1}{2}$ 　　　　C. $ab=0$ 　　　　D. $ab=2$

解　$f_-(0)=b$, $f_+(0)=\lim\limits_{x\to 0^+}\dfrac{1-\cos\sqrt{x}}{ax}=\lim\limits_{x\to 0^+}\dfrac{\frac{1}{2}x}{ax}=\dfrac{1}{2a}$,故 $b=\dfrac{1}{2a}$, $ab=\dfrac{1}{2}$. 故 A 选项正确.

总结　题目提及"连续"时只有一个公式：$x=a$ 处连续 $\Leftrightarrow f_-(a)=f_+(a)=f(a)$.

例 12 - 2　（2018 年）设函数

$$f(x)=\begin{cases}-1, & x<0,\\ 1, & x\geqslant 0,\end{cases}\quad g(x)=\begin{cases}2-ax, & x\leqslant -1,\\ x, & -1<x<0,\\ x-b, & x\geqslant 0,\end{cases}$$

若 $f(x)+g(x)$ 在 **R** 上连续,则(　　).

A. $a=3$, $b=1$ 　　　　　　　　　　B. $a=3$, $b=2$

C. $a=-3$, $b=1$ 　　　　　　　　　D. $a=-3$, $b=2$

解　根据 $f(x)$ 和 $g(x)$ 分界点分段,

$$F(x)=f(x)+g(x)=\begin{cases}1-ax, & x\leqslant -1,\\ x-1, & -1<x<0,\\ 1+x-b, & x\geqslant 0.\end{cases}$$

由于 $F(x)$ 在 $x=-1$ 处连续,$1-ax(-1)=(-1)-1$, $1+a=-2$, $a=-3$.

由于 $F(x)$ 在 $x=0$ 处连续,$0-1=1+0-b$, $-1=1-b$, $b=2$.

故 D 选项正确.

总结　关于连续性的问题,一般考的就是分段函数.

例 12 - 3　（2011 年）已知函数 $F(x)=\dfrac{\displaystyle\int_0^x\ln(1+t^2)\,\mathrm{d}t}{x^\alpha}$,设 $\lim\limits_{x\to +\infty}F(x)=\lim\limits_{x\to 0^+}F(x)=0$,试求 α 的取值范围.

解　（1）$\lim\limits_{x\to +\infty}F(x)=0$.

$$\lim_{x\to +\infty}\frac{\displaystyle\int_0^x\ln(1+t^2)\,\mathrm{d}t}{x^\alpha}=\lim_{x\to +\infty}\frac{\ln(1+x^2)}{\alpha x^{\alpha-1}}=\lim_{x\to +\infty}\frac{\dfrac{2x}{1+x^2}}{\alpha(\alpha-1)x^{\alpha-2}}=\lim_{x\to +\infty}\frac{2x}{\alpha(\alpha-1)x^{\alpha-2}(1+x^2)}$$

$$= \lim_{x \to +\infty} \frac{2x}{\alpha(\alpha-1)(x^{\alpha-2}+x^{\alpha})} = \frac{2}{\alpha(\alpha-1)} \lim_{x \to +\infty} x^{1-\alpha} = 0.$$

故 $1-\alpha < 0$,即 $\alpha > 1$.

(2) $\lim\limits_{x \to 0^+} F(x) = 0$.

$$\lim_{x \to 0^+} \frac{\int_0^x \ln(1+t^2)\mathrm{d}t}{x^{\alpha}} = \lim_{x \to 0^+} \frac{\ln(1+x^2)}{\alpha x^{\alpha-1}} = \lim_{x \to 0^+} \frac{x^2}{\alpha x^{\alpha-1}} = \frac{1}{\alpha} \lim_{x \to 0^+} x^{3-\alpha} = 0.$$

故 $3-\alpha > 0$,即 $\alpha < 3$.

(3) 综上所述: $1 < \alpha < 3$.

12.1.2　判断间断点的类型和个数

例 12-4　(2013 年)函数 $f(x) = \dfrac{|x|^x - 1}{x(x+1)\ln|x|}$ 的可去间断点的个数为(　　).

A. 0 　　　　　　B. 1 　　　　　　C. 2 　　　　　　D. 3

解　口诀:"断无分";"断可跳无振";"函等洛".

$f(x)$ 不是分段函数,所以间断点为无意义点.

令 $x(x+1)\ln|x| = 0$,得 $x=0$ 或 $x=-1$ 或 $x=1$,即有 3 个间断点.

(1) $\lim\limits_{x \to 0} f(x) = \lim\limits_{x \to 0} \dfrac{\mathrm{e}^{x\ln|x|}-1}{x\ln|x|} = \lim\limits_{x \to 0} \dfrac{x\ln|x|}{x\ln|x|} = 1$,$(0,1)$ 为可去间断点.

(2) $\lim\limits_{x \to -1} f(x) = \lim\limits_{x \to -1} \dfrac{\mathrm{e}^{x\ln|x|}-1}{-(x+1)\ln|x|} = \lim\limits_{x \to -1} \dfrac{x\ln|x|}{-(x+1)\ln|x|} = -\lim\limits_{x \to -1} \dfrac{x}{x+1} = \infty$,

(3) $\lim\limits_{x \to 1} f(x) = \lim\limits_{x \to 1} \dfrac{\mathrm{e}^{x\ln|x|}-1}{2\ln|x|} = \lim\limits_{x \to 1} \dfrac{x\ln|x|}{2\ln|x|} = \dfrac{1}{2}$.

因此,$\left(1, \dfrac{1}{2}\right)$ 为可去间断点,故 C 选项正确.

例 12-5　(2015 年)函数 $f(x) = \lim\limits_{t \to 0}\left(1+\dfrac{\sin t}{x}\right)^{\frac{x^2}{t}}$ 在 $(-\infty, +\infty)$ 内(　　).

A. 连续 　　　　　　　　　　　B. 有可去间断点

C. 有跳跃间断点 　　　　　　　D. 有无穷间断点

解　口诀:"断无分";"断可跳无振".

$$f(x) = \lim_{t \to 0} \mathrm{e}^{\frac{x^2}{t}\ln\left(1+\frac{\sin t}{x}\right)} = \lim_{t \to 0} \mathrm{e}^{\frac{\ln\left(1+\frac{\sin t}{x}\right)}{\frac{t}{x^2}}} = \lim_{t \to 0} \mathrm{e}^{\frac{\frac{\sin t}{x}}{\frac{t}{x^2}}} = \lim_{t \to 0} \mathrm{e}^{\frac{\sin t}{x} \cdot \frac{x^2}{t}} = \mathrm{e}^x \ (x \neq 0).$$

画出草图,如图 12-9 所示.根据图像可知有可去间断点,故 B 选项正确.

例 12-6　(2009 年)函数 $f(x) = \dfrac{x-x^3}{\sin \pi x}$ 的可去间断点的个数为(　　).

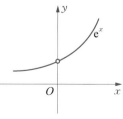

图 12-9　例 12-5 图

A. 1   B. 2   C. 3   D. 无穷多个

解 口诀:"断无分";"断可跳无振".

$f(x)$ 不是分段函数,所以,间断点为无意义点.

令 $\sin \pi x = 0$, $\pi x = k\pi$, $x = k (k = 0, \pm 1, \pm 2, \cdots)$,故 $f(x)$ 的间断点为无穷多个.

$$\lim_{x \to k} f(x) = \lim_{x \to k} \frac{x - x^3}{\sin \pi x} = \lim_{x \to k} \frac{k - k^3}{\sin k\pi}.$$

因为 $k - k^3 = 0$,所以,$k(1 - k^2) = 0$,得 $k_1 = 0$ 或 $k_2 = 1$ 或 $k_3 = -1$.

(1) 对于 $k_1 = 0$, $\lim_{x \to 0} f(x) = \lim_{x \to 0} \frac{x - x^3}{\sin \pi x} = \lim_{x \to 0} \frac{1 - 3x^2}{\pi \cos \pi x} = \frac{1}{\pi}$, $\left(0, \frac{1}{\pi}\right)$ 为可去间断点.

(2) 对于 $k_2 = 1$, $\lim_{x \to 1} \frac{x - x^3}{\sin \pi x} = \lim_{x \to 1} \frac{1 - 3x^2}{\pi \cos \pi x} = \frac{-2}{-\pi} = \frac{2}{\pi}$, $\left(1, \frac{2}{\pi}\right)$ 为可去间断点.

(3) 对于 $k_3 = -1$, $\lim_{x \to -1} \frac{x - x^3}{\sin \pi x} = \lim_{x \to -1} \frac{1 - 3x^2}{\pi \cos \pi x} = \frac{-2}{-\pi} = \frac{2}{\pi}$, $\left(-1, \frac{2}{\pi}\right)$ 为可去间断点.

所以,函数 $f(x)$ 共有 3 个可去间断点,故 C 选项正确.

例 12-7 (2010 年)函数 $f(x) = \frac{x^2 - x}{x^2 - 1} \sqrt{1 + \frac{1}{x^2}}$ 的无穷间断点的个数为(   ).

A. 0   B. 1   C. 2   D. 3

解 口诀:"断无分".

令 $x^2 - 1 = 0$, $x^2 = 1$,得 $x = 1$ 或 $x = -1$ 或 $x = 0$,即有 3 个间断点.

(1) $\lim_{x \to 1} f(x) = \lim_{x \to 1} \frac{x(x - 1)}{(x + 1)(x - 1)} \sqrt{1 + \frac{1}{x^2}} = \frac{1}{2}\sqrt{2}$, $x = 1$ 为可去间断点;

(2) $\lim_{x \to -1} f(x) = \lim_{x \to -1} \frac{x}{x + 1} \sqrt{1 + \frac{1}{x^2}} = \infty$, $x = -1$ 为无穷间断点;

(3) $\lim_{x \to 0} f(x) = \lim_{x \to 0} \frac{x}{x + 1} \sqrt{1 + \frac{1}{x^2}} = \lim_{x \to 0} x \sqrt{1 + \frac{1}{x^2}}$,

$$\left. \begin{array}{l} \lim_{x \to 0^-} f(x) = -\lim_{x \to 0} \sqrt{x^2 + 1} = -1 \\ \lim_{x \to 0^+} f(x) = \lim_{x \to 0} \sqrt{x^2 + 1} = 1 \end{array} \right\} \Rightarrow$$

$x = 0$ 为跳跃间断点.

故 B 选项正确.

课堂练习

【练习 12-1】 当 $x \to 1$ 时,函数 $\frac{x^2 - 1}{x - 1} e^{\frac{1}{x-1}}$ 的极限(   ).

A. 等于 2   B. 等于 0

C. 为 ∞ D. 不存在但不为 ∞

【练习 12 - 2】　设函数 $f(x) = \dfrac{1}{e^{\frac{x}{x-1}} - 1}$，则（　　）.

A. $x = 0$，$x = 1$ 都是 $f(x)$ 的第一类间断点

B. $x = 0$，$x = 1$ 都是 $f(x)$ 的第二类间断点

C. $x = 0$ 是 $f(x)$ 的第一类间断点，$x = 1$ 是 $f(x)$ 的第二类间断点

D. $x = 0$ 是 $f(x)$ 的第二类间断点，$x = 1$ 是 $f(x)$ 的第一类间断点

【练习 12 - 3】　函数 $f(x) = \dfrac{(e^{\frac{1}{x}} + e)\tan x}{x(e^{\frac{1}{x}} - e)}$ 在 $[-\pi, \pi]$ 上的第一类间断点是 $x = $

（　　）.

A. 0　　　　　　　B. 1　　　　　　　C. $-\dfrac{\pi}{2}$　　　　　　　D. $\dfrac{\pi}{2}$

【练习 12 - 4】　设函数 $f(x) = \dfrac{\ln|x|}{|x-1|}\sin x$，则 $f(x)$ 有（　　）.

A. 1 个可去间断点、1 个跳跃间断点　　　　B. 1 个可去间断点、1 个无穷间断点

C. 2 个跳跃间断点　　　　　　　　　　　D. 2 个无穷间断点

【练习 12 - 5】　（2020 年）函数 $f(x) = \dfrac{e^{\frac{1}{x-1}}\ln(1+x)}{(e^x - 1)(x - 2)}$ 的第二类间断点的个数为

（　　）.

A. 1　　　　　　　B. 2　　　　　　　C. 3　　　　　　　D. 4

【练习 12 - 6】　设函数 $f(x) = \begin{cases} \dfrac{1 - e^{\tan x}}{\arcsin \dfrac{x}{2}}, & x > 0, \\ a\,e^{2x}, & x \leqslant 0 \end{cases}$ 在 $x = 0$ 处连续，则 $a = $ _____.

【练习 12 - 7】　设函数 $f(x) = \begin{cases} \dfrac{1}{x^3}\displaystyle\int_0^x \sin t^2\,dt, & x \neq 0, \\ a, & x = 0 \end{cases}$ 在 $x = 0$ 处连续，则 $a = $

_____.

【练习 12 - 8】　已知函数 $f(x)$ 连续，且 $\lim\limits_{x \to 0} \dfrac{1 - \cos[xf(x)]}{(e^{x^2} - 1)f(x)} = 1$，则 $f(0) = $ _____.

【练习 12 - 9】　设函数 $f(x) = \begin{cases} x^2 + 1 & |x| \leqslant c, \\ \dfrac{2}{|x|}, & |x| > c \end{cases}$ 在 $(-\infty, +\infty)$ 内连续，则 c

$= $ _____.

【练习 12 - 10】　求 $\lim\left(\dfrac{2 + e^{\frac{1}{x}}}{1 + e^{\frac{4}{x}}} + \dfrac{\sin x}{|x|}\right)$.

【练习 12 - 11】　求极限 $\lim\limits_{t \to x}\left(\dfrac{\sin t}{\sin x}\right)^{\frac{x}{\sin t - \sin x}}$，记此极限为 $f(x)$，求函数 $f(x)$ 的间断点，并指出其类型.

【练习 12-12】 设函数 $f(x)=\begin{cases}\dfrac{\ln(1+ax^3)}{x-\arcsin x}, & x<0,\\ 6, & x=0,\\ \dfrac{e^{ax}+x^2-ax-1}{x\sin\dfrac{x}{4}}, & x>0,\end{cases}$ 问 a 为何值时，$f(x)$ 在

$x=0$ 处连续？a 为何值时，$x=0$ 是 $f(x)$ 的可去间断点？

§12.2 箭在弦上（解释微分 1）

📎知识梳理

1. 极限的应用主要题型

极限解释

视频 12-4 "极限解释"2　　　　　图 12-10 "极限解释"2

（1）解释函数的中断；

（2）解释函数的微分；

（3）解释函数的积分.

简称："极限解释".

2. 导数的极限定义

　导数的本质　导数的本质是曲线上某一点的切线的斜率.

　弦　连接曲线上任意两点的线段叫做弦.

　弦点　弦的两个端点叫做弦点.

　令其中一个弦点为定点，而另一个弦点为动点. 当动点不断向定点靠近时，弦逐步逼近切线，最终与切线重合. 此时，

$$切线的斜率=\lim(弦的斜率).$$

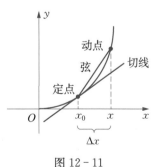

图 12-11

两点式：$f'(x_0) = \lim\limits_{x \to x_0} \dfrac{\Delta y}{\Delta x} = \lim\limits_{x \to x_0} \dfrac{f(x) - f(x_0)}{x - x_0}$；

一点增量式：$f'(x_0) = \lim\limits_{\Delta x \to 0} \dfrac{\Delta y}{\Delta x} = \lim\limits_{\Delta x \to 0} \dfrac{f(x_0 + \Delta x) - f(x_0)}{\Delta x}$.

以上两个公式，即为课本上导数的标准定义式.

注意若求某点的导数，则此点即为定点，而非动点.

3. 3 个常用公式

两点式：$f'(0) = \lim\limits_{x \to 0} \dfrac{f(x) - f(0)}{x - 0}$；

一点增量式：$f'(x) = \lim\limits_{\Delta x \to 0} \dfrac{f(x + \Delta x) - f(x)}{\Delta x}$.

当 $f(0) = 0$ 时 $f'(0) = \lim\limits_{x \to 0} \dfrac{f(x)}{x}$.

4. 两点式的扩展

两点式：$f'(0) = \lim\limits_{x \to 0} \dfrac{f(x) - f(0)}{x - 0}$；

变形 1：$f'(0) = \lim\limits_{x^2 \to 0} \dfrac{f(x^2) - f(0)}{x^2 - 0} = \lim\limits_{x \to 0} \dfrac{f(x^2) - f(0)}{x^2 - 0}$；

变形 2：$f'(0) = \lim\limits_{\ln x \to 0} \dfrac{f(\ln x) - f(0)}{\ln x - 0} = \lim\limits_{x \to 1} \dfrac{f(\ln x) - f(0)}{\ln x - 0}$；

变形 3：$f'(1) = \lim\limits_{e^x \to 1} \dfrac{f(e^x) - f(1)}{e^x - 1} = \lim\limits_{x \to 0} \dfrac{f(e^x) - f(1)}{e^x - 1}$；

变形 4：$f'(x) = \lim\limits_{m \to x} \dfrac{f(m) - f(x)}{m - x}$.

5. 高阶导数的求法

因为 $f^{(n+1)}(x) = \left[f^{(n)}(x)\right]'$，即 $f^{(n)}(x)$ 是 $f^{(n+1)}(x)$ 的原函数，所以，

$$f^{(n+1)}(0) = \lim\limits_{x \to 0} \dfrac{f^{(n)}(x) - f^{(n)}(0)}{x - 0}.$$

利用极限进行求导，可以将高阶求导变为低阶求导，化难为易.

6. 图形的重要性

(1) 心中有图，笔下有字；

(2) 能画图，先画图.

12.2.1　求某点的导数

例 12－8　(2012 年)设函数 $f(x) = (e^x - 1)(e^{2x} - 2) \cdots (e^{nx} - n)$，其中，$n$ 为正整数，则 $f'(0) = (\quad)$.

    A. $(-1)^{n-1}(n-1)!$　　B. $(-1)^n(n-1)!$　　C. $(-1)^{n-1}n!$　　　　D. $(-1)^n n!$

解　$f'(0) = \lim\limits_{x \to 0} \dfrac{f(x) - f(0)}{x - 0} = \lim\limits_{x \to 0} \dfrac{(e^x - 1)(e^{2x} - 2) \cdots (e^{nx} - n) - 0}{x}$

$$=\lim_{x\to 0}(e^{2x}-2)(e^{3x}-3)\cdots(e^{nx}-n)$$
$$=(1-2)(1-3)\cdots(1-n)=(-1)(-2)\cdots[-(n-1)]=(-1)^{n-1}(n-1)!.$$

故 A 选项正确.

例 12－9　（2016 年）设函数 $f(x)=\arctan x-\dfrac{x}{1+ax^2}$，且 $f'''(0)=1$，则 $a=$

_____.

解　$f'(x)=\dfrac{1}{1+x^2}-\dfrac{(1+ax^2)-2ax^2}{(1+ax^2)^2}=\dfrac{1}{1+x^2}-\dfrac{1-ax^2}{(1+ax^2)^2},$

$$f''(x)=-\dfrac{2x}{(1+x^2)^2}-\dfrac{-2ax(1+ax^2)^2-2(1+ax^2)\cdot 2ax(1-ax^2)}{(1+ax^2)^4}$$
$$=\dfrac{-2x}{(1+x^2)^2}-\dfrac{-2ax(1+ax^2)[(1+ax^2)+2(1-ax^2)]}{(1+ax^2)^4}$$
$$=\dfrac{-2x}{(1+x^2)^2}+\dfrac{2ax(3-ax^2)}{(1+ax^2)^3},$$

$$f'''(0)=\lim_{x\to 0}\dfrac{f''(x)-f''(0)}{x-0}=\lim_{x\to 0}\dfrac{\dfrac{-2x}{(1+x^2)^2}+\dfrac{2ax(3-ax^2)}{(1+ax^2)^3}}{x}=-2+6a=1,$$

有 $6a=3$，即 $a=\dfrac{1}{2}$.

总结　用导数的定义求某一点的导数时，可以达到降阶的效果，能够简便计算.

12.2.2　求极限

例 12－10　（2011 年）设函数 $f(x)$ 在 $x=0$ 处可导，且 $f(0)=0$，则

$$\lim_{x\to 0}\dfrac{x^2 f(x)-2f(x^3)}{x^3}=(\qquad).$$

A. $-2f'(0)$　　　　B. $-f'(0)$　　　　C. $f'(0)$　　　　D. 0

解　原式$=\lim_{x\to 0}\dfrac{x^2 f(x)}{x^3}-2\lim_{x\to 0}\dfrac{f(x^3)}{x^3}=\lim_{x\to 0}\dfrac{f(x)-f(0)}{x-0}-2\lim_{x\to 0}\dfrac{f(x^3)-f(0)}{x^3-0}$
$$=f'(0)-2f'(0)=-f'(0),$$

故 B 选项正确.

例 12－11　（2013 年）设函数 $y=f(x)$ 由方程 $y-x=e^{x(1-y)}$ 确定，则

$$\lim_{n\to\infty}n\left[f\left(\dfrac{1}{n}\right)-1\right]=\underline{\qquad}.$$

解　口诀："隐点两".

(1) 令 $x=0$ 代入方程，得 $y-0=1$，$y=1$，$y(0)=1$.

(2) 两边对 x 求导，得 $y'-1=e^{x(1-y)}[(1-y)-y'x]$.

将 $x=0$，$y=1$ 代入，得 $y'-1=0$，$y'=1$，$y'(0)=1$.

(3) $\lim\limits_{n\to\infty} n\left[f\left(\dfrac{1}{n}\right)-1\right] \xlongequal{\text{令}n=\frac{1}{x}} \lim\limits_{x\to 0}\dfrac{f(x)-1}{x}=\lim\limits_{x\to 0}\dfrac{f(x)-f(0)}{x-0}=f'(0)=1.$

例 12－12 （2013 年）已知 $y=f(x)$ 是由方程 $\cos(xy)+\ln y-x=1$ 确定，则

$$\lim_{n\to\infty} n\left[f\left(\frac{2}{n}\right)-1\right]=(\qquad).$$

A. 2 　　　　　　B. 1 　　　　　　C. -1 　　　　　　D. -2

解 口诀："隐点两".

(1) 令 $x=0$ 代入方程，得 $1+\ln y-0=1$，$\ln y=0$，$y=1$，$y(0)=1$.

(2) 两边对 x 求导，得 $-\sin(xy)\cdot(y+xy')+\dfrac{y'}{y}-1=0.$

将 $x=0$，$y=1$ 代入，得 $0+y'-1=0$，$y'=1$，$y'(0)=1$.

(3) $\lim\limits_{n\to\infty} n\left[f\left(\dfrac{2}{n}\right)-1\right] \xlongequal{\text{令}n=\frac{1}{x}} \lim\limits_{x\to 0}\dfrac{f(2x)-1}{x}=\lim\limits_{2x\to 0}\dfrac{f(2x)-f(0)}{2x-0}\times 2=2f'(0)$
$$=2\times 1=2.$$

故 A 选项正确.

例 12－13 （2013 年）设曲线 $y=f(x)$ 和 $y=x^2-x$

在点 $(1,0)$ 处有公共的切线，则 $\lim\limits_{n\to\infty} nf\left(\dfrac{n}{n+2}\right)=$ _____.

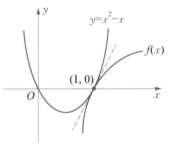

解 画出草图，如图 12－12 所示，

(1) 因为 $(1,0)$ 为公共点，所以，$f(1)=0$.

(2) 因为在点 $(1,0)$ 处有公共的切线，所以，

$$f'(1)=(x^2-x)'\big|_{x=1}=(2x-1)\big|_{x=1}=1.$$

图 12－12　例 12－13 图

(3) $\lim\limits_{n\to\infty} nf\left(\dfrac{n}{n+2}\right) \xlongequal{\text{令}n=1/x} \lim\limits_{x\to 0}\dfrac{f\left(\dfrac{1/x}{1/x+2}\right)}{x}=\lim\limits_{x\to 0}\dfrac{f\left(\dfrac{1}{1+2x}\right)-f(1)}{x}$

$$=\lim_{x\to 0}\dfrac{f\left(\dfrac{1}{1+2x}\right)-f(1)}{\dfrac{1}{1+2x}-1}\cdot\dfrac{\dfrac{1}{1+2x}-1}{x}$$

$$=f'(1)\cdot\lim_{x\to 0}\dfrac{1-(1+2x)}{x(1+2x)}=\lim_{x\to 0}\dfrac{-2x}{x(1+2x)}=-2.$$

12.2.3　综合

例 12－14 （2015 年）（1）设函数 $u(x)$，$v(x)$ 可导，利用导数定义证明 $[u(x)v(x)]'=u'(x)v(x)+u(x)v'(x)$；

(2) 设函数 $u_1(x)$，$u_2(x)$，$\cdots$，$u_n(x)$ 可导，$f(x) = u_1(x)u_2(x)\cdots u_n(x)$，写出 $f(x)$ 的求导公式.

分析 假设函数的图像如图 12-13 所示.

(1) **证明**

$$[u(x)v(x)]' = \lim_{m \to x} \frac{f(m) - f(x)}{m - x} = \lim_{m \to x} \frac{u(m)v(m) - u(x)v(x)}{m - x}.$$

$$u'(x) = \lim_{m \to x} \frac{u(m) - u(x)}{m - x}, \quad v'(x) = \lim_{m \to x} \frac{v(m) - v(x)}{m - x}.$$

$$[u(x)v(x)]' = \lim_{m \to x} \frac{[u(m)v(m) - u(x)v(m)] + [u(x)v(m) - u(x)v(x)]}{m - x}$$

$$= \lim_{m \to x} \frac{v(m)[u(m) - u(x)]}{m - x} + \lim_{m \to x} \frac{u(x)[v(m) - v(x)]}{m - x}$$

$$= v(x)\lim_{m \to x} \frac{u(m) - u(x)}{m - x} + u(x)\lim_{m \to x} \frac{v(m) - v(x)}{m - x}$$

$$= v(x)u'(x) + u(x)v'(x)，得证.$$

（2）**解** $f'(x) = u_1'(x)u_2(x)\cdots u_n(x) + u_1(x)u_2'(x)\cdots u_n(x) + \cdots + u_1(x)u_2(x)\cdots u_n'(x).$

注意 $(uvw)' = u'vw + uv'w + uvw'.$

例 12-15 （2018 年）设函数 $f(x)$ 满足 $f(x + \Delta x) - f(x) = 2xf(x)\Delta x + o(\Delta x)(\Delta x \to 0)$，且 $f(0) = 2$，则 $f(1) = $ _____.

解 口诀："一线可欺".

(1) 两边除以 Δx，得

$$\frac{f(x + \Delta x) - f(x)}{\Delta x} = 2xf(x) + \frac{o(\Delta x)}{\Delta x},$$

因为 $\Delta x \to 0$，所以，$f'(x) = 2xf(x)$.

(2) 求解微分方程 $y' = 2xy$，$y' - 2xy = 0$.

$$w = e^{-\int p\,dx} = e^{-\int -2x\,dx} = e^{x^2}, \quad y = wC = Ce^{x^2}.$$

因为 $y(0) = 2$，所以，$C = 2$，$y = 2e^{x^2}$，则 $f(1) = 2e$.

课堂练习

【练习 12-13】 设 $f(x)$ 在 $x = a$ 处可导，则 $\lim\limits_{x \to 0} \dfrac{f(a + x) - f(a - x)}{x}$ 等于（ ）.

A. $f'(a)$ 　　　B. $2f'(a)$ 　　　C. 0 　　　D. $f'(2a)$

【练习 12-14】 设 $f(x)$ 为可导函数，且满足条件 $\lim\limits_{x \to 0} \dfrac{f(1) - f(1 - x)}{2x} = -1$，则曲线 $y = f(x)$ 在点 $(1, f(1))$ 处的切线斜率为（ ）.

A. 2　　　　　　　　　B. -1　　　　　　　　　C. $\dfrac{1}{2}$　　　　　　　　　D. -2

【练习 12-15】　设函数 $f(x)$ 在 $x=0$ 处连续,且 $\lim\limits_{h\to 0}\dfrac{f(h^2)}{h^2}=1$,则(　　).

A. $f(0)=0$ 且 $f'_{-}(0)$ 存在　　　　　　　　B. $f(0)=1$ 且 $f'_{-}(0)$ 存在

C. $f(0)=0$ 且 $f'_{+}(0)$ 存在　　　　　　　　D. $f(0)=1$ 且 $f'_{+}(0)$ 存在

【练习 12-16】　设函数 $f(x)$ 在 $x=0$ 处连续,下列命题错误的是(　　).

A. 若 $\lim\limits_{x\to 0}\dfrac{f(x)}{x}$ 存在,则 $f(0)=0$

B. 若 $\lim\limits_{x\to 0}\dfrac{f(x)+f(-x)}{x}$ 存在,则 $f(0)=0$

C. 若 $\lim\limits_{x\to 0}\dfrac{f(x)}{x}$ 存在,则 $f'(0)$ 存在

D. 若 $\lim\limits_{x\to 0}\dfrac{f(x)-f(-x)}{x}$ 存在,则 $f'(0)$ 存在

【练习 12-17】　已知函数 $y=y(x)$ 在任意点 x 处的增量 $\Delta y=\dfrac{y\Delta x}{1+x^2}+\alpha$,其中,$\alpha$ 是比 $\Delta x(\Delta x\to 0)$ 高阶的无穷小,且 $y(0)=\pi$,则 $y(1)=$(　　).

A. $\pi \mathrm{e}^{\frac{\pi}{4}}$　　　　　　　　B. 2π　　　　　　　　C. π　　　　　　　　D. $\mathrm{e}^{\frac{\pi}{4}}$

【练习 12-18】　设 $f(x)=x(x+1)(x+2)\cdots(x+n)$,则 $f'(0)=$ _____.

【练习 12-19】　已知 $f'(3)=2$,则 $\lim\limits_{h\to 0}\dfrac{f(3-h)-f(3)}{2h}=$ _____.

【练习 12-20】　已知 $f'(x_0)=-1$,$\lim\limits_{x\to 0}\dfrac{x}{f(x_0-2x)-f(x_0-x)}=$ _____.

【练习 12-21】　计算 $\lim\limits_{n\to\infty}\left[\tan\left(\dfrac{\pi}{4}+\dfrac{2}{n}\right)\right]^{n}$.

§12.3　左右开弓(解释微分 2)

知识梳理

1. 分段函数的分界点的可导性判定

(1) 左导数:$f'_{-}(x_0)=\lim\limits_{x\to x_0^{-}}\dfrac{f(x)-f(x_0)}{x-x_0}$;

(2) 右导数:$f'_{+}(x_0)=\lim\limits_{x\to x_0^{+}}\dfrac{f(x)-f(x_0)}{x-x_0}$.

$f'(x_0)$ 存在 $\Leftrightarrow f'_{-}(x_0)=f'_{+}(x_0)$.

2. 分段函数求导的一般步骤

可以称分界点的左侧为左区间,分界点的右侧为右区间.

（1）对左区间求导（求导法则）；

（2）对右区间求导（求导法则）；

（3）对中间的分界点求导；

（4）总结.

简称："左右中总".

若分界点在左区间上，则分界点的左导数可以由左函数直接求出；

若分界点在右区间上，则分界点的右导数可以由右函数直接求出.

3. 连续、可导与可微之间的关系

（1）若函数 $y = f(x)$ 在点 x_0 处可导，则 $y = f(x)$ 在点 x_0 处连续，但函数连续不一定可导；

（2）函数 $f(x)$ 在 x_0 处可微 $\Leftrightarrow f(x)$ 在 x_0 处可导.

4. 补充公式

（1）$\lim\limits_{x \to 0^+} x^x = 1$；

（2）无穷小乘以有界变量仍为无穷小.

5. 分界点极值的判定

表 12 - 2　分界点极值的判定

极值点类型	图形	y' 的特点	判别法
"西瓜皮"		$y' = 0$	同级判别法 高级判别法
"尖塔"		y' 不存在（但连续）	同级判别法

6. 分界点拐点的判定（对照原则）

表 12 - 3　分界点拐点的判定

y'' 的特点	判别法	y'' 的特点	判别法
$y'' = 0$	同级判别法 高级判别法	y'' 不存在（但连续）	同级判别法

12.3.1　分段函数的求导

例 12 - 16　（2015 年）设函数 $f(x) = \begin{cases} x^\alpha \cos \dfrac{1}{x^\beta}, & x > 0 \\ 0, & x \leqslant 0 \end{cases}$ $(\alpha > 0, \beta > 0)$，若 $f'(x)$ 在 $x = 0$ 处连续，则（　　）.

　　A. $\alpha - \beta > 1$　　　　B. $0 < \alpha - \beta \leqslant 1$　　　C. $\alpha - \beta > 2$　　　　D. $0 < \alpha - \beta \leqslant 2$

解　口诀："左右中总".

（1）对左区间（当 $x < 0$ 时）求导，$f'(x) = 0$.

（2）对右区间(当 $x>0$ 时)求导，

$$f'(x)=\left(x^{\alpha}\cos\frac{1}{x^{\beta}}\right)'=\alpha x^{\alpha-1}\cos\frac{1}{x^{\beta}}+\left[(-1)\sin\frac{1}{x^{\beta}}\cdot(-\beta)x^{-\beta-1}\right]\cdot x^{\alpha}=g(x).$$

（3）对分界点(当 $x=0$ 时)求导，

$$f'_{-}(0)=0,\ f'_{+}(0)=\lim_{x\to0^{+}}\frac{x^{\alpha}\cos\dfrac{1}{x^{\beta}}-0}{x-0}=\lim_{x\to0^{+}}x^{\alpha-1}\cos\frac{1}{x^{\beta}}=0,$$

因此，$\alpha-1>0$,即 $\alpha>1$.

（4）总结.

$$f'(x)=\begin{cases}0,&x<0,\\0,&x=0,\\g(x),&x>0.\end{cases}$$

（5）因为 $f'(x)$ 在 $x=0$ 处连续,所以,$\lim\limits_{x\to0^{+}}g(x)=0$,有

$$\lim_{x\to0^{+}}\left(\alpha x^{\alpha-1}\cos\frac{1}{x^{\beta}}+\sin\frac{1}{x^{\beta}}\cdot\beta\cdot x^{\alpha-\beta-1}\right)=\lim_{x\to0^{+}}\beta x^{\alpha-\beta-1}\sin\frac{1}{x^{\beta}}=0,$$

因此，$\alpha-\beta-1>0$,即 $\alpha-\beta>1$,故 A 选项正确.

注意　注意区分右导数 $f'_{+}(0)$ 与右极限 $\lim\limits_{x\to0^{+}}g(x)$.

例 12-17　(2016 年)设函数 $f(x)=\displaystyle\int_{0}^{1}|t^{2}-x^{2}|\,\mathrm{d}t(x>0)$,求 $f'(x)$ 和 $f(x)$ 的最小值.

分析　口诀:"最极边";极值:$y'=0$, $y''\neq0$.

解　（1）求 $f'(x)$.

① 当 $x\geqslant1$ 时,$f(x)=\displaystyle\int_{0}^{1}(x^{2}-t^{2})\mathrm{d}t=\int_{0}^{1}x^{2}\mathrm{d}t-\int_{0}^{1}t^{2}\mathrm{d}t=x^{2}-\frac{t^{3}}{3}\Big|_{0}^{1}=x^{2}-\frac{1}{3}.$

② 当 $0<x<1$ 时,

$$f(x)=\int_{0}^{x}(x^{2}-t^{2})\mathrm{d}t+\int_{x}^{1}(t^{2}-x^{2})\mathrm{d}t=x^{3}-\frac{x^{3}}{3}+\frac{t^{3}}{3}\Big|_{x}^{1}-x^{2}(1-x)$$

$$=\frac{2}{3}x^{3}+\left(\frac{1}{3}-\frac{x^{3}}{3}\right)-(x^{2}-x^{3})=\frac{2}{3}x^{3}+\frac{1}{3}-\frac{1}{3}x^{3}-x^{2}+x^{3}=\frac{4}{3}x^{3}-x^{2}+\frac{1}{3}.$$

③ 所以，

$$f(x)=\begin{cases}\dfrac{4}{3}x^{3}-x^{2}+\dfrac{1}{3},&0<x<1,\\[2mm]x^{2}-\dfrac{1}{3},&x\geqslant1.\end{cases}$$

④ 因为 $f'_{-}(1)=4x^{2}-2x\mid_{x=1}=4-2=2$, $f'_{+}(1)=2x\mid_{x=1}=2$,所以,

$$f'(x)=\begin{cases}4x^2-2x, & 0<x<1, \\ 2, & x=1, \\ 2x, & x>1.\end{cases}$$

(2) 求 $f(x)$ 的最小值. 令 $f'(x)=0$.

① 当 $0<x<1$ 时, $4x^2-2x=0$, $2x(2x-1)=0$, $x=0$(舍) 或 $x=\dfrac{1}{2}$.

② 当 $x>1$ 时, $2x=0$, $x=0$(舍).

$$f''\left(\frac{1}{2}\right)=(4x^2-2x)'\big|_{x=\frac{1}{2}}=(8x-2)\big|_{x=\frac{1}{2}}=4-2=2>0,$$

$f\left(\dfrac{1}{2}\right)=\dfrac{4}{3}\times\dfrac{1}{8}-\dfrac{1}{4}+\dfrac{1}{3}=\dfrac{1}{4}$ 为极小值点, 也是最小值点.

所以, $f(x)$ 的最小值为 $\dfrac{1}{4}$.

例 12-18 （2013 年）设 $f(x)=\begin{cases}\sin x, & x\in[0,\pi), \\ 2, & x\in[\pi,2\pi],\end{cases}$ $F(x)=\displaystyle\int_0^x f(t)\mathrm{d}t$, 则
（　）.

A. $x=\pi$ 为 $F(x)$ 的跳跃间断点　　　　B. $x=\pi$ 为 $F(x)$ 的可去间断点
C. $F(x)$ 在 $x=\pi$ 连续但不可导　　　　D. $F(x)$ 在 $x=\pi$ 可导

解 根据题意可画出函数的图像, 如图 12-14 所示.

(1) 当 $x\in[0,\pi)$ 时,

$$F(x)=\int_0^x \sin t\,\mathrm{d}t=-\cos t\big|_0^x=-(\cos x-1)=1-\cos x.$$

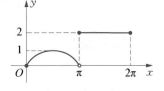

图 12-14　例 12-18 图

(2) 当 $x\in[\pi,2\pi]$ 时,

$$F(x)=\int_0^\pi \sin t\,\mathrm{d}t+\int_\pi^x 2\mathrm{d}t=-\cos t\big|_0^\pi+2(x-\pi)$$
$$=-(-1-1)+2(x-\pi)=2+2x-2\pi=2(x-\pi+1).$$

(3) 总结.

$$F(x)=\begin{cases}1-\cos x, & x\in[0,\pi), \\ 2(x-\pi+1), & x\in[\pi,2\pi].\end{cases}$$

(4) ① 判断是否连续:

$$F_-'(\pi)=1-\cos\pi=1-(-1)=2, \quad F(\pi)=F_+(\pi)=2(\pi-\pi+1)=2,$$

所以, $F(x)$ 在 $x=\pi$ 连续.

② 判断是否可导:

$$F_-'(\pi)=\lim_{x\to\pi^-}\frac{(1-\cos x)-2}{x-\pi}=\lim_{x\to\pi^-}\frac{\sin x}{1}=0, \quad F_+'(\pi)=[2(x-\pi+1)]'\big|_{x=\pi}=2,$$

所以，$F(x)$ 在 $x = \pi$ 不可导，故 C 选项正确.

注意　分段函数的左连续和右连续可直接通过左函数和右函数判断；但可导性不同：若分界点在左函数上，可以通过左函数直接求左导；若分界点不在左函数上，则不能通过左函数求左导.

例 12 - 19　（2016 年）已知函数 $f(x) = \begin{cases} x, & x \leqslant 0, \\ \dfrac{1}{n}, & \dfrac{1}{n+1} < x \leqslant \dfrac{1}{n} \end{cases}(n = 1, 2, \cdots)$，则

（　）.

A. $x = 0$ 是 $f(x)$ 的第一类间断点

B. $x = 0$ 是 $f(x)$ 的第二类间断点

C. $f(x)$ 在 $x = 0$ 处连续但不可导

D. $f(x)$ 在 $x = 0$ 处可导

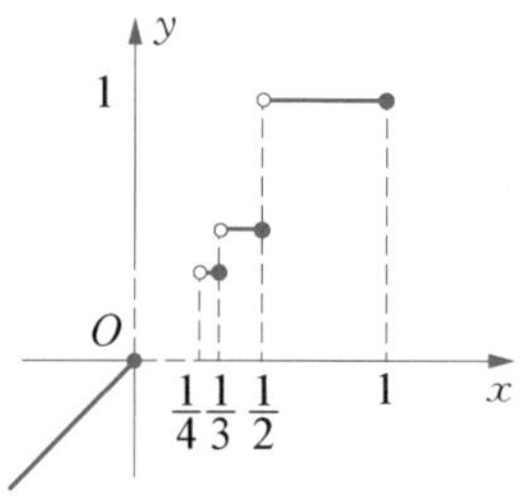

解　根据题意可画出函数的图像，如图 12 - 15 所示.

（1）判断是否连续：

$$f(0) = f_-(0) = 0, \quad f_+(0) = \lim_{x \to 0^+} f(x) = \lim_{x \to 0^+} \frac{1}{n} = \lim_{n \to \infty} \frac{1}{n} = 0,$$

所以，$f(x)$ 在 $x = 0$ 处连续.

图 12 - 15　例 12 - 19 图

（2）判断是否可导：

$$f'_-(0) = x'\big|_{x=0} = 1, \quad f'_+(0) = \lim_{x \to 0^+} \frac{f(x) - f(0)}{x - 0} = \lim_{x \to 0^+} \frac{\dfrac{1}{n}}{x} = \lim_{x \to 0^+} \frac{\dfrac{1}{n}}{\dfrac{1}{n}} = 1,$$

所以，$f(x)$ 在 $x = 0$ 处可导. 故 D 选项正确.

12.3.2　分段函数的极值点和拐点

例 12 - 20　（2019 年）设函数 $f(x) = \begin{cases} x|x|, & x \leqslant 0, \\ x \ln x, & x > 0, \end{cases}$ 则 $x = 0$ 是 $f(x)$ 的

（　）.

A. 可导点、极值点　　　　　　　　B. 不可导点、极值点

C. 可导点、非极值点　　　　　　　D. 不可导点、非极值点

解　（1）分段函数求导口诀："左右中总".

$$f'(x) = \begin{cases} -2x, & x < 0, \\ \text{不存在}, & x = 0, \\ \ln x + 1, & x > 0. \end{cases}$$

$$f'_-(0) = -2x\big|_{x=0} = 0, \quad f'_+(0) = \lim_{x \to 0^+} \frac{f(x) - f(0)}{x - 0} = \lim_{x \to 0^+} \frac{x \ln x}{x} = -\infty, \text{不存在},$$

所以，$x = 0$ 是 $f(x)$ 的不可导点.

(2) 极值点的判定: $y'=0$ 或 y' 不存在,由(1)可得 y' 不存在.

① 当 $x<0$ 时,$y'=-2x>0$.

② 当 $x>0$ 时,$y'=\ln x+1$;当 $x\to0^+$ 时,$y'=-\infty+1=-\infty<0$,所以,$x=0$ 是 $f(x)$ 的极值点.故 B 选项正确.

例 12-21 (2016 年)设函数 $f(x)$ 在 $(-\infty,+\infty)$ 内连续,其导函数的图形如图 12-16 所示,则( ).

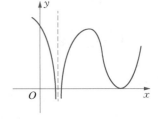

A. 函数 $f(x)$ 有 2 个极值点,曲线 $y=f(x)$ 有 2 个拐点

B. 函数 $f(x)$ 有 2 个极值点,曲线 $y=f(x)$ 有 3 个拐点

C. 函数 $f(x)$ 有 3 个极值点,曲线 $y=f(x)$ 有 1 个拐点

D. 函数 $f(x)$ 有 3 个极值点,曲线 $y=f(x)$ 有 2 个拐点

图 12-16 例 12-21 图

解 (1) 因为 y' 的图像与 x 轴的 3 个交点处 y'' 为零,其中,有两个点左右变号.又因为虚线与 x 轴的交点处 y' 不存在,但左右未变号,所以,有 2 个极值点.

(2) 因为 y' 的图像两个顶点是 y'' 为零的点,且两点左右曲线分别递增和递减.又因为虚线与 x 轴的交点处 y'' 不存在,且其左右曲线分别递增和递减,所以,有 3 个拐点.故 B 选项正确.

注意 在分析极值点时,有两种情况:①$y'=0$,②y' 不存在(但连续);

在分析拐点时,有两种情况:①$y''=0$,②y'' 不存在(但连续).

课堂练习

【练习 12-22】 设 $f(x)=\begin{cases}\dfrac{2}{3}x^3,&x\leqslant1,\\x^2,&x>1,\end{cases}$ 则 $f(x)$ 在 $x=1$ 处的( ).

A. 左、右导数都存在　　　　　　　　B. 左导数存在,但右导数不存在

C. 左导数不存在,但右导数存在　　　D. 左、右导数都不存在

【练习 12-23】 设 $f(x)=\begin{cases}\dfrac{1-\cos x}{\sqrt{x}},&x>0,\\x^2g(x),&x\leqslant0,\end{cases}$ 其中,$g(x)$ 是有界函数,则 $f(x)$ 在 $x=0$ 处( ).

A. 极限不存在　　　　　　　　　　　B. 极限存在,但不连续

C. 连续,但不可导　　　　　　　　　D. 可导

【练习 12-24】 设函数 $f(x)=\begin{cases}\sqrt{|x|}\sin\dfrac{1}{x^2},&x\neq0,\\0,&x=0,\end{cases}$ 则 $f(x)$ 在 $x=0$ 处( ).

A. 极限不存在　　　　　　　　　　　B. 极限存在但不连续

C. 连续但不可导　　　　　　　　　　D. 可导

【练习 12-25】 (2016 年)已知函数 $f(x)=\begin{cases}2(x-1),&x<1,\\\ln x,&x\geqslant1,\end{cases}$ 则 $f(x)$ 的一个原函

数是（　　）.

A. $F(x) = \begin{cases} (x-1)^2, & x < 1, \\ x(\ln x - 1), & x \geqslant 1 \end{cases}$　　　B. $F(x) = \begin{cases} (x-1)^2, & x < 1, \\ x(\ln x + 1) - 1, & x \geqslant 1 \end{cases}$

C. $F(x) = \begin{cases} (x-1)^2, & x < 1, \\ x(\ln x + 1) + 1, & x \geqslant 1 \end{cases}$　　　D. $F(x) = \begin{cases} (x-1)^2, & x < 1, \\ x(\ln x - 1) + 1, & x \geqslant 1 \end{cases}$

【练习 12 - 26】 （2018 年）下列函数中,在 $x = 0$ 处不可导的是（　　）.

A. $f(x) = |x| \sin |x|$

B. $f(x) = |x| \sin \sqrt{|x|}$

C. $f(x) = \cos |x|$

D. $f(x) = \cos \sqrt{|x|}$

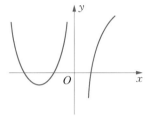

【练习 12 - 27】 设函数 $f(x)$ 在 $(-\infty, +\infty)$ 内连续,其导函数的图形如图 12 - 17 所示,则 $f(x)$ 有（　　）.

图 12 - 17　练习 12 - 27 图

A. 1 个极小值点和 2 个极大值点

B. 2 个极小值点和 1 个极大值点

C. 2 个极小值点和 2 个极大值点

D. 3 个极小值点和 1 个极大值点

【练习 12 - 28】 设 $f(x) = |x(1-x)|$,则（　　）.

A. $x = 0$ 是 $f(x)$ 的极值点,但 $(0, 0)$ 不是曲线 $y = f(x)$ 的拐点

B. $x = 0$ 不是 $f(x)$ 的极值点,但 $(0, 0)$ 是曲线 $y = f(x)$ 的拐点

C. $x = 0$ 是 $f(x)$ 的极值点,且 $(0, 0)$ 是曲线 $y = f(x)$ 的拐点

D. $x = 0$ 不是 $f(x)$ 的极值点,$(0, 0)$ 也不是曲线 $y = f(x)$ 的拐点

【练习 12 - 29】 （2015 年）设函数 $f(x)$ 在 $(-\infty, +\infty)$ 内连续,其中,二阶导数 $f''(x)$ 的图形如图 12 - 18 所示,则曲线 $y = f(x)$ 的拐点的个数为（　　）.

A. 0　　　　　　　　　　B. 1

C. 2　　　　　　　　　　D. 3

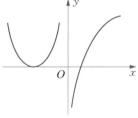

【练习 12 - 30】 设 $f(x) = \begin{cases} x^\lambda \cos \dfrac{1}{x}, & x \neq 0, \\ 0, & x = 0, \end{cases}$ 其导函数在

图 12 - 18　练习 12 - 29 图

$x = 0$ 处连续,则 λ 的取值范围是 _____ .

【练习 12 - 31】 （2019 年）已知函数 $f(x) = \begin{cases} x^{2x}, & x > 0, \\ x e^x + 1, & x \leqslant 0, \end{cases}$ 求 $f'(x)$ 和 $f(x)$ 的极值.

【练习 12 - 32】 （2020 年）已知函数 $f(x)$ 连续,且 $\lim\limits_{x \to 0} \dfrac{f(x)}{x} = 1$,$g(x) = \int_0^1 f(xt) \mathrm{d}t$,求 $g'(x)$,并证明 $g'(x)$ 在 $x = 0$ 连续.

§ **12.4** 谋女郎（解释积分）

知识梳理

1. 数列极限的解题方法

列定递函（参）加

（夹）

视频 12-5 "列定递函夹"4

图 12-19 "列定递函夹"4

（1）定积分 $\int_0^1$ 的极限解释；

（2）递推式两边求极限；

（3）函数法：将 n 写成 x，转化为函数的极限；

（4）夹逼定理.

口诀："列定递函夹"4.

2. 定积分 $\int_0^1$ 的极限解释

$n \to \infty$ 时，

$$ds = f\left(\frac{i}{n}\right) \cdot \frac{1}{n}$$

$$S_{总} = \sum_{i=1}^n \frac{1}{n} f\left(\frac{i}{n}\right)$$

图 12-20 定积分 $\int_0^1$ 的极限解释

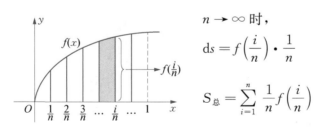

$$\int_0^1 f(x)\,dx = \lim_{n \to \infty} \sum_{i=1}^n \frac{1}{n} f\left(\frac{i}{n}\right).$$

课本上将以上公式称为定积分 $\int_0^1$ 的 定义.

3. 利用定积分的定义求极限的一般步骤

（1）对求和中的每一项提出一个 $\dfrac{1}{n}$；

(2) 剩下的部分是一个关于 $\dfrac{i}{n}$ 的函数,令 $\dfrac{i}{n}=x$,得到函数 $f(x)$;

(3) 求积分 $\displaystyle\int_0^1 f(x)\mathrm{d}x$,得解.

口诀:"定 $n1ni$".

$$\boxed{\text{敲定}（n1）（ni）}$$

视频 12-6　"定 $n1ni$"　　　　　　图 12-21　"定 $n1ni$"

4. 反常积分——无穷限

设 $F(x)$ 是 $f(x)$ 的原函数,则.

(1) $\displaystyle\int_a^{+\infty} f(x)\mathrm{d}x = F(x)\,\big|_a^{+\infty} = \lim_{x\to+\infty} F(x) - F(a)$,

若上式极限存在,则称反常积分收敛,否则称为发散;

(2) $\displaystyle\int_{-\infty}^b f(x)\mathrm{d}x = F(x)\,\big|_{-\infty}^b = F(b) - \lim_{x\to-\infty} F(x)$,

若上式极限存在,则称反常积分收敛,否则称为发散;

(1)和(2)的结论:如果反常积分能算得出(∞ 除外),即为收敛;如果算不出,即为发散.

(3) $\displaystyle\int_{-\infty}^{+\infty} f(x)\mathrm{d}x = \int_{-\infty}^0 f(x)\mathrm{d}x + \int_0^{+\infty} f(x)\mathrm{d}x$,

如果 $\displaystyle\int_{-\infty}^0 f(x)\mathrm{d}x$ 和 $\displaystyle\int_0^{+\infty} f(x)\mathrm{d}x$ 都收敛,则称反常积分收敛,否则称为发散.

5. 反常积分——无界函数

设 $F(x)$ 是 $f(x)$ 的原函数.

(1) 若 $f(x)$ 在点 a 处无界,则

$$\int_a^b f(x)\mathrm{d}x = F(x)\,\big|_a^b = F(b) - \lim_{x\to a^+} F(x),$$

若上式极限存在,则称反常积分收敛,否则称为发散;

(2) 若 $f(x)$ 在点 b 处无界,则

$$\int_a^b f(x)\mathrm{d}x = F(x)\,\big|_a^b = \lim_{x\to b^-} F(x) - F(a),$$

若上式极限存在,则称反常积分收敛,否则称为发散;

(3) 若 $a < c < b$,$f(x)$ 在点 c 处无界,则

$$\int_a^b f(x)\mathrm{d}x = \int_a^c f(x)\mathrm{d}x + \int_c^b f(x)\mathrm{d}x,$$

若 $\int_a^c f(x)\mathrm{d}x$ 和 $\int_c^b f(x)\mathrm{d}x$ 都收敛,称反常积分收敛,否则称为发散.

6. 幂的计算结果

表 12 – 4　幂的类型及计算结果

幂的类型	计算结果	幂的类型	计算结果
$0^{正数}$	0	$\infty^{负数}$	0
$0^{负数}$	∞	$\infty^{正数}$	∞
0^0	不确定	∞^0	不确定

结论 1:0 的正数幂和 ∞ 的负数幂均为 0,此时极限存在,简称:"0 正 8 负".

结论 2:0 的负数幂和 ∞ 的正数幂均为 ∞,此时极限不存在,简称:"0 负 8 正".

12.4.1　定积分的极限解释

例 12 – 22　(2017 年)求 $\lim\limits_{n\to\infty}\sum\limits_{k=1}^{n}\dfrac{k}{n^2}\ln\left(1+\dfrac{k}{n}\right)$.

分析　口诀:"列定递函夹";"定 $n1ni$".

解　原式 $=\lim\limits_{n\to\infty}\sum\limits_{k=1}^{n}\dfrac{1}{n}\left[\dfrac{k}{n}\ln\left(1+\dfrac{k}{n}\right)\right]=\int_0^1 x\ln(1+x)\mathrm{d}x=\dfrac{1}{2}\int_0^1 \ln(1+x)\mathrm{d}x^2$

$\qquad =\dfrac{1}{2}\left[\ln(1+x)\cdot x^2 \big|_0^1 - \int_0^1 \dfrac{x^2}{1+x}\mathrm{d}x\right]=\dfrac{1}{2}(I_1 - I_2).$

$I_1 = \ln 2 - 0 = \ln 2,$

$$I_2 = \int_0^1 \dfrac{(1+x)x - x}{1+x}\mathrm{d}x = \int_0^1 \left(x - \dfrac{x}{1+x}\right)\mathrm{d}x = \int_0^1\left[x - \dfrac{(1+x)-1}{1+x}\right]\mathrm{d}x$$

$$= \int_0^1\left[x - \left(1 - \dfrac{1}{1+x}\right)\right]\mathrm{d}x = \int_0^1\left[(x-1) + \dfrac{1}{1+x}\right]\mathrm{d}x$$

$$= \left(\dfrac{1}{2}x^2 - x\right)\Big|_0^1 + \ln(1+x)\Big|_0^1 = \left(\dfrac{1}{2} - 1\right) + \ln 2 = -\dfrac{1}{2} + \ln 2,$$

所以,原式 $=\dfrac{1}{2}\left[\ln 2 - \left(-\dfrac{1}{2} + \ln 2\right)\right]=\dfrac{1}{4}.$

注意　运用"列定递函夹"的方法求解数列的极限,优先考虑定积分的方法.

例 12 – 23　(2012 年) $\lim\limits_{n\to\infty} n\left(\dfrac{1}{1+n^2} + \dfrac{1}{2^2+n^2} + \cdots + \dfrac{1}{n^2+n^2}\right)=$ _____.

解　口诀:"列定递函夹";"定 $n1ni$".

原式 $=\lim\limits_{n\to\infty}\frac{1}{n}n^2\left(\frac{1}{1+n^2}+\frac{1}{2^2+n^2}+\cdots+\frac{1}{n^2+n^2}\right)=\lim\limits_{n\to\infty}\frac{1}{n}\left(\frac{1}{\frac{1}{n^2}+1}+\frac{1}{\frac{2^2}{n^2}+1}+\cdots+\frac{1}{\frac{n^2}{n^2}+1}\right)$

$=\lim\limits_{n\to\infty}\frac{1}{n}\left[\frac{1}{\left(\frac{1}{n}\right)^2+1}+\frac{1}{\left(\frac{2}{n}\right)^2+1}+\cdots+\frac{1}{\left(\frac{n}{n}\right)^2+1}\right]=\int_0^1\frac{1}{x^2+1}\mathrm{d}x=\arctan x\mid_0^1=\frac{\pi}{4}.$

12.4.2　反常积分及其敛散性

例 12-24　(2017 年) $\displaystyle\int_0^{+\infty}\frac{\ln(1+x)}{(1+x)^2}\mathrm{d}x=$ ＿＿＿＿＿．

解　原式 $=-\displaystyle\int_0^{+\infty}\ln(1+x)\mathrm{d}\frac{1}{1+x}=-\left[\frac{\ln(1+x)}{1+x}\Big|_0^{+\infty}-\int_0^{+\infty}\frac{1}{(1+x)^2}\mathrm{d}x\right]$

$=-\left[\frac{1}{1+x}\Big|_0^{+\infty}\right]=-(0-1)=1.$

例 12-25　下列反常积分收敛的是(　　)．

A. $\displaystyle\int_2^{+\infty}\frac{1}{\sqrt{x}}\mathrm{d}x$ 　　　　B. $\displaystyle\int_2^{+\infty}\frac{\ln x}{x}\mathrm{d}x$ 　　　　C. $\displaystyle\int_2^{+\infty}\frac{1}{x\ln x}\mathrm{d}x$ 　　　　D. $\displaystyle\int_2^{+\infty}\frac{x}{\mathrm{e}^x}\mathrm{d}x$

解　对于 A 选项,$I=2\sqrt{x}\mid_2^{+\infty}=+\infty-2\sqrt{2}=+\infty$；

对于 B 选项,$I=\dfrac{1}{2}(\ln x)^2\mid_2^{+\infty}=+\infty$；

对于 C 选项,$I=\ln\ln x\mid_2^{+\infty}=+\infty$；

对于 D 选项,$I=\displaystyle\int_2^{+\infty}x\mathrm{e}^{-x}\mathrm{d}x=-\int_2^{+\infty}x\mathrm{d}\mathrm{e}^{-x}=-\left(x\mathrm{e}^{-x}\mid_2^{+\infty}-\int_2^{+\infty}\mathrm{e}^{-x}\mathrm{d}x\right)=-(I_1-I_2),$

$I_1=\lim\limits_{x\to+\infty}\dfrac{x}{\mathrm{e}^x}-2\mathrm{e}^{-2}=-2\mathrm{e}^{-2},\quad I_2=-\mathrm{e}^{-x}\mid_2^{+\infty}=-(0-\mathrm{e}^{-2})=\mathrm{e}^{-2},$

所以,$I=-(-2\mathrm{e}^{-2}-\mathrm{e}^{-2})=3\mathrm{e}^{-2}$. 故 D 选项收敛.

例 12-26　(2016 年)若反常积分 $\displaystyle\int_0^{+\infty}\frac{1}{x^a(1+x)^b}\mathrm{d}x$ 收敛,则(　　)．

A. $a<1$ 且 $b>1$ 　　　　　　　　　　B. $a>1$ 且 $b>1$

C. $a<1$ 且 $a+b>1$ 　　　　　　　　D. $a>1$ 且 $a+b>1$

解　(1) 令 $a=0$, $I=\displaystyle\int_0^{+\infty}\frac{1}{(1+x)^b}\mathrm{d}(x+1)\xrightarrow{\text{令}x+1=t}\int_1^{+\infty}\frac{1}{t^b}\mathrm{d}t.$

① 当 $b=1$ 时,$I=\ln t\mid_1^{+\infty}=+\infty-0=+\infty$,发散.

② 当 $b\neq1$ 时,$I=\dfrac{t^{-b+1}}{-b+1}\Big|_1^{+\infty}$. 若 I 收敛,则 $-b+1<0$, $b>1$.所以,B 和 D 选项错误.

(2) 令 $a=-1$, $b=2$.

$$I = \int_0^{+\infty} \frac{x}{(1+x)^2} \mathrm{d}x = \int_0^{+\infty} \frac{(x+1)-1}{(1+x)^2} \mathrm{d}x = \int_0^{+\infty} \frac{\mathrm{d}x}{1+x} - \int_0^{+\infty} \frac{\mathrm{d}x}{(1+x)^2}$$

$$= \ln(1+x) \Big|_0^{+\infty} + \frac{1}{1+x} \Big|_0^{+\infty} = (+\infty - 0) + (0 - 1) = +\infty - 1 = +\infty,$$

发散. 故可排除 A 选项, C 选项正确.

例 12-27 （2011 年）设函数 $f(x) = \begin{cases} \lambda \mathrm{e}^{-\lambda x}, & x > 0, \\ 0, & x \leqslant 0, \end{cases} \lambda > 0,$ 则 $\int_{-\infty}^{+\infty} x f(x) \mathrm{d}x =$

_____.

解 $I = \int_{-\infty}^0 x f(x) \mathrm{d}x + \int_0^{+\infty} x f(x) \mathrm{d}x = \int_0^{+\infty} x f(x) \mathrm{d}x = \int_0^{+\infty} x \cdot \lambda \mathrm{e}^{-\lambda x} \mathrm{d}x$

$$= \int_0^{+\infty} x \mathrm{e}^{-\lambda x} \mathrm{d}\lambda x = -\int_0^{+\infty} x \mathrm{d}\mathrm{e}^{-\lambda x} = -\left(x \mathrm{e}^{-\lambda x} \Big|_0^{+\infty} - \int_0^{+\infty} \mathrm{e}^{-\lambda x} \mathrm{d}x \right) = -(I_1 - I_2).$$

$$I_1 = \lim_{x \to +\infty} \frac{x}{\mathrm{e}^{\lambda x}} = \lim_{x \to +\infty} \frac{1}{\lambda \mathrm{e}^{\lambda x}} = 0, \quad I_2 = -\frac{1}{\lambda} \mathrm{e}^{-\lambda x} \Big|_0^{+\infty} = -\left(0 - \frac{1}{\lambda} \right) = \frac{1}{\lambda},$$

所以, $I = -\left(0 - \frac{1}{\lambda} \right) = \frac{1}{\lambda}.$

注意 分段函数的积分需要分成两段求解.

例 12-28 （2013 年）设函数 $f(x) = \begin{cases} \dfrac{1}{(x-1)^{\alpha-1}}, & 1 < x < \mathrm{e}, \\ \dfrac{1}{x \ln^{\alpha+1} x}, & x \geqslant \mathrm{e}, \end{cases}$ 且反常积分

$\int_1^{+\infty} f(x) \mathrm{d}x$ 收敛, 则( ).

A. $\alpha < -2$ B. $\alpha > 2$ C. $-2 < \alpha < 0$ D. $0 < \alpha < 2$

解 $I = \int_1^{+\infty} f(x) \mathrm{d}x = \int_1^{\mathrm{e}} f(x) \mathrm{d}x + \int_{\mathrm{e}}^{+\infty} f(x) \mathrm{d}x = I_1 + I_2.$

(1) 对于 $I_1 = \int_1^{\mathrm{e}} \frac{1}{(x-1)^{\alpha-1}} \mathrm{d}x,$

① 当 $\alpha - 1 = 1$, 即 $\alpha = 2$ 时, $I_1 = \ln(x-1) \Big|_1^{\mathrm{e}} = \ln(\mathrm{e}-1) - \infty = -\infty$, 发散(舍);

② 当 $\alpha - 1 \neq 1$, 即 $\alpha \neq 2$ 时, $I_1 = \frac{(x-1)^{1-\alpha+1}}{2-\alpha} \Big|_1^{\mathrm{e}}.$

因为 I_1 收敛, 所以, $2 - \alpha > 0$, 即 $\alpha < 2.$

(2) 对于 $I_2 = \int_{\mathrm{e}}^{+\infty} \frac{1}{x \ln^{\alpha+1} x} \mathrm{d}x = \int_{\mathrm{e}}^{+\infty} \frac{1}{\ln^{\alpha+1} x} \mathrm{d}\ln x \xrightarrow{\text{令} \ln x = t} \int_1^{+\infty} \frac{1}{t^{\alpha+1}} \mathrm{d}t,$

① 当 $\alpha + 1 = 1$, 即 $\alpha = 0$ 时, $I_2 = \ln t \Big|_1^{+\infty} = +\infty$, 发散(舍);

② 当 $\alpha + 1 \neq 1$, 即 $\alpha \neq 0$ 时, $I_2 = \frac{t^{-\alpha-1+1}}{-\alpha} \Big|_1^{+\infty} = \frac{t^{-\alpha}}{-\alpha} \Big|_1^{+\infty}.$

因为 I_2 收敛, 所以, $\alpha > 0.$

(3) 综上所述, $0 < \alpha < 2.$ 故 D 选项正确.

注意　幂级数 $\dfrac{1}{x^\alpha}$ 需要分两种情况讨论：① 当 $\alpha=1$ 时，积分出来为 $\ln x$；② 当 $\alpha\neq1$ 时，积分出来为幂函数.

课堂练习

【练习 12-33】　$\lim\limits_{n\to\infty}\ln\sqrt[n]{\left(1+\dfrac{1}{n}\right)^2\left(1+\dfrac{2}{n}\right)^2\cdots\left(1+\dfrac{n}{n}\right)^2}=($　　$)$.

A. $\displaystyle\int_1^2\ln^2 x\,\mathrm{d}x$　　　　　　　　　　　B. $2\displaystyle\int_1^2\ln x\,\mathrm{d}x$

C. $2\displaystyle\int_1^2\ln(1+x)\,\mathrm{d}x$　　　　　　　　D. $\displaystyle\int_1^2\ln^2(1+x)\,\mathrm{d}x$

【练习 12-34】　下列广义积分收敛的是($　　$).

A. $\displaystyle\int_e^{+\infty}\dfrac{\ln x}{x}\mathrm{d}x$　　B. $\displaystyle\int_e^{+\infty}\dfrac{\mathrm{d}x}{x\ln x}$　　C. $\displaystyle\int_e^{+\infty}\dfrac{\mathrm{d}x}{x(\ln x)^2}$　　D. $\displaystyle\int_e^{+\infty}\dfrac{\mathrm{d}x}{x\sqrt{\ln x}}$

【练习 12-35】　下列广义积分发散的是($　　$).

A. $\displaystyle\int_{-1}^1\dfrac{\mathrm{d}x}{\sin x}$　　B. $\displaystyle\int_{-1}^1\dfrac{\mathrm{d}x}{\sqrt{1-x^2}}$　　C. $\displaystyle\int_0^{+\infty}e^{-x^2}\mathrm{d}x$　　D. $\displaystyle\int_2^{+\infty}\dfrac{\mathrm{d}x}{x\ln^2 x}$

【练习 12-36】　（2016 年）反常积分 ① $\displaystyle\int_{-\infty}^0\dfrac{1}{x^2}e^{\frac{1}{x}}\mathrm{d}x$ 和 ② $\displaystyle\int_0^{+\infty}\dfrac{1}{x^2}e^{\frac{1}{x}}\mathrm{d}x$ 的敛散性为($　　$).

A. ①收敛，②收敛　　　　　　　　B. ①收敛，②发散
C. ①发散，②收敛　　　　　　　　D. ①发散，②发散

【练习 12-37】　（2019 年）下列反常积分发散的是($　　$).

A. $\displaystyle\int_0^{+\infty}xe^{-x}\mathrm{d}x$　　B. $\displaystyle\int_0^{+\infty}xe^{-x^2}\mathrm{d}x$　　C. $\displaystyle\int_0^{+\infty}\dfrac{\arctan x}{1+x^2}\mathrm{d}x$　　D. $\displaystyle\int_0^{+\infty}\dfrac{x}{1+x^2}\mathrm{d}x$

【练习 12-38】　$\lim\limits_{n\to\infty}\dfrac{1}{n}\sum\limits_{i=1}^n\sqrt{1+\dfrac{i}{n}}=$＿＿＿＿＿.

【练习 12-39】　$\lim\limits_{n\to\infty}\dfrac{1^p+2^p+\cdots+n^p}{n^{p+1}}(p>0)=$＿＿＿＿＿.

【练习 12-40】　$\lim\limits_{n\to\infty}\dfrac{1}{n}\left(\sqrt{1+\cos\dfrac{\pi}{n}}+\sqrt{1+\cos\dfrac{2\pi}{n}}+\cdots+\sqrt{1+\cos\dfrac{n\pi}{n}}\right)=$＿＿＿＿＿.

【练习 12-41】　（2016 年）$\lim\limits_{n\to\infty}\dfrac{1}{n^2}\left(\sin\dfrac{1}{n}+2\sin\dfrac{2}{n}+\cdots+n\sin\dfrac{n}{n}\right)=$＿＿＿＿＿.

【练习 12-42】　$\displaystyle\int_2^{+\infty}\dfrac{\mathrm{d}x}{(x+7)\sqrt{x-2}}=$＿＿＿＿＿.

【练习 12-43】　$\displaystyle\int_1^{+\infty}\dfrac{\mathrm{d}x}{x\sqrt{x^2-1}}=$＿＿＿＿＿.

【练习 12-44】　反常积分 $\displaystyle\int_0^{+\infty}\dfrac{x\,\mathrm{d}x}{(1+x^2)^2}=$＿＿＿＿＿.

【练习 12-45】 (2013 年)$\displaystyle\int_1^{+\infty} \frac{\ln x}{(1+x)^2}\,\mathrm{d}x =$_____.

【练习 12-46】 (2009 年)已知 $\displaystyle\int_{-\infty}^{+\infty} \mathrm{e}^{k|x|}\,\mathrm{d}x = 1$,则 $k =$_____.

【练习 12-47】 (2020 年)设 $y = y(x)$ 满足 $y'' + 2y' + y = 0$,且 $y(0) = 0$,$y'(0) = 1$,则 $\displaystyle\int_0^{+\infty} y(x)\,\mathrm{d}x =$_____.

【练习 12-48】 计算 $\displaystyle\int_0^1 \frac{x^2\arcsin x}{\sqrt{1-x^2}}\,\mathrm{d}x$.

【练习 12-49】 求 $\displaystyle\lim_{x \to \infty}\left[\frac{\sin\frac{\pi}{n}}{n+1} + \frac{\sin\frac{2\pi}{n}}{n+\frac{1}{2}} + \cdots + \frac{\sin\pi}{n+\frac{1}{n}} \right]$.

§12.5 本章超纲内容汇总

1. 间断点

涉及"抽象函数"的间断点问题.

例如,(1990 年)设 $F(x) = \begin{cases} \dfrac{f(x)}{x}, & x \neq 0, \\ F(0), & x = 0, \end{cases}$ 其中,$f(x)$ 在 $x = 0$ 处可导,$f'(0) \neq 0$,$f(0) = 0$,则 $x = 0$ 是 $F(x)$ 的( ).

A. 连续点   B. 第一类间断点

C. 第二类间断点   D. 连续点或间断点不能由此确定

再如,(1995 年)设 $f(x)$ 和 $\varphi(x)$ 在 $(-\infty, +\infty)$ 上有定义,$f(x)$ 为连续函数,且 $f(x) \neq 0$,$\varphi(x)$ 有间断点,则( ).

A. $\varphi[f(x)]$ 必有间断点   B. $[\varphi(x)]^2$ 必有间断点

C. $f[\varphi(x)]$ 必有间断点   D. $\dfrac{\varphi(x)}{f(x)}$ 必有间断点

2. 微分

(1) 求不可导点的个数.

例如,(1998 年)函数 $f(x) = (x^2 - x - 2)\,|x^3 - x|$ 的不可导点的个数为( ).

A. 0   B. 1   C. 2   D. 3

(2) 比较 $\mathrm{d}y$ 和 Δx.

例如,(1988 年)若函数 $y = f(x)$,有 $f'(x_0) = \dfrac{1}{2}$,则当 $\Delta x \to 0$ 时,该函数在 $x = x_0$ 处的微分 $\mathrm{d}y$ 是( ).

A. 与 Δx 等价的无穷小   B. 与 Δx 同阶的无穷小

C. 比 Δx 低阶的无穷小   D. 比 Δx 高阶的无穷小

（3）比较 $\mathrm{d}y$ 和 Δy.

例如，(2006 年)设函数 $y=f(x)$ 具有二阶导数，且 $f'(x)>0$，$f''(x)>0$，Δx 为自变量 x 在点 x_0 处的增量，Δy 与 $\mathrm{d}y$ 分别为 $f(x)$ 在点 x_0 处对应的增量与微分，若 $\Delta x>0$，则（　　）.

A. $0<\mathrm{d}y<\Delta y$ 　　　　　　　　　B. $0<\Delta y<\mathrm{d}y$

C. $\Delta y<\mathrm{d}y<0$ 　　　　　　　　　D. $\mathrm{d}y<\Delta y<0$

（4）线性主部问题.

例如，(2002 年)设函数 $f(u)$ 可导，$y=f(x^2)$，当自变量 x 在 $x=-1$ 处取得增量 $\Delta x=-0.1$ 时，相应的函数增量 Δy 的线性主部为 0.1，则 $f'(1)=$（　　）.

A. -1 　　　　　　B. 0.1 　　　　　　C. 1 　　　　　　D. 0.5

第 13 章 无穷级数(仅数一和数三要求)

§13.1 天师钟馗(级数的判敛)

知识梳理

1. 高中数列(复习)

(1) 等差数列:a_1 为首项,a_n 为通项,d 为公差,S_n 为前 n 项和,

$$a_n = a_1 + (n-1)d, \quad S_n = a_1 + a_1 + \cdots + a_n = \frac{a_1 + a_n}{2}n = na + \frac{n(n-1)}{2}d.$$

(2) 等比数列:a_1 为首项,a_n 为通项,q 为公比,S_n 为前 n 项和,

$$a_n = a_1 q^{n-1}, \quad S_n = a_1 + a_1 + \cdots + a_n = \frac{a_1(1-q^n)}{1-q}.$$

2. 级数的定义

| 级数 | $\lim\limits_{n\to\infty} S_n = \lim\limits_{n\to\infty} a_1 + a_1 + \cdots + a_n$ 叫做无穷级数,简称级数,记作 $\sum\limits_{n=1}^{\infty} a_n$. |

| 收敛 | 令 $\lim\limits_{n\to\infty} S_n = s$,如果常数 s 存在,则称级数 $\sum\limits_{n=1}^{\infty} a_n$ 收敛. |

| 发散 | 如果常数 s 不存在,则称级数 $\sum\limits_{n=1}^{\infty} a_n$ 发散. |

| 判敛法 | 判断级数 $\sum\limits_{n=1}^{\infty} a_n$ 是否收敛的方法,叫做判敛法. |

3. 利用定义进行判敛的一般步骤

定 (义) aS 级

(a)(极)

A级景区
B级景区
C级景区
D级景区

视频 13-1 "定 aS 极" 　　　图 13-1 "定 aS 极"

(1) 写出数列的通项 a_n;

(2) 求出前 n 项和 S_n;

(3) 求极限 $\lim\limits_{n\to\infty} S_n$;

(4) 极限存在,则级数收敛,反之则发散.

简称:"定 aS 极".

4. 级数 $\sum\limits_{n=1}^{\infty} a_n$ 的性质

(1) 如果级数 $\sum\limits_{n=1}^{\infty} a_n$ 收敛,那么 $\lim\limits_{n\to\infty} a_n = 0$.

(2) 加减规律:添加或去掉有限项,不影响一个级数的敛散性.

(3) 乘法规律:设 $c \neq 0$ 的常数,则 $\sum\limits_{n=1}^{\infty} a_n$ 与 $\sum\limits_{n=1}^{\infty} c a_n$ 有相同敛散性.

(4) 设有两个级数 $\sum\limits_{n=1}^{\infty} a_n$ 与 $\sum\limits_{n=1}^{\infty} b_n$. 若 $\sum\limits_{n=1}^{\infty} a_n = s$, $\sum\limits_{n=1}^{\infty} b_n = \sigma$,则 $\sum\limits_{n=1}^{\infty} (a_n \pm b_n) = s \pm \sigma$.

注意

(1) 若 $\sum\limits_{n=1}^{\infty} a_n$ 和 $\sum\limits_{n=1}^{\infty} b_n$ 均收敛,则 $\sum\limits_{n=1}^{\infty} (a_n \pm b_n)$ 也收敛;

(2) 若 $\sum\limits_{n=1}^{\infty} a_n$ 收敛, $\sum\limits_{n=1}^{\infty} b_n$ 发散,则 $\sum\limits_{n=1}^{\infty} (a_n \pm b_n)$ 发散;

(3) 若 $\sum\limits_{n=1}^{\infty} a_n$ 和 $\sum\limits_{n=1}^{\infty} b_n$ 均发散,则 $\sum\limits_{n=1}^{\infty} (a_n \pm b_n)$ 敛散性不定.

5. 级数 $\sum\limits_{n=1}^{\infty} a_n$ 的基本类型

(1) 对于正项级数 $\sum\limits_{n=1}^{\infty} a_n (a_n \geqslant 0)$ [要求掌握];

(2) 对于非正项级数 $\sum\limits_{n=1}^{\infty} a_n (a_n$ 可正、可负、可零) [要求了解];

(3) 对于交错级数 $\sum\limits_{n=1}^{\infty} (-1)^{n-1} a_n (a_n > 0)$ [要求了解].

6. 正项级数 $\sum\limits_{n=1}^{\infty} a_n (a_n \geqslant 0)$ 的判敛法

(1) 比较判敛法的普通形式:设 $0 \leqslant a_n \leqslant b_n$.

若 $\sum\limits_{n=1}^{\infty} b_n$ 收敛,则 $\sum\limits_{n=1}^{\infty} a_n$ 收敛 [要求掌握];

若 $\sum\limits_{n=1}^{\infty} a_n$ 发散,则 $\sum\limits_{n=1}^{\infty} b_n$ 发散 [要求了解].

大的一端收敛,则小的一端也收敛,简称:"大敛".

小的一端发散,则大的一端也发散,简称:"小散".

它们合称:"大敛小散".

(2) 比较判敛法的极限形式:设 $\lim\limits_{n\to\infty} \dfrac{a_n}{b_n} = l (0 \leqslant l \leqslant +\infty)$.

① 若 $0 < l < +\infty$，则 $\sum\limits_{n=1}^{\infty} a_n$ 与 $\sum\limits_{n=1}^{\infty} b_n$ 同敛散［要求掌握］.

高频考点：$l=1$（等价无穷小）.

等价无穷小具有相同的敛散性.

② 若 $l=0$，则 $\sum\limits_{n=1}^{\infty} b_n$ 收敛 $\Rightarrow$ $\sum\limits_{n=1}^{\infty} a_n$ 收敛，$\sum\limits_{n=1}^{\infty} a_n$ 发散 $\Rightarrow$ $\sum\limits_{n=1}^{\infty} b_n$ 发散［要求了解］.

③ 若 $l=+\infty$，则 $\sum\limits_{n=1}^{\infty} a_n$ 收敛 $\Rightarrow$ $\sum\limits_{n=1}^{\infty} b_n$ 收敛，$\sum\limits_{n=1}^{\infty} b_n$ 发散 $\Rightarrow$ $\sum\limits_{n=1}^{\infty} a_n$ 发散［要求了解］.

为了方便记忆，可以把 l 想象成气球的质量.

$l=0$，表示太轻了，所以会上升；$l=+\infty$，表示太重了，所以会下降.

在比较判敛法中，极限形式比普通形式更常用，简称"比极普".

比吉普

（极）

视频 13-2 "比极普"

图 13-2 "比极普"

（3）两个常用的比较级数.

① 等比级数 $\sum\limits_{n=1}^{\infty} aq^{n-1} = \begin{cases} \dfrac{a}{1-q}, & |q| < 1, \\ 发散, & |q| \geqslant 1. \end{cases}$ 例如，$\sum\limits_{n=1}^{\infty} \left(\dfrac{1}{2}\right)^n = 1$ 收敛.

② p 级数 $\sum\limits_{n=1}^{\infty} \dfrac{1}{n^p} = \begin{cases} 收敛, & p > 1 时, \\ 发散, & p \leqslant 1 时. \end{cases}$ 例如，$\sum\limits_{n=1}^{\infty} \dfrac{1}{n}$ 发散，$\sum\limits_{n=1}^{\infty} \dfrac{1}{n^2}$ 收敛.

7. 非正项级数 $\sum\limits_{n=1}^{\infty} a_n$（$a_n$ 可正、可负、可零）的判敛法

定理 若 $\sum\limits_{n=1}^{\infty} |a_n|$ 收敛，则 $\sum\limits_{n=1}^{\infty} a_n$ 必收敛.

表 13-1　非正项级数的判敛

$\sum\limits_{n=1}^{\infty} a_n$	$\sum\limits_{n=1}^{\infty} |a_n|$	收敛类型
假设 $\sum\limits_{n=1}^{\infty} a_n$ 收敛	$\sum\limits_{n=1}^{\infty} |a_n|$ 收敛	绝对收敛
	$\sum\limits_{n=1}^{\infty} |a_n|$ 不收敛	条件收敛

此类选择题的一般规律：①收敛和发散，选"收敛"；②绝对和条件，选"绝对".

8. 交错级数 $\sum\limits_{n=1}^{\infty}(-1)^{n-1}a_n(a_n>0)$ 的判敛法

若交错级数 $\sum\limits_{n=1}^{\infty}(-1)^{n-1}a_n(a_n>0)$ 满足条件：①$a_{n+1}\leqslant a_n(n=1,2,\cdots)$，②$\lim\limits_{n\to\infty}a_n=0$,则交错级数收敛.

对于交错级数的判敛法,它好像是在描述一个急救无效的患者其心电图的波动过程,简称"交心".

9. 级数判敛的主要方法

(1) 定义法；

(2) 比较法.

简称:"判定比"[要求掌握].

注意 定义法适用于所有类型的级数；比较法只适用于正项.

$$判定笔$$

$$(比)$$

视频 13-3 "判定比" 　　　　　图 13-3 "判定比"

13.1.1　已知 a_n 表达式判断敛散性

例 13-1 讨论级数 $\sum\limits_{n=1}^{\infty}\left(1-\cos\dfrac{1}{n}\right)$ 的敛散性.

解 当 $n\to\infty$ 时,$1-\cos\dfrac{1}{n}\sim\dfrac{1}{2n^2}$,所以,$\sum\limits_{n=1}^{\infty}\left(1-\cos\dfrac{1}{n}\right)$ 与 $\sum\limits_{n=1}^{\infty}\dfrac{1}{2n^2}$ 同敛散.

又因为 $\sum\limits_{n=1}^{\infty}\dfrac{1}{2n^2}$ 收敛,所以,$\sum\limits_{n=1}^{\infty}\left(1-\cos\dfrac{1}{n}\right)$ 也收敛.

例 13-2 (2016 年)级数 $\sum\limits_{n=1}^{\infty}\left(\dfrac{1}{\sqrt{n}}-\dfrac{1}{\sqrt{n+1}}\right)\sin(n+k)(k$ 为常数)(　　).

A. 绝对收敛　　　　　　　　　　B. 条件收敛

C. 发散　　　　　　　　　　　　D. 收敛性与 k 有关

解 口诀:"判定比";"比极普";比较判敛法的普通形式:"大敛".

$$|a_n|=\left|\frac{\sqrt{n+1}-\sqrt{n}}{\sqrt{n}\,\sqrt{n+1}}\sin(n+k)\right|=\left|\frac{\sin(n+k)}{\sqrt{n}\,\sqrt{n+1}(\sqrt{n+1}+\sqrt{n})}\right|$$

$$\leqslant \frac{1}{\sqrt{n}\ \sqrt{n+1}\,(\sqrt{n+1}+\sqrt{n}\,)} \leqslant \frac{1}{2n\sqrt{n}} \leqslant \frac{1}{n\sqrt{n}} = \frac{1}{n^{\frac{3}{2}}}.$$

因为 $\displaystyle\sum_{n=1}^{\infty}\frac{1}{n^{\frac{3}{2}}}$ 收敛,所以,$\displaystyle\sum_{n=1}^{\infty}|a_n|$ 收敛,故选 A.

注意 此类选择题的一般规律:①收敛和发散,选"收敛";②绝对和条件,选"绝对".

例 13-3 (2012 年)已知级数 $\displaystyle\sum_{n=1}^{\infty}(-1)^n\sqrt{n}\sin\frac{1}{n^\alpha}$ 绝对收敛,级数 $\displaystyle\sum_{n=1}^{\infty}\frac{(-1)^n}{n^{2-\alpha}}$ 条件收敛,则( ).

A. $0<\alpha\leqslant\dfrac{1}{2}$ B. $\dfrac{1}{2}<\alpha\leqslant 1$ C. $1<\alpha\leqslant\dfrac{3}{2}$ D. $\dfrac{3}{2}<\alpha<2$

解 口诀:"判定比";"比极普".

令 $a_n=(-1)^n\sqrt{n}\sin\dfrac{1}{n^\alpha}$,$b_n=\dfrac{(-1)^n}{n^{2-\alpha}}$.

(1) 由 $\displaystyle\sum_{n=1}^{\infty}a_n$ 绝对收敛,可得下列结果.

① $\displaystyle\sum_{n=1}^{\infty}a_n$ 收敛 $\Rightarrow \lim_{n\to\infty}a_n=0 \Rightarrow \lim_{n\to\infty}(-1)^n\sqrt{n}\sin\dfrac{1}{n^\alpha}=\lim_{n\to\infty}(-1)^n\dfrac{\sqrt{n}}{n^\alpha}=\lim_{n\to\infty}(-1)^n n^{\frac{1}{2}-\alpha}=0$,

得 $\dfrac{1}{2}-\alpha<0\Rightarrow\alpha>\dfrac{1}{2}$.

② $\displaystyle\sum_{n=1}^{\infty}|a_n|$ 收敛 $\Rightarrow \displaystyle\sum_{n=1}^{\infty}\sqrt{n}\sin\dfrac{1}{n^\alpha}$ 收敛 $\Rightarrow \sqrt{n}\sin\dfrac{1}{n^\alpha}\sim\dfrac{\sqrt{n}}{n^\alpha}=\dfrac{1}{n^{\alpha-\frac{1}{2}}}\Rightarrow\displaystyle\sum_{n=1}^{\infty}\dfrac{1}{n^{\alpha-\frac{1}{2}}}$ 收敛,

得 $\alpha-\dfrac{1}{2}>1\Rightarrow\alpha>\dfrac{3}{2}$.

③ 所以,$\alpha>\dfrac{3}{2}$.

(2) 由 $\displaystyle\sum_{n=1}^{\infty}b_n$ 条件收敛,可得下列结果.

① $\displaystyle\sum_{n=1}^{\infty}b_n$ 收敛 $\Rightarrow \lim_{n\to\infty}b_n=0 \Rightarrow \lim_{n\to\infty}\dfrac{(-1)^n}{n^{2-\alpha}}=\lim_{n\to\infty}(-1)^n\left(\dfrac{1}{n}\right)^{2-\alpha}=0$,得 $2-\alpha>0\Rightarrow\alpha<2$.

② $\displaystyle\sum_{n=1}^{\infty}|b_n|$ 不收敛 $\Rightarrow \displaystyle\sum_{n=1}^{\infty}\dfrac{1}{n^{2-\alpha}}$ 发散,得 $2-\alpha\leqslant 1\Rightarrow\alpha\geqslant 1$.

③ 所以,$1\leqslant\alpha<2$.

(3) 综上所述,$\dfrac{3}{2}<\alpha<2$,故选 D.

例 13-4 (2017 年)若级数 $\displaystyle\sum_{n=2}^{\infty}\left[\sin\dfrac{1}{n}-k\ln\left(1-\dfrac{1}{n}\right)\right]$ 收敛,则 $k=($).

A. 1 B. 2 C. -1 D. -2

解 口诀："判定比"；"比极普".

当 $n \to \infty$ 时，

$$a_n = \sin \frac{1}{n} - k\ln\left(1-\frac{1}{n}\right) = \left[\frac{1}{n} - \frac{1}{6} \cdot \frac{1}{n^3} + 0\left(\frac{1}{n^3}\right)\right] - k\left[\left(-\frac{1}{n}\right) - \frac{1}{2}\left(-\frac{1}{n}\right)^2 + 0\left(\frac{1}{n^2}\right)\right]$$

$$= (k+1)\frac{1}{n} + \frac{k}{2n^2} - \frac{1}{6n^3} + 0\left(\frac{1}{n^2}\right).$$

因为 $\sum\limits_{n=2}^{\infty} a_n$ 收敛，所以，$k+1=0$，即 $k=-1$，故选 C.

13.1.2　未知 a_n 表达式判断敛散性

例 13－5　(2019 年)设 $\{u_n\}$ 是单调增加的有界数列，则下列级数中收敛的是(　　).

A. $\sum\limits_{n=1}^{\infty} \frac{u_n}{n}$

B. $\sum\limits_{n=1}^{\infty} (-1)^n \frac{1}{u_n}$

C. $\sum\limits_{n=1}^{\infty} \left(1 - \frac{u_n}{u_{n+1}}\right)$

D. $\sum\limits_{n=1}^{\infty} (u_{n+1}^2 - u_n^2)$

解 口诀："存单有"；"判定比"；"定 aS 极".

(1) $a_n = u_{n+1}^2 - u_n^2$,

(2) $S_n = a_1 + a_2 + \cdots + a_n = (u_2^2 - u_1^2) + (u_3^2 - u_2^2) + \cdots + (u_{n+1}^2 - u_n^2) = u_{n+1}^2 - u_1^2$,

(3) $\lim\limits_{n\to\infty} S_n = \lim\limits_{n\to\infty}(u_{n+1}^2 - u_1^2) = \lim\limits_{n\to\infty} u_{n+1}^2 - u_1^2 = \lim\limits_{n\to\infty} u_n^2 - u_1^2$,

(4) 因为 $\{u_n\}$ 单调有界，得 $\lim\limits_{n\to\infty} u_n$ 存在，所以，$\lim\limits_{n\to\infty} S_n$ 存在，故 $\sum\limits_{n=1}^{\infty}(u_{n+1}^2 - u_n^2)$ 收敛，正确答案为 D 选项.

注意　若级数里的通项出现递推关系式"前后项的差值"，优先考虑"定义法".

例 13－6　(2013 年)设 $\{a_n\}$ 为正项数列，下列选项正确的是(　　).

A. 若 $a_n > a_{n+1}$，则 $\sum\limits_{n=1}^{\infty} (-1)^{n-1} a_n$ 收敛

B. 若 $\sum\limits_{n=1}^{\infty} (-1)^{n-1} a_n$ 收敛，则 $a_n > a_{n+1}$

C. 若 $\sum\limits_{n=1}^{\infty} a_n$ 收敛，则存在常数 $P > 1$，使 $\lim\limits_{n\to\infty} n^P a_n$ 存在

D. 若存在常数 $p > 1$，使 $\lim\limits_{n\to\infty} n^p a_n$ 存在，则 $\sum\limits_{n=1}^{\infty} a_n$ 收敛

解 口诀："判定比"；"比极普"；"交心".

对于 A 选项，根据交错级数的收敛法，$a_n \geqslant a_{n+1}$ 且 $\lim\limits_{n\to\infty} a_n = 0$ 时，级数 $\sum\limits_{n=1}^{\infty} (-1)^{n-1} a_n$ 才会收敛，所以，A 选项错误.

对于 B 选项，交错级数无此性质，所以，B 选项错误.

对于 C 选项, 级数无此性质, 故 C 选项错误.

对于 D 选项, 由题意得 $l = \lim\limits_{n \to \infty} \dfrac{a_n}{\dfrac{1}{n^p}}$ 存在, 因为 $p > 1$, 所以, $\sum\limits_{n=1}^{\infty} \dfrac{1}{n^p}$ 收敛:

(1) 若 $0 < l < +\infty$, 则 $\sum\limits_{n=1}^{\infty} a_n$ 与 $\sum\limits_{n=1}^{\infty} \dfrac{1}{n^p}$ 同敛散, 则 $\sum\limits_{n=1}^{\infty} a_n$ 收敛;

(2) 若 $l = 0$, $\sum\limits_{n=1}^{\infty} \dfrac{1}{n^p}$ 收敛, 则 $\sum\limits_{n=1}^{\infty} a_n$ 收敛.

综上所述, 正确答案为 D 选项.

注意 书本中与级数相关的定理, 大部分都是判敛定理, 性质非常少. 所以, 与判敛有关的选项会比较靠谱.

例 13 - 7 (2019 年)若 $\sum\limits_{n=1}^{\infty} n u_n$ 绝对收敛, $\sum\limits_{n=1}^{\infty} \dfrac{v_n}{n}$ 条件收敛, 则( ).

A. $\sum\limits_{n=1}^{\infty} u_n v_n$ 条件收敛　　　　　　　　B. $\sum\limits_{n=1}^{\infty} u_n v_n$ 绝对收敛

C. $\sum\limits_{n=1}^{\infty} u_n + v_n$ 收敛　　　　　　　　　　D. $\sum\limits_{n=1}^{\infty} u_n + v_n$ 发散

解 口诀: "判定比"; "比极普"; 比较判敛法的普通形式: "大敛".

(1) 因为 $\sum\limits_{n=1}^{\infty} n u_n$ 绝对收敛, 所以, $\sum\limits_{n=1}^{\infty} n u_n$ 收敛, $\sum\limits_{n=1}^{\infty} |n u_n|$ 收敛.

(2) 因为 $\sum\limits_{n=1}^{\infty} \dfrac{v_n}{n}$ 条件收敛, 所以, $\sum\limits_{n=1}^{\infty} \dfrac{v_n}{n}$ 收敛, $\sum\limits_{n=1}^{\infty} \left| \dfrac{v_n}{n} \right|$ 发散.

(3) $|u_n v_n| = |n u_n| \cdot \left| \dfrac{v_n}{n} \right| \leqslant M |n u_n|$, 由于 $\sum\limits_{n=1}^{\infty} |n u_n|$ 收敛, 得 $M \sum\limits_{n=1}^{\infty} |n u_n|$ 收敛,

故 $\sum\limits_{n=1}^{\infty} |u_n v_n|$ 收敛. 正确答案为 B 选项.

例 13 - 8 (2016 年)已知函数 $f(x)$ 可导, 且 $f(0) = 1$, $f'(x) < \dfrac{1}{2}$. 设数列 $\{x_n\}$ 满足 $x_{n+1} = f(x_n)(n = 1, 2 \cdots)$. 证明:

(1) 级数 $\sum\limits_{n=1}^{\infty} (x_{n+1} - x_n)$ 绝对收敛;

(2) $\lim\limits_{n \to \infty} x_n$ 存在, 且 $0 < \lim\limits_{n \to \infty} x_n < 2$.

分析 ①口诀: "判定比"; "定 aS 极"; "比极普"; 比较判敛法的普通形式: "大敛"; ②"列定递函夹"; "递存两".

证明 (1) $|x_{n+1} - x_n| = |f(x_n) - f(x_{n-1})| = |f'(\xi_n)(x_n - x_{n-1})| < \dfrac{1}{2} |x_n - x_{n-1}|$

$< \dfrac{1}{2} \cdot \dfrac{1}{2} |x_{n-1} - x_{n-2}| < \cdots < \left(\dfrac{1}{2} \right)^{n-1} |x_2 - x_1|$ (ξ_n 介于 x_n 和 x_{n-1} 之间).

因为正项级数 $\sum\limits_{n=1}^{\infty} \left(\dfrac{1}{2} \right)^{n-1} |x_2 - x_1|$ 收敛, 所以, $\sum\limits_{n=1}^{\infty} |x_{n+1} - x_n|$ 收敛, 得证.

(2) ① 因为 $\sum\limits_{n=1}^{\infty}(x_{n+1}-x_n)$ 收敛,得 $\lim\limits_{n\to\infty}S_n=\lim\limits_{n\to\infty}(x_{n+1}-x_1)=\lim\limits_{n\to\infty}x_{n+1}-x_1$ 存在,所以, $\lim\limits_{n\to\infty}x_n$ 存在.

② 设 $\lim\limits_{n\to\infty}x_n=a$,对 $x_{n+1}=f(x_n)$ 两边求极限,得 $a=f(a)$.

由拉格朗日中值定理,得 $f(a)-f(0)=f'(\xi)\cdot a$(ξ 介于 0 和 a 之间),所以, $a-1=f'(\xi)a$, $a=\dfrac{1}{1-f'(\xi)}$.

因为 $0<f'(\xi)<\dfrac{1}{2}$,所以, $0<1<a<2$,即 $0<\lim\limits_{n\to\infty}x_n<2$,得证.

课堂练习

【练习 13-1】 设常数 $k>0$,则级数 $\sum\limits_{n=1}^{\infty}(-1)^n\dfrac{k+n}{n^2}$(　　).

A. 发散

B. 绝对收敛

C. 条件收敛

D. 敛散性与 k 值有关

【练习 13-2】 设 α 为常数,则级数 $\sum\limits_{n=1}^{\infty}\left(\dfrac{\sin n\alpha}{n^2}-\dfrac{1}{\sqrt{n}}\right)$(　　).

A. 绝对收敛

B. 条件收敛

C. 发散

D. 敛散性与 α 取值有关

【练习 13-3】 级数 $\sum\limits_{n=1}^{\infty}(-1)^n\left(1-\cos\dfrac{\alpha}{n}\right)$(常数 $\alpha>0$)(　　).

A. 发散

B. 条件收敛

C. 绝对收敛

D. 敛散性与 α 有关

【练习 13-4】 设 $u_n=(-1)^n\ln\left(1+\dfrac{1}{\sqrt{n}}\right)$,则级数(　　).

A. $\sum\limits_{n=1}^{\infty}u_n$ 与 $\sum\limits_{n=1}^{\infty}u_n^2$ 都收敛

B. $\sum\limits_{n=1}^{\infty}u_n$ 与 $\sum\limits_{n=1}^{\infty}u_n^2$ 都发散

C. $\sum\limits_{n=1}^{\infty}u_n$ 收敛,而 $\sum\limits_{n=1}^{\infty}u_n^2$ 发散

D. $\sum\limits_{n=1}^{\infty}u_n$ 发散,而 $\sum\limits_{n=1}^{\infty}u_n^2$ 收敛

【练习 13-5】 设级数 $\sum\limits_{n=1}^{\infty}u_n$ 收敛,则必收敛的级数为(　　).

A. $\sum\limits_{n=1}^{\infty}(-1)^n\dfrac{u_n}{n}$　　B. $\sum\limits_{n=1}^{\infty}u_n^2$　　C. $\sum\limits_{n=1}^{\infty}(u_{2n-1}-u_{2n})$　　D. $\sum\limits_{n=1}^{\infty}(u_n+u_{n+1})$

【练习 13-6】 设 $a_n>0(n=1,2,\cdots)$,且 $\sum\limits_{n=1}^{\infty}a_n$ 收敛,常数 $\lambda\in\left(0,\dfrac{\pi}{2}\right)$,则级数 $\sum\limits_{n=1}^{\infty}(-1)^n\cdot\left(n\tan\dfrac{\lambda}{n}\right)a_{2n}$(　　).

A. 绝对收敛

B. 条件收敛

C. 发散

D. 敛散性与 λ 有关

【练习 13-7】 设常数 $\lambda > 0$，且级数 $\sum\limits_{n=1}^{\infty} a_n^2$ 收敛，则级数 $\sum\limits_{n=1}^{\infty} (-1)^n \dfrac{|a_n|}{\sqrt{n^2+\lambda}}$ （   ）．

A. 发散   B. 条件收敛

C. 绝对收敛   D. 敛散性与 λ 有关

【练习 13-8】 设 $\sum\limits_{n=1}^{\infty} a_n$ 为正项级数，下列结论中正确的是（   ）．

A. 若 $\lim\limits_{n\to\infty} na_n = 0$，则级数 $\sum\limits_{n=1}^{\infty} a_n$ 收敛

B. 若存在非零常数 λ，使得 $\lim\limits_{n\to\infty} na_n = \lambda$，则级数 $\sum\limits_{n=1}^{\infty} a_n$ 发散

C. 若级数 $\sum\limits_{n=1}^{\infty} a_n$ 收敛，则 $\lim\limits_{n\to\infty} n^2 a_n = 0$

D. 若级数 $\sum\limits_{n=1}^{\infty} a_n$ 发散，则存在非零常数 λ，使得 $\lim\limits_{n\to\infty} na_n = \lambda$

【练习 13-9】 若级数 $\sum\limits_{n=1}^{\infty} a_n$ 收敛，则级数（   ）．

A. $\sum\limits_{n=1}^{\infty} |a_n|$ 收敛   B. $\sum\limits_{n=1}^{\infty} (-1)^n a_n$ 收敛

C. $\sum\limits_{n=1}^{\infty} a_n a_{n+1}$ 收敛   D. $\sum\limits_{n=1}^{\infty} \dfrac{a_n + a_{n+1}}{2}$ 收敛

【练习 13-10】 设有两个数列 $\{a_n\}$ 和 $\{b_n\}$，若 $\lim\limits_{n\to\infty} a_n = 0$，则（   ）．

A. 当 $\sum\limits_{n=1}^{\infty} b_n$ 收敛时，$\sum\limits_{n=1}^{\infty} a_n b_n$ 收敛 B. 当 $\sum\limits_{n=1}^{\infty} b_n$ 发散时，$\sum\limits_{n=1}^{\infty} a_n b_n$ 发散

C. 当 $\sum\limits_{n=1}^{\infty} |b_n|$ 收敛时，$\sum\limits_{n=1}^{\infty} a_n^2 b_n^2$ 收敛 D. 当 $\sum\limits_{n=1}^{\infty} |b_n|$ 发散时，$\sum\limits_{n=1}^{\infty} a_n^2 b_n^2$ 发散

【练习 13-11】 设 $0 \leqslant a_n < \dfrac{1}{n} (n=1, 2, \cdots)$，则下列级数中肯定收敛的是（   ）．

A. $\sum\limits_{n=1}^{\infty} a_n$ B. $\sum\limits_{n=1}^{\infty} (-1)^n a_n$ C. $\sum\limits_{n=1}^{\infty} \sqrt{a_n}$ D. $\sum\limits_{n=1}^{\infty} (-1)^n a_n^2$

【练习 13-12】 下述各选项正确的是（   ）．

A. 若 $\sum\limits_{n=1}^{\infty} u_n^2$ 和 $\sum\limits_{n=1}^{\infty} v_n^2$ 都收敛，则 $\sum\limits_{n=1}^{\infty} (u_n + v_n)^2$ 收敛

B. $\sum\limits_{n=1}^{\infty} |u_n v_n|$ 收敛，则 $\sum\limits_{n=1}^{\infty} u_n^2$ 与 $\sum\limits_{n=1}^{\infty} v_n^2$ 都收敛

C. 若正项级数 $\sum\limits_{n=1}^{\infty} u_n$ 发散，则 $u_n \geqslant \dfrac{1}{n}$

D. 若级数 $\sum\limits_{n=1}^{\infty} u_n$ 收敛，且 $u_n \geqslant v_n (n=1, 2, \cdots)$，则级数 $\sum\limits_{n=1}^{\infty} v_n$ 也收敛

【练习 13-13】 设 $p_n = \dfrac{a_n + |a_n|}{2}$，$q_n = \dfrac{a_n - |a_n|}{2}$，$n=1, 2, \cdots$，则下列命题正确的是（   ）．

A. 若 $\sum\limits_{n=1}^{\infty} a_n$ 条件收敛,则 $\sum\limits_{n=1}^{\infty} p_n$ 与 $\sum\limits_{n=1}^{\infty} q_n$ 都收敛

B. 若 $\sum\limits_{n=1}^{\infty} a_n$ 绝对收敛,则 $\sum\limits_{n=1}^{\infty} p_n$ 与 $\sum\limits_{n=1}^{\infty} q_n$ 都收敛

C. 若 $\sum\limits_{n=1}^{\infty} a_n$ 条件收敛,则 $\sum\limits_{n=1}^{\infty} p_n$ 与 $\sum\limits_{n=1}^{\infty} q_n$ 的敛散性都不定

D. 若 $\sum\limits_{n=1}^{\infty} a_n$ 绝对收敛,则 $\sum\limits_{n=1}^{\infty} p_n$ 与 $\sum\limits_{n=1}^{\infty} q_n$ 的敛散性都不定

【练习 13 - 14】　设 $a_n > 0$, $n = 1, 2, \cdots$, 若 $\sum\limits_{n=1}^{\infty} a_n$ 发散, $\sum\limits_{n=1}^{\infty} (-1)^{n-1} a_n$ 收敛,则下列结论正确的是(　　).

A. $\sum\limits_{n=1}^{\infty} a_{2n-1}$ 收敛, $\sum\limits_{n=1}^{\infty} a_{2n}$ 发散　　　B. $\sum\limits_{n=1}^{\infty} a_{2n}$ 收敛, $\sum\limits_{n=1}^{\infty} a_{2n-1}$ 发散

C. $\sum\limits_{n=1}^{\infty} (a_{2n-1} + a_{2n})$ 收敛　　　D. $\sum\limits_{n=1}^{\infty} (a_{2n-1} - a_{2n})$ 收敛

§13.2　张骞遇险(收敛半径与收敛域)

知识梳理

1. 基本概念

幂级数　$\sum\limits_{n=0}^{\infty} a_n x^n = a_0 + a_1 x + a_2 x^2 + \cdots + a_n x^n + \cdots$, 称为 x 的幂级数.

特点　①幂级数的首项是常数;②幂级数的导数和积分也是幂级数,其首项也为常数.

收敛半径　令 $\rho = \lim\limits_{n \to \infty} \left| \dfrac{a_{n+1}}{a_n} \right|$, 则 $R = \dfrac{1}{\rho}$.

2. 求收敛域的一般步骤(标准幂级数)

域半端

视频 13 - 4　"域半端"

图 13 - 4　"域半端"

(1) 计算收敛半径 R, 写出收敛区间 $x \in (-R, R)$;

（2）令 $x = \pm R$，检查两个端点的收敛性；

（3）写出收敛域.

简称："域半端".

说明1：幂级数不标准时，可先化为标准幂级数，再求收敛域.

说明2：幂级数可以将 x 直接提到外面，而不改变原幂级数的大小. 例如，

$$\sum_{n=0}^{\infty} a_n x^n = x^2 \sum_{n=0}^{\infty} a_n x^{n-2}.$$

说明3：有限个 x 提到外面之后，前后两个幂级数的收敛域相同.

13.2.1　求收敛半径

例 13-9　（2009 年）幂级数 $\sum_{n=1}^{\infty} \dfrac{e^n - (-1)^n}{n^2} x^n$ 的收敛半径为 _____.

解　令 $a_n = \dfrac{e^n - (-1)^n}{n^2}$，$\rho = \lim_{n \to \infty} \left| \dfrac{a_{n+1}}{a_n} \right| = \lim_{n \to \infty} \left| \dfrac{e^{n+1} - (-1)^{n+1}}{(n+1)^2} \cdot \dfrac{n^2}{e^n - (-1)^n} \right| = \lim_{n \to \infty} \left| \dfrac{e^{n+1}}{e^n} \right| = e$，$R = \dfrac{1}{\rho} = \dfrac{1}{e}$.

13.2.2　求收敛域

例 13-10　（2016 年）求幂级数 $\sum_{n=0}^{\infty} \dfrac{x^{2n+2}}{(n+1)(2n+1)}$ 的收敛域.

解　原级数 $= x^2 \sum_{n=0}^{\infty} \dfrac{(x^2)^n}{(n+1)(2n+1)}$，则 $a_n = \dfrac{1}{(n+1)(2n+1)}$，$\rho = \lim_{n \to \infty} \left| \dfrac{a_{n+1}}{a_n} \right| = \lim_{n \to \infty} \left| \dfrac{(n+1)(2n+1)}{(n+2)(2n+3)} \right| = 1$.

$R = \dfrac{1}{\rho} = 1$，因为 $x^2 \in (-1, 1)$，所以，$x \in (-1, 1)$.

令 $x = \pm 1$，此时，$a_n = \dfrac{1}{(n+1)(2n+1)} \sim \dfrac{1}{2n^2}$，所以，原级数收敛，且收敛域为 $x \in [-1, 1]$.

例 13-11　（2011 年）设数列 $\{a_n\}$ 单调减少，$\lim_{n \to \infty} a_n = 0$，$S_n = \sum_{k=1}^{n} a_k$（$n = 1, 2, \cdots$）无界，则幂级数 $\sum_{n=1}^{\infty} a_n (x-1)^n$ 的收敛域为（　　）.

A. $(-1, 1]$　　　　　B. $[-1, 1)$　　　　　C. $[0, 2)$　　　　　D. $(0, 2]$

解　（1）因为数列 $\{a_n\}$ 单调减少，$\lim_{n \to \infty} a_n = 0$，所以，$\sum_{n=1}^{\infty} (-1)^n a_n$ 收敛.

（2）因为 $S_n = \sum_{k=1}^{n} a_k$ 无界，所以，$\sum_{n=1}^{\infty} a_n$ 发散，即 $\sum_{n=1}^{\infty} a_n \cdot 1^n$ 发散.

（3）所以，$\sum_{n=1}^{\infty} a_n x^n$ 的收敛域为 $[-1, 1)$；$\sum_{n=1}^{\infty} a_n (x-1)^n$ 的收敛域为 $x - 1 \in [-1, 1)$，

即 $x \in [0, 2)$.

13.2.3　已知一个幂级数的收敛域求另一个幂级数的收敛域

例 13-12　已知幂级数 $\sum\limits_{n=0}^{\infty} a_n(x+2)^n$ 在 $x=0$ 处收敛,在 $x=-4$ 处发散,则幂级数 $\sum\limits_{n=0}^{\infty} a_n(x-3)^n$ 的收敛域为 _____.

解　因为 $\sum\limits_{n=0}^{n} a_n(x+2)^n$ 在 $x=0$ 处收敛,在 $x=-4$ 处发散,其收敛域为 $x \in (-4, 0]$,即 $x+2 \in (-2, 2]$,故 $\sum\limits_{n=0}^{\infty} a_n x^n$ 的收敛域为 $x \in (-2, 2]$,所以,$\sum\limits_{n=0}^{\infty} a_n(x-3)^n$ 的收敛域为 $x-3 \in (-2, 2]$,即 $x \in (1, 5]$.

课堂练习

【练习 13-15】　幂级数 $\sum\limits_{n=1}^{\infty} \dfrac{n}{2^n+(-3)^n} x^{2n-1}$ 的收敛半径 $R=$ _____.

【练习 13-16】　级数 $\sum\limits_{n=1}^{\infty} \dfrac{(x-3)^n}{n^2}$ 的收敛域为 _____.

【练习 13-17】　级数 $\sum\limits_{n=1}^{\infty} \dfrac{(x-2)^{2n}}{n4^n}$ 的收敛域为 _____.

【练习 13-18】　设幂级数 $\sum\limits_{n=0}^{\infty} a_n x^n$ 的收敛半径为3,则幂级数 $\sum\limits_{n=1}^{\infty} na_n(x-1)^{n+1}$ 的收敛区间为 _____.

【练习 13-19】　(2020 年)幂级数 $\sum\limits_{n=1}^{\infty} na_n(x-2)^n$ 的收敛区间为 $(-2, 6)$,$\sum\limits_{n=1}^{\infty} a_n (x+1)^{2n}$ 的收敛区间为(　　).

A. $(-5, -3)$　　　　B. $(-3, 1)$　　　　C. $(-5, 3)$　　　　D. $(-5, 2)$

【练习 13-20】　(2015 年)若级数 $\sum\limits_{n=1}^{\infty} a_n$ 条件收敛,则 $x=\sqrt{3}$ 与 $x=3$ 依次为幂级数 $\sum\limits_{n=1}^{\infty} na_n(x-1)^n$ 的(　　).

A. 收敛点、收敛点　　　　　　　　B. 收敛点、发散点
C. 发散点、收敛点　　　　　　　　D. 发散点、发散点

§13.3　吓死我了(幂级数求和)

知识梳理

1. 幂级数的性质

(1) $\sum\limits_{n=0}^{\infty} a_n x^n = \sum\limits_{n=2}^{\infty} a_{n-2} x^{n-2}$;　　　　(2) $\sum\limits_{n=0}^{\infty} (a_n \pm b_n) x^n = \sum\limits_{n=0}^{\infty} a_n x^n \pm \sum\limits_{n=0}^{\infty} b_n x^n$;

(3) $\left(\sum\limits_{n=0}^{\infty}a_nx^n\right)'=\sum\limits_{n=0}^{\infty}(a_nx^n)'$; (4) $\int_0^x\left(\sum\limits_{n=0}^{\infty}a_nx^n\right)\mathrm{d}x=\sum\limits_{n=0}^{\infty}\left(\int_0^x a_nx^n\mathrm{d}x\right)$;

(5) $\sum\limits_{n=0}^{\infty}a_nx^n$ 的和函数 $S(x)$ 是连续的.

2. 常见函数的展开式

$$\mathrm{e}^x=1+x+\frac{x^2}{2!}+\cdots+\frac{x^n}{n!}+\cdots=\sum_{n=0}^{\infty}\frac{x^n}{n!}(-\infty,+\infty);$$

$$\ln(1+x)=x-\frac{x^2}{2}+\frac{x^3}{3}-\cdots+(-1)^n\frac{x^{n+1}}{n+1}+\cdots=\sum_{n=0}^{\infty}(-1)^n\frac{x^{n+1}}{n+1}(-1,1];$$

$$(1+x)^\alpha=1+\alpha x+\frac{\alpha(\alpha-1)}{2!}x^2+\cdots+\frac{\alpha(\alpha-1)\cdots(\alpha-n+1)}{n!}x^n+\cdots(随\alpha 的不同而$$

不同,但在 $(-1,1)$ 内总有意义).

$$\frac{1}{1-x}=1+x+x^2+\cdots+x^n+\cdots=\sum_{n=0}^{\infty}x^n(-1,1);$$

$$\frac{1}{1+x}=1-x+x^2-\cdots+(-1)^nx^n+\cdots=\sum_{n=0}^{\infty}(-1)^nx^n(-1,1);$$

$$\sin x=x-\frac{x^2}{3!}+\cdots+(-1)^n\frac{x^{2n+1}}{(2n+1)!}+\cdots=\sum_{n=0}^{\infty}(-1)^n\frac{x^{2n+1}}{(2n+1)!}(-\infty,+\infty);$$

$$\cos x=1-\frac{x^2}{2!}+\frac{x^4}{4!}-\cdots+(-1)^n\frac{x^{2n}}{(2n)!}+\cdots=\sum_{n=0}^{\infty}(-1)^n\frac{x^{2n}}{(2n)!}(-\infty,+\infty).$$

说明1:$(-1)^n$ 称为振荡系数.

说明2:当题目中出现"!"时,应该想到 $\sin x$ 和 $\cos x$;

当题目中没有出现"!"时,应该想到等比数列 $\dfrac{1}{1-x}$ 和 $\dfrac{1}{1+x}$.

说明3:$\dfrac{1}{1-x}$ 的常见变形有 $x\rightarrow x^2$,$x\rightarrow x-1$.

$$\sum_{n=0}^{\infty}x^{2n}=\frac{1}{1-x^2},\quad\sum_{n=0}^{\infty}(x-1)^n=\frac{1}{1-(x-1)}.$$

13.3.1 直接代公式

例 13-13 (2019 年)幂级数 $\sum\limits_{n=0}^{\infty}\dfrac{(-1)^n}{(2n)!}x^n$ 在 $(0,+\infty)$ 内的和函数 $S(x)$ =_____.

解 当题目中出现"!"时,应该想到 $\sin x$ 和 $\cos x$.

因为 $\sum\limits_{n=0}^{\infty}\dfrac{(-1)^nx^{2n}}{(2n)!}=\cos x$,所以,$S(x)=\sum\limits_{n=0}^{\infty}\dfrac{(-1)^n}{(2n)!}x^n=\sum\limits_{n=0}^{\infty}\dfrac{(-1)^n}{(2n)!}(\sqrt{x})^{2n}=\cos\sqrt{x}$.

例 13-14 $\sum\limits_{n=0}^{\infty}(-1)^n\dfrac{2n+3}{(2n+1)!}=($ $)$.

A. $\sin 1 + \cos 1$　　　　　　　B. $2\sin 1 + \cos 1$

C. $2\sin 1 + 2\cos 1$　　　　　　D. $2\sin 1 + 3\cos 1$

解　$\sin x = \displaystyle\sum_{n=0}^{\infty} (-1)^n \frac{x^{2n+1}}{(2n+1)!}$，$\cos x = \displaystyle\sum_{n=0}^{\infty} (-1)^n \frac{x^{2n}}{(2n)!}$.

$$\sum_{n=0}^{\infty} (-1)^n \frac{2n+3}{(2n+1)!} = \sum_{n=0}^{\infty} (-1)^n \frac{(2n+1)+2}{(2n+1)!}$$

$$= \sum_{n=0}^{\infty} (-1)^n \frac{1}{(2n)!} + 2\sum_{n=0}^{\infty} (-1)^n \frac{1}{(2n+1)!} = \cos 1 + 2\sin 1.$$

13.3.2　逐项求导,逐项积分

例 13-15　(2014 年)求幂级数 $\displaystyle\sum_{n=0}^{\infty} (n+1)(n+3)x^n$ 的收敛域及和函数.

解　(1) $a_n = (n+1)(n+3)$，$\rho = \displaystyle\lim_{n\to\infty} \left| \frac{a_{n+1}}{a_n} \right| = \lim_{n\to\infty} \left| \frac{(n+2)(n+4)}{(n+1)(n+3)} \right| = 1$.

$R = \dfrac{1}{\rho} = 1$，所以，$x \in (-1, 1)$. 令 $x = \pm 1$，$\displaystyle\sum_{n=0}^{\infty} (n+1)(n+3)x^n$ 发散,所以,收敛域为 $(-1, 1)$.

(2) $S(x) = \displaystyle\sum_{n=0}^{\infty} (n+3)(x^{n+1})' = \sum_{n=0}^{\infty} [(n+3)x^{n+1}]' = \left[\sum_{n=0}^{\infty} (n+3)x^{n+1} \right]' = [g(x)]'$，

$$g(x) = \sum_{n=0}^{\infty} (n+3)x^{n+1} = \sum_{n=0}^{\infty} (n+2+1)x^{n+1} = \sum_{n=0}^{\infty} (n+2)x^{n+1} + \sum_{n=0}^{\infty} x^{n+1}$$

$$= \sum_{n=0}^{\infty} (x^{n+2})' + x\sum_{n=0}^{\infty} x^n = \left(\sum_{n=0}^{\infty} x^{n+2} \right)' + x\frac{1}{1-x} = \left(x^2 \cdot \frac{1}{1-x} \right)' + \frac{x}{1-x} = \frac{3x-2x^2}{(1-x)^2},$$

$$S(x) = [g(x)]' = \frac{3-x}{(1-x)^3}.$$

注意　解题技巧:可以通过求导,消掉等比数列前面的系数.

例 13-16　(2016 年)求幂级数 $\displaystyle\sum_{n=0}^{\infty} \frac{x^{2n+2}}{(n+1)(2n+1)}$ 的收敛域及和函数.

解　(1) 收敛域:$[-1, 1]$.

(2) $S(x) = \displaystyle\sum_{n=0}^{\infty} \frac{2}{(2n+2)(2n+1)}x^{2n+2} = 2\sum_{n=0}^{\infty} \left(\frac{1}{2n+1} - \frac{1}{2n+2} \right)x^{2n+2}$

$$= 2\sum_{n=0}^{\infty} \frac{x^{2n+2}}{2n+1} - 2\sum_{n=0}^{\infty} \frac{x^{2n+2}}{2n+2} = 2x\sum_{n=0}^{\infty} \frac{x^{2n+1}}{2n+1} - 2\sum_{n=0}^{\infty} \frac{x^{2n+2}}{2n+2}$$

$$= 2x\sum_{n=0}^{\infty} \int_0^x x^{2n} \mathrm{d}x - 2\sum_{n=0}^{\infty} \int_0^x x^{2n+1} \mathrm{d}x$$

$$= 2x\int_0^x \left[\sum_{n=0}^{\infty} (x^2)^n \right] \mathrm{d}x - 2\int_0^x \left(\sum_{n=0}^{\infty} x^{2n+1} \right) \mathrm{d}x$$

$$= 2x\int_0^x \frac{1}{1-x^2} \mathrm{d}x - 2\int_0^x \left(x \cdot \frac{1}{1-x^2} \right) \mathrm{d}x$$

$$= 2x \int_0^x \frac{1}{(1+x)(1-x)} dx - 2 \int_0^x \frac{dx^2}{1-x^2}$$

$$= 2x \int_0^x \left(\frac{1}{1+x} + \frac{1}{1-x} \right) dx + \ln(1-x^2) \Big|_0^x$$

$$= x [\ln(1+x) - \ln(1-x)] + \ln(1-x^2)$$

$$= (1+x)\ln(1+x) + (1-x)\ln(1-x),$$

其中, $x \neq \pm 1$. 根据和函数在收敛域内的连续性, 有

$$S(1) = \lim_{x \to 1} S(x) = \lim_{x \to 1} [(1+x)\ln(1+x) + (1-x)\ln(1-x)]$$

$$= 2\ln 2 + \lim_{x \to 1}(1-x)\ln(1-x) = 2\ln 2,$$

$$S(-1) = S(1) = 2\ln 2,$$

$$S(x) = \begin{cases} (1+x)\ln(1+x) + (1-x)\ln(1-x), & x \in (-1, 1), \\ 2\ln 2, & x = \pm 1. \end{cases}$$

注意 等比数列的求导和积分, 一定要熟练掌握.

13.3.3 利用微分方程求和函数

例 13 - 17 (2013 年)设数列 $\{a_n\}$ 满足条件: $a_0 = 3$, $a_1 = 1$, $a_{n-2} - n(n-1)a_n = 0 (n \geq 2)$, $S(x)$ 是幂级数 $\sum_{n=0}^{\infty} a_n x^n$ 的和函数.

(1) 证明: $S''(x) - S(x) = 0$.

(2) 求 $S(x)$ 的表达式.

解 (1) $S'(x) = \left(\sum_{n=0}^{\infty} a_n x^n \right)' = \sum_{n=0}^{\infty} (a_n x^n)' = \sum_{n=1}^{\infty} a_n \cdot n x^{n-1}$,

$$S''(x) = \sum_{n=2}^{\infty} a_n \cdot n(n-1) x^{n-2},$$

$$S''(x) - S(x) = \sum_{n=0}^{\infty} a_{n+2}(n+2)(n+1) x^n - \sum_{n=0}^{\infty} a_n x^n$$

$$= \sum_{n=0}^{\infty} [(n+2)(n+1)a_{n+2} - a_n] x^n.$$

因为 $n(n-1)a_n - a_{n-2} = 0 (n \geq 2)$, 所以, $(n+2)(n+1)a_{n+2} - a_n = 0$, $S''(x) - S(x) = 0$.

(2) 解微分方程 $S''(x) - S(x) = 0$, 特征方程为 $\lambda^2 - 1 = 0$, 有 $\lambda_1 = 1$, $\lambda_2 = -1$, 故 $S(x) = C_1 e^{-x} + C_2 e^x$.

由于 $S(0) = a_0 = 3$, $S'(0) = a_1 = 1$, 得 $C_1 = 1$, $C_2 = 2$, 故 $S(x) = e^{-x} + 2e^x$.

注意 幂级数的特点: ①幂级数的首项是常数; ②幂级数的导数和积分也是幂级数, 其首项也为常数.

课堂练习

【练习 13 - 21】 (2017 年)幂级数 $\sum_{n=1}^{\infty} (-1)^{n-1} n x^{n-1}$ 在区间 $(-1, 1)$ 内的和函数 $S(x)$

= _____.

【练习 13-22】 (2012 年)求幂级数 $\displaystyle\sum_{n=0}^{\infty}\frac{4n^2+4n+3}{2n+1}x^{2n}$ 的收敛域及和函数.

【练习 13-23】 (2010 年)求幂级数 $\displaystyle\sum_{n=1}^{\infty}\frac{(-1)^{n-1}}{2n-1}x^{2n}$ 的收敛域及和函数.

【练习 13-24】 (1) 验证函数 $y(x)=1+\dfrac{x^3}{3!}+\dfrac{x^6}{6!}+\dfrac{x^9}{9!}+\cdots+\dfrac{x^{3n}}{(3n)!}+\cdots(-\infty<x<+\infty)$ 满足微分方程 $y''+y'+y=\mathrm{e}^x$;

(2) 利用(1)的结果求幂级数 $\displaystyle\sum_{n=0}^{\infty}\frac{x^{3n}}{(3n)!}$ 的和函数.

【练习 13-25】 (2020 年)设数列 $\{a_n\}$ 满足 $a_1=1$, $(n+1)a_{n+1}=\left(n+\dfrac{1}{2}\right)a_n$, 证明:当 $|x|<1$ 时,级数 $\displaystyle\sum_{n=1}^{\infty}a_nx^n$ 收敛,并求和函数.

§13.4　本章超纲内容汇总

1. 正项级数的判敛

(1) 比值判敛法. 若 $\displaystyle\lim_{n\to\infty}\frac{a_{n+1}}{a_n}=\rho$,

$$\begin{cases} \rho>1 \text{ 时,} & \displaystyle\sum_{n=1}^{\infty}a_n \text{ 发散,}\\[2mm] \rho=1 \text{ 时,} & \text{方法失效,}\\[2mm] \rho<1 \text{ 时,} & \displaystyle\sum_{n=1}^{\infty}a_n \text{ 收敛.} \end{cases}$$

(2) 根值判敛法. 若 $\displaystyle\lim_{n\to\infty}\sqrt[n]{a_n}=\rho$,

$$\begin{cases} \rho>1 \text{ 时,} & \displaystyle\sum_{n=1}^{\infty}a_n \text{ 发散,}\\[2mm] \rho=1 \text{ 时,} & \text{方法失效,}\\[2mm] \rho<1 \text{ 时,} & \displaystyle\sum_{n=1}^{\infty}a_n \text{ 收敛.} \end{cases}$$

例如,(1988 年)讨论级数 $\displaystyle\sum_{n=1}^{\infty}\frac{(n+1)!}{n^{n+1}}$ 的敛散性.

解　$\rho=\displaystyle\lim_{n\to\infty}\frac{a_{n+1}}{a_n}=\lim_{n\to\infty}\frac{(n+2)!}{(n+1)^{n+2}}\cdot\frac{n^{n+1}}{(n+1)!}=\cdots=\frac{1}{\mathrm{e}}<1$, 故级数 $\displaystyle\sum_{n=1}^{\infty}\frac{(n+1)!}{n^{n+1}}$ 收敛.

附录1 高等数学总框架及口诀汇总

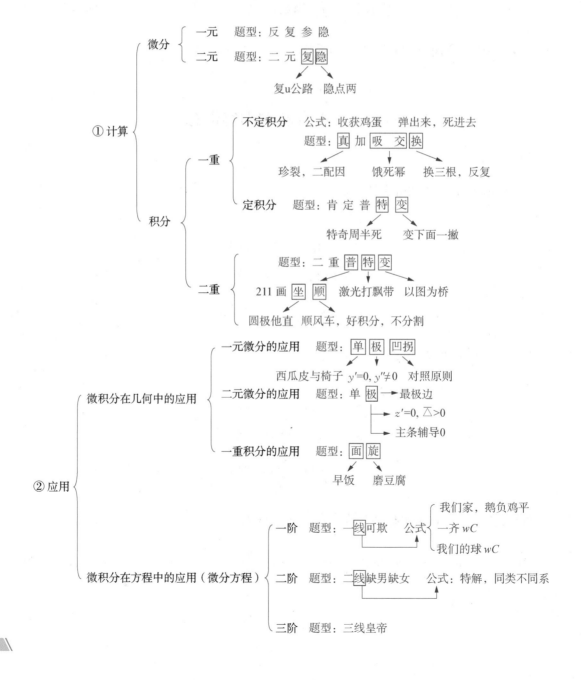

③ 高中数学延伸：不等式证明 —→ 微分中值定理 {
公式：中介零罗拉西
题型：中 女 非 两
}

女罗 非罗 两拉拉，两拉西

非ξ×积C 两ξ×积C

④ 其他：极限 {

计算 题型：极限 函 列

函08等洛 函皮跑 列 定 递 函夹

弟存两，存单有

应用 题型：极限解释 {
解释中断：断无分 断可跳无振
解释微分：箭在弦上 左右开弓 左右中总
解释积分：敲定n1ni 0正8负
}
}

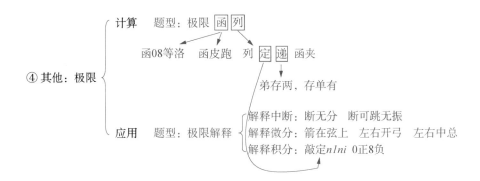

无穷级数 {

判敛 题型：判 定 比

定aS级 比极普

收敛域 域半端

幂级数求和 公式：吓死我了，剪刀（可以提出来）
}

附录2 课堂练习参考答案

第1章 一元微分的计算

1-1　C

1-2　$e^{f(x)}\left[\dfrac{1}{x}f'(\ln x)+f'(x)f(\ln x)\right]dx$

1-3　$-2x\sin x^2\sin^2\dfrac{1}{x}-\dfrac{1}{x^2}\sin\dfrac{2}{x}\cos x^2$

1-4　$4(\ln 2+1)$

1-5　$y'=\dfrac{2}{x\sqrt{1+x^2}}$

1-6　$-\sqrt{2}$

1-7　$\sqrt{2}$

1-8　$x+y=\dfrac{\pi}{4}+\dfrac{1}{2}\ln 2$

1-9　$y=x-1$

1-10　-2

1-11　$y=-\dfrac{2}{\pi}x+\dfrac{\pi}{2}$，提示:先把曲线方程化为参数方程 $\begin{cases}x=r\cos\theta=\theta\cos\theta,\\ y=r\sin\theta=\theta\sin\theta\end{cases}$

1-12　$y'\big|_{x=0}=1,\ y''\big|_{x=0}=2$

1-13　$\dfrac{d^2y}{dx^2}\bigg|_{x=0}=2e^2$

第2章 一元微分的应用

2-1　D

2-2　在$(-\infty,+\infty)$内单调减少

2-3　在$\left(-\infty,\dfrac{1}{2}\right]$内单调减少,在$\left[\dfrac{1}{2},+\infty\right)$内单调增加

2-4　B

2-5　$-\dfrac{1}{\ln 2}$

2-6　$\sqrt{3}+\dfrac{\pi}{6}$

2-7　$e^{-\frac{2}{e}}$

2-8　驻点$(1,1)$,是$y=y(x)$的极小值点

2-9　极大值为$y(1)=1$,极小值为$y(-1)=0$

2-10　C,提示:画图法

2-11　C,提示:画图法

2-12　C,提示:画图法

2-13　$(-1,-6)$

2-14　$\left(\dfrac{1}{\sqrt{3}},\dfrac{3}{4}\right)$

2-15　$\left(-\dfrac{\sqrt{2}}{2},\dfrac{\sqrt{2}}{2}\right)$

2-16　曲线$y=y(x)$在点$(1,1)$附近是凸的,提示:本题等价于研究曲线在点$(1,1)$处的凹凸性

2-17　函数在$(-\infty,2]$上是凸的,在$(2,+\infty)$上是凹的,点$\left(2,\dfrac{2}{e^2}\right)$为拐点

第3章　不定积分的计算

3 - 1　$\dfrac{\ln x}{1-x}+\ln\dfrac{|1-x|}{x}+C$

3 - 2　$-\dfrac{1}{2}(e^{-2x}\arctan e^x+e^{-x}+\arctan e^x)+C$

3 - 3　$\left(1-\dfrac{1}{x}\right)\ln(1-x)+C$

3 - 4　$\dfrac{x^2}{4}-\dfrac{1}{4}x\sin 2x-\dfrac{1}{8}\cos 2x+C$

3 - 5　$e^{2x}\tan x+C$

3 - 6　$\dfrac{1}{2}(x^2-1)e^{x^2}+C$

3 - 7　$(\sqrt{2x-1}-1)e^{\sqrt{2x-1}}+C$

3 - 8　$\dfrac{(x-1)e^{\arctan x}}{2\sqrt{1+x^2}}+C$

3 - 9　$-\dfrac{\ln x}{x}+C$

3 - 10　$-2\arctan\sqrt{1-x}+C$

3 - 11　$\arcsin\dfrac{\sqrt{x}}{2}+C$ 或 $\arcsin\dfrac{x-2}{2}+C$

3 - 12　$\dfrac{1}{2}\ln(x^2-6x+13)+4\arctan\dfrac{x-3}{2}+C$

3 - 13　$-\dfrac{1}{3}\sqrt{(1-x^2)^3}+C$

3 - 14　$\dfrac{1}{2}(1+x^2)[\ln(1+x^2)-1]$

3 - 15　1,提示:此奇函数必经过 O 点,故 $f(0)=0$

3 - 16　$-\dfrac{1}{\ln x}+C$

3 - 17　$-\dfrac{1}{8}x\csc^2\dfrac{x}{2}-\dfrac{1}{4}\cot\dfrac{x}{2}+C$

3 - 18　$x\arctan x-\dfrac{1}{2}\ln(1+x^2)-\dfrac{1}{2}\arctan^2 x+C$

3 - 19　$x(\arcsin x)^2+2\sqrt{1-x^2}\arcsin x-2x+C$

3 - 20　$-\dfrac{\arcsin e^x}{e^x}+\ln(1-\sqrt{1-e^{2x}})-x+C$

3 - 21　$2\ln|x-1|+x+C$,提示:$\varphi(x)=\dfrac{x+1}{x-1}$

第4章　定积分的计算

4 - 1　A

4 - 2　$\dfrac{\pi}{4}$

4 - 3　$\dfrac{4}{15}$

4 - 4　π

4 - 5　$2(e^2+1)$

4 - 6　$2\ln 2-2$

4 - 7　$\dfrac{\pi}{8}-\dfrac{1}{4}\ln 2$

4 - 8　$2\ln\dfrac{4}{3}$

4 - 9　0

4 - 10　$\dfrac{\pi}{8}$

4 - 11　20

4 - 12　$\dfrac{\pi}{8}$

4 - 13　2

4 - 14　$\ln 3$

4 - 15　$\dfrac{3\pi}{32}$

4 - 16　$2-\dfrac{6}{e^2}$

4 - 17   0   4 - 18 $\dfrac{1}{\sqrt{1-\mathrm{e}^{-1}}}$

4 - 19 $-\dfrac{1}{2}$ 4 - 20   2

4 - 21 $\dfrac{3}{4}$

4 - 22 $F(x)=\begin{cases} \dfrac{x^3}{2}+x-\dfrac{1}{2}, & -1\leqslant x<0, \\[2mm] \ln\dfrac{\mathrm{e}^x}{\mathrm{e}^x+1}-\dfrac{x}{\mathrm{e}^x+1}+\ln 2-\dfrac{1}{2}, & 0\leqslant x\leqslant 1 \end{cases}$

4 - 23 $\cos x-x\sin x+C$, 提示: 令 $tx=u$

第5章   一重积分的应用

5 - 1 $\ln 2-\dfrac{1}{2}$ 5 - 2 $\dfrac{9}{2}$

5 - 3 $\dfrac{3}{2}$ 5 - 4 $\dfrac{1}{4a}(\mathrm{e}^{4\pi a}-1)$

5 - 5   B   5 - 6   C

5 - 7 $\pi\ln 2-\dfrac{\pi}{3}$ 5 - 8 $\dfrac{\pi}{2}(8+3\pi)$

5 - 9 $V=\dfrac{\pi^2}{2}-\dfrac{2\pi}{3}$, 提示: 用微元法先求出 $\mathrm{d}V$

5 - 10   (1) $f(x)=\dfrac{x}{\sqrt{1+x^2}}$, 提示: 将 x 写成 $\dfrac{1}{x}$, 得到另一个等式, 两个等式构成一个方程组, 求解方程组即可;   (2) $\dfrac{\pi^2}{6}$

第6章   二元微分的计算

6 - 1 $\mathrm{e}^{\sin xy}\cos xy(y\mathrm{d}x+x\mathrm{d}y)$ 6 - 2 $2\mathrm{e}\mathrm{d}x+(\mathrm{e}+2)\mathrm{d}y$

6 - 3 $(\pi-1)\mathrm{d}x-\mathrm{d}y$ 6 - 4 $\dfrac{-y\mathrm{d}x+x\mathrm{d}y}{x^2+y^2}$

6 - 5 $-\dfrac{x+y}{y^3}\mathrm{e}^{\frac{x}{y}}$ 6 - 6 $\dfrac{z\ln a}{\sqrt{x^2-y^2}}(x\mathrm{d}x-y\mathrm{d}y)$

6 - 7 $\dfrac{x^2-y^2}{x^2+y^2}$

6 - 8 $\mathrm{d}z=\mathrm{e}^{-\arctan\frac{y}{x}}\left[(2x+y)\mathrm{d}x+(2y-x)\mathrm{d}y\right]$, $\dfrac{\partial^2 z}{\partial x\partial y}=\dfrac{y^2-xy-x^2}{x^2+y^2}\mathrm{e}^{-\arctan\frac{y}{x}}$

6 - 9   A   6 - 10   B

6 - 11 $yf\left(\dfrac{y^2}{x}\right)$ 6 - 12 $4\mathrm{e}$

6 - 13   0   6 - 14 $xf''_{uv}+f'_v+xyf''_{vv}$

6 - 15 $-2\mathrm{e}^{-x^2y^2}$ 6 - 16 $1+2\ln 2$

6-17　$\dfrac{\sqrt{2}}{2}(\ln 2-1)$

6-18　$2\left(-\dfrac{y}{x}f_u+\dfrac{x}{y}f_v\right)$

6-19　$\dfrac{\partial^2 f}{\partial u^2}+(x+y)\dfrac{\partial^2 f}{\partial u\partial v}+xy\dfrac{\partial^2 f}{\partial v^2}+\dfrac{\partial f}{\partial v}$

6-20　$\cos xy-xy\sin xy-\dfrac{1}{y^2}\varphi_v-\dfrac{x}{y^2}\varphi_{uv}-\dfrac{x}{y^3}\varphi_{vv}$

6-21　x^2+y^2

6-22　$\dfrac{2y}{x}f\left(\dfrac{y}{x}\right)$

6-23　$\dfrac{\partial z}{\partial x}=2xf_u+ye^{xy}f_v,\ \dfrac{\partial z}{\partial y}=-2yf_u+xe^{xy}f_v,$

　　　$\dfrac{\partial^2 z}{\partial x\partial y}=-4xyf_{uu}+2(x^2-y^2)e^{xy}f_{uv}+xye^{2xy}f_{vv}+e^{xy}(1+xy)f_v$

6-24　$-2f_{uu}+(2\sin x-y\cos x)f_{uv}+y\sin x\cos x\cdot f_{vv}+\cos x\cdot f_v$

6-25　$f_{uu}e^{2x}\sin y\cos y+2e^x(y\sin y+x\cos y)f_{uv}+4xyf_{vv}+f_u e^x\cos y$

6-26　3

6-27　2

6-28　$\dfrac{1}{4}$

6-29　$dx-\sqrt{2}\,dy$

6-30　$-\dfrac{1}{2}dx-\dfrac{1}{2}dy$

6-31　$\dfrac{1}{1+e^u}-\dfrac{xye^u}{(1+e^u)^3}$

6-32　$\dfrac{1+(x-1)e^{z-y-x}}{1+xe^{z-y-x}}dx+dy$

6-33　略

第7章　二元微分的应用

7-1　$f\left(\dfrac{1}{6},\dfrac{1}{12}\right)=-\dfrac{1}{216}$ 为极小值

7-2　$f(1,0)=e^{-\frac{1}{2}}$ 为极大值,$f(-1,0)=-e^{-\frac{1}{2}}$ 为极小值

7-3　$f\left(0,\dfrac{1}{e}\right)=-\dfrac{1}{e}$ 为极小值

7-4　$f_{uu}(2,2)+f_v(2,2)f_{uv}(1,1)$

7-5　最大值为8,最小值为0

7-6　极大值为 $f(2,1)=4$,最大值为 $f(2,1)=4$,最小值为 $f(4,2)=-64$

7-7　点 $(9,3)$ 是函数 $z(x,y)$ 的极小值点,极小值为 $z(9,3)=3$;点 $(-9,-3)$ 是函数 $z(x,y)$ 的极大值点,极大值为 $z(-9,-3)=-3$

7-8　D

7-9　$u(3a,3a,3a)=27a^3$ 为极小值

7-10　$\left(\dfrac{8}{5},\dfrac{3}{5}\right)$

第8章　二重积分的计算

8-1　$\dfrac{e}{2}-1$

8-2　$\dfrac{5}{144}$

8-3　$-\dfrac{2}{3}$

8-4　$\dfrac{2}{9}$

8-5　D

8-6　$\left(\dfrac{1}{a^2}+\dfrac{1}{b^2}\right)\dfrac{\pi R^4}{4}$

8-7 $\dfrac{\pi}{2}\left(\ln 2-\dfrac{1}{2}\right)$ 8-8 $\dfrac{8}{15}$

8-9 $a^2\left(\dfrac{\pi^2}{16}-\dfrac{1}{2}\right)$ 8-10 $\dfrac{\pi}{2}(1+e^{\pi})$

8-11 $\dfrac{10}{9}\sqrt{2}$ 8-12 $\dfrac{3}{4}\left[\sqrt{2}+\ln(1+\sqrt{2})\right]$

8-13   A   8-14 $\dfrac{\pi}{4}$

8-15 $f(x,y)=\sqrt{1-x^2-y^2}-\dfrac{4}{3\pi}\left(\dfrac{\pi}{2}-\dfrac{2}{3}\right)$

8-16 $\dfrac{3\pi^2}{128}$,提示:本题若选择极坐标,积分难度较大,应选择直角坐标系

8-17 $\dfrac{\pi}{2}\ln 2$ 8-18   B

8-19   C   8-20   D

8-21   D,提示:轮换对称性   8-22   B

8-23 $\dfrac{2}{9}(2\sqrt{2}-1)$

8-24 $\displaystyle\int_0^1 dx\int_0^{x^2}f(x,y)dy+\int_1^{\sqrt{2}}dx\int_0^{\sqrt{2-x^2}}f(x,y)dy$

8-25 $\displaystyle\int_0^{\frac{1}{2}}dx\int_{x^2}^x f(x,y)dy$ 8-26 $\dfrac{1}{2}(1-e^{-4})$

8-27 $\displaystyle\int_1^2 dx\int_0^{1-x}f(x,y)dy$ 8-28 $\dfrac{1}{2}$

8-29 $\dfrac{4}{\pi^3}(2+\pi)$ 8-30 $\dfrac{3}{8}e-\dfrac{1}{2}\sqrt{e}$

第 9 章　微分中值定理

9-1   略   9-2   略

9-3   略,提示:反证法   9-4   略

9-5   略

9-6   略,提示:构造辅助函数 $F(x)=f(x)g'(x)-f'(x)g(x)$

9-7   略

9-8   (1) 略,提示:因为 $f(x)=\displaystyle\int_1^x e^{t^2}dt$,所以,$f'(x)=e^{x^2}$,故 $f'(\xi)=e^{\xi^2}$;又因为 $f(\xi)=(2-\xi)e^{\xi^2}$,所以,$f(\xi)=(2-\xi)f'(\xi)\Rightarrow$"非女装为零";   (2) 略

第 10 章　微分方程

10-1 $\dfrac{1}{x}$ 10-2 $y=Cxe^{-x}$

10-3 $y=\dfrac{1}{5}x^3+\sqrt{x}$ 10-4 $y=\dfrac{x}{3}\left(\ln x-\dfrac{1}{3}\right)$

10-5 $x(C-e^{-x})$

10-6　$y \cdot \arcsin x = x - \dfrac{1}{2}$，提示：$y' \arcsin x + \dfrac{y}{\sqrt{1-x^2}} = y' \arcsin x + (\arcsin x)' y = (y \arcsin x)'$

10-7　$xy^2 - x^2 y - x^3 = C$

10-8　$y = \dfrac{2x}{1+x^2}$

10-9　$f(x) = 3e^{3x} - 2e^{2x}$

10-10　(1) $y(x) = \sqrt{x}\, e^{\frac{x^2}{2}}$　(2) $V = \pi \dfrac{e^4 - e}{2}$

10-11　$y = C_1 + \dfrac{C_2}{x^2}$

10-12　$y = \sqrt{x+1}$

10-13　$y = e^{-x}(C_1 \cos \sqrt{2}\, x + C_2 \sin \sqrt{2}\, x)$

10-14　$y = e^{\frac{1}{2}x}(C_1 + C_2 x)$

10-15　$y = C_1 \cos x + C_2 \sin x - 2x$

10-16　$y = C_1 e^{-2x} + C_2 e^{2x} + \dfrac{1}{4} x e^{2x}$

10-17　$y = C_1 e^{3x} + C_2 e^x - 2e^{2x}$

10-18　$A \cos x + B \sin x$

10-19　$x(ax + b) e^x$

10-20　$x e^x (A \cos 2x + B \sin 2x)$

10-21　$y = \dfrac{1}{3} x^3 - x^2 + 2x + C_1 + C_2 e^{-x}$

10-22　$y = C_1 + 2x + C_2 x^2$

10-23　$f(x) = -\dfrac{1}{2} e^{-x} - \dfrac{1}{2} e^x$

10-24　(1) $f(x) = e^x$；　(2) $(0, 0)$

10-25　(1) 略；　(2) $\dfrac{3}{k}$

10-26　$\psi(t) = \dfrac{3}{2} t^2 + t^3 \ (t > -1)$

10-27　$y = Cx^3$

10-28　A

10-29　B

10-30　A

10-31　C

10-32　D

10-33　A

10-34　D

10-35　D

10-36　$C_1 e^{2x} + C_2 e^{-x} + x e^x$

10-37　$-x e^x + x + 2$

10-38　$y'' - 2y' + 2y = 0$

10-39　$f(x) = 2a(1 - e^{-x})$

10-40　$C_1 + e^{-3x}(C_2 \cos x + C_3 \sin x)$

10-41　$y = e^x - e^{x + e^{-x} - \frac{1}{2}}$

10-42　$y = C_1 \dfrac{\cos 2x}{\cos x} + C_2 \sin x + \dfrac{e^x}{5 \cos x}$

10-43　$f(x) = \dfrac{8}{-x+4}$

10-44　$\dfrac{17}{6} \pi$

10-45　$f(x) = \dfrac{4}{(2-x)^2} \ (0 \leqslant x \leqslant 1)$

10-46　(1) $y(x) = x e^{-\frac{x^2}{2}}$；　(2) $y(x)$ 的凹区间为 $(-\sqrt{3}, 0)$ 和 $(\sqrt{3}, +\infty)$，$y(x)$ 的凸区间为 $(-\infty, -\sqrt{3})$ 和 $(0, \sqrt{3})$，拐点为 $(-\sqrt{3}, -\sqrt{3} e^{-\frac{3}{2}})$，$(0, 0)$，$(\sqrt{3}, \sqrt{3} e^{-\frac{3}{2}})$

第 11 章　极限的计算

11-1　A

11-2　C

11-3　2

11-4　0

11-5　2

11-6　$-\dfrac{1}{6}$

11-7　$\dfrac{1}{2}$

11-8　-1

11-9　-4　　　　　　　　　　　　11-10　$\dfrac{1}{6}$

11-11　$\dfrac{1}{6}$　　　　　　　　　　　11-12　$\dfrac{1}{2}$

11-13　B　　　　　　　　　　　　11-14　A

11-15　B　　　　　　　　　　　　11-16　B

11-17　B,提示:先对变限积分求导,再比较阶数

11-18　D,提示:先对变限积分求导,再比较阶数

11-19　D　　　　　　　　　　　　11-20　C

11-21　B　　　　　　　　　　　　11-22　A

11-23　$-\dfrac{1}{6}$　　　　　　　　　　11-24　$\dfrac{6}{5}$

11-25　2　　　　　　　　　　　　11-26　$\sqrt{2}$

11-27　$e^{\frac{1}{3}}$

11-28　$\dfrac{3}{2}$,提示:无穷小乘以有界变量仍为无穷小

11-29　e^4,提示:无穷小乘以有界变量仍为无穷小

11-30　$a=1,b=1$

11-31　D,提示:当 n 为偶数时,可以设 $n=2k$;当 n 为奇数时,可以设 $n=2k+1$

11-32　1,提示:n 可以分为两种情况进行讨论.当 n 为偶数时,可以设 $n=2k$;当 n 为奇数时,可以设 $n=2k+1$

11-33　B,常用公式 $\lim\limits_{x\to0}(1+x)^{\frac{1}{x}}=e$　　　　11-34　e^{-3},常用公式 $\lim\limits_{x\to0}(1+x)^{\frac{1}{x}}=e$

11-35　$\dfrac{1}{1-2a}$　　　　　　　　　11-36　$\begin{cases}a=1,\\[4pt]b=-\dfrac{e}{2}\end{cases}$

11-37　(1) 略;　(2) 3　　　　　　　11-38　(1) 0;　(2) $e^{-\frac{1}{6}}$

11-39　$\dfrac{1}{2}$,提示:$\dfrac{1+2+\cdots+n}{n^2+n+n}\leqslant\dfrac{1}{n^2+n+1}+\dfrac{2}{n^2+n+2}+\cdots+\dfrac{n}{n^2+n+n}\leqslant\dfrac{1+2+\cdots+n}{n^2+n+1}$,然后由夹逼定理即可求得所求极限

11-40　1,提示:$1<\sqrt{1+\dfrac{1}{n}}<1+\dfrac{1}{n}$

11-41　1,提示:$\dfrac{n}{n+\pi}=n\cdot\dfrac{n}{n^2+n\pi}\leqslant n\left(\dfrac{1}{n^2+\pi}+\dfrac{1}{n^2+2\pi}+\cdots+\dfrac{1}{n^2+n\pi}\right)\leqslant n\cdot\dfrac{n}{n^2+\pi}=\dfrac{n^2}{n^2+\pi}$

11-42　1,提示:当 $x>0$ 时,$1<\sqrt[n]{1+x}<1+x$;当 $-1<x<0$ 时,$1+x<\sqrt[n]{1+x}<1$

第 12 章　极限的应用

12-1　D　　　　　　　　　　　　12-2　D

12-3　A　　　　　　　　　　　　12-4　A

12-5　C　　　　　　　　　　　　12-6　-2

12-7　$\dfrac{1}{3}$　　　　　　　　　　　12-8　2

12－9　　1　　　　　　　　　　　　　　　　12－10　　1

12－11　(1) $f(x) = \mathrm{e}^{\frac{x}{\sin x}}$，间断点 $x = k\pi (k$ 为整数)，提示：求极限时，应该将 x 当作常数，将 t 当作变量；　(2) $x = 0$ 是 $f(x)$ 的可去间断点，$x = k\pi (k = \pm 1, \pm 2, \cdots)$ 是无穷间断点

12－12　(1) $a = -1$；　(2) $a = -2$

12－13　B　　　　　　　　　　　　　　　　12－14　D

12－15　C　　　　　　　　　　　　　　　　12－16　D

12－17　A，提示：$\Delta x \to 0$ 时，有 $\mathrm{d}y = \dfrac{y\mathrm{d}x}{1+x^2}$　　12－18　$n!$

12－19　-1　　　　　　　　　　　　　　　12－20　1

12－21　e^4，提示：$1 = \tan\dfrac{\pi}{4}$　　　　12－22　B

12－23　D　　　　　　　　　　　　　　　　12－24　C

12－25　D，提示："左右中总"　　　　　　　　12－26　D

12－27　C　　　　　　　　　　　　　　　　12－28　C

12－29　C　　　　　　　　　　　　　　　　12－30　$\lambda > 2$

12－31　(1) $f'(x) = \begin{cases} 2x^{2x}(\ln x + 1), & x > 0, \\ \text{不存在}, & x = 0, \\ (x+1)\mathrm{e}^x, & x < 0; \end{cases}$　(2) 极小值 $f(-1) = 1 - \dfrac{1}{\mathrm{e}}$，$f\left(\dfrac{1}{\mathrm{e}}\right) = \mathrm{e}^{-\frac{2}{\mathrm{e}}}$，极

大值 $f(0) = 1$

12－32　(1) $g'(x) = \begin{cases} -\dfrac{1}{x^2}\displaystyle\int_0^1 f(u)\mathrm{d}u + \dfrac{f(x)}{x}, & x \neq 0, \\ \dfrac{1}{2}, & x = 0; \end{cases}$　(2) 略

12－33　B　　　　　　　　　　　　　　　　12－34　C

12－35　A　　　　　　　　　　　　　　　　12－36　B

12－37　D

12－38　$\dfrac{2}{3}(2\sqrt{2}-1)$，提示：$\displaystyle\lim_{n\to\infty}\dfrac{1}{n}\sum_{i=1}^{n}\sqrt{1+\dfrac{i}{n}} = \int_0^1 \sqrt{1+x}\,\mathrm{d}x$

12－39　$\dfrac{1}{p+1}$，提示：$\displaystyle\lim_{n\to\infty}\dfrac{1^p + 2^p + \cdots + n^p}{n^{p+1}} = \lim_{n\to\infty}\dfrac{1}{n}\sum_{i=1}^{n}\left(\dfrac{i}{n}\right)^p = \int_0^1 x^p\,\mathrm{d}x$

12－40　$\dfrac{2\sqrt{2}}{\pi}$　　　　　　　　　　　　12－41　$\sin 1 - \cos 1$

12－42　$\dfrac{\pi}{3}$　　　　　　　　　　　　　　12－43　$\dfrac{\pi}{2}$

12－44　$\dfrac{1}{2}$　　　　　　　　　　　　　　12－45　$\ln 2$

12－46　-2　　　　　　　　　　　　　　　　12－47　1

12－48　$\dfrac{\pi^2}{16} + \dfrac{1}{4}$

12－49　$\dfrac{2}{\pi}$，提示：$\dfrac{\sin\frac{i\pi}{n}}{n+1} \leqslant \dfrac{\sin\frac{i\pi}{n}}{n+\frac{1}{i}} < \dfrac{\sin\frac{i\pi}{n}}{n}$，$i = 1, 2, \cdots, n$，有 $\dfrac{1}{n+1}\displaystyle\sum_{i=1}^{n}\sin\dfrac{i\pi}{n} < \sum_{i=1}^{n}\dfrac{\sin\frac{i\pi}{n}}{n+\frac{1}{i}} <$

$\dfrac{1}{n}\displaystyle\sum_{i=1}^{n}\sin\dfrac{i\pi}{n}$，左右两个和的极限可以通过定积分 $\displaystyle\int_0^1$ 求出，然后由夹逼定理即可得到所求极限

第 13 章　无穷级数

13-1　C,提示:原级数可以看成 2 个级数之和

13-2　C,提示:原级数可以看成 2 个级数之和,等价无穷小具有相同的敛散性

13-3　C,提示:等价无穷小具有相同的敛散性

13-4　C,提示:等价无穷小具有相同的敛散性

13-5　D,提示:D 级数可以看成 2 个级数之和

13-6　A,提示:比较判敛法的极限形式

13-7　C,提示:由不等式 $ab \leqslant \dfrac{1}{2}(a^2 + b^2)$,得

$$\left| (-1)^n \frac{|a_n|}{\sqrt{n^2 + \lambda}} \right| = |a_n| \frac{1}{\sqrt{n^2 + \lambda}} \leqslant \frac{1}{2}\left(a_n^2 + \frac{1}{n^2 + \lambda} \right)$$

13-8　B,提示:比较判敛法的极限形式

13-9　D,提示:D 级数可以看成 2 个级数之和

13-10　C

13-11　D,提示:比较判敛法的普通形式

13-12　A,提示:由不等式 $a^2 + b^2 \geqslant 2ab$,得

$$(u_n + v_n)^2 = u_n^2 + v_n^2 + 2u_n v_n \leqslant (u_n^2 + v_n^2) + (u_n^2 + v_n^2) = 2(u_n^2 + v_n^2)$$

13-13　B

13-14　D,提示:举例法,假设 $a_n = \dfrac{1}{n}$

13-15　$\sqrt{3}$

13-16　$[2, 4]$

13-17　$(0, 4)$

13-18　$(-2, 4)$

13-19　B

13-20　B

13-21　$S(x) = \dfrac{1}{(1+x)^2}$

13-22　(1) 收敛域为 $(-1, 1)$; (2) 和函数 $S(x) =$
$$\begin{cases} \dfrac{1+x^2}{(1-x^2)^2} + \dfrac{1}{x}\ln\dfrac{1+x}{1-x}, & x \in (-1, 0) \cup (0, 1), \\ 3, & x = 0, \end{cases}$$
提示: $S(x) = \displaystyle\sum_{n=0}^{\infty}(2n+1)x^{2n} + 2\sum_{n=0}^{\infty}\frac{1}{2n+1}x^{2n}$

13-23　(1) 收敛域为 $[-1, 1]$; (2) 和函数 $S(x) = x\arctan x (-1 \leqslant x \leqslant 1)$

13-24　(1) 略,提示:先求出 y' 和 y''; (2) $y(x) = \dfrac{2}{3}\mathrm{e}^{-\frac{x}{2}}\cos\dfrac{\sqrt{3}}{2}x + \dfrac{1}{3}\mathrm{e}^x (-\infty < x < +\infty)$

13-25　(1) 略,提示:求出收敛域即可得证; (2) $S(x) = \dfrac{2}{\sqrt{1-x}} + 2$,易证 $S'(x) = 1 + xS'(x) +$
$\dfrac{1}{2}S(x)$,解方程即得所求